运筹学原理与算法

郭强 孙浩 编著

科学出版社

北京

内容简介

本书与现行的其他运筹学教材相比,不涉及非线性规划,但增加了网络最优选址问题,扩充了网络规划和分配问题的内容.对一些经典运筹问题,补充了一些运筹理论,还补充了一些更加简便、实用的运筹算法.本书的另一个特点是,把运筹方法的程序设计纳入教学内容中,详细、完整、规范地给出了各种运筹方法的算法步骤.

本书是针对应用数学专业本科生编写的教材,也可作为经济管理、系统工程、计算机工程等专业的本科生教材,还可供相关专业研究生及科技工作者参考.

图书在版编目(CIP)数据

运筹学原理与算法/郭强,孙浩编著.—北京:科学出版社,2012
 ISBN 978-7-03-034879-1

Ⅰ.①运⋯ Ⅱ.①郭⋯②孙⋯ Ⅲ.①运筹学-高等学校-教材 Ⅳ.①O22

中国版本图书馆 CIP 数据核字(2012)第 128905 号

责任编辑:王 静 / 责任校对:张怡君
责任印制:阎 磊 / 封面设计:陈 敬

科学出版社 出版
北京东黄城根北街 16 号
邮政编码:100717
http://www.sciencep.com

保定市中画美凯印刷有限公司印刷
科学出版社发行 各地新华书店经销

*

2012 年 6 月第 一 版 开本:720×1000 1/16
2013 年 12 月第二次印刷 印张:20 1/4
字数:463 000
定价:36.00 元
(如有印装质量问题,我社负责调换)

前　言

运筹学是 20 世纪 30 年代逐步发展起来的一门新兴学科,其涉及的内容具有共同的特征:在诸多因素制约下,为了实现既定的目标,如何通过数学方法作出最好的选择.这样的学科,无疑有着非常广泛的应用背景和重要的应用价值.

本书是编者在多年从事运筹学教学和研究的基础上,结合运筹学的最新发展,编写的面向应用数学专业的本科教材.与现有其他运筹学教材相比,增加了网络最优选址问题,内容涉及单点最优选址问题及其算法、多点最优选址问题及其算法、半径有界的最优选址问题及其算法;扩充了网络规划方面的问题,内容涉及含负权值无回路网络最短路径问题及其算法、无回路网络最长路径问题及其算法、最大增流路径问题及其算法、无向网络最大流问题及其算法;增加了一对多的分配问题及其算法;补充和改进了一些经典运筹问题的算法,涉及解线性规划的大 M 对偶单纯形法和亚基迭代算法、求最小支撑树的生长树算法、求最小费用流的负回路算法、不绘制箭线图求网络最优计划问题的算法、求运输问题的最小费用流算法和平衡负回路算法、求分配问题的平衡负回路算法.为追求系统、条理,以有利于揭示相关运筹问题之间的关系和有利于教学与交流,全书按照运筹问题的数学体系和逻辑关系进行章节编排.本书另一个特点是,把运筹方法的程序设计纳入了教学内容中,完整、规范地给出了各种运筹方法的算法步骤,凸显了现代运筹学必须与计算机科学相结合的重要性.

本书共 13 章,第 1~10 章由郭强编写,第 11~13 章由孙浩编写.

第 1 章主要介绍线性规划的基本原理和基本方法;第 2 章主要介绍一般线性规划的解法;第 3 章主要介绍线性规划的对偶问题、灵敏度问题以及目标线性规划问题;第 4 章主要介绍一般整数规划和一般 0-1 整数规划的基本解法;第 5 章主要介绍网络中的最小支撑树问题和最优路径问题;第 6 章主要介绍网络最优选址问题和网络最优计划问题;第 7 章主要介绍网络最大流问题和网络最小费用流问题;第 8 章主要介绍运输问题;第 9 章主要介绍各种分配问题;第 10 章主要介绍动态规划的基本原理和基本方法;第 11 章主要介绍几种确定性存储问题和几种随机性存储问题的建模方法和优化方法;第 12 章主要介绍以矩阵对策为主的几种对策问题及其优化方法;第 13 章主要介绍常见的排队问题及其优化方法.

学习本书只需具备线性代数基础知识,对微积分和概率论基础知识只要有所了解

前言

即可. 因此, 本书也可作为经济管理、系统工程、计算机工程等专业的本科生教材或参考书, 还可供需要掌握这方面知识的研究生及相关科技工作者参考.

本书在编写过程中, 得到了西北工业大学应用数学系和教务处的支持, 也得到了应用数学系一些教师的关心和帮助, 在此一并表示感谢.

限于编者的水平, 书中不妥之处在所难免, 恳请同行专家和广大读者批评指正.

编 者
2011 年 10 月

目 录

前言
第1章 线性规划 ··· (1)
  1.1 线性规划的模型及概念 ··· (1)
    一、线性规划及其模型 ··· (1)
    二、线性规划的几何意义 ·· (6)
  1.2 单纯形法 ··· (9)
    一、线性规划的单纯形表 ·· (9)
    二、可行基与基可行解的概念和性质 ································· (10)
    三、已知一个可行基的单纯形法 ·· (12)
  1.3 对偶单纯形法 ··· (18)
    一、正则基的概念和性质 ·· (18)
    二、已知一个正则基的对偶单纯形法 ·································· (19)
  习题1 ··· (22)
第2章 线性规划全过程算法 ·· (24)
  2.1 两阶段法 ··· (24)
    一、求可行基的方法 ·· (24)
    二、全过程算法一(两阶段法) ··· (25)
  2.2 大 M 单纯形法 ·· (31)
    一、基本原理 ·· (31)
    二、全过程算法二(大 M 单纯形法) ······························· (32)
  2.3 大 M 对偶单纯形法 ··· (36)
    一、基本原理 ·· (36)
    二、全过程算法三(大 M 对偶单纯形法) ······················· (37)
  2.4 亚基迭代算法 ··· (41)
    一、概念 ··· (41)
    二、全过程算法四(亚基迭代算法) ·································· (42)
  习题2 ··· (45)
第3章 线性规划的扩展问题 ·· (47)
  3.1 线性规划的对偶理论 ··· (47)
    一、对偶线性规划的概念 ·· (47)
    二、对偶线性规划之间的关系 ··· (48)
  3.2 线性规划的灵敏度问题 ··· (54)
    一、灵敏度的概念 ··· (54)

二、目标函数中非最优基变量的系数 c_j 的灵敏度 …………………………… (55)
　　三、目标函数中最优基变量的系数 $c_{R(i)}$ 的灵敏度 ………………………… (55)
　　四、约束条件中常数项 b_i 的灵敏度 ……………………………………………… (57)
　　五、约束条件中非最优基变量的系数 a_{ij} 的灵敏度 ………………………… (58)
　3.3　目标线性规划 ………………………………………………………………… (59)
　　一、关于无最优解的多目标线性规划 …………………………………………… (59)
　　二、关于无可行解的线性规划 …………………………………………………… (64)
　习题 3 ……………………………………………………………………………… (67)

第 4 章　整数线性规划 …………………………………………………………… (69)
　4.1　整数线性规划概念 …………………………………………………………… (69)
　4.2　一般整数线性规划的解法 …………………………………………………… (71)
　　一、一般整数线性规划与线性规划的关系 ……………………………………… (71)
　　二、分支定界法 …………………………………………………………………… (72)
　　三、割平面法 ……………………………………………………………………… (78)
　4.3　0-1 整数规划的解法 ………………………………………………………… (85)
　　一、隐枚举法 ……………………………………………………………………… (86)
　　二、特殊 0-1 整数规划的特殊解法 ……………………………………………… (88)
　习题 4 ……………………………………………………………………………… (92)

第 5 章　最小支撑树和最优路径问题 …………………………………………… (94)
　5.1　图与网络的概念 ……………………………………………………………… (94)
　　一、图的概念 ……………………………………………………………………… (94)
　　二、子图的概念与几种特殊子图 ………………………………………………… (96)
　5.2　最小支撑树问题及其算法 …………………………………………………… (97)
　　一、破圈法 ………………………………………………………………………… (97)
　　二、避圈法 ………………………………………………………………………… (98)
　　三、生长树法 ……………………………………………………………………… (98)
　5.3　最短路问题及其算法 ………………………………………………………… (100)
　　一、最短路的概念 ………………………………………………………………… (100)
　　二、延伸路径的方法与特点 ……………………………………………………… (100)
　　三、无负权值最短路问题的 Dijkstra 算法 …………………………………… (101)
　　四、含负权值无回路最短路问题的强 Dijkstra 算法 ………………………… (106)
　　五、最短路问题的 Floyd 算法 ………………………………………………… (111)
　5.4　最长路径问题及其算法 ……………………………………………………… (114)
　　一、最长路的概念 ………………………………………………………………… (114)
　　二、最长路问题的仿强 Dijkstra 算法 ………………………………………… (114)
　　三、最长路问题的仿 Floyd 算法 ……………………………………………… (119)

5.5 最大增流路径问题 …………………………………………………… (121)
　一、基本概念 ……………………………………………………………… (121)
　二、最大增流路径问题的仿 Dijkstra 算法 …………………………… (121)
　三、最大增流路径问题的仿 Floyd 算法 ……………………………… (124)
习题 5 ……………………………………………………………………………… (126)

第 6 章　网络最优选址和网络最优计划问题 …………………………… (129)
6.1 网络最优选址问题 …………………………………………………… (129)
　一、网络最优选址的概念 ………………………………………………… (129)
　二、单点最优选址问题的算法 …………………………………………… (130)
　三、多点最优选址问题的算法 …………………………………………… (131)
　四、半径有界的最优选址问题的算法 …………………………………… (135)
6.2 网络最优计划问题 …………………………………………………… (138)
　一、基本概念 ……………………………………………………………… (138)
　二、网络最优计划问题的箭线图 ………………………………………… (139)
6.3 网络最优计划问题的算法 …………………………………………… (140)
　一、基于单箭线图的网络最优计划问题的算法 ………………………… (140)
　二、基于复箭线图的网络最优计划问题的算法 ………………………… (145)
　三、关键作业和关键路径的概念与应用 ………………………………… (147)
习题 6 ……………………………………………………………………………… (149)

第 7 章　最大流和最小费用流问题 ……………………………………… (151)
7.1 最大流问题及其算法 ………………………………………………… (151)
　一、有向网络最大流问题及其数学模型 ………………………………… (151)
　二、有向网络的割与割量的概念与性质 ………………………………… (152)
　三、有向网络最大流的 Ford-Fulkersen 算法 ………………………… (153)
　四、无向网络最大流算法 ………………………………………………… (157)
7.2 最小费用流问题及其算法 …………………………………………… (162)
　一、最小费用流的概念 …………………………………………………… (162)
　二、调费图与负回路的概念与性质 ……………………………………… (163)
　三、最小费用流问题的算法 ……………………………………………… (166)
习题 7 ……………………………………………………………………………… (169)

第 8 章　运输问题 ………………………………………………………… (171)
8.1 运输问题及其特征 …………………………………………………… (171)
　一、运输问题的数学模型 ………………………………………………… (171)
　二、运输问题的特征 ……………………………………………………… (172)
8.2 运输问题的解法一（表上回路法） …………………………………… (176)
　一、平衡运输问题的基可行解获取方法 ………………………………… (176)

二、平衡运输问题的最优解获取方法 …………………………………………… (179)
　　三、不平衡运输问题的解法 …………………………………………………… (184)
  8.3　运输问题的解法二(仿最小费用流算法) ………………………………… (187)
　　一、运输问题与最小费用流问题的关系 ……………………………………… (187)
　　二、运输问题的仿最小费用流算法 …………………………………………… (189)
  8.4　运输问题的解法三(平衡负回路算法) …………………………………… (196)
　　一、运输问题的检测矩阵与位置矩阵 ………………………………………… (196)
　　二、运输问题的平衡负回路算法 ……………………………………………… (197)
  习题 8 ……………………………………………………………………………… (202)

第 9 章　分配问题 ………………………………………………………………… (205)
  9.1　分配问题及其特征 ………………………………………………………… (205)
　　一、分配问题及其数学模型 …………………………………………………… (205)
　　二、几种分配问题之间的关系 ………………………………………………… (207)
　　三、典则分配问题的性质 ……………………………………………………… (208)
  9.2　分配问题的解法一(匈牙利算法) ………………………………………… (209)
　　一、典则分配问题的解法 ……………………………………………………… (209)
　　二、一般平衡分配问题的解法 ………………………………………………… (214)
　　三、不平衡分配问题的解法 …………………………………………………… (217)
  9.3　分配问题的解法二(平衡负回路算法) …………………………………… (221)
　　一、典则分配问题的平衡负回路算法 ………………………………………… (221)
　　二、一般平衡分配问题的平衡负回路算法 …………………………………… (226)
  习题 9 ……………………………………………………………………………… (229)

第 10 章　动态规划 ……………………………………………………………… (231)
  10.1　阶段性网络上最优路径的动态规划算法 ………………………………… (231)
　　一、最优路径的延伸算法的共同特点 ………………………………………… (231)
　　二、阶段性网络上最优路径的动态规划算法 ………………………………… (233)
  10.2　适合动态规划的问题与最优性原理 ……………………………………… (236)
　　一、动态规划的概念 …………………………………………………………… (236)
　　二、动态规划在一些线性约束规划上的应用 ………………………………… (237)
　　三、动态规划在一些案例中的应用 …………………………………………… (246)
  习题 10 …………………………………………………………………………… (251)

第 11 章　存储论 ………………………………………………………………… (254)
  11.1　存储论的基本概念 ………………………………………………………… (254)
  11.2　确定性存储模型 …………………………………………………………… (255)
　　一、不允许缺货,即刻到货模型 ……………………………………………… (255)
　　二、不允许缺货,到货需一定时间模型 ……………………………………… (257)

三、允许缺货，即刻到货模型 ………………………………………… (259)
　　四、允许缺货，生产需一定时间 ………………………………………… (261)
　　五、价格有折扣的存储问题 ………………………………………… (263)
 11.3　随机性存储模型 ………………………………………………………… (265)
　　一、需求是随机离散的存储模型 ……………………………………… (265)
　　二、需求是连续型随机变量的存储模型 ……………………………… (267)
　　三、(s,S)型存储策略 …………………………………………………… (268)
 习题 11 ………………………………………………………………………… (273)

第 12 章　对策论 ……………………………………………………………… (275)

 12.1　对策论概述 …………………………………………………………… (275)
　　一、对策论的基本要素 ………………………………………………… (275)
　　二、对策的例子 ………………………………………………………… (276)
 12.2　矩阵对策中的策略 …………………………………………………… (277)
　　一、矩阵对策的最优纯策略 …………………………………………… (277)
　　二、矩阵对策的混合策略 ……………………………………………… (279)
 12.3　矩阵对策的基本定理 ………………………………………………… (281)
　　一、基本定理 …………………………………………………………… (281)
　　二、基本性质 …………………………………………………………… (282)
 12.4　矩阵对策的求解 ……………………………………………………… (283)
　　一、图解法 ……………………………………………………………… (283)
　　二、线性规划法 ………………………………………………………… (284)
　　三、方程组法 …………………………………………………………… (286)
 12.5　其他对策模型简介 …………………………………………………… (288)
　　一、二人无限零和对策 ………………………………………………… (288)
　　二、二人无限非零和对策 ……………………………………………… (289)
　　三、合作对策 …………………………………………………………… (290)
　　四、多人非合作对策 …………………………………………………… (291)
 习题 12 ………………………………………………………………………… (293)

第 13 章　排队论 ……………………………………………………………… (295)

 13.1　随机服务系统与过程 ………………………………………………… (295)
　　一、排队系统的描述 …………………………………………………… (295)
　　二、排队系统的符号表示 ……………………………………………… (296)
　　三、排队系统的主要数量指标和记号 ………………………………… (297)
 13.2　排队系统的常用分布 ………………………………………………… (297)
　　一、指数分布 …………………………………………………………… (297)
　　二、泊松分布 …………………………………………………………… (298)

三、爱尔朗分布 …………………………………………………………（299）
13.3　单服务台排队模型 …………………………………………………………（299）
　　一、标准的 $M/M/1$ 模型 ………………………………………………（300）
　　二、系统容量有限的 $M/M/1/N/\infty$ 模型 ……………………………（302）
　　三、顾客源有限的 $M/M/1/\infty/m$ 模型 ………………………………（304）
13.4　多服务台排队模型 …………………………………………………………（306）
13.5　排队系统的优化问题 ………………………………………………………（307）
　　一、$M/M/1$ 模型的最优平均服务率 …………………………………（307）
　　二、$M/M/c$ 模型的最佳服务台数 ……………………………………（308）
习题 13 ………………………………………………………………………………（309）
参考文献 …………………………………………………………………………（311）

第1章

线性规划

线性规划(linear programming)是运筹学中的一个重要分支,在现代工业、农业、商业、交通运输、国防军事及经济管理等诸多领域都有着广泛、重要的应用.本章介绍的是线性规划的基本概念、性质及在可行基或正则基已知的前提下求解线性规划的方法.

1.1 线性规划的模型及概念

一、线性规划及其模型

现实中有许多问题可以表示成,在满足一组线性等式或线性不等式的条件下,寻求一个能够使某个线性函数的值最大(或最小)的一组变量的取值,这样的问题称为**线性规划问题**.其中,被要求值达到最大(或最小)的函数,称为线性规划的**目标函数**;要求变量满足的所有条件称为线性规划的**约束条件**.

例 1.1.1 某厂生产产品 $A_1, A_2, \cdots, A_n$ 要用到原料 $B_1, B_2, \cdots, B_m$. 已知该厂每种原料的拥有量、生产中每种单位产品要消耗的各种原料量,以及每种产品的单位价格,见表1.1.1.

表 1.1.1

单位用量＼产品 原料	A_1	A_2	$\cdots$	A_n	原料拥有量
B_1	a_{11}	a_{12}	$\cdots$	a_{1n}	b_1
B_2	a_{21}	a_{22}	$\cdots$	a_{2n}	b_2
$\vdots$	$\vdots$	$\vdots$		$\vdots$	$\vdots$
B_m	a_{m1}	a_{m2}	$\cdots$	a_{mn}	b_m
单位产品价格	c_1	c_2	$\cdots$	c_n	

要研究的问题是:在现有条件下,要获得最高产值,每种产品应各生产多少?
设 x_j 为产品 A_j 的生产量($j=1,2,\cdots,n$),则目标函数为总产值
$$c_1 x_1 + c_2 x_2 + \cdots + c_n x_n$$
约束条件为原料 B_i 的拥有量对各种产品 A_j 的生产量 x_j 的限制
$$a_{i1} x_1 + a_{i2} x_2 + \cdots + a_{in} x_n \leqslant b_i \quad (i=1,2,\cdots,m)$$
以及客观条件 $x_j \geqslant 0 (j=1,2,\cdots,n)$. 因此,本题的数学模型为

$$\max c_1x_1 + c_2x_2 + \cdots + c_nx_n$$

$$\text{s.t.} \begin{cases} a_{11}x_1 + a_{12}x_2 + \cdots + a_{1n}x_n \leq b_1 \\ a_{21}x_1 + a_{22}x_2 + \cdots + a_{2n}x_n \leq b_2 \\ \cdots \cdots \\ a_{m1}x_1 + a_{m2}x_2 + \cdots + a_{mn}x_n \leq b_m \\ x_j \geq 0 \quad (j=1,2,\cdots,n) \end{cases}$$

其中 max 是英文 maximum 的缩写,表示取最大;s.t. 是英文 subject to 的缩写,表示受约束于….

例 1.1.2 从 $A_1, A_2, \cdots, A_n$ 矿石中均可提炼出 $B_1, B_2, \cdots, B_m$ 物质. 已知每种矿石中可以提炼的各种物质量、提炼单位矿石的费用,以及需要提取的各种物质量,见表 1.1.2.

表 1.1.2

单位提取量\矿石 物质	A_1	A_2	$\cdots$	A_n	需要的物质量
B_1	a_{11}	a_{12}	$\cdots$	a_{1n}	b_1
B_2	a_{21}	a_{22}	$\cdots$	a_{2n}	b_2
$\vdots$	$\vdots$	$\vdots$		$\vdots$	$\vdots$
B_m	a_{m1}	a_{m2}	$\cdots$	a_{mn}	b_m
单位提取费用	c_1	c_2	$\cdots$	c_n	

要研究的问题是:要使总的提炼费用最少,这 n 种矿石应各选用多少?

设 x_j 为矿石 A_j 的选用量($j=1,2,\cdots,n$),则目标函数为总提炼费用

$$c_1x_1 + c_2x_2 + \cdots + c_nx_n$$

约束条件为物质 B_i 的需要量对各种矿石 A_j 的选用量 x_j 的最低要求

$$a_{i1}x_1 + a_{i2}x_2 + \cdots + a_{in}x_n \geq b_i \quad (i=1,2,\cdots,m)$$

以及客观条件 $x_j \geq 0 (j=1,2,\cdots,n)$. 因此,本题的数学模型为

$$\min c_1x_1 + c_2x_2 + \cdots + c_nx_n$$

$$\text{s.t.} \begin{cases} a_{11}x_1 + a_{12}x_2 + \cdots + a_{1n}x_n \geq b_1 \\ a_{21}x_1 + a_{22}x_2 + \cdots + a_{2n}x_n \geq b_2 \\ \cdots \cdots \\ a_{m1}x_1 + a_{m2}x_2 + \cdots + a_{mn}x_n \geq b_m \\ x_j \geq 0 \quad (j=1,2,\cdots,n) \end{cases}$$

其中 min 是英文 minmum 的缩写,表示取最小;s.t. 的含义同上.

例 1.1.3 按照供需要求,要从发货点 $A_1, A_2, \cdots, A_m$ 处将货物运往 $B_1, B_2, \cdots, B_n$ 各收货点. 已知各发货点提供的货物量、各收货点的货物需求量、从各发货点到各收货

点的单位货物运费,见表 1.1.3.

表 1.1.3

单位运费＼收货点＼发货点	B_1	B_2	…	B_n	发货点提供的货物量
A_1	c_{11}	c_{12}	…	c_{1n}	a_1
A_2	c_{21}	c_{22}	…	c_{2n}	a_2
⋮	⋮	⋮		⋮	⋮
A_m	c_{m1}	c_{m2}	…	c_{mn}	a_m
收货点的货物需求量	b_1	b_2	…	b_n	

要研究的问题是:按照供需现状,如何安排各发货点到各收货点的货物量,才能使总运费最少?

设 x_{ij} 为 A_i 点运往 B_j 点的货物量($i=1,2,\cdots,m;j=1,2,\cdots,n$),则目标函数为总运费 $\sum_{i=1}^{m}\sum_{j=1}^{n}c_{ij}x_{ij}$. 但约束条件要分为以下三种情况:

(1) $\sum_{i=1}^{m}a_i = \sum_{j=1}^{n}b_j$ 时,约束条件是:A_i 点运出的货物量应等于 A_i 点可提供的货物量,B_j 点收到的货物量应等于 B_j 点的货物需求量,即 $\sum_{j=1}^{n}x_{ij}=a_i(i=1,2,\cdots,m)$;$\sum_{i=1}^{m}x_{ij}=b_j(j=1,2,\cdots,n)$;以及客观条件 $x_{ij}\geqslant 0(i=1,2,\cdots,m;j=1,2,\cdots,n)$. 此时,数学模型为

$$\min \sum_{i=1}^{m}\sum_{j=1}^{n}c_{ij}x_{ij}$$

$$\text{s.t.} \begin{cases} \sum_{j=1}^{n}x_{ij}=a_i & (i=1,2,\cdots,m) \\ \sum_{i=1}^{m}x_{ij}=b_j & (j=1,2,\cdots,n) \\ x_{ij}\geqslant 0 & (i=1,2,\cdots,m;j=1,2,\cdots,n) \end{cases}$$

(2) $\sum_{i=1}^{m}a_i \leqslant \sum_{j=1}^{n}b_j$ 时,约束条件是:A_i 点运出的货物量应等于 A_i 点可提供的货物量,B_j 点收到的货物量应不超过 B_j 点的货物需求量,即 $\sum_{j=1}^{n}x_{ij}=a_i(i=1,2,\cdots,m)$,$\sum_{i=1}^{m}x_{ij}\leqslant b_j(j=1,2,\cdots,n)$;以及客观条件 $x_{ij}\geqslant 0(i=1,2,\cdots,m;j=1,2,\cdots,n)$. 此时,数学模型为

$$\min \sum_{i=1}^{m}\sum_{j=1}^{n} c_{ij}x_{ij}$$

$$\text{s. t.} \begin{cases} \sum_{j=1}^{n} x_{ij} = a_i & (i=1,2,\cdots,m) \\ \sum_{i=1}^{m} x_{ij} \leqslant b_j & (j=1,2,\cdots,n) \\ x_{ij} \geqslant 0 & (i=1,2,\cdots,m; j=1,2,\cdots,n) \end{cases}$$

(3) $\sum_{i=1}^{m} a_i \geqslant \sum_{j=1}^{n} b_j$ 时,约束条件是:A_i 点运出的货物量应不超过 A_i 点可提供的货物量,B_j 点收到的货物量应等于 B_j 点的货物需求量,即 $\sum_{j=1}^{n} x_{ij} \leqslant a_i (i=1,2,\cdots,m)$;$\sum_{i=1}^{m} x_{ij} = b_j (j=1,2,\cdots,n)$;以及客观条件 $x_{ij} \geqslant 0 (i=1,2,\cdots,m; j=1,2,\cdots,n)$. 此时,数学模型为

$$\min \sum_{i=1}^{m}\sum_{j=1}^{n} c_{ij}x_{ij}$$

$$\text{s. t.} \begin{cases} \sum_{j=1}^{n} x_{ij} \leqslant a_i & (i=1,2,\cdots,m) \\ \sum_{i=1}^{m} x_{ij} = b_j & (j=1,2,\cdots,n) \\ x_{ij} \geqslant 0 & (i=1,2,\cdots,m; j=1,2,\cdots,n) \end{cases}$$

例 1.1.4 某建筑工地因施工需要,要用 12m 长的钢筋,截取 5.5m、3.5m、2.5m 长的钢筋段各 1600、3500、2800 根. 试问:要使 12m 长的钢筋用量最少,应如何下料?

分析 按不同的下料方法可以获得的不同结果,见表 1.1.4.

表 1.1.4

规 格	方案一	方案二	方案三	方案四	方案五	方案六	方案七
5.5m	2	1	1	0	0	0	0
3.5m	0	1	0	3	2	1	0
2.5m	0	1	2	0	2	3	4

设按第 j 种方案用 12m 的钢筋 x_j 根$(j=1,2,\cdots,7)$,则目标函数为 12m 长的钢筋总用量 $x_1+x_2+\cdots+x_7$. 约束条件为截出的 5.5m、3.5m、2.5m 长的钢筋数量应满足的需要量 $2x_1+x_2+x_3 \geqslant 1600, x_2+3x_4+2x_5+x_6 \geqslant 3500, x_2+2x_3+2x_5+3x_6+4x_7 \geqslant 2800$,以及客观条件 $x_j \geqslant 0 (j=1,2,\cdots,7)$. 因此,该问题的数学模型为

$$\min x_1 + x_2 + \cdots + x_7$$

$$\text{s. t.} \begin{cases} 2x_1 + x_2 + x_3 \geqslant 1600 \\ x_2 + 3x_4 + 2x_5 + x_6 \geqslant 3500 \\ x_2 + 2x_3 + 2x_5 + 3x_6 + 4x_7 \geqslant 2800 \\ x_j \text{ 为整数} \geqslant 0 \quad (j = 1, 2, \cdots, 7) \end{cases}$$

例 1.1.5 在每项工作只能由一人承担的要求下,安排 m 个人去完成 n 项工作.已知第 i 人完成第 j 工作的用时为 c_{ij} ($i=1,2,\cdots,m; j=1,2,\cdots,n$).研究:如何进行工作分配,才能使完成所有工作的总用时最少?

设 $x_{ij} = \begin{cases} 1, & \text{安排第 } i \text{ 人承担第 } j \text{ 项工作,} \\ 0, & \text{否则} \end{cases}$ ($i=1,2,\cdots,m; j=1,2,\cdots,n$), y_i 为第 i 人承担的工作数 ($i=1,2,\cdots,m$),则目标函数为完成所有工作的总用时 $\sum_{i=1}^{m}\sum_{j=1}^{n}c_{ij}x_{ij}$. 约束条件是:每个人对各项工作是否承担应当与其承担的工作数相吻合,即 $\sum_{j=1}^{n}x_{ij} = y_i$ ($i=1,2,\cdots,m$);每项工作只能由一人承担 $\sum_{i=1}^{m}x_{ij} = 1$ ($j=1,2,\cdots,n$);所有工作都必须完成,即 $\sum_{i=1}^{m}y_i = n$;以及 $x_{ij} \in \{0,1\}$ ($i=1,2,\cdots,m; j=1,2,\cdots,n$) 和 $y_i \in \{0,1,\cdots,n\}$ ($i=1,2,\cdots,m$).因此,该问题的数学模型为

$$\min \sum_{i=1}^{m}\sum_{j=1}^{n}c_{ij}x_{ij}$$

$$\text{s. t.} \begin{cases} \sum_{j=1}^{n}x_{ij} = y_i & (i=1,2,\cdots,m) \\ \sum_{i=1}^{m}x_{ij} = 1 & (j=1,2,\cdots,n) \\ \sum_{i=1}^{m}y_i = n \\ x_{ij} \in \{0,1\}, y_i \in \{0,1,\cdots,n\} & (i=1,2,\cdots,m; j=1,2,\cdots,n) \end{cases}$$

以上 5 个问题的数学模型,目标函数和约束条件都是线性的,变量都是非负的,因此,都属于线性规划问题.一般线性规划可分为以下三种形式:

(LP1) $\begin{aligned} & \min(\text{或 max})C^T x \\ & \text{s. t.} \begin{cases} Ax = b \\ x \geqslant 0 \end{cases} \end{aligned}$
(LP2) $\begin{aligned} & \min(\text{或 max})C^T x \\ & \text{s. t.} \begin{cases} Ax \leqslant b \\ x \geqslant 0 \end{cases} \end{aligned}$
(LP3) $\begin{aligned} & \min(\text{或 max})C^T x \\ & \text{s. t.} \begin{cases} Ax = b \\ \overline{A}x \leqslant d \\ x \geqslant 0 \end{cases} \end{aligned}$

其中 $C = (c_1, c_2, \cdots, c_n)^T$, $x = (x_1, x_2, \cdots, x_n)^T$, $A = (a_{ij})_{m \times n}$, $b = (b_1, b_2, \cdots, b_m)^T$, $\overline{A} = (a_{ij})_{k \times n}$, $d = (d_1, d_2, \cdots, d_k)^T$.

规定 (LP1)为线性规划的**标准形**. (LP2)和(LP3)不是标准形,但都可以化成标准形.

定义 1.1.1 如果通过加(或减)非负变量把线性规划的不等式约束变成等式约束,则称这样的非负变量为该线性规划的**松弛变量**.

例如,引入松弛变量 $x_{n+1}, x_{n+2}, \cdots, x_{n+m} \geq 0$,可以把例 1.1.1 中给出的非标准形线性规划转化成标准形线性规划:

$$\max c_1 x_1 + c_2 x_2 + \cdots + c_n x_n$$
$$\text{s.t.} \begin{cases} a_{11}x_1 + a_{12}x_2 + \cdots + a_{1n}x_n + x_{n+1} = b_1 \\ a_{21}x_1 + a_{22}x_2 + \cdots + a_{2n}x_n + x_{n+2} = b_2 \\ \cdots \cdots \\ a_{m1}x_1 + a_{m2}x_2 + \cdots + a_{mn}x_n + x_{n+m} = b_m \\ x_j \geq 0 \quad (j=1,2,\cdots,n+m) \end{cases} \quad (1.1.1)$$

引入松弛变量 $x_{n+1}, x_{n+2}, \cdots, x_{n+m} \geq 0$,可以把例 1.1.2 给出的非标准形线性规划转化成标准形线性规划:

$$\min c_1 x_1 + c_2 x_2 + \cdots + c_n x_n$$
$$\text{s.t.} \begin{cases} a_{11}x_1 + a_{12}x_2 + \cdots + a_{1n}x_n - x_{n+1} = b_1 \\ a_{21}x_1 + a_{22}x_2 + \cdots + a_{2n}x_n - x_{n+2} = b_2 \\ \cdots \cdots \\ a_{m1}x_1 + a_{m2}x_2 + \cdots + a_{mn}x_n - x_{n+m} = b_m \\ x_j \geq 0 \quad (j=1,2,\cdots,n+m) \end{cases} \quad (1.1.2)$$

不难理解,任何非标准形线性规划都可以转化成标准形线性规划,因此,如何构建标准形线性规划问题的解法,是构建一般性线性规划问题的解法的关键.

二、线性规划的几何意义

定义 1.1.2 称集合 $\{x \mid Ax = b, x \geq 0\}$ 为线性规划(LP1)的**可行域**,该集合中的元素称为线性规划(LP1)的**可行解**.

定义 1.1.3 如果(LP1)的可行解能够使(LP1)的目标函数达到目标要求,则该可行解称为(LP1)的**最优解**,对应的目标函数值称为(LP1)的**最优值**.

线性规划(LP2)和(LP3)的可行域、可行解、最优解及最优值的定义类似.

我们知道,二元一次方程 $a_{i1}x_1 + a_{i2}x_2 = b_i$ 在 $x_1 O x_2$ 直角坐标系中,图像是直线. 三元一次方程 $a_{i1}x_1 + a_{i2}x_2 + a_{i3}x_3 = b_i$ 在 $Ox_1 x_2 x_3$ 直角坐标系中,图像为平面. 但是在 $n > 3$ 时,n 元一次方程 $a_{i1}x_1 + a_{i2}x_2 + \cdots + a_{in}x_n = b_i$ 的图像是无法绘制的,为方便起见,称 n 元一次方程的图像为超平面. 因此,(LP1)的可行域是一系列超平面的公共点构成的集合;(LP2)的可行域是一系列超平面围成的集合. 特别是在 $n=2$ 时,(LP2)的可行域是由若干条直线围成的凸多边形. 在 $n=3$ 时,(LP2)的可行域是由若个平面围成的凸多面体.

定义 1.1.4 设 W 为一集合,若任意取 $x,y \in W$,对于任意的 $0<\lambda<1$,都有
$$\lambda x+(1-\lambda)y \in W$$
则称集合 W 为**凸集**.

定理 1.1.1 线性规划的可行域是凸集.

证 仅以(LP1)为例,(LP2)和(LP3)的证明完全类似.

因为,任取 $x,y \in \{x \mid Ax=b, x \geqslant 0\}$,则 $Ax=b, x \geqslant 0, Ay=b, y \geqslant 0$,所以,对于任意的 $0<\lambda<1$,都有
$$A[\lambda x+(1-\lambda)y]=\lambda Ax+(1-\lambda)Ay=\lambda b+(1-\lambda)b=b, \quad \lambda x+(1-\lambda)y \geqslant 0$$
因此 $\lambda x+(1-\lambda)y \in \{x \mid Ax=b, x \geqslant 0\}$,由定义 1.1.4 知,线性规划(LP1)的可行域为凸集.

定义 1.1.5 设集合 W 为凸集,$x \in W$. 如果任取 $y,z \in W(y \neq z)$,对于任意的 $0<\lambda<1$,都有 $\lambda y+(1-\lambda)z \neq x$,则称 x 是集合 W 的**顶点**.

由微积分原理知,函数 $\sum_{j=1}^{n} c_j x_j$ 在 $(x_1, x_2, \cdots, x_n)$ 点处沿它的梯度方向 $\{c_1, c_2, \cdots, c_n\}$ 上升最快,沿它的负梯度方向 $\{-c_1, -c_2, \cdots, -c_n\}$ 下降最快. 因此,理论上可以沿梯度方向(负梯度方向)平移等位面 $\sum_{j=1}^{n} c_j x_j = \lambda$,来获取线性规划的最优解:当等位面 $\sum_{j=1}^{n} c_j x_j = \lambda$ 能够到达可行域的最远顶点时,最远顶点的坐标便是线性规划的最优解;若沿梯度方向(负梯度方向)不论怎样平移等位面 $\sum_{j=1}^{n} c_j x_j = \lambda$,等位面都与可行域相交,则目标函数值无上(下)界,此时,线性规划无最优解. 这就是线性规划的几何意义.

例 1.1.6 利用几何意义,分析下列线性规划的最优解:

(1) $\max x_1+3x_2$
s.t. $\begin{cases} -x_1+x_2 \leqslant 1, \\ 2x_1+3x_2 \leqslant 6, \\ x_1-2x_2 \leqslant 2, \\ x_1, x_2 \geqslant 0; \end{cases}$

(2) $\min -4x_1+x_2$
s.t. $\begin{cases} -x_1+x_2 \leqslant 1, \\ 2x_1+3x_2 \leqslant 6, \\ x_1+x_2 \geqslant 1, \\ x_1, x_2 \geqslant 0. \end{cases}$

解 (1)绘制线性规划的可行域,由于目标是求最大,所以,将等位线 $x_1+3x_2=\lambda$ 按目标函数的梯度方向 $\{1,3\}$ 平移(图 1.1.1).

由于等位线 $x_1+3x_2=\lambda$ 在可行域中,最远只能平移到直线 $-x_1+x_2=1$ 与直线 $2x_1+3x_2=6$ 的交点 $\left(\dfrac{3}{5}, \dfrac{8}{5}\right)$ 处,因此,该线性规划的最优解为 $x_1=\dfrac{3}{5}, x_2=\dfrac{8}{5}$,最优值为 $\dfrac{27}{5}$.

(2)绘制线性规划的可行域,由于目标是求最小,所以,将等位线 $-4x_1+x_2=\lambda$ 按目标函数的负梯度方向 $\{4,-1\}$ 平移(图 1.1.2). 由于等位线 $-4x_1+x_2=\lambda$ 在可行域

中,最远只能平移到直线 $2x_1+3x_2=6$ 与直线 $x_2=0$ 的交点 $(3,0)$ 处,因此,该线性规划的最优解是 $x_1=3, x_2=0$,最优值为 -12.

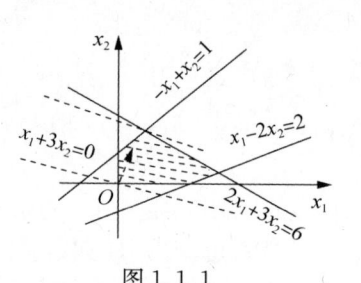

图 1.1.1

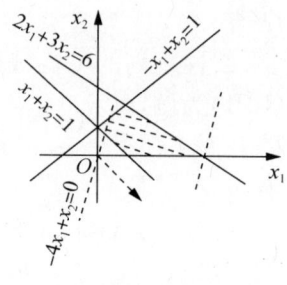

图 1.1.2

例 1.1.7 利用几何意义,分析下列线性规划的最优解:

(1) $\max 3x_1-4x_2$
s. t. $\begin{cases} x_1+x_2\geqslant 1, \\ -x_1+x_2\leqslant 1, \\ x_2\leqslant 2, \\ x_1,x_2\geqslant 0; \end{cases}$

(2) $\min -2x_1-3x_2$
s. t. $\begin{cases} x_1+x_2\geqslant 1, \\ -x_1+x_2\leqslant 1, \\ x_2\leqslant 2, \\ x_1,x_2\geqslant 0. \end{cases}$

解 (1)绘制线性规划的可行域,由于等位线 $3x_1-4x_2=\lambda$ 在可行域内,按目标函数的梯度方向 $\{3,-4\}$ 不论怎样平移,永远与可行域相交(图 1.1.3),所以,该线性规划无上界,因此,无最优解.

(2)绘制线性规划的可行域,由于等位线 $3x_1-4x_2=\lambda$ 在可行域内,按目标函数的负梯度方向 $\{2,3\}$ 不论怎样平移,永远与可行域相交,见图 1.1.4. 所以,该线性规划无下界,因此,无最优解.

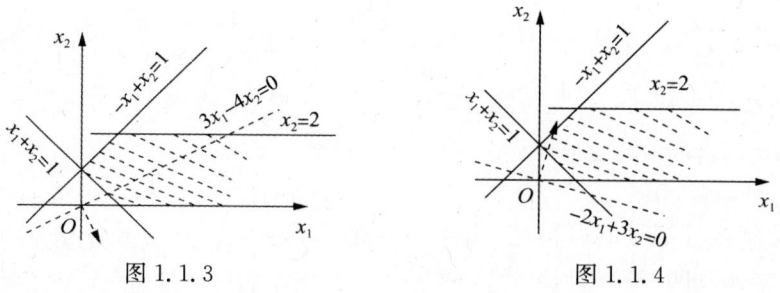

图 1.1.3

图 1.1.4

注释 可行域无界只是目标函数无界的必要条件,而不是充分条件. 例如,例 1.1.7 中(1)的目标换成 $\min 3x_1-4x_2$ 时,便存在最优解,最优解为直线 $-x_1+x_2=1$ 与直线 $x_2=2$ 的交点 $(1,2)$,即 $x_1=1,x_2=2$,最优值为 -5.

上述通过作图获取线性规划最优解的方法,只能用于二维线性规划,而不宜推广. 因为,当线性规划中有 4 个及 4 个以上变量时,是无法作图的,即使只有 3 个变量,作图也是很不方便的,获取准确的最优解就更困难了. 所以,求解线性规划,必须另寻其他方法.

1.2 单纯形法

一、线性规划的单纯形表

为了今后论述方便,将以下两个标准线性规划:

$$\min C^T x \qquad\qquad \max C^T x$$
$$\text{s. t.} \begin{cases} Ax=b \\ x\geq 0 \end{cases} \qquad\qquad \text{s. t.} \begin{cases} Ax=b \\ x\geq 0 \end{cases}$$

分别简记为 LP-min 和 LP-max,两者又统一简记成(LP). 将下面的线性方程组:

$$\begin{cases} x_0 - C^T x = 0 \\ Ax = b \end{cases}$$

简记为(LQ).

显然,如果 x 是(LP)的可行解,则 $\begin{pmatrix} x_0 \\ x \end{pmatrix} = \begin{pmatrix} C^T x \\ x \end{pmatrix}$ 一定是(LQ)的解,且 x_0 是 x 对应的(LP)的目标函数值. 由此可知,如果(LP)的最优解存在的话,其最优解一定是(LQ)的某个特解,并且包含在(LQ)的通解中.

设 $A = (B, N)$,B 为可逆方阵,对应表示 $C^T = (C_B^T, C_N^T)$,$x = \begin{pmatrix} x_B \\ x_N \end{pmatrix}$,则对(LQ)的增广矩阵实施初等行变换:

$$\begin{bmatrix} 1 & -C_B^T & -C_N^T & 0 \\ 0 & B & N & b \end{bmatrix} \sim \begin{bmatrix} 1 & 0^T & C_B^T B^{-1} N - C_N^T & C_B^T B^{-1} b \\ 0 & I & B^{-1} N & B^{-1} b \end{bmatrix}$$

便得到线性方程组(LQ)的通解:

$$\begin{pmatrix} x_0 \\ x_B \\ x_N \end{pmatrix} = \begin{pmatrix} C_B^T B^{-1} b - (C_B^T B^{-1} N - C_N^T) x_N \\ B^{-1} b - B^{-1} N x_N \\ x_N \end{pmatrix}$$

其中, $x_0 = C_B^T B^{-1} b - (C_B^T B^{-1} N - C_N^T) x_N$ 为 $x = \begin{pmatrix} x_B \\ x_N \end{pmatrix} = \begin{pmatrix} B^{-1} b - B^{-1} N x_N \\ x_N \end{pmatrix}$ 时,(LP)的目标函数值.

由于在上述初等行变换的过程中,增广矩阵的第一列始终不变,所以,上述的初等行变换可以简化成

$$\begin{bmatrix} -C_B^T & -C_N^T & 0 \\ B & N & b \end{bmatrix} \sim \begin{bmatrix} 0^T & C_B^T B^{-1} N - C_N^T & C_B^T B^{-1} b \\ I & B^{-1} N & B^{-1} b \end{bmatrix}$$

为了突显线性规划的目标函数和约束条件,将这两个增广矩阵分别表示成下面形式:

$$\begin{array}{c|c} \begin{matrix} -C_B^T & -C_N^T \end{matrix} & 0 \\ \hline B \quad N & b \end{array} \qquad \begin{array}{c|c} \begin{matrix} 0^T & C_B^T B^{-1} N - C_N^T \end{matrix} & C_B^T B^{-1} b \\ \hline I \quad B^{-1} N & B^{-1} b \end{array}$$

并称它们为**单纯形表**,第二个单纯形表又称为单纯形表的**典则形式**,$(0^T, C_B^T B^T N - C_N^T)$ 中的元素称为线性规划(LP)的**检验数**.

由(LQ)的通解与(LP)的可行解间的关系知,如果取 $x_N \geq 0$ 能够使 $B^{-1}b - B^{-1}Nx_N \geq 0$,则 $x = \begin{pmatrix} x_B \\ x_N \end{pmatrix} = \begin{pmatrix} B^{-1}b - B^{-1}Nx_N \\ x_N \end{pmatrix}$ 便是(LP)的可行解;如果 $B^{-1}b \geq 0$,取 $x_N = 0$,则 $x = \begin{pmatrix} x_B \\ x_N \end{pmatrix} = \begin{pmatrix} B^{-1}b \\ 0 \end{pmatrix}$ 也是(LP)的可行解,而且是线性规划的一类重要的可行解.

二、可行基与基可行解的概念和性质

定义 1.2.1 若 $A = (B, N)$,B 可逆,则称方阵 B 是(LP)的**基**. 若 $B^{-1}b \geq 0$,则称 B 是(LP)的**可行基**,称 $x = \begin{pmatrix} x_B \\ x_N \end{pmatrix} = \begin{pmatrix} B^{-1}b \\ 0 \end{pmatrix}$ 是(LP)的**基可行解**,此时,x_B 中的变量称为**基变量**,x_N 中的变量称为**非基变量**.

定理 1.2.1 (LP)的可行解 x 是(LP)的基可行解的充要条件是,x 的非零分量对应的 A 中的列向量组线性无关.

证 若 $x = 0$,则定理显然成立;否则 $x \neq 0$,不妨设可行解 x 的前 k 个分量不为零,即
$$x = (x_1, x_2, \cdots, x_k, 0, \cdots, 0)^T, x_j > 0 \quad (j = 1, 2, \cdots, k)$$
记 $m \times n$ 阶矩阵 $A = (p_1, p_2, \cdots, p_n)$,其秩为 $r(A) = m$.

必要性. 当 x 是基可行解时,由定义 1.2.1 知 $x_1, x_2, \cdots, x_k$ 都是基变量的取值,对应的 $p_1, p_2, \cdots, p_k$ 都是基中的列向量,必线性无关.

充分性. 当 $(x_1, x_2, \cdots, x_k, 0, \cdots, 0)^T$ 是(LP)的可行解,$x_1, x_2, \cdots, x_k$ 对应的 $p_1, p_2, \cdots, p_k$ 线性无关时,若 $k = m$,则 $(p_1, p_2, \cdots, p_k)$ 为可逆方阵,且
$$p_1 x_1 + p_2 x_2 + p_k x_k + p_{k+1} 0 + \cdots + p_n 0 = b$$
$$(x_1, x_2, \cdots, x_k)^T = (p_1, p_2, \cdots, p_k)^{-1} b > 0$$
由定义 1.2.1 知,给 $(x_1, x_2, \cdots, x_k)^T$ 增加 $n - m$ 个 0 分量后,得到的 n 维向量
$$(x_1, x_2, \cdots, x_k, 0, \cdots, 0)^T$$
是(LP)的基可行解. 若 $k < m = r(A)$,则 A 中必存在 $p_{j_{k+1}}, p_{j_{k+2}}, \cdots, p_{j_m}$,使得向量组 $p_1, p_2, \cdots, p_k, p_{j_{k+1}}, \cdots, p_{j_m}$ 线性无关,同理可得 m 维向量
$$(x_1, x_2, \cdots, x_k, 0, \cdots, 0)^T = (p_1, p_2, \cdots, p_k, p_{j_{k+1}}, \cdots, p_{j_m})^{-1} b \geq 0$$
由定义 1.2.1 知,给 $(x_1, x_2, \cdots, x_k, 0, \cdots, 0)^T$ 增加 $n - m$ 个 0 分量后,得到的 n 维向量
$$x = (x_1, x_2, \cdots, x_k, 0, \cdots, 0, 0, \cdots, 0)^T$$
是(LP)的基可行解.

定理 1.2.2 如果(LP)的最优解存在,则必有一个基可行解为最优解.

证 当 x^* 为(LP)的最优解时,不妨设 $x^* = (x_1^*, x_2^*, \cdots, x_k^*, 0, \cdots, 0)^T, x_j^* > 0$ ($j = 1, 2, \cdots, k$),(LP)中约束条件的系数矩阵 $A = (p_1, p_2, \cdots, p_n)$.

若 $x_1^*, x_2^*, \cdots, x_k^*$ 对应的向量组 $p_1, p_2, \cdots, p_k$ 线性无关,则由定理 1.2.1 知,(LP) 的最优解 $x^* = (x_1^*, x_2^*, \cdots, x_k^*, 0, \cdots, 0)^T$ 为基可行解;若 $x_1^*, x_2^*, \cdots, x_k^*$ 对应的向量组 $p_1, p_2, \cdots, p_k$ 线性相关,则存在一组不全为零的数 $\lambda_1, \lambda_2, \cdots, \lambda_k$ 使得

$$\lambda_1 p_1 + \lambda_2 p_2 + \cdots + \lambda_k p_k = 0 \tag{1.2.1}$$

因为

$$p_1 x_1^* + p_2 x_2^* + \cdots + p_k x_k^* = b \tag{1.2.2}$$

取

$$\delta = \min\left\{ \frac{x_j^*}{|\lambda_j|} \,\Big|\, \lambda_j \neq 0, 1 \leqslant j \leqslant k \right\} \tag{1.2.3}$$

$$y_j = x_j^* + \delta \lambda_j \quad (j = 1, 2, \cdots, k), \quad y_s = 0 \quad (s = k+1, k+2, \cdots, n)$$
$$z_j = x_j^* - \delta \lambda_j \quad (j = 1, 2, \cdots, k), \quad z_s = 0 \quad (s = k+1, k+2, \cdots, n)$$

则由(1.2.3)知,$y_j \geqslant 0 (j=1,2,\cdots,n)$,由(1.2.1)和(1.2.2)知

$$\sum_{j=1}^n p_j y_j = \sum_{j=1}^k p_j (x_j^* + \delta \lambda_j) = \sum_{j=1}^k p_j x_j^* + \delta \sum_{j=1}^k \lambda_j p_j = b$$

所以 $(y_1, y_2, \cdots, y_n)^T$ 是(LP)的可行解,同理 $(z_1, z_2, \cdots, z_n)^T$ 也是(LP)的可行解. 因为,当(LP)为 LP-min 时,

$$\sum_{j=1}^n c_j x_j^* \leqslant \sum_{j=1}^n c_j y_j = \sum_{j=1}^k c_j (x_j^* + \delta \lambda_j) = \sum_{j=1}^k c_j x_j^* + \delta \sum_{j=1}^k c_j \lambda_j$$

$$\sum_{j=1}^n c_j x_j^* \leqslant \sum_{j=1}^n c_j z_j = \sum_{j=1}^k c_j (x_j^* - \delta \lambda_j) = \sum_{j=1}^k c_j x_j^* - \delta \sum_{j=1}^k c_j \lambda_j$$

由此知,$\delta \sum_{j=1}^k c_j \lambda_j = 0$,同理(LP)为 LP-max 时,$\delta \sum_{j=1}^k c_j \lambda_j = 0$. 所以,$(y_1, y_2, \cdots, y_n)^T$ 与 $(z_1, z_2, \cdots, z_n)^T$ 也都是(LP)的最优解.

另外,由 y_j 与 z_j 的构造知,这两个可行解中必有一个增加了零分量. 如果增加了零分量的可行解的非零分量对应的 A 中的列向量组线性无关,则由定理 1.2.1 知,该可行解为(LP)的基可行解,否则,按照上述方法,再用该可行解构造增加零分量的可行解,直到获得基可行解为止,因此,定理成立.

定理 1.2.2 及其证明揭示,只要(LP)的可行解存在,则(LP)的基可行解一定存在;只要(LP)的最优解存在,则(LP)的最优解一定能从基可行解中找出. 利用这一特征,可以把(LP)最优解的搜索范围,由可行域缩小到基可行解(至多 C_n^m 个)构成的集合内.

定理 1.2.3 (LP)的基可行解的图像是(LP)的可行域的顶点. 反之,(LP)的可行域的顶点坐标是(LP)的基可行解.

证 先证明前一个结论. (用反证法)假设 $x = \begin{pmatrix} x_B \\ x_N \end{pmatrix} = \begin{pmatrix} B^{-1}b \\ 0 \end{pmatrix}$ 是(LP)的基可行解,其图像却不是(LP)的可行域的顶点. 由定义 1.2.1 知,基可行解也是可行解,因此 $x = \begin{pmatrix} B^{-1}b \\ 0 \end{pmatrix}$ 是(LP)的可行域中的点. 又由定理 1.1.1 知(LP)的可行域是凸集,所以必存在

(LP)的两个可行解 $x^1 = \begin{pmatrix} x_B^1 \\ x_N^1 \end{pmatrix} \neq x^2 = \begin{pmatrix} x_B^2 \\ x_N^2 \end{pmatrix}$ 及 $0 < \lambda < 1$ 使得 $\lambda x^1 + (1-\lambda)x^2 = \begin{pmatrix} B^{-1}b \\ 0 \end{pmatrix}$,因此 $\lambda x_N^1 + (1-\lambda)x_N^2 = 0$. 由于, $x^1 \geq 0, x^2 \geq 0, 0 < \lambda < 1$, 所以, $x_N^1 = 0, x_N^2 = 0$. 由于 x^1 是(LP)的可行解, 所以, $Ax^1 = (B, N)\begin{pmatrix} x_B^1 \\ x_N^1 \end{pmatrix} = Bx_B^1 = b$, 由此得 $x_B^1 = B^{-1}b$, 同理 $x_B^2 = B^{-1}b$, 所以 $x^1 = x^2 = \begin{pmatrix} B^{-1}b \\ 0 \end{pmatrix}$ 与 $x^1 \neq x^2$ 矛盾. 因此, $x = \begin{pmatrix} B^{-1}b \\ 0 \end{pmatrix}$ 的图像是(LP)的可行域的顶点.

下面证明后一个结论. (用反证法)假设 $x = (x_1, x_2, \cdots, x_k, 0, \cdots, 0)^T$ 是(LP)的可行域的顶点坐标, 却不是(LP)的基可行解. 则 $x_1, x_2, \cdots, x_k$ 对应的向量组 $p_1, p_2, \cdots, p_k$ 线性相关(注: $A = (p_1, p_2, \cdots, p_n)$), 否则, 由定理 1.2.1 知 $x = (x_1, x_2, \cdots, x_k, 0, \cdots, 0)^T$ 为(LP)的基可行解. 因此, 存在一组不全为零的数 $\lambda_1, \lambda_2, \cdots, \lambda_k$ 使得

$$\lambda_1 p_1 + \lambda_2 p_2 + \cdots + \lambda_k p_k = 0 \tag{1.2.4}$$

因为

$$p_1 x_1 + p_2 x_2 + \cdots + p_k x_k = b \tag{1.2.5}$$

取

$$\delta = \min\left\{ \frac{x_j}{|\lambda_j|} \mid \lambda_j \neq 0, 1 \leq j \leq k \right\} \tag{1.2.6}$$

$$y_j = x_j + \delta\lambda_j \quad (j = 1, 2, \cdots, k), \quad y_s = 0 \quad (s = k+1, k+2, \cdots, n) \tag{1.2.7}$$

$$z_j = x_j - \delta\lambda_j \quad (j = 1, 2, \cdots, k), \quad z_s = 0 \quad (s = k+1, k+2, \cdots, n) \tag{1.2.8}$$

则由(1.2.6)知, $y_j \geq 0 (j = 1, 2, \cdots, n)$, 由(1.2.4)和(1.2.5)知

$$\sum_{j=1}^n p_j y_j = \sum_{j=1}^k p_j(x_j + \delta\lambda_j) = \sum_{j=1}^k p_j x_j + \delta \sum_{j=1}^k \lambda_j p_j = b$$

所以 $(y_1, y_2, \cdots, y_n)^T$ 是(LP)的可行解, 同理 $(z_1, z_2, \cdots, z_n)^T$ 也是(LP)的可行解. 但是, 由(1.2.7)和(1.2.8)知 $x_j = \frac{1}{2}y_j + \frac{1}{2}z_j (j = 1, 2, \cdots, n), (y_1, y_2, \cdots, y_n)^T \neq (z_1, z_2, \cdots, z_n)^T$, 因此 $x = (x_1, x_2, \cdots, x_k, 0, \cdots, 0)^T$ 不是(LP)的可行域的顶点坐标, 与假设矛盾.

三、已知一个可行基的单纯形法

上述定理揭示, 搜索线性规划最优解的范围, 可以由可行域缩小到基可行解的集合上, 接下来要解决的问题是, 如何从基可行解的集合中找出最优解.

定理 1.2.4 设 $A = (B, N), B$ 为(LP)可行基, 对应表示 $C^T = (C_B^T, C_N^T), x = \begin{pmatrix} x_B \\ x_N \end{pmatrix}$.

(1) 若 $B^{-1}b \geq 0, C_B^T B^{-1} N - C_N^T \leq 0$, 则 $x = \begin{pmatrix} x_B \\ x_N \end{pmatrix} = \begin{pmatrix} B^{-1}b \\ 0 \end{pmatrix}$ 是 LP-min 的最优解.

(2) 若 $B^{-1}b \geq 0, C_B^T B^{-1} N - C_N^T \geq 0$, 则 $x = \begin{pmatrix} x_B \\ x_N \end{pmatrix} = \begin{pmatrix} B^{-1}b \\ 0 \end{pmatrix}$ 是 LP-max 的最优解.

证 (1)因为 $(B,N)\begin{pmatrix}B^{-1}b\\0\end{pmatrix}=b$,$\begin{pmatrix}B^{-1}b\\0\end{pmatrix}\geqslant 0$,所以,$x=\begin{pmatrix}x_B\\x_N\end{pmatrix}=\begin{pmatrix}B^{-1}b\\0\end{pmatrix}$ 是(LP)的基可行解. 由线性方程组(LQ)的通解知,基可行解 $x=\begin{pmatrix}x_B\\x_N\end{pmatrix}=\begin{pmatrix}B^{-1}b\\0\end{pmatrix}$ 对应的(LP)的目标函数值为 $C_B^T B^{-1}b$,任取(LP)的可行解 $z=\begin{pmatrix}z_B\\z_N\end{pmatrix}$,其对应的目标函数值为

$$C_B^T B^{-1}b-(C_B^T B^{-1}N-C_N^T)z_N$$

所以 $C_B^T B^{-1}N-C_N^T\leqslant 0$ 时,$C_B^T B^{-1}b-(C_B^T B^{-1}N-C_N^T)z_N\geqslant C_B^T B^{-1}b$,因此 $x=\begin{pmatrix}B^{-1}b\\0\end{pmatrix}$ 是 LP-min 的最优解.

(2)同理可证.

定理 1.2.4 给出了(LP)的基可行解是否为最优解的判断方法,接下来需要解决的问题是,如何通过初等行变换使单纯形表中的检验数和常数列满足最优性条件. 在已知一个可行基的情况下,用**单纯形法**能够解决这样的问题,其过程是:保持 $B^{-1}b\geqslant 0$ 的前提下,用初等行变换逐步将检验数 $C_B^T B^{-1}N-C_N^T$ 中的正(负)元素都削成零.

以 LP-min 为例,在已知 $B^{-1}b\geqslant 0$ 的情况下,**单纯形法**的程序步骤如下:

$1°$ 输入:$\begin{bmatrix}a_{01}&a_{02}&\cdots&a_{0n}&a_{0,n+1}\\a_{11}&a_{12}&\cdots&a_{1n}&a_{1,n+1}\\\vdots&\vdots&&\vdots&\vdots\\a_{m1}&a_{m2}&\cdots&a_{mn}&a_{m,n+1}\end{bmatrix}\Leftarrow\begin{array}{c|c}0\quad C_B^T B^{-1}N-C_N^T & C_B^T B^{-1}b\\\hline I\quad B^{-1}N & B^{-1}b\end{array}.$

用 $R(i)(i=1,2,\cdots,m)$ 记录单位矩阵 I 中的元素 1 的位置(表示第 i 行上,I 中的元素 1 位于第 $R(i)$ 列上.)

$2°$ 求 $\min\{j\mid a_{0j}>0,1\leqslant j\leqslant n\}\triangleq t$.

若 t 不存在,则得最优解:$x_{R(i)}=a_{i,n+1}(i=1,2,\cdots,m)$,其他 $x_j=0$,停. 否则(t 存在)转到 $3°$.

$3°$ 求 $\min\left\{\dfrac{a_{i,n+1}}{a_{it}}\mid a_{it}>0,1\leqslant i\leqslant m\right\}\triangleq\lambda$.

若 λ 不存在,则 LP-min 无下界,所以无最优解,停. 否则(λ 存在)求

$$\min\left\{R(i)\,\Big|\,\dfrac{a_{i,n+1}}{a_{it}}=\lambda,a_{it}>0,1\leqslant i\leqslant m\right\}\triangleq R(s)$$

转到 $4°$.

$4°$ $a_{sj}\Leftarrow\dfrac{a_{sj}}{a_{st}}(j=1,2,\cdots,n+1)$,

$a_{ij}\Leftarrow a_{ij}-a_{sj}a_{it}(i=0,1,2,\cdots,m,i\neq s,j=1,2,\cdots,n+1)$,

$R(s)\Leftarrow t$,转到 $2°$.

算法注释 (1)第 $3°$ 步中,$\min\left\{R(i)\,\Big|\,\dfrac{a_{i,n+1}}{a_{it}}=\lambda,a_{it}>0,1\leqslant i\leqslant m\right\}\triangleq R(s)$,为 Bland

法则,能够在多个比值 $\dfrac{a_{i,n+1}}{a_{it}}$ 相同的情况下,避免运算无限循环.

(2) 只要将上述针对 LP-min 的单纯形法步骤 2° 中的 "$\min\{j\mid a_{0j}>0,1\leqslant j\leqslant n\}\triangleq t$" 改成 "$\min\{j\mid a_{0j}<0,1\leqslant j\leqslant n\}\triangleq t$";步骤 3° 中的 "LP-min 无下界" 改成 "LP-max 无上界",便得到针对 LP-max 的单纯形法.

定理 1.2.5 设

$$\begin{pmatrix} a_{01} & a_{02} & \cdots & a_{0n} & a_{0,n+1} \\ a_{11} & a_{12} & \cdots & a_{1n} & a_{1,n+1} \\ \vdots & \vdots & & \vdots & \vdots \\ a_{m1} & a_{m2} & \cdots & a_{mn} & a_{m,n+1} \end{pmatrix} \text{ 与 } \begin{pmatrix} \bar{a}_{01} & \bar{a}_{02} & \cdots & \bar{a}_{0n} & \bar{a}_{0,n+1} \\ \bar{a}_{11} & \bar{a}_{12} & \cdots & \bar{a}_{1n} & \bar{a}_{1,n+1} \\ \vdots & \vdots & & \vdots & \vdots \\ \bar{a}_{m1} & \bar{a}_{m2} & \cdots & \bar{a}_{mn} & \bar{a}_{m,n+1} \end{pmatrix}$$

是执行单纯形法步骤 4° 之前和之后的单纯形表,则 $x_{R(i)}=\bar{a}_{i,n+1}(i=1,2,\cdots,m)$,其他 $x_j=0$ 依然是 LP-min 的基可行解,而且 $\bar{a}_{0,n+1}\leqslant a_{0,n+1}$.

证 因为 $a_{iR(k)}=\begin{cases}1, & i=k, \\ 0, & i\neq k\end{cases}(i,k=1,2,\cdots,m)$,所以,经过步骤 4°,

$$\bar{a}_{st}=\frac{a_{st}}{a_{st}}=1, \bar{a}_{it}=a_{it}-\frac{a_{st}}{a_{st}}a_{it}=0(i=0,1,2,\cdots,m,i\neq s)$$

$$\bar{a}_{sR(s)}=\frac{a_{sR(s)}}{a_{st}}=\frac{1}{a_{st}}, \bar{a}_{iR(s)}=a_{iR(s)}-\frac{a_{sR(s)}}{a_{st}}a_{it}=-\frac{a_{it}}{a_{st}}(i=0,1,2,\cdots,m,i\neq s)$$

$$\bar{a}_{iR(i)}=a_{iR(i)}-\frac{a_{sR(i)}}{a_{st}}a_{it}=a_{iR(i)}(i=0,1,2,\cdots,m,i\neq s)$$

表明 $x_{R(s)}$ 由基变量变为非基变量,x_t 由非基变量变为基变量,其他基变量却没有这样的转变.

因为 $a_{i,n+1}\geqslant 0(i=1,2,\cdots,m)$,由步骤 3° 知,$\min\left\{\dfrac{a_{i,n+1}}{a_{it}}\,\Big|\,a_{it}>0,1\leqslant i\leqslant m\right\}=\dfrac{a_{s,n+1}}{a_{st}}$,所以,按照步骤 4°,当 $i=s$ 时,$\bar{a}_{s,n+1}=\dfrac{a_{s,n+1}}{a_{st}}\geqslant 0$;当 $i\neq s, a_{it}>0$ 时,$\dfrac{a_{i,n+1}}{a_{it}}-\dfrac{a_{s,n+1}}{a_{st}}\geqslant 0$,故 $\bar{a}_{i,n+1}=a_{i,n+1}-\dfrac{a_{s,n+1}}{a_{st}}a_{it}=a_{it}\left(\dfrac{a_{i,n+1}}{a_{it}}-\dfrac{a_{s,n+1}}{a_{st}}\right)\geqslant 0$;当 $i\neq s, a_{it}\leqslant 0$ 时,$-\dfrac{a_{s,n+1}}{a_{st}}a_{it}\geqslant 0$,因此 $\bar{a}_{i,n+1}=a_{i,n+1}-\dfrac{a_{s,n+1}}{a_{st}}a_{it}\geqslant 0$.

综上,在步骤 4° 执行 $R(s)\Leftarrow t$ 后,$x_{R(i)}=\bar{a}_{i,n+1}(i=1,2,\cdots,m)$,其他 $x_j=0$ 依然是 LP-min 的基可行解.而且,由步骤 2° 知,$a_{0t}>0$,所以 $\bar{a}_{0,n+1}=a_{0,n+1}-\dfrac{a_{s,n+1}}{a_{st}}a_{0t}\leqslant a_{0,n+1}$.

定理 1.2.5 揭示,针对 LP-min 的单纯形法,是一种使目标函数随迭代运算单调递减的算法.同样,针对 LP-max 的单纯形法,是一种使目标函数随迭代运算单调递增的算法.

定理 1.2.6 用单纯形法求解 LP-min(LP-max)时,如果步骤 3° 中出现 λ 不存在,

则 LP-min(LP-max)的目标函数无下(上)界.

证 针对 LP-min,λ 不存在是由于 $a_{it} \leqslant 0 (i=1,2,\cdots,m)$,又因 $a_{i,n+1} \geqslant 0 (i=1,2,\cdots,m)$,所以,任取非基变量 $x_t > 0$,取其他非基变量 $x_j = 0$,则基变量 $x_{R(i)} = a_{i,n+1} - a_{it}x_t \geqslant 0 (i=1,2,\cdots,m)$,由此获得的 $(x_1, x_2, \cdots, x_n)^T$ 便始终是 LP-min 的可行解,其对应的目标函数值为 $a_{0,n+1} - a_{0t}x_t$. 但是,由步骤 2° 知 $a_{0t} > 0$,所以在 $x_t \to +\infty$ 时,$a_{0,n+1} - a_{0t}x_t \to -\infty$,即,LP-min 的目标函数无下界. 针对 LP-max 的证明类似.

定理 1.2.7 用引入 Bland 法则的单纯形法求解线性规划,只需有限次迭代运算即可获得最优解或获知无界.

证 (以 LP-min 为例,用反证法)假设用单纯形法求解 LP-min 时,每次执行到步骤 2° 时,总能搜索出 $a_{0t} > 0$,执行到步骤 3° 时,总能搜索出 $a_{st} > 0$. 这样的话,运算将永不终止地从一个可行基转换到另一个可行基. 由于 LP-min 的可行基至多只有 C_n^m 个,因此,这种情况下,必有一些可行基随运算循环出现,但对应的 LP-min 的目标函数值却不再发生变化. 即,出现无限循环时,必然是每次选到变换元 $a_{st} > 0$ 对应的 $a_{s,n+1} = 0$. 将无限循环过程中,s 的取值集合记作 F,不断在基变量变和非基变量之间转换的变量的下标集合记作 E,并且令

$$e = \max\{j \mid j \in E\}$$

则在无限循环过程中,从 $1 \sim m$ 中,删除单纯形表中变换元 a_{st} 不到达的所有行上的元素后,再用单纯形法计算,效果不变.

当变量 x_e 成为进基变量时,记算法步骤 3° 确定的变换元为 $\bar{a}_{st}$,对应于无限循环过程中能产生变换元的行构成的单纯形表为

$$\begin{bmatrix} \bar{a}_{01} & \bar{a}_{02} & \cdots & \bar{a}_{0n} & \bar{a}_{0,n+1} \\ \bar{a}_{i_1 1} & \bar{a}_{i_1 2} & \cdots & \bar{a}_{i_1 n} & \bar{a}_{i_1,n+1} \\ \vdots & \vdots & & \vdots & \vdots \\ \bar{a}_{i_v 1} & \bar{a}_{i_v 2} & \cdots & \bar{a}_{i_v n} & \bar{a}_{i_v,n+1} \end{bmatrix} \quad (i_1, i_2, \cdots, i_v \in F) \qquad (1.2.9)$$

当变量 x_e 成为出基变量时,进基变量记作 x_t,则由算法步骤 3° 确定的变换元为 $\hat{a}_{st}$,对应于无限循环过程中能产生变换元的行构成的单纯形表为

$$\begin{bmatrix} \hat{a}_{01} & \hat{a}_{02} & \cdots & \hat{a}_{0n} & \hat{a}_{0,n+1} \\ \hat{a}_{i_1 1} & \hat{a}_{i_1 2} & \cdots & \hat{a}_{i_1 n} & \hat{a}_{i_1,n+1} \\ \vdots & \vdots & & \vdots & \vdots \\ \hat{a}_{i_v 1} & \hat{a}_{i_v 2} & \cdots & \hat{a}_{i_v n} & \hat{a}_{i_v,n+1} \end{bmatrix} \quad (i_1, i_2, \cdots, i_v \in F) \qquad (1.2.10)$$

由算法步骤 3° 知,$R(s) = e$. 取

$$y_j = \begin{cases} \hat{a}_{0t}, & j = 0 \\ \hat{a}_{it}, & j = R(i), i \in F \\ -1, & j = t \\ 0, & j \text{ 取其他列标} \end{cases}$$

则

$$\begin{pmatrix} 1 & \hat{a}_{01} & \hat{a}_{02} & \cdots & \hat{a}_{0n} \\ 0 & \hat{a}_{i_1 1} & \hat{a}_{i_1 2} & \cdots & \hat{a}_{i_1 n} \\ \vdots & \vdots & \vdots & & \vdots \\ 0 & \hat{a}_{i_v 1} & \hat{a}_{i_v 2} & \cdots & \hat{a}_{i_v n} \end{pmatrix} \begin{pmatrix} y_0 \\ y_1 \\ \vdots \\ y_n \end{pmatrix} = \begin{pmatrix} \hat{a}_{0t} - \hat{a}_{0t} \\ \hat{a}_{i_1 t} - \hat{a}_{i_1 t} \\ \vdots \\ \hat{a}_{i_v t} - \hat{a}_{i_v t} \end{pmatrix} = 0$$

由于(1.2.10)是由(1.2.9)经初等行变换得来的,所以

$$\begin{pmatrix} 1 & \bar{a}_{01} & \bar{a}_{02} & \cdots & \bar{a}_{0n} \\ 0 & \bar{a}_{i_1 1} & \bar{a}_{i_1 2} & \cdots & \bar{a}_{i_1 n} \\ \vdots & \vdots & \vdots & & \vdots \\ 0 & \bar{a}_{i_v 1} & \bar{a}_{i_v 2} & \cdots & \bar{a}_{i_v n} \end{pmatrix} \begin{pmatrix} y_0 \\ y_1 \\ \vdots \\ y_n \end{pmatrix} = 0$$

由此得 $y_0 + \sum_{j=1}^n \bar{a}_{0j} y_j = 0$. 因为 $y_0 = \hat{a}_{0t}$,由算法步骤 2° 知 $\hat{a}_{0t} > 0$,所以

$$\sum_{j=1}^n \bar{a}_{0j} y_j < 0 \tag{1.2.11}$$

但是,当 $j \in \{R(i) \mid i \in F\}$ 时,若 x_j 为(1.2.9)中的基变量时,则由单纯形表的特征知 $\bar{a}_{0j} = 0$,所以 $\bar{a}_{0j} y_j = 0$;若 x_j 为(1.2.9)中的非基变量且 $j = e$ 时,由(1.2.9)的状况和算法步骤 2° 知 $\bar{a}_{0e} > 0$,又由于 $y_e = y_{R(s)} = \hat{a}_{st}$,根据(1.2.10)的状况和算法步骤 3° 知,$\hat{a}_{st} > 0$,所以,$\bar{a}_{0e} y_e > 0$;若 x_j 为(1.2.9)中的非基变量且 $j \neq e$ 时,则 $j \in E, j < e$,由算法步骤 2° 知 $\bar{a}_{0j} \leqslant 0$,又因为 $y_j = \hat{a}_{it}$ $(i \in F, i \neq s)$,根据算法步骤 3° 中的 Bland 法则知 $\hat{a}_{it} \leqslant 0$,所以此时 $\bar{a}_{0j} y_j \geqslant 0$. 当 $j = t$ 时,$y_t = -1$,因为 $t \neq e, t \in E$,所以 $t < e$,由算法步骤 2° 知 $\bar{a}_{0t} \leqslant 0$,所以此时 $\bar{a}_{0t} y_t \geqslant 0$.

综上得知,$\sum_{j=1}^n \bar{a}_{0j} y_j \geqslant 0$,与(1.2.11)的结论矛盾. 即,假设不成立.

例 1.2.1 求解下列线性规划:
$$\min\ 4x_1 + x_2 - x_3 - 3x_4 + 2x_5$$
$$\text{s. t.} \begin{cases} 3x_1 - x_4 + x_5 = 1 \\ -2x_1 + x_2 + 3x_4 = 2 \\ x_1 + x_3 + x_4 = 3 \\ x_1, x_2, \cdots, x_5 \geqslant 0 \end{cases}$$

解 列出单纯形表,再化成典则形式(显然,约束中第 2、3、5 列构成可行基):

−4	−1	1	3	−2	0
3	0	0	−1	1	1
−2	1	0	3	0	2
1	0	1	1	0	3

−1	0	0	3	0	1
3	0	0	−1	1	1
−2	1	0	3*	0	2
1	0	1	1	0	3

用单纯形法求解(注:单纯形表中右上角带"*"的元素,是按算法步骤 2° 和 3° 选定的变换元,以后解题过程中都有这种表示,就不再说明了):

1	−1	0	0	0	−1
7/3*	1/3	0	0	1	5/3
−2/3	1/3	0	1	0	2/3
5/3	−1/3	1	0	0	7/3

0	−8/7	0	0	−3/7	−12/7
1	1/7	0	0	3/7	5/7
0	3/7	0	1	2/7	8/7
0	−4/7	1	0	−5/7	8/7

由算法步骤 2° 知,此时得到最优解:$x_1=\frac{5}{7}, x_2=0, x_3=x_4=\frac{8}{7}, x_5=0$,最优值为 $-\frac{12}{7}$.

例 1.2.2 求解下列线性规划:
$$\max 4x_1-2x_2-2x_3$$
$$\text{s. t.} \begin{cases} -x_1+x_2+2x_3 \leqslant 4 \\ x_1+2x_2+2x_3 \leqslant 7 \\ 2x_1+x_2-4x_3 \leqslant 2 \\ x_1,x_2,x_3 \geqslant 0 \end{cases}$$

解 引入松弛变量 $x_4, x_5, x_6 \geqslant 0$ 将线性规划化成标准形
$$\max 4x_1-2x_2-2x_3$$
$$\text{s. t.} \begin{cases} -x_1+x_2+2x_3+x_4=4 \\ x_1+2x_2+2x_3+x_5=7 \\ 2x_1+x_2-4x_3+x_6=2 \\ x_1,x_2,x_3,x_4,x_5,x_6 \geqslant 0 \end{cases}$$

列单纯形表,其恰好为典则形式:

−4	2	2	0	0	0	0
−1	1	2	1	0	0	4
1	2	2	0	1	0	7
2*	1	−4	0	0	1	2

用单纯形法求解:

0	4	−6	0	0	2	4
0	3/2	0	1	0	1/2	5
0	3/2	4*	0	1	−1/2	6
1	1/2	−2	0	0	1/2	1

0	25/4	0	0	3/2	5/4	13
0	3/2	0	1	0	1/2	5
0	3/8	1	0	1/4	−1/8	3/2
1	5/4	0	0	1/2	1/4	4

由此得线性规划的最优解为 $x_1=4, x_2=0, x_3=\frac{3}{2}$,最优值为 13.

例 1.2.3 求解下列线性规划:

$$\min \; x_1 - x_2 + 2x_3$$
$$\text{s. t.} \begin{cases} x_1 - 2x_2 + x_3 \leqslant 3 \\ 3x_1 + x_2 - 3x_3 \leqslant 1 \\ 5x_1 + x_2 - 4x_3 \leqslant 2 \\ x_1, x_2, x_3 \geqslant 0 \end{cases}$$

解 引入松弛变量 $x_4, x_5, x_6 \geqslant 0$ 将线性规划化成标准形

$$\min \; x_1 - x_2 + 2x_3$$
$$\text{s. t.} \begin{cases} x_1 - 2x_2 + x_3 + x_4 = 3 \\ 3x_1 + x_2 - 3x_3 + x_5 = 1 \\ 5x_1 + x_2 - 4x_3 + x_6 = 2 \\ x_j \geqslant 0 \quad (j=1,2,\cdots,6) \end{cases}$$

列单纯形表(恰好为典则形式),再用单纯形法求解,得到新的单纯形表

-1	1	-2	0	0	0	0
1	-2	1	1	0	0	3
3	1^*	-3	0	1	0	1
5	1	-4	0	0	1	2

-4	0	1	0	-1	0	-1
7	0	-5	1	2	0	5
3	1	-3	0	1	0	1
2	0	-1	0	-1	1	1

由于第3列检验数 $1 > 0$,其下面的元素都小于0,所以,由单纯形算法步骤3°知,该线性规划无下界,也就无最优解.

1.3 对偶单纯形法

一、正则基的概念和性质

定义1.3.1 设 $A = (B, N)$,若 $C_B^T B^{-1} N - C_N^T \geqslant 0$,则称 B 是 LP-max 的**正则基**;若 $C_B^T B^{-1} N - C_N^T \leqslant 0$,称 B 是 LP-min 的**正则基**.

定理1.3.1 如果 LP-max(LP-min) 的可行域不空,且正则基存在,则 LP-max (LP-min) 的目标函数一定有上界(下界).

证 设 $A = (B, N)$. 因为 $\begin{cases} x_0 - C^T x = 0 \\ Ax = b \end{cases}$ 与 $\begin{cases} x_0 - (C_B^T B^{-1} N - C_N^T) x_N = C_B^T B^{-1} b \\ x_B + B^{-1} N x_N = B^{-1} b \end{cases}$ 等价,所以 LP-max 与 (P) $\begin{array}{l} \max C_B^T B^{-1} b - (C_B^T B^{-1} N - C_N^T) x_N \\ \text{s. t.} \begin{cases} x_B + B^{-1} N x_N = B^{-1} b \\ x_B, x_N \geqslant 0 \end{cases} \end{array}$ 等价. 因此,当 LP-max 的可行域不空,B 是 LP-max 的正则基时,$C_B^T B^{-1} N - C_N^T \geqslant 0$,而且在 LP-max 的可行域内,$x_N \geqslant 0, C_B^T B^{-1} b - (C_B^T B^{-1} N - C_N^T) x_N \leqslant C_B^T B^{-1} b$,即 (P) 目标函数有上界. 关于 LP-min 的证明类似.

定理1.3.2 如果 LP-max(LP-min) 的可行域不空,且正则基存在,则 LP-max (LP-min) 的最优解一定存在.

证 由定理 1.3.1 知,LP-max(LP-min)的目标函数一定有上界(下界).再由确界原理知,LP-max(LP-min)的最优解一定存在.

二、已知一个正则基的对偶单纯形法

有了正则基的概念,定理 1.2.4 可以简述成：$x = \begin{pmatrix} x_B \\ x_N \end{pmatrix} = \begin{pmatrix} B^{-1}b \\ 0 \end{pmatrix}$ 为(LP)的最优解的充要条件是,B 既是(LP)的可行基又是(LP)的正则基.

用在已知一个可行基的情况下,单纯形法求(LP)的最优解的过程是,用初等行变换不断转换可行基,直到可行基又是正则基为止.同样,在已知一个正则基的情况下,用初等行变换不断转换正则基,直到正则基又是可行基为止,也可以获取(LP)的最优解,这样的方法称为**对偶单纯形法**.

以 LP-max 为例,在已知 $C_B^T B^{-1} N - C_N^T \geqslant 0$ 的情况下,对偶单纯形法的程序步骤如下：

$1°$ 输入：$\begin{pmatrix} a_{01} & a_{02} & \cdots & a_{0n} & a_{0,n+1} \\ a_{11} & a_{12} & \cdots & a_{1n} & a_{1,n+1} \\ \vdots & \vdots & & \vdots & \vdots \\ a_{m1} & a_{m2} & \cdots & a_{mn} & a_{m,n+1} \end{pmatrix} \Leftarrow \left[\begin{array}{c|c} 0^T \ \ C_B^T B^{-1} N - C_N^T & C_B^T B^{-1} b \\ \hline I \ \ \ \ \ B^{-1} N & B^{-1} b \end{array} \right].$

将单位矩阵 I 的第 i 行上的元素 1 所处的列记成 $R(i)$ $(i=1,2,\cdots,m)$.

$2°$ 求 $\min\{i \mid a_{i,n+1} < 0, 1 \leqslant i \leqslant m\} \triangleq s$.

若 s 不存在,则得最优解：$x_{R(i)} = a_{i,n+1}$ $(i=1,2,\cdots,m)$,其他 $x_j = 0$,停.否则(s 存在)转到 $3°$.

$3°$ 求 $\max\left\{\dfrac{a_{0j}}{a_{sj}} \,\middle|\, a_{sj} < 0, 1 \leqslant j \leqslant n, j \neq R(k), k=1,2,\cdots,m \right\} \triangleq \lambda$.

若 λ 不存在,则 LP-max 无可行解,也就无最优解,停.否则(λ 存在)求

$$\min\left\{ j \,\middle|\, \dfrac{a_{0j}}{a_{sj}} = \lambda, a_{sj} < 0, 1 \leqslant j \leqslant n \right\} \triangleq t$$

转到 $4°$.

$4°$ $a_{sj} \Leftarrow \dfrac{a_{sj}}{a_{st}}$ $(j=1,2,\cdots,n+1)$,

$a_{ij} \Leftarrow a_{ij} - a_{sj} a_{it}$ $(i=0,1,2,\cdots,m, i \neq s, j=1,2,\cdots,n+1)$,

$R(s) \Leftarrow t$,转到 $2°$.

算法注释 只要将上述步骤 $3°$ 中的 "$\max\left\{\dfrac{a_{0j}}{a_{sj}} \,\middle|\, a_{sj} < 0, 1 \leqslant j \leqslant n \right\} \triangleq \lambda$" 改成 "$\min\left\{\dfrac{a_{0j}}{a_{sj}} \,\middle|\, a_{sj} < 0, 1 \leqslant j \leqslant n \right\} \triangleq \lambda$","LP-max 无可行解"改成"LP-min 无可行解",便得到针对 LP-min 的对偶单纯形法的算法步骤.

定理 1.3.3 设

$$\begin{pmatrix} a_{01} & a_{02} & \cdots & a_{0n} & a_{0,n+1} \\ a_{11} & a_{12} & \cdots & a_{1n} & a_{1,n+1} \\ \vdots & \vdots & & \vdots & \vdots \\ a_{m1} & a_{m2} & \cdots & a_{mn} & a_{m,n+1} \end{pmatrix} 与 \begin{pmatrix} \bar{a}_{01} & \bar{a}_{02} & \cdots & \bar{a}_{0n} & \bar{a}_{0,n+1} \\ \bar{a}_{11} & \bar{a}_{12} & \cdots & \bar{a}_{1n} & \bar{a}_{1,n+1} \\ \vdots & \vdots & & \vdots & \vdots \\ \bar{a}_{m1} & \bar{a}_{m2} & \cdots & \bar{a}_{mn} & \bar{a}_{m,n+1} \end{pmatrix}$$

是执行对偶单纯形法步骤 4° 之前和之后的单纯形表,则有下列结论成立:

(1) $\bar{a}_{0j} \geqslant 0 (j=1,2,\cdots,n)$.

(2) $x_{R(s)}$ 由基变量变为非基变量,x_t 由非基变量变为基变量,其他基变量不发生转变.

证 (1) 因为 $a_{0j} \geqslant 0 (j=1,2,\cdots,n)$,根据步骤 3°,$\max\left\{\dfrac{a_{0j}}{a_{sj}} \bigg| a_{sj}<0, 1\leqslant j\leqslant n\right\} = \dfrac{a_{0t}}{a_{st}}$,$a_{st}<0$. 所以,当 $a_{sj}<0$ 时,$\dfrac{a_{0j}}{a_{sj}} - \dfrac{a_{0t}}{a_{st}} \leqslant 0$,因此,执行步骤 4°,$\bar{a}_{0j} = a_{0j} - \dfrac{a_{sj}}{a_{st}} a_{0t} = a_{sj}\left(\dfrac{a_{0j}}{a_{sj}} - \dfrac{a_{0t}}{a_{st}}\right) \geqslant 0$;当 $a_{sj}=0$ 时,执行步骤 4°,$\bar{a}_{0j} = a_{0j} - \dfrac{a_{sj}}{a_{st}} a_{0t} = a_{0j} \geqslant 0$;当 $a_{sj}>0$ 时,$-\dfrac{a_{0t}}{a_{st}} \geqslant 0$,因此,执行步骤 4°,$\bar{a}_{0j} = a_{0j} - \dfrac{a_{sj}}{a_{st}} a_{0t} \geqslant 0$. 综上,$\bar{a}_{0j} \geqslant 0 (j=1,2,\cdots,n)$.

(2) 参考定理 1.2.5 的证明,略.

定理 1.3.4 用对偶单纯形法求解线性规划,只需有限次迭代运算,即可获得线性规划的最优解或得知线性规划无可行解.

证 (略).

例 1.3.1 求解下列线性规划:

$$\min 2x_1 + x_2 + x_3 + 3x_5$$

$$\text{s.t.} \begin{cases} x_1 - x_2 + x_3 = 2 \\ -x_1 - 2x_2 + x_4 = -1 \\ -x_1 + x_5 = -2 \\ x_j \geqslant 0 \quad (j=1,2,\cdots,5) \end{cases}$$

解 列出该线性规划的单纯形表,然后化成典则形式:

-2	-1	-1	0	-3	0
1	-1	1	0	0	2
-1	-2	0	1	0	-1
-1	0	0	0	1	-2

-4	-2	0	0	0	-4
1	-1	1	0	0	2
-1	-2^*	0	1	0	-1
-1	0	0	0	1	-2

由于出现了正则基,所以用对偶单纯形法求解:

1.3 对偶单纯形法

−3	0	0	−1	0	−3
3/2	0	1	−1/2	0	5/2
1/2	1	0	−1/2	0	1/2
−1*	0	0	0	1	−2

0	0	0	−1	−3	3
0	0	1	−1/2*	3/2	−1/2
0	1	0	−1/2	1/2	−1/2
1	0	0	0	−1	2

0	0	−2	0	−6	4
0	0	−2	1	−3	1
0	1	−1	0	−1	0
1	0	0	0	−1	2

由此得最优解为 $x_1=2, x_2=0, x_3=0, x_4=1, x_5=0$,最优值为 4.

例 1.3.2 求解下列线性规划:
$$\max -2x_1-4x_2$$
$$\text{s.t.} \begin{cases} x_1-x_2 \leq 2 \\ 2x_1+3x_2 \geq 4 \\ x_1+x_2 \leq 1 \\ x_1,x_2 \geq 0 \end{cases}$$

解 引入松弛变量 $x_3, x_4, x_5 \geq 0$,列出单纯形表,再化成典则形式:

2	4	0	0	0	0
1	−1	1	0	0	2
2	3	0	−1	0	4
1	1	0	0	1	1

2	4	0	0	0	0
1	−1	1	0	0	2
−2*	−3	0	1	0	−4
1	1	0	0	1	1

由于出现了正则基,所以用对偶单纯形法求解:

0	1	0	1	0	−4
0	−5/2	1	1/2	0	0
1	3/2	0	−1/2	0	2
0	−1/2*	0	1/2	1	−1

0	0	0	2	2	−6
0	0	1	−2	−5	5
1	0	0	1	3	−1
0	1	0	−1	−2	2

由算法步骤 3° 知,该线性规划无可行解.

例 1.3.3 求解下列线性规划:
$$\min x_1+3x_2+2x_3$$
$$\text{s.t.} \begin{cases} x_1+2x_2-x_3 \geq 2 \\ 2x_1-x_2+4x_3 \leq 6 \\ 3x_1+x_3 \geq 7 \\ x_1,x_2,x_3 \geq 0 \end{cases}$$

解 引入松弛变量 $x_4, x_5, x_6 \geq 0$,列出单纯形表,再化成典则形式:

−1	−3	−2	0	0	0	0
1	2	−1	−1	0	0	2
2	−1	4	0	1	0	6
3	0	1	0	0	−1	7

−1	−3	−2	0	0	0	0
−1*	−2	1	1	0	0	−2
2	−1	4	0	1	0	6
−3	0	−1	0	0	1	−7

用对偶单纯形法求解:

0	−1	−3	−1	0	0	2
1	2	−1	−1	0	0	2
0	−5	6	2	1	0	2
0	6	−4	−3*	0	1	−1

0	−3	−5/3	0	0	−1/3	7/3
1	0	1/3	0	0	−1/3	7/3
0	−1	10/3	0	1	2/3	4/3
0	−2	4/3	1	0	−1/3	1/3

由此得最优解为 $x_1 = \frac{7}{3}, x_2 = 0, x_3 = 0$,最优值为 $\frac{7}{3}$.

习 题 1

1. 三种矿石 B_1, B_2, B_3 中均含有金属 A_1 和 A_2. 已知某冶炼厂可以从每吨矿石 B_j 中提取金属 A_1 和 A_2 各 a_{1j} 吨和 a_{2j} 吨,付出费用 c_j 元,又每吨矿石 B_j 的购入价为 s_j 元. 如果该冶炼厂要生产出 w_i 吨的金属 $A_i (i=1,2)$,应购买矿石 B_1, B_2, B_3 各多少吨,才能保证总的支出费用最少?(只要求建立数学模型)

2. 某冶炼厂从矿石 B_1, B_2, B_3 中提取金属 A_1, A_2 有三种不同方法. 已知用第 i 种方法可以从每吨 B_j 矿石中提取 p_{ij} 吨金属 A_1, q_{ij} 吨金属 $A_2 (i,j=1,2,3)$. 该冶炼厂现有 B_j 矿石 D_j 吨 $(j=1,2,3)$,金属 A_k 的市场价格为 s_k 元/吨 $(k=1,2)$,则在每一种方法下每一种矿石用多少吨提取金属 A_1 和 A_2,可以获得最高产值?(只要求建立数学模型)

3. 试写出下列线性规划的单纯形表,并将其化成典则形式:

(1) $\max x_1 + 2x_2 - x_3 + 7x_4$
s. t. $\begin{cases} 2x_1 + x_2 - 2x_3 + x_4 = 14, \\ x_1 + 3x_2 + x_3 - 2x_4 = 6, \\ x_1, x_2, x_3, x_4 \geq 0; \end{cases}$

(2) $\min 3x_1 + x_2 - 2x_3$
s. t. $\begin{cases} 2x_1 - x_2 + 5x_3 \geq 7, \\ -x_1 + x_2 + 2x_3 \geq 4, \\ x_1, x_2, x_3 \geq 0. \end{cases}$

4. 试说明线性规划的可行解、基可行解、最优解三者之间有何关系?

5. 对于下列两个线性规划:

(P1) $\min C^T x$
s. t. $\begin{cases} Ax = b, \\ x \geq 0 \end{cases}$

(P2) $\max C^T x$
s. t. $\begin{cases} Ax = b, \\ x \geq 0 \end{cases}$

如果 $A = (B, N), C^T = (C_B^T, C_N^T)$,则

(1)方阵 B 是(P1)、(P2)的可行基的条件是什么?正则基的条件是什么?

(2)线性规划的可行基、正则基和最优基之间是什么关系?

6. 试用单纯形法求解下列线性规划:

(1) $\min 3x_1 + x_2 - 5x_3 - 2x_5$
s. t. $\begin{cases} 2x_1 + 2x_3 - x_5 = 6, \\ x_3 + x_4 + 4x_5 = 12, \\ 2x_2 - 6x_3 + x_5 = 3, \\ x_j \geq 0 \quad (j=1,2,\cdots,5); \end{cases}$

(2) $\min x_1 - x_2 - 2x_3$
s. t. $\begin{cases} 2x_1 - x_2 + 3x_3 \leq 6, \\ -x_1 + 6x_2 + 2x_3 \leq 12, \\ x_1 + x_3 \leq 3, \\ x_1, x_2, x_3 \geq 0; \end{cases}$

(3) $\max 3x_1 - x_2 + 4x_3$
s. t. $\begin{cases} x_1 + x_2 - 3x_3 \leq 15, \\ x_1 - x_2 + 2x_3 \leq 9, \\ 2x_1 + x_2 - 2x_3 \leq 20, \\ x_1, x_2, x_3 \geq 0; \end{cases}$

(4) $\min 2x_1 - x_2 - x_3$
s. t. $\begin{cases} x_1 - x_2 - x_3 \leq 2, \\ -3x_1 + x_2 + x_3 \leq 10, \\ x_1 + x_2 - 2x_2 \leq 6, \\ x_1, x_2, x_3 \geq 0. \end{cases}$

7. 试用对偶单纯形法求解下列线性规划：

(1) $\min 2x_1 + x_2 + 4x_3$
s.t. $\begin{cases} x_1 + 3x_2 - x_3 \geq 5, \\ 3x_1 + 5x_2 - 7x_3 \geq 9, \\ -x_1 + x_2 + 2x_3 \leq 6, \\ x_1, x_2, x_3 \geq 0; \end{cases}$

(2) $\max -x_1 - 2x_2 - x_3$
s.t. $\begin{cases} 2x_1 + 3x_2 - 2x_3 \geq 8, \\ 3x_1 + 2x_2 + 2x_3 \leq 12, \\ x_1 - 2x_2 + 3x_3 \geq 10, \\ x_1, x_2, x_3 \geq 0; \end{cases}$

(3) $\max -2x_1 - x_2 - 4x_3$
s.t. $\begin{cases} x_1 + 3x_2 - x_3 \geq 5, \\ 3x_1 + 5x_2 - 7x_3 \geq 9, \\ -x_1 + x_2 + 2x_3 \leq 6, \\ x_1, x_2, x_3 \geq 0; \end{cases}$

(4) $\min x_1 + 2x_2 + x_3$
s.t. $\begin{cases} 2x_1 + 3x_2 - 2x_3 \geq 8, \\ 3x_1 + 2x_2 + 2x_3 \leq 12, \\ x_1 - 2x_2 + 3x_3 \geq 10, \\ x_1, x_2, x_3 \geq 0. \end{cases}$

第 2 章

线性规划全过程算法

第 1 章介绍了求解线性规划的单纯形法和对偶单纯形法,但是,使用这两种方法都必须具备前提条件,前者要求已知一个可行基,后者要求已知一个正则基.但是,现实中的线性规划一般并不具备这样的条件.本章要介绍的是,在可行基和正则基都未知的情况下,求解线性规划的方法.

2.1 两阶段法

一、求可行基的方法

在线性规划

$$(\text{LP}) \quad \begin{array}{l}\min(\text{或 max}) \ c_1x_1+c_2x_2+\cdots+c_nx_n \\ \text{s. t.} \begin{cases} a_{11}x_1+a_{12}x_2+\cdots+a_{1n}x_n=b_1(\geqslant 0) \\ a_{21}x_1+a_{22}x_2+\cdots+a_{2n}x_n=b_2(\geqslant 0) \\ \cdots\cdots \\ a_{m1}x_1+a_{m2}x_2+\cdots+a_{mn}x_n=b_m(\geqslant 0) \\ x_j\geqslant 0 \quad (j=1,2,\cdots,n)\end{cases}\end{array}$$

的可行基未知的情况下,如果想用单纯形法求解,就必须设法先找出(LP)的一个可行基,而求解辅助线性规划

$$(\text{ALP}) \quad \begin{array}{l}\min \ x_{n+1}+x_{n+2}+\cdots+x_{n+m} \\ \text{s. t.} \begin{cases} a_{11}x_1+a_{12}x_2+\cdots+a_{1n}x_n+x_{n+1}=b_1(\geqslant 0) \\ a_{21}x_1+a_{22}x_2+\cdots+a_{2n}x_n+x_{n+2}=b_2(\geqslant 0) \\ \cdots\cdots \\ a_{m1}x_1+a_{m2}x_2+\cdots+a_{mn}x_n+x_{n+m}=b_m(\geqslant 0) \\ x_j\geqslant 0 \quad (j=1,2,\cdots,n+m)\end{cases}\end{array}$$

可以实现这一目的.(ALP)中的变量 $x_{n+k}(k=1,2,\cdots,m)$ 称为(LP)的**人工变量**.显然,人工变量的系数矩阵是(ALP)的可行基,因此,(ALP)可以用单纯形法求解.

通过求解(ALP)来获取(LP)的可行基的理论依据如下:

定理 2.1.1 若(LP)存在可行解,则(ALP)必存在最优解.

证 将(LP)的约束条件简记成 $Ax=b, x\geqslant 0$,将(ALP)的约束条件简记成

$$(A,I)\binom{x}{x_B}=b, \binom{x}{x_B}\geqslant 0, \quad \text{其中} \ x_B=(x_{n+1},x_{n+2},\cdots,x_{n+m})^{\text{T}}$$

则当 $\bar{x}$ 为(LP)的可行解时，$A\bar{x}=b, \bar{x} \geqslant 0$，因此 $(A, I)\begin{pmatrix}\bar{x}\\0\end{pmatrix}=A\bar{x}=b, \begin{pmatrix}\bar{x}\\0\end{pmatrix} \geqslant 0$，所以 $\begin{pmatrix}x\\x_B\end{pmatrix}=\begin{pmatrix}\bar{x}\\0\end{pmatrix}$ 是(ALP)的可行解. 这说明，若(LP)存在可行解，则(ALP)的可行域不空.

又因为(ALP)的目标函数 $x_{n+1}+x_{n+2}+\cdots+x_{n+m} \geqslant 0$，而在 $\begin{pmatrix}x\\x_B\end{pmatrix}=\begin{pmatrix}\bar{x}\\0\end{pmatrix}$ 点处，$x_{n+1}+x_{n+2}+\cdots+x_{n+m}=0$. 所以，$\begin{pmatrix}x\\x_B\end{pmatrix}=\begin{pmatrix}\bar{x}\\0\end{pmatrix}$ 是(ALP)的最优解.

定理 2.1.2 线性规划(LP)有可行解的充要条件是(ALP)的最优值为 0.

证 将(ALP)的约束条件简记成 $Ax+x_B=b, x, x_B \geqslant 0$.

必要性. 由定理 2.1.1 的证明知，如果 $\bar{x}$ 是(LP)的可行解，则 $\begin{pmatrix}x\\x_B\end{pmatrix}=\begin{pmatrix}\bar{x}\\0\end{pmatrix}$ 必是(ALP)的最优解，且在 $\begin{pmatrix}x\\x_B\end{pmatrix}=\begin{pmatrix}\bar{x}\\0\end{pmatrix}$ 点处，$x_{n+1}+x_{n+2}+\cdots+x_{n+m}=0$，即最优值为 0.

充分性. 当(ALP)的最优解 $\begin{bmatrix}x^*\\x_B^*\end{bmatrix}$ 对应的最优值为 0 时，即 $x_{n+1}^*+x_{n+2}^*+\cdots+x_{n+m}^*=0$，其中 $x_B^*=(x_{n+1}^*, x_{n+2}^*, \cdots, x_{n+m}^*)^T$. 因为(ALP)的最优解必满足其约束条件 $x^* \geqslant 0, x_B^* \geqslant 0$，又 $x_B^*=0$，所以 $Ax^*+x_B^*=Ax^*=b$，即 x^* 为(LP)的可行解.

定理 2.1.3 设用单纯形法求解(ALP)，得到的最优解为

$$x_j=\begin{cases}\bar{b}_i, & j=R(i), i=1,2,\cdots,m,\\ 0, & 否则\end{cases} \quad (j=1,2,\cdots,n+m)$$

其中 $R(i)(i=1,2,\cdots,m)$ 为最优解对应的基变量下标. 若 $x_{R(k)}$ 为人工变量($1 \leqslant k \leqslant m$)，则必有 $\bar{b}_k=0$.

证 因为 $x_{R(k)}$ 是最优解对应的基变量，所以 $x_{R(k)}=\bar{b}_k$，又因为人工变量都在(ALP)的目标函数中，所以当 $x_{R(k)}$ 为人工变量时，由定理 2.1.2 知，(ALP)的最优值为 0，由约束条件知，变量都非负，所以，$x_{R(k)}=\bar{b}_k=0$.

二、全过程算法一(两阶段法)

根据定理 2.1.2 和定理 2.1.3，求(LP)的最优解，可以分成以下两个阶段进行：

第一阶段:用单纯形法求(ALP)的最优解. 如果(ALP)的最优值不为 0，则(LP)无最优解，运算结束. 否则用(ALP)最优基获取(LP)的可行基.

第二阶段:用单纯形法求(LP)的最优解.

顾名思义,将这样的算法称为**两阶段法**,第一阶段算法程序步骤如下:

$1°$ 输入(ALP)的单纯形表的典则形式:

$$\begin{bmatrix} a_{11} & a_{12} & \cdots & a_{1,n+m+1} \\ a_{21} & a_{22} & \cdots & a_{2,n+m+1} \\ \vdots & \vdots & & \vdots \\ a_{m1} & a_{m2} & \cdots & a_{m,n+m+1} \end{bmatrix} \Leftarrow (A \quad I \quad b) (其中 I 为 m 阶单位矩阵)$$

$a_{0j} \Leftarrow \sum_{i=1}^{m} a_{ij}(j=1,2,\cdots,n), \quad a_{0,n+i} \Leftarrow 0(i=1,2,\cdots,m), \quad a_{0,n+m+1} \Leftarrow \sum_{i=1}^{m} a_{i,n+m+1}$

$R(i) \Leftarrow n+i(i=1,2,\cdots,m)$

$2°$ 求 $\min\{j \mid a_{0j} > 0, 1 \leqslant j \leqslant n+m\} \triangleq t$.

若 t 不存在,则转到 $5°$;否则(t 存在)转到 $3°$.

$3°$ 求 $\min\left\{\dfrac{a_{i,n+m+1}}{a_{it}} \,\middle|\, a_{it} > 0, 1 \leqslant i \leqslant m\right\} \triangleq \lambda$,

$\min\left\{R(i) \,\middle|\, \dfrac{a_{i,n+m+1}}{a_{it}} = \lambda, a_{it} > 0, 1 \leqslant i \leqslant m\right\} \triangleq R(s)$.

$4°$ $a_{sj} \Leftarrow \dfrac{a_{sj}}{a_{st}}(j=1,2,\cdots,n+m+1)$,

$a_{ij} \Leftarrow a_{ij} - a_{sj}a_{it}(i=0,1,2,\cdots,m, i \neq s, j=1,2,\cdots,n+m+1)$,

$R(s) \Leftarrow t$,转到 $2°$.

$5°$ 若 $a_{0,n+m+1} \neq 0$,则(LP)无可行解,停. 否则($a_{0,n+m+1} = 0$)转到 $6°$.

$6°$ 求 $\max\{R(i) \mid 1 \leqslant i \leqslant m\} \triangleq R(s)$.

若 $R(s) > n$,则转到 $7°$;否则($R(s) \leqslant n$)得到由第 $R(i)(i=1,2,\cdots,m)$ 列构成的可行基,转到第二阶段.

$7°$ 求 $\min\{j \mid a_{sj} \neq 0, 1 \leqslant j \leqslant n\} \triangleq t$.

若 t 不存在,则(LP)中有多余约束,停;否则(t 存在)转到 $8°$.

$8°$ $a_{sj} \Leftarrow \dfrac{a_{sj}}{a_{st}}(j=1,2,\cdots,n+m+1)$,

$a_{ij} \Leftarrow a_{ij} - a_{sj}a_{it}(i=1,2,\cdots,m, i \neq s, j=1,2,\cdots,n+m+1)$,

$R(s) \Leftarrow t$ 转到 $6°$.

算法注释 (1)上述算法步骤 $1°$~步骤 $4°$ 为单纯形法,只是第 $3°$ 步中删去了是否有下界的判断,因为(ALP)的目标函数有下界.

(2)上述算法步骤 $6°$ 作用是,判断最优基变量中是否有人工变量;步骤 $8°$ 是用初等行变换逐个使人工变量出基,以获取不含人工变量的基可行解,及对应的可行基.

(3)上述算法步骤 $7°$ 中"若 t 不存在,则(LP)中有多余约束"可留为作业.

例 2.1.1 求解下列线性规划：
$$\max 3x_1-4x_2+2x_3+x_4$$
$$\text{s. t.} \begin{cases} 6x_1+2x_2+3x_3-4x_4=4 \\ 2x_1+x_2+2x_3-x_4=2 \\ 4x_1+x_2+x_3-2x_4=4 \\ x_1,x_2,x_3,x_4\geqslant 0 \end{cases}$$

解 由于可行基未知，所以引入人工变量 x_5,x_6,x_7，用下列线性规划获取可行基：
$$\min x_5+x_6+x_7$$
$$\text{s. t.} \begin{cases} 6x_1+2x_2+3x_3-x_4+x_5=4 \\ 2x_1+x_2+2x_3-x_4+x_6=2 \\ 4x_1+x_2+x_3-2x_4+x_7=4 \\ x_j\geqslant 0 \quad (j=1,2,\cdots,7) \end{cases}$$

列单纯形表，再化成典则形式，

0	0	0	0	−1	−1	−1	0
6	2	3	−4	1	0	0	4
2	1	2	−1	0	1	0	2
4	1	1	−2	0	0	1	4

12	4	6	−7	0	0	0	10
6*	2	3	−4	1	0	0	4
2	1	2	−1	0	1	0	2
4	1	1	−2	0	0	1	4

用单纯形法求解：

0	0	0	1	−2	0	0	2
1	1/3	1/2	−2/3	1/6	0	0	2/3
0	1/3	1	1/3*	−1/3	1	0	2/3
0	−1/3	−1	2/3	−2/3	0	1	4/3

0	−1	−3	0	−1	−3	0	0
1	1	5/2	0	−1/2	2	0	2
0	1	3	1	−1	3	0	2
0	−1	−3	0	0	−2	1	0

由此得到第一阶段线性规划的最优解．但是，由于人工变量 x_7 为最优基变量，所以要再执行算法步骤 7°和 8°：

0	−1	−3	0	−1	−3	0	0
1	0	−1/2	0	−1/2	0	1	2
0	0	0	1	−1	1	1	2
0	1	3	0	0	2	−1	0

以此为基础，列出原线性规划的单纯形表，并化成典则形式，再用单纯形法求解：

−3	4	−2	−1	0
1	0	−1/2	0	2
0	0	0	1	2
0	1	3	0	0

0	0	−31/2	0	8
1	0	−1/2	0	2
0	0	0	1	2
0	1	3*	0	0

0	31/6	0	0	8
1	1/6	0	0	2
0	0	0	1	2
0	1/3	1	0	0

由此得所要求的最优解为：$x_1=2, x_2=0, x_3=0, x_4=2$，最优值为 8.

例 2.1.2 求解下列线性规划：
$$\min 2x_1+3x_2-x_3+5x_4$$
$$\text{s.t.} \begin{cases} 3x_1-x_2+x_3-2x_4=4 \\ x_1+x_2-x_3+x_4=1 \\ x_1-3x_2+3x_3-4x_4=3 \\ x_1,x_2,x_3,x_4\geqslant 0 \end{cases}$$

解 该线性规划可行基未知,引入人工变量 x_5,x_6,x_7,求下列第一阶段线性规划：
$$\min x_5+x_6+x_7$$
$$\text{s.t.} \begin{cases} 3x_1-x_2+x_3-2x_4+x_5=4 \\ x_1+x_2-x_3+x_4+x_6=1 \\ x_1-3x_2+3x_3-4x_4+x_7=3 \\ x_j\geqslant 0 \quad (j=1,2,\cdots,7) \end{cases}$$

列单纯形表,再化成典则形式：

0	0	0	0	−1	−1	−1	0
3	−1	1	−2	1	0	0	4
1	1	−1	1	0	1	0	1
1	−3	3	−4	0	0	1	3

5	−3	3	−5	0	0	0	8
3	−1	1	−2	1	0	0	4
1*	1	−1	1	0	1	0	1
1	−3	3	−4	0	0	1	3

用单纯形法求解：

0	−8	8	−10	0	−5	0	3
0	−4	4*	−5	1	−3	0	1
1	1	−1	1	0	1	0	1
0	−4	4	−5	0	−1	1	2

0	0	0	0	−2	1	0	1
0	−1	1	−5/4	1/4	−3/4	0	1/4
1	0	0	−1/4	1/4	1/4	0	5/4
0	0	0	0	−1	2*	1	1

0	0	0	0	−3/2	0	−1/2	1/2
0	−1	1	−5/4	−1/8	0	3/8	5/8
1	0	0	−1/4	3/8	0	−1/8	9/8
0	0	0	0	−1/2	1	1/2	1/2

由此得第一阶段规划的最优解,但由于最优值不为零,所以,由算法步骤 5° 知,原规划无可行解.

例 2.1.3 求解下列线性规划：
$$\min 2x_1+3x_2-x_3+5x_4$$
$$\text{s.t.} \begin{cases} 3x_1-x_2+x_3-2x_4=4 \\ x_1-x_2-x_3-x_4=1 \\ x_1+x_2+3x_3=2 \\ x_1,x_2,x_3,x_4\geqslant 0 \end{cases}$$

解 该线性规划可行基未知,引入人工变量 x_5, x_6, x_7,求下列第一阶段线性规划:

$$\min x_5 + x_6 + x_7$$

$$\text{s. t.} \begin{cases} 3x_1 - x_2 + x_3 - 2x_4 + x_5 = 4 \\ x_1 - x_2 - x_3 - x_4 + x_6 = 1 \\ x_1 + x_2 + 3x_3 + x_7 = 2 \\ x_j \geq 0 \quad (j = 1, 2, \cdots, 7) \end{cases}$$

列单纯形表,再化成典则形式:

0	0	0	0	−1	−1	−1	0
3	−1	1	−2	1	0	0	4
1	−1	−1	−1	0	1	0	1
1	1	3	0	0	0	1	2

5	−1	3	−3	0	0	0	7
3	−1	1	−2	1	0	0	4
1*	−1	−1	−1	0	1	0	1
1	1	3	0	0	0	1	2

用单纯形法求解:

0	4	8	2	0	−5	0	2
0	2*	4	1	1	−3	0	1
1	−1	−1	−1	0	1	0	1
0	2	4	1	0	−1	1	1

0	0	0	0	−2	1	0	0
0	1	2	1/2	1/2	−3/2	0	1/2
1	0	1	−1/2	1/2	−1/2	0	3/2
0	0	0	0	−1	2*	1	0

0	0	0	0	−3/2	0	−1/2	0
0	1	2	1/2	−1/4	0	3/4	1/2
1	0	1	−1/2	1/4	0	1/4	3/2
0	0	0	0	−1/2	1	1/2	0

得到第一阶段线性规划的最优解,但是,由算法步骤 7° 知,原线性规划第三个约束条件是多余的,所以,原线性规划等价于下列线性规划:

$$\min 2x_1 + 3x_2 - x_3 + 5x_4$$

$$\text{s. t.} \begin{cases} 3x_1 - x_2 + x_3 - 2x_4 = 4 \\ x_1 - x_2 - x_3 - x_4 = 1 \\ x_1, x_2, x_3, x_4 \geq 0 \end{cases}$$

因为,初等行变换前后增广矩阵对应的线性方程组解相同,所以由上述结果得到一个显示出该线性规划的可行基的单纯形表:

−2	−3	1	−5	0
0	1	2	1/2	1/2
1	0	1	−1/2	3/2

化成典则形式用单纯形法求解:

0	0	9	−9/2	9/2
0	1	2*	1/2	1/2
1	0	1	−1/2	3/2

0	−9/2	0	−27/4	9/4
0	1/2	1	1/4	1/4
1	−1/2	0	−3/2	5/4

由此得原线性规划的最优解为 $x_1=\frac{5}{4}, x_2=0, x_3=\frac{1}{4}, x_4=0$，最优值为 $\frac{9}{4}$.

对于不等式约束线性规划，当引入松弛变量将线性规划化成标准形后，如果未出现可行基或正则基而用两阶段法求解时，只需对减松弛变量的等式引入人工变量，这样可以减少计算量.

例 2.1.4 求解下列线性规划：
$$\max 3x_1 - 4x_2 + 2x_3$$
$$\text{s.t.} \begin{cases} 2x_1 - x_2 + x_3 \leqslant 5 \\ x_1 + x_2 - x_3 \leqslant 2 \\ -x_1 + 2x_2 + x_3 \geqslant 4 \\ x_1, x_2, x_3 \geqslant 0 \end{cases}$$

解 引入松弛变量 x_4, x_5, x_6，将线性规划化成标准形：
$$\max 3x_1 - 4x_2 + 2x_3$$
$$\text{s.t.} \begin{cases} 2x_1 - x_2 + x_3 + x_4 = 5 \\ x_1 + x_2 - x_3 + x_5 = 2 \\ -x_1 + 2x_2 + x_3 - x_6 = 4 \\ x_j \geqslant 0 \quad (j=1,2,\cdots,6) \end{cases}$$

因可行基与正则基都未知，所以，引入人工变量 x_7，求下列第一阶段线性规划：
$$\min x_7$$
$$\text{s.t.} \begin{cases} 2x_1 - x_2 + x_3 + x_4 = 5 \\ x_1 + x_2 - x_3 + x_5 = 2 \\ -x_1 + 2x_2 + x_3 - x_6 + x_7 = 4 \\ x_j \geqslant 0 \quad (j=1,2,\cdots,7) \end{cases}$$

列单纯形表并化成典则形式：

−1	2	1	0	0	−1	0	4
2	−1	1	1	0	0	0	5
1	1*	−1	0	1	0	0	2
−1	2	1	0	0	−1	1	4

用单纯形法求解：

−3	0	3	0	−2	−1	0	0
3	0	0	1	1	0	0	7
1	1	−1	0	1	0	0	2
−3	0	3*	0	−2	−1	1	0

0	0	0	0	0	0	−1	0
3	0	0	1	1	0	0	7
0	1	0	0	1/3	−1/3	1/3	2
−1	0	1	0	−2/3	−1/3	1/3	0

由此得到第一阶段线性规划的最优解. 以此为基础，列出原线性规划的单纯形表，再化成典则形式：

$$\begin{array}{cccccc|c} -3 & 4 & -2 & 0 & 0 & 0 & 0 \\ 3 & 0 & 0 & 1 & 1 & 0 & 7 \\ 0 & 1 & 0 & 0 & 1/3 & -1/3 & 2 \\ -1 & 0 & 1 & 0 & -2/3 & -1/3 & 0 \end{array} \qquad \begin{array}{ccccccc|c} -5 & 0 & 0 & 0 & -8/3 & 2/3 & -8 \\ 3^* & 0 & 0 & 1 & 1 & 0 & 7 \\ 0 & 1 & 0 & 0 & 1/3 & -1/3 & 2 \\ -1 & 0 & 1 & 0 & -2/3 & -1/3 & 0 \end{array}$$

用单纯形法求解：

$$\begin{array}{cccccc|c} 0 & 0 & 0 & 5/3 & -1 & 2/3 & 11/3 \\ 1 & 0 & 0 & 1/3 & 1/3 & 0 & 7/3 \\ 0 & 1 & 0 & 0 & 1/3^* & -1/3 & 2 \\ 0 & 0 & 1 & 1/3 & -1/3 & -1/3 & 7/3 \end{array} \qquad \begin{array}{cccccc|c} 0 & 3 & 0 & 5/3 & 0 & -1/3 & 29/3 \\ 1 & -1 & 0 & 1/3 & 0 & 1/3^* & 1/3 \\ 0 & 3 & 0 & 0 & 1 & -1 & 6 \\ 0 & 1 & 1 & 1/3 & 0 & -2/3 & 13/3 \end{array}$$

$$\begin{array}{cccccc|c} 1 & 2 & 0 & 2 & 0 & 0 & 10 \\ 3 & -3 & 0 & 1 & 0 & 1 & 1 \\ 3 & 0 & 0 & 1 & 1 & 0 & 7 \\ 2 & -1 & 1 & 1 & 0 & 0 & 5 \end{array}$$

由此得原线性规划的最优解为：$x_1=0, x_2=0, x_3=5$，最优值为 10.

2.2 大 M 单纯形法

一、基本原理

当 (LP) 的可行基和正则基都未知时，也可以用大 M 单纯形法求解. 大 M 单纯形法是通过引入人工变量 $x_{n+1}, x_{n+2}, \cdots, x_{n+m} \geqslant 0$ 和一个充分大的正数 M，将求解 (LP-min) 问题转化成求解

$$\text{(MLP-min)} \quad \begin{aligned} &\min \ C^T x + M \sum_{i=1}^{m} x_{n+i} \\ &\text{s.t.} \begin{cases} Ax + x_B = b (\geqslant 0) \\ x, x_B \geqslant 0 \end{cases} \end{aligned}$$

将求解 (LP-max) 问题转化成求解

$$\text{(MLP-max)} \quad \begin{aligned} &\max \ C^T x - M \sum_{i=1}^{m} x_{n+i} \\ &\text{s.t.} \begin{cases} Ax + x_B = b (\geqslant 0) \\ x, x_B \geqslant 0 \end{cases} \end{aligned}$$

(其中 $x_B^T = (x_{n+1}, x_{n+2}, \cdots, x_{n+m})$). 能够这样做的依据是 (MLP-min) 与 (LP-min)、(MLP-max) 与 (LP-max) 的解之间具有下列关系：

定理 2.2.1 如果 (LP-min) 的可行域不空，则 (MLP-min) 的可行域一定不空；如果 (LP-max) 的可行域不空，则 (MLP-max) 的可行域一定不空. 但是，反之都不一定成立.

证 因为，当 x 是 (LP-min) 的可行解时，取 $x_B^T = (x_{n+1}, x_{n+2}, \cdots, x_{n+m}) = 0^T$，则

$\begin{pmatrix} x \\ x_B \end{pmatrix}$ 一定是(MLP-min)的可行解;而当(LP-min)无可行解时,$\begin{pmatrix} x \\ x_B \end{pmatrix} = \begin{pmatrix} 0 \\ b \end{pmatrix}$ 却依然是(MLP-min)的可行解.(LP-max)与(MLP-max)的可行解之间的关系也如此.

定理 2.2.2 (LP-min)有最优解的充要条件是,(MLP-min)存在最优解,且最优值中不含 M;(LP-max)有最优解的充要条件是,(MLP-max)存在最优解,且最优值中不含 M.

证 以下仅以(LP-min)与(MLP-min)之间的关系进行证明.

必要性. 当(LP-min)有最优解时,将其记为 x^*,则 $Ax^* = b, x^* \geqslant 0$,所以 $\begin{pmatrix} x \\ x_B \end{pmatrix} = \begin{pmatrix} x^* \\ 0 \end{pmatrix}$ 满足条件 $Ax^* + x_B = b, x^*, x_B \geqslant 0$,即 $\begin{pmatrix} x \\ x_B \end{pmatrix} = \begin{pmatrix} x^* \\ 0 \end{pmatrix}$ 是(MLP-min)的可行解,对应于(MLP-min)的目标函数值为 $C^T x^*$. 因为 M 是充分大的正数,所以(MLP-min)的可行解 $\begin{pmatrix} \overline{x} \\ \overline{x_B} \end{pmatrix}$ 对应的目标函数值为 $C^T \overline{x} + M \sum_{i=1}^{m} \overline{x}_{n+i} \geqslant C^T x^*$,所以,$\begin{pmatrix} x \\ x_B \end{pmatrix} = \begin{pmatrix} x^* \\ 0 \end{pmatrix}$ 是(MLP-min)的最优解,其对应的目标函数值中不含 M.

充分性. 当(MLP-min)的最优解存在,且最优值不含 M 时,由(MLP-min)的约束条件知,(MLP-min)的最优解为 $\begin{pmatrix} x \\ x_B \end{pmatrix} = \begin{pmatrix} \overline{x} \\ 0 \end{pmatrix}$,且 $A\overline{x} = b, \overline{x} \geqslant 0$,最优值为 $C^T \overline{x}$. 因此,$\overline{x}$ 也是(LP-min)的可行解,对应的(LP-min)的目标函数值为 $C^T \overline{x}$. 下面用反证法证明 $\overline{x}$ 也是(LP-min)的最优解. 假设 $\overline{x}$ 不是(LP-min)的最优解,则(LP-min)必存在另一个可行解 x^*,使得,$C^T x^* < C^T \overline{x}$,这样的话,$\begin{pmatrix} x \\ x_B \end{pmatrix} = \begin{pmatrix} x^* \\ 0 \end{pmatrix}$ 必是(MLP-min)的可行解,对应的目标函数值为 $C^T x^*$,则 $C^T x^* < C^T \overline{x}$,与 $C^T \overline{x}$ 是(MLP-min)的最优值矛盾.

二、全过程算法二(大 M 单纯形法)

根据定理 2.2.2,在不知(LP)的可行基和正则基的情况下,求解(LP),可以先构造线性规划(MLP),然后按照单纯形法进行求解,这种求解(LP)的方法称为**大 M 单纯形法**.

用大 M 单纯形法求解(LP)时应注意,不必给 M 具体取值,判断 $\alpha + \beta M$ 的正负,可通过判 α 和 β 来实现:若 $\beta \neq 0$,则不论 α 为何值,$\alpha + \beta M$ 都与 β 同正负;当 $\beta = 0$ 时,$\alpha + \beta M$ 与 α 同正负. 如果(MLP)的最优值中 M 的系数不为 0,则表明(LP)无最优解,否则由(MLP)的最优解得到(LP)的最优解.

针对(LP-min)的大 M 单纯形法的程序步骤如下:

1° 输入(MLP-min)的单纯形表的典则形式:

$$\begin{bmatrix} a_{11} & a_{12} & \cdots & a_{1,n+m+1} \\ a_{21} & a_{22} & \cdots & a_{2,n+m+1} \\ \vdots & \vdots & & \vdots \\ a_{m1} & a_{m2} & \cdots & a_{m,n+m+1} \end{bmatrix} \Leftarrow (A \quad I \quad b)(\text{其中}\, I \,\text{为}\, m \,\text{阶单位矩阵})$$

$$c_{1j} \Leftarrow -c_j (j=1,2,\cdots,n), c_{1,n+i} \Leftarrow 0 (i=1,2,\cdots,m+1),$$

$$c_{2j} \Leftarrow \sum_{i=1}^{m} a_{ij}(j=1,2,\cdots,n,n+m+1), c_{2,n+i} \Leftarrow 0(i=1,2,\cdots,m).$$

$$R(i) \Leftarrow n+i (i=1,2,\cdots,m)$$

(其中$(c_1,c_2,\cdots,c_n)=C^T$,$R(i)$表示当前第 i 行上单位矩阵 I 的元素 1 位于第 $R(i)$ 列上. $i=1,2,\cdots,m$).

2° 求 $\min\{j \mid c_{2j}>0, 1 \leqslant j \leqslant n+m\} \triangleq t$.

若 t 不存在,则转到 3°;否则(t 存在)转到 4°.

3° 求 $\min\{j \mid c_{1j}>0, c_{2j}=0, 1 \leqslant j \leqslant n+m\} \triangleq t$.

若 t 不存在,则转到 6°;否则(t 存在)转到 4°.

4° 求 $\min\left\{\dfrac{a_{i,n+m+1}}{a_{it}} \mid a_{it}>0, 1 \leqslant i \leqslant m\right\} \triangleq \lambda$.

若 λ 不存在,则(LP-min)无下界,因此无最优解,停;否则(λ 存在)

$$\min\left\{R(i) \,\Big|\, \frac{a_{i,n+m+1}}{a_{it}}=\lambda, a_{it}>0, 1 \leqslant i \leqslant m\right\} \triangleq R(s)$$

5° $a_{sj} \Leftarrow \dfrac{a_{sj}}{a_{st}}(j=1,2,\cdots,n+m+1)$,

$c_{1j} \Leftarrow c_{1j}-a_{sj}c_{1t}, c_{2j} \Leftarrow c_{2j}-a_{sj}c_{2t}(j=1,2,\cdots,n+m+1)$,

$a_{ij} \Leftarrow a_{ij}-a_{sj}a_{it}(i=1,2,\cdots,m; i\neq s; j=1,2,\cdots,n+m+1)$,

$R(s) \Leftarrow t$,转到 2°.

6° 若 $c_{2,n+m+1} \neq 0$,则(LP-min)无最优解,停;否则($c_{2,n+m+1}=0$)得到(LP-min)的最优解:$x_{R(i)}=a_{i,n+m+1}(i=1,2,\cdots,m)$,其他 $x_j=0$,停.

算法注释 上述算法其实就是单纯形法,只是 $c_{1j}+c_{2j}M$ 形式的检验数的正负判断,需要分两步进行:步骤 2°中,若 t 存在,说明 $c_{2t}>0$,因此 $c_{1t}+c_{2t}M>0$;若 t 不存在,说明 $c_{2j} \leqslant 0 (j=1,2,\cdots,n+m)$,是否还存在 $c_{1j}+c_{2j}M>0$,需要再判断 c_{1j} 的正负. 步骤 3°中,若 t 存在,说明 $c_{1t}+c_{2t}M=c_{1t}>0$;若 t 还不存在,才说明所有 $c_{1j}+c_{2j}M \leqslant 0$.

步骤 6°是依据定理 2.2.2 判断(MLP-min)的最优解是不是(LP-min)的最优解.

类似地,可以给出针对(LP-max)的算法步骤. 放入作业之中.

例 2.2.1 试用大 M 单纯形法求解例 2.1.1.

解 对应的(MLP-max)规划

$$\max 3x_1-4x_2+2x_3+x_4-Mx_5-Mx_6-Mx_7$$

$$\text{s.t.} \begin{cases} 6x_1+2x_2+3x_3-4x_4+x_5=4 \\ 2x_1+x_2+2x_3-x_4+x_6=2 \\ 4x_1+x_2+x_3-2x_4+x_7=4 \\ x_j \geq 0 \quad (j=1,2,\cdots,7) \end{cases}$$

列出单纯形表，化成典则形式：

$-3-12M$	$4-4M$	$-2-6M$	$-1+7M$	0	0	0	$-10M$
6*	2	3	-4	1	0	0	4
2	1	2	-1	0	1	0	2
4	1	1	-2	0	0	1	4

用单纯形法求解：

0	5	$-1/2$	$-3-M$	$1/2+2M$	0	0	$2-2M$
1	1/3	1/2	$-2/3$	1/6	0	0	2/3
0	1/3	1	1/3*	$-1/3$	1	0	2/3
0	$-1/3$	-1	2/3	$-2/3$	0	1	4/3

0	$8+M$	$17/2+3M$	0	$-5/2+M$	$9+3M$	0	8
1	1	5/2	0	$-1/2$	2	0	2
0	-1	3	1	-1	3	0	2
0	-1	-3	0	0	-2	1	0

由此得最优解 $x_1=2, x_2=0, x_3=0, x_4=2$，最优值为 8.

例 2.2.2 试用大 M 单纯形法求解例 2.1.2.

解 对应的 (MLP-min) 规划

$$\min 2x_1+3x_2-x_3+5x_4+Mx_5+Mx_6+Mx_7$$

$$\text{s.t.} \begin{cases} 3x_1-x_2+x_3-2x_4+x_5=4 \\ x_1+x_2-x_3+x_4+x_6=1 \\ x_1-3x_2+3x_3-4x_4+x_7=3 \\ x_j \geq 0 \quad (j=1,2,\cdots,7) \end{cases}$$

列出单纯形表，化成典则形式：

$-2+5M$	$-3-3M$	$1+3M$	$-5-5M$	0	0	0	$8M$
3	-1	1	-2	1	0	0	4
1*	1	-1	1	0	1	0	1
1	-3	3	-4	0	0	1	3

用单纯形法求解：

0	$-1-8M$	$-1+8M$	$-3-10M$	0	$2-5M$	0	$2+3M$
0	-4	4^*	-5	1	-3	0	1
1	1	-1	1	0	1	0	1
0	-4	4	-5	0	-1	1	2

0	-2	0	$-17/4$	$1/4-2M$	$5/4+M$	0	$9/4+M$
0	-1	1	$-5/4$	$1/4$	$-3/4$	0	$1/4$
1	0	0	$-1/4$	$1/4$	$1/4$	0	$5/4$
0	0	0	0	-1	2^*	1	1

0	-2	0	$-17/4$	$7/8-3/2M$	0	$-5/8-M/2$	$13/8+M/2$
0	-1	1	$-5/4$	$-1/8$	0	$3/8$	$5/8$
1	0	0	$-1/4$	$3/8$	0	$-1/8$	$9/8$
0	0	0	0	$-1/2$	1	$1/2$	$1/2$

由此得到(MLP-min)的最优解，但是最优解对应的目标函数值中 M 的系数不为零，所以，由大 M 单纯形法步骤 6° 知，LP-min 无最优解．

对于不等式约束线性规划，如果引入松弛变量后，未出现可行基或正则基而用大 M 单纯形法求解时，只需对减松弛变量的等式引入人工变量，这样可以减少计算量．

例 2.2.3 用大 M 单纯形法求解例 2.1.4.

解 引入松弛变量 x_4, x_5, x_6，未得到可行基和正则基，为此再引入人工变量 x_7，得到对应的(MLP-max)规划

$$\max 3x_1 - 4x_2 + 2x_3 - Mx_7$$

$$\text{s. t.} \begin{cases} 2x_1 - x_2 + x_3 + x_4 = 5 \\ x_1 + x_2 - x_3 + x_5 = 2 \\ -x_1 + 2x_2 + x_3 - x_6 + x_7 = 4 \\ x_j \geqslant 0 \quad (j=1,2,\cdots,7) \end{cases}$$

列单纯形表并化成典则形式：

$-3+M$	$4-2M$	$-2-M$	0	0	M	0	$-4M$
2	-1	1	1	0	0	0	5
1	1^*	-1	0	1	0	0	2
-1	2	1	0	0	-1	1	4

用单纯形法求解：

-7+3M	0	2-3M	0	-4+2M	M	0	-8
3	0	0	1	1	0	0	7
1	1	-1	0	1	0	0	2
-3	0	3*	0	-2	-1	1	0

-5	0	0	0	-8/3	2/3	-2/3+M	-8
3*	0	0	1	1	0	0	7
0	1	0	0	1/3	-1/3	1/3	2
-1	0	1	0	-2/3	-1/3	1/3	0

0	0	0	5/3	-1	2/3	-2/3+M	11/3
1	0	0	1/3	1/3	0	0	7/3
0	1	0	0	1/3*	-1/3	1/3	2
0	0	1	1/3	-1/3	-1/3	1/3	7/3

0	3	0	5/3	0	-1/3	1/3+M	29/3		1	2	0	2	0	9	M	10
1	-1	0	1/3	0	1/3*	-1/3	1/3		3	-3	0	1	0	1	-1	1
0	3	0	0	1	-1	1	6		3	0	0	1	1	0	0	7
0	1	1	1/3	0	-2/3	2/3	13/3		2	-1	1	1	0	0	0	5

由此得线性规划的最优解为：$x_1=0, x_2=0, x_3=5$，最优值为 10.

2.3 大 M 对偶单纯形法

一、基本原理

当 (LP) 的可行基和正则基都未知时，也可以用大 M 对偶单纯形法求解. 大 M 对偶单纯形法是在 $A=(B,N)$，B 可逆，但是 B 既不是可行基，又不是正则基时，通过给 (LP) 增加松弛约束 $\alpha^\mathrm{T} x_N \leqslant M$（其中，$M$ 是一个充分大的正数，$\alpha^\mathrm{T}=(1,1,\cdots,1)$）将求解 (LP-min) 与 (LP-max) 问题转化成求解

$$\text{(MD-min)} \quad \text{s.t.} \begin{cases} \min C_B^\mathrm{T} x_B + C_N^\mathrm{T} x_N \\ Bx_B + Nx_N = b \\ \alpha^\mathrm{T} x_N \leqslant M \\ x_B, x_N \geqslant 0 \end{cases} \quad \text{与} \quad \text{(MD-max)} \quad \text{s.t.} \begin{cases} \max C_B^\mathrm{T} x_B + C_N^\mathrm{T} x_N \\ Bx_B + Nx_N = b \\ \alpha^\mathrm{T} x_N \leqslant M \\ x_B, x_N \geqslant 0 \end{cases}$$

将这两个线性规划均简记为 (MD). (MD) 与 (LP) 之间存在下列关系：

定理 2.3.1 若 M 为充分大的正数，则 (MD) 的可行域与 (LP) 的可行域相同.

证 留作练习.（证明略）

定理 2.3.2 若 (LP) 可行域不空，则 (MD) 一定有最优解.

证 当 (LP-min) 可行域不空时，则 (MD-min) 的可行域不空. 引入松弛变量 $x_0 \geqslant 0$，

可以将(MD-min)的单纯形表化成典则形式

$$
\begin{array}{ccc|c}
0 & 0^{\mathrm{T}} & C_B^{\mathrm{T}}B^{-1}N-C_N^{\mathrm{T}} & C_B^{\mathrm{T}}B^{-1}b \\
\hline
0 & I & B^{-1}N & B^{-1}b \\
1 & 0^{\mathrm{T}} & \alpha^{\mathrm{T}} & M
\end{array}
$$

将其中的 $C_B^{\mathrm{T}}B^{-1}N-C_N^{\mathrm{T}}$ 记成 $(a_{0j_1},a_{0j_2},\cdots,a_{0j_{n-m}})$. 如果 $(a_{0j_1},a_{0j_2},\cdots,a_{0j_{n-m}})\leqslant 0$, 则单纯形表中的矩阵 $\begin{pmatrix}0 & I \\ 1 & 0^{\mathrm{T}}\end{pmatrix}$ 便是(MD-min)的正则基; 如果 $(a_{0j_1},a_{j_2},\cdots,a_{j_{n-m}})$ 中存在正数, 则 $a_{0s}=\max\{a_{0j_k}\mid a_{0j_k}>0, 1\leqslant k\leqslant n-m\}<0$, 这时用初等行变换将上述单纯形表中, 第 s 列第 0 至第 m 个元素消成 0, 则得到的新单纯形表中, 第 0 行元素都非正, 因此, 生成的新的单位矩阵便是(MD-min)的正则基. 根据定理 1.3.1, (MD-min)一定有最优解. 类似可证针对(MD-max)的结果.

定理 2.3.3 设(LP)的可行域不空, 则(LP)有最优解的充要条件是: (MD)有最优解, 且最优值不含 M.

证 必要性是显然的, 下面以(MD-min)为例证明充分性.

当(MD-min)有最优解, 且最优值不含 M 时, 表明 M 取得再大, (MD-min)的目标函数值都不变. 设 $x^*=\begin{pmatrix}x_B^* \\ x_N^*\end{pmatrix}$ 为(MD-min)的最优解, 则

$$Bx_B^*+Nx_N^*=b, \alpha^{\mathrm{T}}x_N^*\leqslant M, \quad x_B^*\geqslant 0, x_N^*\geqslant 0,$$

任取(MD-min)的一个可行解 $x=\begin{pmatrix}x_B \\ x_N\end{pmatrix}$ 都有 $C_B^{\mathrm{T}}x_B+C_N^{\mathrm{T}}x_N\geqslant C_B^{\mathrm{T}}x_B^*+C_N^{\mathrm{T}}x_B^*$. 显然, (MD-min)的可行解也是(LP-min)的可行解, 所以, $x^*=\begin{pmatrix}x_B^* \\ x_N^*\end{pmatrix}$ 也是(LP-min)的最优解.

二、全过程算法三(**大 M 对偶单纯形法**)

根据定理 2.3.1 和定理 2.3.3, 在不知(LP)的可行基和正则基的情况下, 可以针对所有非基变量引入松弛约束, 然后用一次初等行变换, 即可得到一个对应于(LP), 并且显现出正则基的线性规划(MD). 这时, 用对偶单纯形法求解(MD), 可以获取(LP)的最优解. 这种方法称为**大 M 对偶单纯形法**.

针对(LP-min)的大 M 对偶单纯形法的程序步骤如下:

$1°$ 输入(MD-min)的单纯形表的典则形式:

$$
\begin{pmatrix}
a_{00} & a_{01} & \cdots & a_{0,n+2} \\
a_{10} & a_{11} & \cdots & a_{1,n+2} \\
\vdots & \vdots & & \vdots \\
a_{m+1,0} & a_{m+1,1} & \cdots & a_{m+1,n+2}
\end{pmatrix}
\Leftarrow
\begin{array}{ccc|cc}
0 & 0^{\mathrm{T}} & C_B^{\mathrm{T}}B^{-1}N-C_N^{\mathrm{T}} & C_B^{\mathrm{T}}B^{-1}b & 0 \\
\hline
0 & I & B^{-1}N & B^{-1}b & 0 \\
1 & 0^{\mathrm{T}} & \alpha^{\mathrm{T}} & 0 & 1
\end{array}
$$

(其中 I 为 m 阶单位矩阵, $\alpha=(1,1,\cdots,1)^{\mathrm{T}}$, $a_{i,n+2}(i=0,1,2,\cdots,m+1)$ 为常数列中 M

的系数.)

用 $R(i)(i=1,2,\cdots,m)$ 记录单位矩阵 I 中,第 i 行上元素 1 所处的列.

2° 用初等行变换显示出(MD-min)的正则基:

$$\lambda \leftarrow \max\{a_{0j}\,|\,a_{0j}>0, 1\leqslant j\leqslant n\}, \quad t\leftarrow\min\{j\,|\,a_{0j}=\lambda, 1\leqslant j\leqslant n\}$$

$$a_{ij}\leftarrow a_{ij}-a_{m+1,j}a_{it}\ (i=0,1,2,\cdots,m;j=0,1,2,\cdots,n+1)$$

$$a_{i0}\leftarrow -a_{it}, a_{i,n+2}\leftarrow -a_{it}\ (i=0,1,2,\cdots,m)$$

$$R(m+1)\leftarrow t$$

3° 求 $\min\{i\,|\,a_{i,n+2}<0, 1\leqslant i\leqslant m+1\}\triangleq s$.

若 s 不存在,则转到 4°;否则(s 存在)转到 5°.

4° 求 $\min\{i\,|\,a_{i,n+1}<0, a_{i,n+2}=0, 1\leqslant i\leqslant m+1\}\triangleq s$

若 s 不存在,则转到 7°;否则(s 存在)转到 5°.

5° 求 $\min\left\{\dfrac{a_{0j}}{a_{sj}}\,\Big|\,a_{sj}<0, 0\leqslant j\leqslant n\right\}\triangleq\mu$

若 μ 不存在,则(LP)无可行解,停;否则(μ 存在)

$t\leftarrow\min\left\{j\,\Big|\,\dfrac{a_{0j}}{a_{sj}}=\mu, a_{sj}<0, 0\leqslant j\leqslant n\right\}$ 转到 6°.

6° $a_{sj}\leftarrow\dfrac{a_{sj}}{a_{st}}(j=0,1,2,\cdots,n+2)$,

$a_{ij}\leftarrow a_{ij}-a_{it}a_{sj}(i=0,1,2,\cdots,m+1, i\neq s; j=0,1,2,\cdots,n+2)$,

$R(s)\leftarrow t$.

转到 3°.

7° 若 $a_{0,n+2}\neq 0$,则(LP)的目标函数在其可行域内无下界,因此(LP)无最优解,停;否则($a_{0,n+2}=0$)转到 8°.

8° 求 $\max\left\{-\dfrac{a_{i,n+1}}{a_{i,n+2}}\,\Big|\,a_{i,n+1}<0, a_{i,n+2}>0, 1\leqslant i\leqslant m+1\right\}\triangleq\mu$.

若 μ 不存在,则(LP-min)的最优解:$x_{R(i)}=a_{i,n+1}(i=1,2,\cdots,m)$,其他 $x_j=0$,停;否则(LP-min)的最优解为 $x_{R(i)}=a_{i,n+1}+\mu a_{i,n+2}(i=1,2,\cdots,m)$,其他 $x_j=0$,停.

算法注释 (1)针对(LP-max)的大 M 对偶单纯形法的算法步骤,可以类似地给出,留作为本章作业.

(2)上述算法步骤 3°~步骤 6°,执行的是对偶单纯形法,只是(MD-min)中,约束条件的常数项为 $a_{i,n+1}+a_{i,n+2}M(i=1,2,\cdots,m+1)$,目标函数值为 $a_{0,n+1}+a_{0,n+2}M$.

例 2.3.1 试用大 M 对偶单纯形法求解下列线性规划:

$$\min\ 2x_1-3x_2-x_3$$

$$\text{s.t.}\ \begin{cases}x_1-x_2+2x_3\geqslant 3\\ 2x_1+3x_2+x_3\leqslant 7\\ x_1,x_2,x_3\geqslant 0\end{cases}$$

解 引入松弛变量 $x_4, x_5 \geqslant 0$，列单纯形表，并化成典则形式：

−2	3	1	0	0	0
−1	1	−2	1	0	−3
2	3	1	0	1	7

单纯形表中，已知了一个基，但既不是可行基，也不是正则基，为此，引入松弛约束 $x_1 + x_2 + x_3 \leqslant M$，列（MD-min）的单纯形表，再用初等行变换导出（MD-min）的正则基：

−2	3	1	0	0	0	0
−1	1	−2	1	0	0	−3
2	3	1	0	1	0	7
1	1*	1	0	0	1	M

−5	0	−2	0	0	−3	−3M
−2	0	−3*	1	0	−1	−3−M
−1	0	−2	0	1	−3	7−3M
1	1	1	0	0	1	M

用对偶单纯形法求解（注意：M 是充分大的整数，所以 $-3-M<0, 7-M<0, M>0$）：

−11/3	0	0	−2/3	0	−7/3	2−7M/3
2/3	0	1	−1/3	0	1/3	1+M/3
1/3	0	0	−2/3*	1	−7/3	9−7M/3
1/3	1	0	1/3	0	2/3	−1+2M/3

−4	0	0	0	−1	0	−7
1/2	0	1	0	−1/2	3/2	−7/2+3M/2
−1/2	0	0	1	−3/2	7/2	−27/2+7M/2
1/2	1	0	0	1/2	−1/2*	7/2−M/2

−4	0	0	0	−1	0	−7
2	3	1	0	1	0	7
3	7	0	1	2	0	11
−1	−2	0	0	−1	1	−7+M

由此得最优解为 $x_1=0, x_2=0, x_3=7$，最优值为 -7.

对于一般等式约束型线性规划，可以先用初等行变换任意求一个基，得到的基既不是可行基，也不是正则基时，再用大 M 对偶单纯形法求解．

例 2.3.2 试用大 M 对偶单纯形法求解

$$\max\ 2x_1 - x_2 + x_3 - x_4$$

$$\text{s. t.} \begin{cases} x_1 + x_2 + 3x_3 - 4x_4 = 2 \\ 2x_1 + x_2 + 2x_3 - x_4 = 5 \\ x_1, x_2, x_3, x_4 \geqslant 0 \end{cases}$$

解 列单纯形表，并化成典则形式：

$$\begin{array}{cccc|c} -2 & 1 & -1 & 1 & 0 \\ \hline 1 & 1 & 3 & -4 & 2 \\ 2 & 1 & 2 & -1 & 5 \end{array} \qquad \begin{array}{cccc|c} 0 & 0 & -7 & 14 & 7 \\ \hline 1 & 0 & -1 & 3 & 3 \\ 0 & 1 & 4 & -7 & -1 \end{array}$$

按大 M 对偶单纯形法引入松弛约束,并列对应的单纯形表、显示出正则基

$$\begin{array}{ccccc|c} 0 & 0 & -7 & 14 & 0 & 7 \\ \hline 1 & 0 & -1 & 3 & 0 & 3 \\ 0 & 1 & 4 & -7 & 0 & -1 \\ 0 & 0 & 1 & 1 & 1 & M \end{array} \qquad \begin{array}{ccccc|c} 0 & 0 & 0 & 21 & 7 & 7+7M \\ \hline 1 & 0 & 0 & 4 & 1 & 3+M \\ 0 & 1 & 0 & -11 & -4^* & -1-4M \\ 0 & 0 & 1 & 1 & 1 & M \end{array}$$

用对偶单纯形法求解

$$\begin{array}{ccccc|c} 0 & 7/4 & 0 & 7/4 & 0 & 21/4 \\ \hline 1 & 1/4 & 0 & 5/4 & 0 & 11/4 \\ 0 & -1/4 & 0 & 11/4 & 1 & 1/4+M \\ 0 & 1/4 & 1 & -7/4^* & 0 & -1/4 \end{array} \qquad \begin{array}{ccccc|c} 0 & 2 & 1 & 0 & 0 & 5 \\ \hline 1 & 3/7 & 5/7 & 0 & 0 & 18/7 \\ 0 & 1/7 & 11/7 & 0 & 1 & -1/7+M \\ 0 & -1/7 & -4/7 & 1 & 0 & 1/7 \end{array}$$

由此得最优解为 $x_1=18/7, x_2=0, x_3=0, x_4=1/7$, 最优值为 5.

例 2.3.3 试用大 M 对偶单纯形法求解下列线性规划:

$$\min x_1-x_2-2x_3$$
$$\text{s. t.} \begin{cases} x_1-2x_2+x_3 \leqslant 3 \\ 3x_1+x_2-2x_3 \geqslant 1 \\ x_1+x_2+x_3 \geqslant 2 \\ x_1,x_2,x_3 \geqslant 0 \end{cases}$$

解 引入松弛变量 $x_4,x_5,x_6 \geqslant 0$, 列出单纯形表, 再化成典则形式:

$$\begin{array}{cccccc|c} -1 & 1 & 2 & 0 & 0 & 0 & 0 \\ \hline 1 & -2 & 1 & 1 & 0 & 0 & 3 \\ 3 & 1 & -2 & 0 & -1 & 0 & 1 \\ 1 & 1 & 1 & 0 & 0 & -1 & 2 \end{array} \qquad \begin{array}{cccccc|c} -1 & 1 & 2 & 0 & 0 & 0 & 0 \\ \hline 1 & -2 & 1 & 1 & 0 & 0 & 3 \\ -3 & -1 & 2 & 0 & 1 & 0 & -1 \\ -1 & -1 & -1 & 0 & 0 & 1 & -2 \end{array}$$

由于这时的单纯形表既没有显示出可行基,又没有显示出正则基,所以引入松弛约束 $x_1+x_2+x_3 \leqslant M$, 再引入松弛变量 $x_7 \geqslant 0$, 列新的单纯形表, 变换出正则基:

$$\begin{array}{ccccccc|c} -1 & 1 & 2 & 0 & 0 & 0 & 0 & 0 \\ \hline 1 & -2 & 1 & 1 & 0 & 0 & 0 & 3 \\ -3 & -1 & 2 & 0 & 1 & 0 & 0 & -1 \\ -1 & -1 & -1 & 0 & 0 & 1 & 0 & -2 \\ 1 & 1 & 1^* & 0 & 0 & 0 & 1 & M \end{array} \qquad \begin{array}{ccccccc|c} -3 & -1 & 0 & 0 & 0 & 0 & -2 & -2M \\ \hline 0 & -3^* & 0 & 1 & 0 & 0 & -1 & 3-M \\ -2 & -3 & 0 & 0 & 1 & 0 & -2 & -1-2M \\ 0 & 0 & 0 & 0 & 0 & 1 & 1 & -2+M \\ 1 & 1 & 1 & 0 & 0 & 0 & 1 & M \end{array}$$

用对偶单纯形法求解

-3	0	0	$-1/3$	0	0	$-5/3$	$-1-5M/3$
0	1	0	$-1/3$	0	0	$1/3$	$-1+M/3$
-2	0	0	-1^*	1	0	-1	$-4-M$
0	0	0	0	0	1	1	$-2+M$
1	0	1	$1/3$	0	0	$2/3$	$1+2M/3$
$-7/3$	0	0	0	$-1/3$	0	$-4/3$	$1/3-4M/3$
$2/3$	1	0	0	$-1/3$	0	$2/3$	$1/3+2M/3$
2	0	0	1	-1	0	1	$4+M$
0	0	0	0	0	1	1	$-2+M$
$1/3$	0	1	0	$1/3$	0	$1/3$	$-1/3+M/3$

由此得(MD-min)的最优解,但由于最优值中含有 M,所以原线性规划的目标函数在可行域内无下界,因此无最优解.

2.4 亚基迭代算法

一、概念

亚基迭代算法是一种求解可行基和正则基都未知的线性规划的算法,与两阶段法、大 M 单纯形法、大 M 对偶单纯形法不同,亚基迭代算法不需要引入人工变量和松弛约束. 为了便于论述,先给出相关的概念和性质:

定义 2.4.1 若对(LP)中的约束条件 $Ax=b$ 的增广矩阵进行如下初等行变换:

$$(A|b) \sim \begin{pmatrix} 0^T & a_N^T & | & b_1 \\ I & N & | & 0 \end{pmatrix} = \begin{pmatrix} 0 & 0 & \cdots & 0 & a_{1m} & a_{1,m+1} & \cdots & a_{1n} & | & b_1 \\ 1 & 0 & \cdots & 0 & a_{2m} & a_{2,m+1} & \cdots & a_{2n} & | & 0 \\ \vdots & \vdots & & \vdots & \vdots & \vdots & & \vdots & | & \vdots \\ 0 & 0 & \cdots & 1 & a_{mn} & a_{m,m+1} & \cdots & a_{mn} & | & 0 \end{pmatrix}$$

其中 $b_1 > 0$. 则称单位矩阵 I 为(LP)的**亚基**,这时的增广矩阵称为(LP)的**亚典形式**.

定理 2.4.1 设矩阵

$$\begin{pmatrix} 0 & 0 & \cdots & 0 & a_{1m} & a_{1,m+1} & \cdots & a_{1n} & | & b_1 \\ 1 & 0 & \cdots & 0 & a_{2m} & a_{2,m+1} & \cdots & a_{2n} & | & 0 \\ \vdots & \vdots & & \vdots & \vdots & \vdots & & \vdots & | & \vdots \\ 0 & 0 & \cdots & 1 & a_{mn} & a_{m,m+1} & \cdots & a_{mn} & | & 0 \end{pmatrix}$$

为(LP)的亚典形式,则通过求解下列线性规划:

$$(P) \quad \begin{aligned} \min \quad & -a_{1m}x_m - a_{1,m+1}x_{m+1} - \cdots - a_{1n}x_n \\ \text{s.t.} \quad & \begin{cases} x_1 + a_{2m}x_m + a_{2,m+1}x_{m+1} + \cdots + a_{2n}x_n = 0 \\ x_2 + a_{3m}x_m + a_{3,m+1}x_{m+1} + \cdots + a_{3n}x_n = 0 \\ \cdots \cdots \\ x_{m-1} + a_{mn}x_m + a_{m,m+1}x_{m+1} + \cdots a_{mn}x_n = 0 \\ x_j \geq 0 \quad (j=1,2,\cdots,n) \end{cases} \end{aligned}$$

要么得知(LP)无可行解,要么得到(LP)的可行基.

证 线性规划(P)的单纯形表为

0	0	⋯	0	a_{1m}	$a_{1,m+1}$	⋯	a_{1n}	0
1	0	⋯	0	a_{2m}	$a_{2,m+1}$	⋯	a_{2n}	0
⋮	⋮		⋮	⋮	⋮		⋮	⋮
0	0	⋯	1	a_{mm}	$a_{m,m+1}$	⋯	a_{mn}	0

显然,其中的单位矩阵为(P)可行基,因此,可以用含 Bland 法则的单纯形法求解(P).根据定理 1.2.7,必然在有限次迭代后得知(P)无下界或得到(P)的最优解.当得知(P)无下界时,即找到了 t,使得 $a_{1t}>0, a_{2t}\leqslant 0, a_{3t}\leqslant 0, \cdots, a_{mt}\leqslant 0$,这时,以作下列初等行变换

$$a_{1j}\Leftarrow\frac{a_{1j}}{a_{1t}}, b_1\Leftarrow\frac{b_1}{a_{1t}} \quad (j=1,2,\cdots,n)$$

$$a_{ij}\Leftarrow a_{ij}-a_{1j}a_{it}, b_i\Leftarrow b_i-b_1 a_{it} \quad (i=2,3,\cdots,m; j=1,2,\cdots,n)$$

便得到(LP)的可行基;当得到(P)的最优解时,即出现 $a_{1j}\leqslant 0 (j=1,2,\cdots,n)$,这时,因为 $b_1>0$,所以(LP)无可行解.

利用定理 2.4.1 求(LP)的可行基,再用单纯形法求(LP)的最优解的算法称为**亚基迭代算法**.

二、全过程算法四(亚基迭代算法)

求解 LP-min 的亚基迭代算法:

1° 输入 $a_{0j}\Leftarrow -c_j (j=1,2,\cdots,n), a_{0,n+1}\Leftarrow 0$.

$$\begin{bmatrix} a_{11} & a_{12} & \cdots & a_{1,n+1} \\ a_{21} & a_{22} & \cdots & a_{2,n+1} \\ \vdots & \vdots & & \vdots \\ a_{m1} & a_{m2} & \cdots & a_{m,n+1} \end{bmatrix} \Leftarrow (A|b) \quad (置 a_{1,n+1}\neq 0)$$

下面求亚基(2°~6°).

2° $a_{1j}\Leftarrow\dfrac{a_{1j}}{a_{1,n+1}} (j=1,2,\cdots,n+1)$,

$a_{ij}\Leftarrow a_{ij}-a_{1j}a_{i,n+1} (i=2,3,\cdots,m; j=1,2,\cdots,n+1)$,

$k\Leftarrow 2$.

3° 求 $\min\{j | a_{kj}\neq 0, 1\leqslant j\leqslant n\}\triangleq t$.

4° 若 t 不存在,则删除多余约束: $k<m$ 时, $a_{ij}\Leftarrow a_{i+1,j} (i=k,k+1,\cdots,m-1; j=1,2,\cdots,n+1), m\Leftarrow m-1$,转到 3°; $k=m$ 时, $m\Leftarrow m-1$,转针 7°.否则(t 存在)转到 5°.

5° $a_{kj}\Leftarrow\dfrac{a_{kj}}{a_{kt}} (j=1,2,\cdots,n+1)$,

$a_{ij}\Leftarrow a_{ij}-a_{kj}a_{it} (i=1,2,\cdots,m; i\neq k; j=1,2,\cdots,n+1)$,

$R(k)\Leftarrow t$,转到 6°.

6° 若 $k<m$,则 $k \Leftarrow k+1$ 转到 3°;否则 $(k=m)$ 转到 7°.

下面求可行基(7°~10°).

7° 求 $\min\{j \mid a_{1j}>0, 1 \leqslant j \leqslant n\} \triangleq t$.

若 t 不存在,则(LP-min)无可行解,停;否则(t 存在)转到 8°.

8° 求 $\min\{j \mid a_{1j}>0, a_{ij} \leqslant 0, i=2,3,\cdots,m; 1 \leqslant j \leqslant n\} \triangleq u$.

若 u 不存在,则 $\min\{R(i) \mid a_{it}>0, 2 \leqslant i \leqslant m\} \triangleq R(s)$ 转到 9°;否则(u 存在)转到 10°.

9° $a_{sj} \Leftarrow \dfrac{a_{sj}}{a_{st}}(j=1,2,\cdots,n)$,

$a_{ij} \Leftarrow a_{ij} - a_{sj}a_{it}(i=1,2,\cdots,m; i \neq s; j=1,2,\cdots,n)$,

$R(s) \Leftarrow t$,转到 7°.

10° $a_{1j} \Leftarrow \dfrac{a_{1j}}{a_{1u}}(j=1,2,\cdots,n+1)$,

$a_{ij} \Leftarrow a_{ij} - a_{1j}a_{iu}(i=2,3,\cdots,m; j=1,2,\cdots,n+1)$,

$R(1) \Leftarrow u$

下面用单纯形法求解(LP-min).

11° $a_{0j} \Leftarrow a_{0j} - \sum\limits_{i=1}^{m} a_{0R(i)}a_{ij}(j=1,2,\cdots,n+1)$.

12° 求 $\min\{j \mid a_{0j}>0, 1 \leqslant j \leqslant n\} \triangleq t$.

若 t 不存在,则得最优解 $x_{R(i)}=a_{i,n+1}(i=1,2,\cdots,m)$,其他 $x_j=0$,停;否则(t 存在)转到 13°.

13° 求 $\min\left\{\dfrac{a_{i,n+1}}{a_{it}} \,\middle|\, a_{it}>0, 1 \leqslant i \leqslant m\right\} \triangleq \lambda$.

若 λ 不存在,则(LP-min)无下界,停;否则(λ 存在)

$R(s) \Leftarrow \min\left\{R(i) \,\middle|\, \dfrac{a_{i,n+1}}{a_{it}}=\lambda, a_{it}>0, 1 \leqslant i \leqslant m\right\}$ 转到 14°.

14° $a_{sj} \Leftarrow \dfrac{a_{sj}}{a_{st}}(j=1,2,\cdots,n+1)$,

$a_{ij} \Leftarrow a_{ij} - a_{sj}a_{it}(i=1,2,\cdots,m; i \neq s; j=1,2,\cdots,n+1)$,

$R(s) \Leftarrow t$ 转到 11°.

算法注释 (1)在亚基迭代算法步骤 7°~步骤 10°中,由于 $a_{i,n+1}=0(i=2,3,\cdots,m)$,所以,Bland 法则

$$\min\left\{\dfrac{a_{i,n+1}}{a_{it}} \,\middle|\, a_{it}>0, 2 \leqslant i \leqslant m\right\} \triangleq \lambda, \quad \min\left\{R(i) \,\middle|\, \dfrac{a_{i,n+1}}{a_{it}}=\lambda, a_{it}>0, 2 \leqslant i \leqslant m\right\} \triangleq R(s)$$

被简化成了 $\min\{R(i) \mid a_{it}>0, 2 \leqslant i \leqslant m\} \triangleq R(s)$.

(2)将上述算法步骤 12°中的

"$\min\{j \mid a_{0j}>0, 1 \leqslant j \leqslant n\} \triangleq t$" 改成 "$\min\{j \mid a_{0j}<0, 1 \leqslant j \leqslant n\} \triangleq t$"

步骤 13° 中的

"若 λ 不存在,则(LP-min)无下界"改成"若 λ 不存在,则(LP-max)无上界"便得到求解LP-max的亚基迭代算法.

例 2.4.1 试用亚基迭代算法求解例 2.3.2.

解 将约束条件对应的矩阵用初等行变换化成亚典形式:

$$\begin{pmatrix} 1 & 1 & 3 & -4 & | & 2 \\ 2 & 1 & 2 & -1 & | & 5 \end{pmatrix} \sim \begin{pmatrix} 1 & 1 & 3 & -4 & | & 2 \\ -1/2 & -3/2 & -11/2 & 9 & | & 0 \end{pmatrix} \sim \begin{pmatrix} 0 & -2 & -8 & 14 & | & 2 \\ 1 & 3 & 11 & -18 & | & 0 \end{pmatrix}$$

由亚基算法步骤 7°和步骤 8°知, $t=4, u=4$,作初等行变换得可行基:

$$\begin{pmatrix} 0 & -1/7 & -4/7 & 1 & | & 1/7 \\ 1 & 3/7 & 5/7 & 0 & | & 18/7 \end{pmatrix}$$

列单纯形表,并化成典则形式:

-2	1	-1	1	0
0	$-1/7$	$-4/7$	1	$1/7$
1	$3/7$	$5/7$	0	$18/7$

0	2	1	0	5
0	$-1/7$	$-4/7$	1	$1/7$
1	$3/7$	$5/7$	0	$18/7$

单纯形表已满足最优性条件,所以最优解为 $x_1=\dfrac{18}{7}, x_2=0, x_3=0, x_4=\dfrac{1}{7}$,最优值为 5.

例 2.4.2 试用亚基迭代算法求解例 2.1.1.

解 将约束条件对应的矩阵用初等行变换化成亚典形式:

$$\begin{pmatrix} 6 & 2 & 3 & -4 & | & 4 \\ 2 & 1 & 2 & -1 & | & 2 \\ 4 & 1 & 1 & -2 & | & 4 \end{pmatrix} \sim \begin{pmatrix} 6 & 2 & 3 & -4 & | & 4 \\ -1 & 0 & 1/2 & 1 & | & 0 \\ -2 & -1 & -2 & 2 & | & 0 \end{pmatrix} \sim \begin{pmatrix} 0 & 0 & 0 & 2 & | & 4 \\ 1 & 0 & -1/2 & -1 & | & 0 \\ 0 & 1 & 3 & 0 & | & 0 \end{pmatrix}$$

由亚基算法步骤 7°和步骤 8°知, $t=4, u=4$,作初等行变换得可行基:

$$\begin{pmatrix} 0 & 0 & 0 & 1 & | & 2 \\ 1 & 0 & -1/2 & 0 & | & 2 \\ 0 & 1 & 3 & 0 & | & 0 \end{pmatrix}$$

列单纯形表,并化成典则形式:

-3	4	-2	-1	0
0	0	0	1	2
1	0	$-1/2$	0	2
0	1	3	0	0

0	0	$-31/2$	0	8
0	0	0	1	2
1	0	$-1/2$	0	2
0	1	3^*	0	0

用单纯形法求解

0	$31/6$	0	0	8
0	0	0	1	2
1	$1/6$	0	0	2
0	$1/3$	1	0	0

由此得最优解为 $x_1=2, x_2=0, x_3=0, x_4=2$,最优值为 8.

例 2.4.3 试用亚基迭代算法求解例 2.3.3.

解 该线性规划都是不等式约束,所以用松弛变量 $x_4, x_5, x_6 \geq 0$ 的系数获取亚典形式:

$$\begin{pmatrix} 1 & -2 & 1 & 1 & 0 & 0 & | & 3 \\ 3 & 1 & -2 & 0 & -1 & 0 & | & 1 \\ 1 & 1 & 1 & 0 & 0 & -1 & | & 2 \end{pmatrix} \sim \begin{pmatrix} 1 & -2 & 1 & 1 & 0 & 0 & | & 3 \\ \frac{8}{3} & \frac{5}{3} & -\frac{7}{3} & -1/3 & -1 & 0 & | & 0 \\ \frac{1}{3} & \frac{7}{3} & \frac{1}{3} & -2/3 & 0 & -1 & | & 0 \end{pmatrix}$$

$$\sim \begin{pmatrix} 1 & -2 & 1 & 1 & 0 & 0 & | & 3 \\ -8/3 & -5/3 & 7/3 & 1/3 & 1 & 0 & | & 0 \\ -1/3 & -7/3 & -1/3 & 2/3 & 0 & 1 & | & 0 \end{pmatrix}$$

由亚基算法步骤 7° 和步骤 8° 知,$t=1, u=1$,作初等行变换得可行基:

$$\begin{pmatrix} 1 & -2 & 1 & 1 & 0 & 0 & | & 3 \\ 0 & -7 & 5 & 3 & 1 & 0 & | & 8 \\ 0 & -3 & 0 & 1 & 0 & 1 & | & 1 \end{pmatrix}$$

列单纯形表,并化成典则形式:

−1	1	2	0	0	0	0
1	−2	1	1	0	0	3
0	−7	5	3	1	0	8
0	−3	0	1	0	1	1

0	−1	3	1	0	0	3
1	−2	1	1	0	0	3
0	−7	5*	3	1	0	8
0	−3	0	1	0	1	1

用单纯形法求解

0	16/5	0	−4/5	−3/5	0	−9/5
1	−3/5	0	2/5	−1/5	0	7/5
0	−7/5	1	3/5	1/5	0	8/5
0	−3	0	1	0	1	1

由单纯形算法知,该线性规划的目标函数在其可行域内无下界,所以无最优解.

习 题 2

1. 试针对线性规划说明松弛变量与人工变量的区别和用途.

2. 试说明求解线性规划在什么情况下用两阶段法?两阶段法的第一阶段的目的是什么?第二阶段的目的是什么?两个阶段中的算法有何共同特征?

3. 试用两阶段法求解下列线性规划:

(1) $\max 2x_1 + x_2 - 4x_3 - 2x_4$

s.t. $\begin{cases} x_1 + 2x_2 + x_4 = 6, \\ -3x_1 + 8x_2 + x_3 = 14, \\ 4x_2 - x_3 = 4, \\ x_1, x_2, x_3, x_4 \geq 0; \end{cases}$

(2) $\min 4x_1 + 2x_2 - 5x_3$

s.t. $\begin{cases} 2x_1 + x_2 - 2x_3 \geq 4, \\ x_1 + 2x_2 + x_3 \geq 5, \\ -2x_1 - 4x_2 + x_3 \leq 4, \\ x_1, x_2, x_3 \geq 0; \end{cases}$

(3) $\max 7x_1 - 4x_2 - 12x_3 + 6x_4$
s.t. $\begin{cases} -3x_1 + x_2 + 3x_3 - x_4 = 7, \\ x_1 + 2x_2 - 2x_3 - x_4 = 3, \\ x_1 + x_2 + x_3 + x_4 = 2, \\ x_1, x_2, x_3, x_4 \geq 0; \end{cases}$

(4) $\max x_1 + 7x_2 - 2x_3 + 3x_4$
s.t. $\begin{cases} 2x_1 + 3x_2 + 6x_3 - 4x_4 = 3, \\ x_1 + 2x_2 + 2x_3 - x_4 = 2, \\ x_1 + x_2 + 4x_3 - 2x_4 = 4, \\ x_1, x_2, x_3, x_4 \geq 0. \end{cases}$

4. 试说明求解线性规划时候,什么情况下用大 M 单纯形法?如何根据大 M 单纯形法的运算结果,判别大 M 规划的最优解是不是原规划的最优解?大 M 单纯形法与单纯形法有何关系?

5. 用大 M 单纯形法求解线性规划时,是不是线性规划中有多少个约束条件,就必须引入多少个人工变量?

6. 试针对(LP-max),给出大 M 单纯形法的算法步骤.

7. 试用大 M 单纯形法求解 3 题中的线性规划.

8. 试说明求解线性规划的时候,什么情况下用大 M 对偶单纯形法?如何根据大 M 对偶法的运算结果,判别大 M 对偶规划的最优解是不是原规划的最优解?大 M 对偶单纯形法与对偶单纯形法有何关系?

9. 试针对(LP-max),给出大 M 对偶单纯形法的算法步骤.

10. 试用大 M 对偶单纯形法求解 3 题中的线性规划.

11. 试说明亚基迭代算法与两阶段法、大 M 单纯形法及大 M 对偶单纯形法的最主要区别在哪里?

12. 试用亚基迭代算法求解 3 题中的线性规划.

第3章

线性规划的扩展问题

现实中,人们对线性规划的关心,往往不局限于求解,有时还会涉及其他一些问题,如线性规划与其对偶规划之间的关系问题、线性规划中的参数灵敏度问题、多目标线性规划问题等,这些问题都有着广泛的应用背景和重要的现实意义,本章将对上述三类问题逐一进行介绍.

3.1 线性规划的对偶理论

一、对偶线性规划的概念

定义 3.1.1 设

$$(P) \quad \begin{array}{l} \max C^T x \\ \text{s.t.} \begin{cases} Ax \leqslant b \\ x \geqslant 0 \end{cases} \end{array} \qquad (D) \quad \begin{array}{l} \min b^T y \\ \text{s.t.} \begin{cases} A^T y \geqslant C \\ y \geqslant 0 \end{cases} \end{array}$$

则称线性规划(D)是线性规划(P)的**对偶线性规划**;也称线性规划(P)是线性规划(D)的**对偶线性规划**,或简称线性规划(P)与(D)互为**对偶规划**.

例 3.1.1 试写出下列每一个线性规划的对偶规划:

$$(1) \quad \begin{array}{l} \max 2x_1 - 4x_2 + 5x_3 \\ \text{s.t.} \begin{cases} x_1 + 3x_2 + 2x_3 \leqslant 7, \\ 4x_1 - x_2 + 7x_3 \geqslant 2, \\ x_1, x_2, x_3 \geqslant 0; \end{cases} \end{array} \qquad (2) \quad \begin{array}{l} \min x_1 + 3x_2 - x_3 \\ \text{s.t.} \begin{cases} 2x_1 - x_2 + 7x_3 \leqslant 8, \\ x_1 + 4x_3 \leqslant 5, \\ 5x_2 - 2x_3 \geqslant 1, \\ x_1, x_2, x_3 \geqslant 0. \end{cases} \end{array}$$

解 (1)先将模型表示成定义中的(P)形式,再按定义 3.1.1 给出其对偶规划:

$$(P) \quad \begin{array}{l} \max 2x_1 - 4x_2 + 5x_3 \\ \text{s.t.} \begin{cases} x_1 + 3x_2 + 2x_3 \leqslant 7 \\ -4x_1 + x_2 - 7x_3 \leqslant -2 \\ x_1, x_2, x_3 \geqslant 0 \end{cases} \end{array} \qquad (D) \quad \begin{array}{l} \min 7y_1 - 2y_2 \\ \text{s.t.} \begin{cases} y_1 - 4y_2 \geqslant 2 \\ 3y_1 + y_2 \geqslant -4 \\ 2y_1 - 7y_2 \geqslant 5 \\ y_1, y_2 \geqslant 0 \end{cases} \end{array}$$

(2)先将模型表示成定义中的(D)形式,再按定义 3.1.1 给出其对偶规划:

(D) $\quad$ min $x_1+3x_2-x_3$
s. t. $\begin{cases} -2x_1+x_2-7x_3 \geqslant -8 \\ -x_1-4x_3 \geqslant -5 \\ 5x_2-2x_3 \geqslant 1 \\ x_1,x_2,x_3 \geqslant 0 \end{cases}$

(P) $\quad$ max $-8y_1-5y_2+y_3$
s. t. $\begin{cases} -2y_1-y_2 \leqslant 1 \\ y_1+5y_2 \leqslant 3 \\ -7y_1-4y_2-2y_3 \leqslant -1 \\ y_1,y_2,y_3 \geqslant 0 \end{cases}$

该对偶规划可化简成

max $-8y_1-5y_2+y_3$
s. t. $\begin{cases} y_1+5y_2 \leqslant 3 \\ 7y_1+4y_2+2y_3 \geqslant 1 \\ y_1,y_2,y_3 \geqslant 0 \end{cases}$

利用 $Ax=b$ 等价于 $b \leqslant Ax \leqslant b$,对偶规划的概念也可推广到等式约束型线性规划上.

例 3.1.2 分别求出 LP-max 与 LP-min 两个线性规划的对偶规划.

解 因为 LP-max 又可表示成

max $C^T x$
s. t. $\begin{cases} b \leqslant Ax \leqslant b \\ x \geqslant 0 \end{cases}$ 再表示成

max $C^T x$
s. t. $\begin{cases} Ax \leqslant b \\ -Ax \leqslant -b \\ x \geqslant 0 \end{cases}$ 进一步表示成

max $C^T x$
s. t. $\begin{cases} \begin{pmatrix} A \\ -A \end{pmatrix} x \leqslant \begin{pmatrix} b \\ -b \end{pmatrix} \\ x \geqslant 0 \end{cases}$

所以由对偶规划定义知,LP-max 的对偶规划为

(D1) $\quad$ min $(b^T, -b^T)y$
s. t. $\begin{cases} (A^T, -A^T)y \geqslant C \\ y \geqslant 0 \end{cases}$

这个规划可以化简,方法是,记 $y = \begin{pmatrix} u \\ v \end{pmatrix}$,则(D1)可以表示成

(D2) $\quad$ min $b^T(u-v)$
s. t. $\begin{cases} A^T(u-v) \geqslant C \\ u,v \geqslant 0 \end{cases}$

如果令 $u-v=z$,则 z 可正可负,所以(D2)还可以表示成

(D3) $\quad$ min $b^T z$
s. t. $A^T z \geqslant C$

所以,线性规划(D1)、(D2)、(D3)都是 LP-max 的对偶规划.同理,下列三规划:

(P1) $\quad$ max $(b^T, -b^T)y$
s. t. $\begin{cases} (A^T, -A^T)y \leqslant C \\ y \geqslant 0 \end{cases}$

(P2) $\quad$ max $b^T(u-v)$
s. t. $\begin{cases} A^T(u-v) \leqslant C \\ u,v \geqslant 0 \end{cases}$

(P3) $\quad$ max $b^T z$
s. t. $A^T z \leqslant C$

都是 LP-min 的对偶规划.

二、对偶线性规划之间的关系

定理 3.1.1 设 $\bar{x}$ 和 $\bar{y}$ 分别是下列两线性规划(P)和(D)的可行解:

$$\text{(P)} \quad \begin{aligned}&\max C^T x\\ &\text{s.t.} \begin{cases} Ax \leqslant b \\ x \geqslant 0 \end{cases}\end{aligned} \qquad \text{(D)} \quad \begin{aligned}&\min b^T y\\ &\text{s.t.} \begin{cases} A^T y \geqslant C \\ y \geqslant 0 \end{cases}\end{aligned}$$

则 $C^T \overline{x} \leqslant b^T \overline{y}$.

证 因为 $\overline{x}$ 和 $\overline{y}$ 分别是(P)和(D)的可行解,所以 $A\overline{x} \leqslant b, \overline{x} \geqslant 0, A^T \overline{y} \geqslant C, \overline{y} \geqslant 0$,则 $C^T \leqslant \overline{y}^T A, C^T \overline{x} \leqslant \overline{y}^T A \overline{x} \leqslant \overline{y}^T b = b^T \overline{y}$.

定理 3.1.1 揭示了(P)和(D)的解之间存在着以下关系:

(1)若(P)和(D)都有可行解,则(P)的任意一个可行解对应的目标函数值,都是(D)的可行解对应的目标函数值的下界;反之,(D)的任意一个可行解对应的目标函数值,都是(P)的可行解对应的目标函数值的上界.

(2)若(P)有可行解,但目标函数无上界,则(D)无可行解;反之,若(D)有可行解,但目标函数无下界,则(P)无可行解.

(3)若(P)和(D)都有可行解,则(P)和(D)一定都有最优解.

定理 3.1.2 若(P)存在最优解,将(P)中引入松弛变量成为标准线性规划后的最优基记作 B,则(D)也存在最优解,且最优解为 $y^{*T} = C_B^T B^{-1}$.

证 因为,(P)中引入松弛变量成为标准线性规划后,其约束中的系数构成的矩阵为 $(A,I) = (B,N)$,目标函数中的系数构成的向量为 $(C^T, 0^T)$. 所以,当(P)有最优解,B 为最优基时,必满足最优性条件:$B^{-1}b \geqslant 0, C_B^T B^{-1} N - C_B^T \geqslant 0$. 所以

$$0 \leqslant (C_B^T - C_B^T, C_B^T B^{-1} N - C_N^T) = (C_B^T, C_B^T B^{-1} N) - (C_B^T, C_N^T)$$
$$= C_B^T B^{-1}(B, N) - (C^T, 0^T) = C_B^T B^{-1}(A, I) - (C^T, 0^T)$$

当 $y^{*T} = C_B^T B^{-1}$ 时,$y^{*T}(A,I) - (C^T, 0^T) = (y^{*T} A - C^T, y^{*T}) \geqslant 0$,即

$$A^T y^* \geqslant C, \quad y^* \geqslant 0$$

所以,$y^{*T} = C_B^T B^{-1}$ 是(D)的可行解. 又因为(P)的最优解 $x^* = \begin{pmatrix} x_B^* \\ x_N^* \end{pmatrix} = \begin{pmatrix} B^{-1}b \\ 0 \end{pmatrix}$,所以

$$b^T y^* = b^T (C_B^T B^{-1})^T = (C_B^T B^{-1} b)^T = (C_B^T x_B^*)^T = (C^T x^*)^T = C^T x^*$$

由定理 3.1.1 知,$y^{*T} = C_B^T B^{-1}$ 是使(D)的目标函数达到最小的可行解,所以是(D)的最优解.

定理 3.1.3 设(D)存在最优解,将(D)中引入松弛变量成为标准线性规划后的最优基记作 $\overline{B}$,则(P)也存在最优解,且最优解为 $x^{*T} = b_{\overline{B}}^T \overline{B}^{-1}$.

证 因为,(D)中引入松弛变量成为标准线性规划后,其约束中的系数构成的矩阵为 $(A^T, -I) = (\overline{B}, N)$,目标函数中的系数构成的向量为 $(b^T, 0^T) = (b_{\overline{B}}^T, b_N^T)$. 所以,当(D)有最优解,$\overline{B}$ 为最优基时,必满足最优性条件:$\overline{B}^{-1} C \geqslant 0, b_{\overline{B}}^T \overline{B}^{-1} N - b_N^T \leqslant 0$. 所以

$$0 \geqslant (b_{\overline{B}}^T - b_{\overline{B}}^T, b_{\overline{B}}^T \overline{B}^{-1} N - b_N^T) = (b_{\overline{B}}^T, b_{\overline{B}}^T \overline{B}^{-1} N) - (b_{\overline{B}}^T, b_N^T)$$
$$= b_{\overline{B}}^T \overline{B}^{-1} (\overline{B}, N) - (b^T, 0^T) = b_{\overline{B}}^T \overline{B}^{-1} (A^T, -I) - (b^T, 0^T)$$

当 $x^{*T} = b_{\overline{B}}^T \overline{B}^{-1}$ 时,$x^{*T}(A^T, -I) - (b^T, 0^T) = (x^{*T} A^T - b^T, -x^{*T}) \leqslant 0$,即

$$Ax^* \leqslant b, \quad x^* \geqslant 0$$

所以，$x^{*T} = b_B^T \overline{B}^{-1}$ 是(P)的可行解. 又因为(D)的最优解 $y^* = \begin{bmatrix} y_B^* \\ y_N^* \end{bmatrix} = \begin{bmatrix} \overline{B}^{-1}C \\ 0 \end{bmatrix}$，所以 $C^T x^* = C^T (b_B^T \overline{B}^{-1})^T = (b_B^T \overline{B}^{-1} C)^T = (b_B^T y_B^*)^T = (b^T y^*)^T = b^T y^*$，由定理 3.1.1 知，$x^{*T} = b_B^T \overline{B}^{-1}$ 是使(P)的目标函数达到最大的可行解，所以是(P)的最优解.

定理 3.1.2 和定理 3.1.3 揭示：(P)和(D)中只要一个有最优解，则另一个一定也有最优解；而且，得到其中一个规划的最优解，即可得到其对偶规划的最优解，而且两者的最优值一定是相等的.

推论 3.1.1 (P)存在最优解的充要条件是(D)存在最优解.

推论 3.1.2 设 x^* 与 y^* 分别是(P)与(D)的可行解，则 x^* 与 y^* 分别是(P)与(D)的最优解的充要条件是 $C^T x^* = b^T y^*$.

证 必要性. 当 x^* 与 y^* 分别是(P)与(D)的最优解时，由定理 3.1.2 或定理 3.1.3 都可知，$C^T x^* = b^T y^*$.

充分性. 当 $C^T x^* = b^T y^*$ 时，由于 x^* 与 y^* 分别是(P)与(D)的可行解，所以，由定理 3.1.1 知，任取(P)的可行解 $\overline{x}$，都有 $C^T \overline{x} \leqslant b^T y^* = C^T x^*$，任取(D)的可行解 $\overline{y}$，都有 $b^T y^* = C^T x^* \leqslant b^T \overline{y}$，所以 x^* 是使(P)的目标函数最大的可行解，y^* 是使(D)的目标函数最小的可行解，所以，x^* 与 y^* 分别是(P)与(D)的最优解.

例 3.1.3 求下列线性规划及其对偶规划的最优解：

$$\max 4x_1 - 2x_2 - 2x_3$$

$$\text{s.t.} \begin{cases} -x_1 + x_2 + 2x_3 \leqslant 4 \\ x_1 + 2x_2 + 2x_3 \leqslant 7 \\ 2x_1 + x_2 - 4x_3 \leqslant 2 \\ x_1, x_2, x_3 \geqslant 0 \end{cases}$$

解 引入松弛变量 $x_4, x_5, x_6 \geqslant 0$，列出单纯形表的典则形式：

−4	2	2	0	0	0	0
−1	1	2	1	0	0	4
1	2	2	0	1	0	7
2*	1	−4	0	0	1	2

用单纯形法求解：

0	4	−6	0	0	2	4
0	3/2	0	1	0	1/2	5
0	3/2	4*	0	1	−1/2	6
1	1/2	−2	0	0	1/2	1

0	25/4	0	0	3/2	5/4	13
0	3/2	0	1	0	1/2	5
0	3/8	1	0	1/4	−1/8	3/2
1	5/4	0	0	1/2	1/4	4

由此得该线性规划的最优解为 $x_1 = 4, x_2 = 0, x_3 = \dfrac{3}{2}$，最优值为 13.

根据线性代数知识,将最优单纯形表与第一个单纯形表对照知,可知最优基的逆矩阵为 $B^{-1} = \begin{pmatrix} 1 & 0 & 1/2 \\ 0 & 1/4 & -1/8 \\ 0 & 1/2 & 1/4 \end{pmatrix}$,对应的 $C_B^T = (0, -2, 4)$. 因此,按照定理 3.1.2,该线性规划的对偶规划最优解为

$$y^{*T} = C_B^T B^{-1} = (0, -2, 4) \begin{pmatrix} 1 & 0 & 1/2 \\ 0 & 1/4 & -1/8 \\ 0 & 1/2 & 1/4 \end{pmatrix} = \left(0, \frac{3}{2}, \frac{5}{4}\right)$$

最优值为 13.

例 3.1.4 试求下列线性规划及其对偶规划的最优解:
$$\min 4y_1 + 7y_2 + 2y_3$$
$$\text{s.t.} \begin{cases} -y_1 + y_2 + 2y_3 \geqslant 4 \\ y_1 + 2y_2 + y_3 \geqslant -2 \\ 2y_1 + 2y_2 - 4y_3 \geqslant -2 \\ y_1, y_2, y_3 \geqslant 0 \end{cases}$$

解 引入松弛变量 $y_4, y_5, y_6 \geqslant 0$,列出单纯形表并化成典则形式:

-4	-7	-2	0	0	0	0
-1	1	2	-1	0	0	4
1	2	1	0	-1	0	-2
2	2	-4	0	0	-1	-2

-4	-7	-2	0	0	0	0
1	-1	-2*	1	0	0	-4
-1	-2	-1	0	1	0	2
-2	-2	4	0	0	1	2

用对偶单纯形法求解:

-5	-6	0	-1	0	0	4
-1/2	1/2	1	-1/2	0	0	2
-3/2	-3/2	0	-1/2	1	0	4
0	-4*	0	2	0	1	-6

-5	0	0	-4	0	-3/2	13
-1/2	0	1	-1/4	0	1/8	5/4
-3/2	0	0	-5/4	1	-3/8	25/4
0	1	0	-1/2	0	-1/4	3/2

由此得该线性规划的最优解为 $y_1 = 0, y_2 = \frac{3}{2}, y_3 = \frac{5}{4}$,最优值为 13.

根据线性代数原理,将最优单纯形表与第一个单纯形表对照,可知最优基的逆矩阵为 $\overline{B}^{-1} = -\begin{pmatrix} -1/4 & 0 & 1/8 \\ -5/4 & 1 & -3/8 \\ -1/2 & 0 & -1/4 \end{pmatrix}$,对应的 $b_B^T = (2, 0, 7)$. 所以按照定理 3.1.3,该线性规划的对偶规划的最优解为

$$x^* = b_B^T \overline{B}^{-1} = (2, 0, 7) \begin{pmatrix} 1/4 & 0 & -1/8 \\ 5/4 & -1 & 3/8 \\ 1/2 & 0 & 1/4 \end{pmatrix} = \left(4, 0, \frac{3}{2}\right)$$

最优值为 13.

注意,例 3.1.3 和例 3.1.4 中,求对偶规划的最优解,都可以先写出对偶规划,再求解,但是,这样做显然不如利用定理 3.1.2 和定理 3.1.3 求对偶规划的最优解简便.

例 3.1.5 求下列线性规划及其对偶规划的最优解:
$$\min 2x_1 - 3x_2 + 6x_3$$
$$\text{s. t.} \begin{cases} -x_1 + x_2 + 4x_3 \leqslant 3 \\ 3x_1 - x_2 + 2x_3 \leqslant 4 \\ x_1, x_2, x_3 \geqslant 0 \end{cases}$$

解 化成(D)的形式:
$$\min 2x_1 - 3x_2 + 6x_3$$
$$\text{s. t.} \begin{cases} x_1 - x_2 - 4x_3 \geqslant -3 \\ -3x_1 + x_2 - 2x_3 \geqslant -4 \\ x_1, x_2, x_3 \geqslant 0 \end{cases}$$

引入松弛变量 $x_4, x_5 \geqslant 0$,列单纯形表,再化成典则形式:

-2	3	-6	0	0	0
1	-1	-4	-1	0	-3
-3	1	-2	0	-1	-4

-2	3	-6	0	0	0
-1	1^*	4	1	0	3
3	-1	2	0	1	4

已知一个可行基,所以可以用单纯形法求解:

1	0	-18	-3	0	-9
-1	1	4	1	0	3
2^*	0	6	1	1	7

0	0	-21	$-7/2$	$-1/2$	$-25/2$
0	1	7	$3/2$	$1/2$	$13/2$
1	0	3	$1/2$	$1/2$	$7/2$

由此得最优解 $x_1 = \dfrac{7}{2}, x_2 = \dfrac{13}{2}$,最优值为 $-\dfrac{25}{2}$.将最后获得的单纯形表与第一个单纯形表对照知,线性规划的最优基的逆矩阵为 $\overline{B}^{-1} = -\begin{pmatrix} 3/2 & 1/2 \\ 1/2 & 1/2 \end{pmatrix}$,对应的 $C_B^{\mathrm{T}} = (-3, 2)$,

由定理 3.1.3 知,其对偶规划最优解为 $y^{*\mathrm{T}} = C_B^{\mathrm{T}} \overline{B}^{-1} = \left(\dfrac{7}{2}, \dfrac{1}{2}\right)$,最优值为 $-\dfrac{25}{2}$.

定理 3.1.2 和定理 3.1.3 揭示了(P)与(D)的最优解之间的依存关系,及最优值之间的等量关系.下面的定理则要揭示(P)与(D)的最优解之间的方程关系.

定理 3.1.4 设 x^* 与 y^* 分别是(P)与(D)的可行解,则 x^* 与 y^* 分别是(P)与(D)的最优解的充要条件是
$$(Ax^* - b)^{\mathrm{T}} y^* = 0, \quad (A^{\mathrm{T}} y^* - C)^{\mathrm{T}} x^* = 0$$

证 必要性.当 x^* 与 y^* 分别是(P)与(D)的最优解时,则
$$Ax^* \leqslant b, x^* \geqslant 0, \quad A^{\mathrm{T}} y^* \geqslant C, y^* \geqslant 0$$
所以

$$(Ax^* - b)^\mathrm{T} y^* \leqslant 0, \quad (A^\mathrm{T} y^* - C)^\mathrm{T} x^* \geqslant 0$$

又由推论 3.1.2 知, $C^\mathrm{T} x^* = b^\mathrm{T} y^*$, 而 $x^{*\mathrm{T}} A^\mathrm{T} y^* = (x^{*\mathrm{T}} A^\mathrm{T} y^*)^\mathrm{T} = y^{*\mathrm{T}} A x^*$, 所以,

$$(Ax^* - b)^\mathrm{T} y^* = x^{*\mathrm{T}} A^\mathrm{T} y^* - b^\mathrm{T} y^* = y^{*\mathrm{T}} A x^* - C^\mathrm{T} x^* = (A^\mathrm{T} y^* - C)^\mathrm{T} x^*$$

所以, $(Ax^* - b)^\mathrm{T} y^* = 0, (A^\mathrm{T} y^* - C)^\mathrm{T} x^* = 0$.

充分性. 当 $(Ax^* - b)^\mathrm{T} y^* = 0, (A^\mathrm{T} y^* - C)^\mathrm{T} x^* = 0$ 时, $b^\mathrm{T} y^* = x^{*\mathrm{T}} A^\mathrm{T} y^*, C^\mathrm{T} x^* = y^{*\mathrm{T}} A x^* = x^{*\mathrm{T}} A^\mathrm{T} y^*$. 所以, $C^\mathrm{T} x^* = b^\mathrm{T} y^*$, 又知 x^* 与 y^* 分别是 (P) 与 (D) 的可行解, 所以, 由推论 3.1.2 知, x^* 与 y^* 分别是 (P) 与 (D) 的最优解.

定理 3.1.4 揭示, 将 (P) 与 (D) 的最优解 x^* 与 y^* 分别代入各自规划的约束中后, 如果 (P) 的第 i 个约束等式不成立, 则 y^* 的第 i 个分量必为 0; 同样, 如果 (D) 的第 j 个约束等式不成立, 则 x^* 的第 j 个分量必为 0. 这样的特点常被称为互补松弛, 因此, 定理 3.1.4 常被称为互补松弛定理. 利用这个定理, 也可以在 (P) 的最优解已知的情况下, 求出 (D) 的最优解, 反之, 也可以在 (D) 的最优解已知的情况下, 求出 (P) 的最优解.

根据线性规划与其对偶规划的关系, 还可以由线性规划的一个正则基得到其对偶规划的一个可行基, 也可以由线性规划的一个可行基得到其对偶规划的一个正则基.

以 LP-max 为例, 如果 B 为 LP-max 的一个正则基, 则 LP-max 的单纯形表

0^T	$C_B^\mathrm{T} B^{-1} N - C_N^\mathrm{T}$	$C_B^\mathrm{T} B^{-1} b$
I	$B^{-1} N$	$B^{-1} b$

中, $C_B^\mathrm{T} B^{-1} N - C_N^\mathrm{T} \geqslant 0$. 由 1.2 节知, 求 LP-max 的最优解, 等价于求下列线性规划的最优解:

$$\text{(LP1)} \quad \begin{aligned} \max \ & C_B^\mathrm{T} B^{-1} b - (C_B^\mathrm{T} B^{-1} N - C_N^\mathrm{T}) x_N \\ \text{s. t.} \ & \begin{cases} x_B + B^{-1} N x_N = B^{-1} b \\ x_B, x_N \geqslant 0 \end{cases} \end{aligned}$$

显然, 求 (LP1) 的最优解等价于求下列线性规划的最优解:

$$\text{(LP2)} \quad \begin{aligned} \max \ & -(C_B^\mathrm{T} B^{-1} N - C_N^\mathrm{T}) x_N \\ \text{s. t.} \ & \begin{cases} B^{-1} N x_N \leqslant B^{-1} b \\ x_N \geqslant 0 \end{cases} \end{aligned}$$

其对偶规划为

$$\text{(LP3)} \quad \begin{aligned} \min \ & (B^{-1} b)^\mathrm{T} y \\ \text{s. t.} \ & \begin{cases} (B^{-1} N)^\mathrm{T} y \geqslant -(C_B^\mathrm{T} B^{-1} N - C_N^\mathrm{T})^\mathrm{T} \\ y \geqslant 0 \end{cases} \end{aligned}$$

也可表示成

$$\text{(LP4)} \quad \begin{aligned} \min \ & (B^{-1} b)^\mathrm{T} y \\ \text{s. t.} \ & \begin{cases} -(B^{-1} N)^\mathrm{T} y \leqslant (C_B^\mathrm{T} B^{-1} N - C_N^\mathrm{T})^\mathrm{T} \\ y \geqslant 0 \end{cases} \end{aligned}$$

所以, 给 (LP4) 引入松弛变量, 将其化成线性规划的标准形式后, 对应的单纯形表为

$$\begin{array}{c|c|c} -(B^{-1}b)^{\mathrm{T}} & 0^{\mathrm{T}} & 0 \\ \hline -(B^{-1}N)^{\mathrm{T}} & I & (C_B^{\mathrm{T}}B^{-1}N-C_B^{\mathrm{T}})^{\mathrm{T}} \end{array}$$

由于 $C_B^{\mathrm{T}}B^{-1}N-C_N^{\mathrm{T}} \geqslant 0$，所以其中的 I 便是(LP4)得可行基.

如果 B 为 LP-max 的一个可行基，则 LP-max 的单纯形表

$$\begin{array}{c|c|c} 0^{\mathrm{T}} & C_B^{\mathrm{T}}B^{-1}N-C_N^{\mathrm{T}} & C_B^{\mathrm{T}}B^{-1}b \\ \hline I & B^{-1}N & B^{-1}b \end{array}$$

中，$B^{-1}b \geqslant 0$. 因此，其等价的对偶规划(LP4)的单纯形表

$$\begin{array}{c|c|c} -(B^{-1}b)^{\mathrm{T}} & 0^{\mathrm{T}} & 0 \\ \hline -(B^{-1}N)^{\mathrm{T}} & I & (C_B^{\mathrm{T}}B^{-1}N-C_B^{\mathrm{T}})^{\mathrm{T}} \end{array}$$

中，$-(B^{-1}b)^{\mathrm{T}} \leqslant 0$. 因此，该单纯形表中 I 便是(LP4)的正则基.

用完全类似的方法，可以由 LP-min 的可行基得到其对偶规划的正则基；由 LP-min 的正则基得到其对偶规划的可行基.

3.2 线性规划的灵敏度问题

一、灵敏度的概念

现在换一个角度来考虑例 1.1.1，其数学模型为

$$\max c_1 x_1 + c_2 x_2 + \cdots + c_n x_n$$
$$\text{s.t.} \begin{cases} a_{11} x_1 + a_{12} x_2 + \cdots + a_{1n} x_n \leqslant b_1 \\ a_{21} x_1 + a_{22} x_2 + \cdots + a_{2n} x_n \leqslant b_2 \\ \cdots \cdots \\ a_{m1} x_1 + a_{m2} x_2 + \cdots + a_{mn} x_n \leqslant b_m \\ x_j \geqslant 0 \quad (j=1,2,\cdots,n) \end{cases}$$

如果计算出了该线性规划的最优解后，遇到某一种或某一些产品的单位定价 c_j 发生了变化，那么，原先制定的最优生产计划(最优解)现在还是不是最优的？c_j 在多大范围内变化时，不用改变原先的最优生产计划？如果资源 b_i 因某种原因发生了变化，那么，原先制定的最优生产计划现在还是不是最优的？b_i 在多大范围内变化时，不用改变原先的最优生产计划？如果因为技术的进步或设备的老化等原因，使得单位第 j 种产品消耗第 i 种资源的用量 a_{ij} 发生了变化，原先制定的最优生产计划现在还是不是最优的？a_{ij} 在多大范围内变化时，不用改变原先的最优生产计划？通常将这些问题称为线性规划的**参数灵敏度问题**.

设标准线性规划(LP)的约束条件中系数矩阵 $A=(p_1,p_2,\cdots,p_n)$，B 是(LP)的最优基，得到最优解的单纯形表为

$$\begin{array}{c|c|c|c|c} C_B^{\mathrm{T}}B^{-1}p_1-c_1 & C_B^{\mathrm{T}}B^{-1}p_2-c_2 & \cdots & C_B^{\mathrm{T}}B^{-1}p_n-c_n & C_B^{\mathrm{T}}B^{-1}b \\ \hline B^{-1}p_1 & B^{-1}p_2 & \cdots & B^{-1}p_n & B^{-1}b \end{array} \quad (3.2.1)$$

这时的基变量下标用 $R(i)(i=1,2,\cdots,m)$ 表示. 由最优性条件知:

如果(LP)是 LP-max,则上面单纯形表中,$B^{-1}b\geqslant 0$,对于 $j=R(i)(1\leqslant i\leqslant n)$,$C_B^T B^{-1}p_j-c_j=0$;对于 $j\neq R(i)(i=1,2,\cdots,n)$ 时,$C_B^T B^{-1}p_j-c_j\geqslant 0$.

如果(LP)是 LP-min,则上面单纯形表中,$B^{-1}b\geqslant 0$,对于 $j=R(i)(1\leqslant i\leqslant n)$,$C_B^T B^{-1}p_j-c_j=0$;对于 $j\neq R(i)(i=1,2,\cdots,n)$ 时,$C_B^T B^{-1}p_j-c_j\leqslant 0$.

二、目标函数中非最优基变量的系数 c_j 的灵敏度

从单纯形表(3.2.1)中可以看出,将非最优基变量的系数 c_j 换成 $c_j+\Delta c_j$,只改变第 j 个检验数 $C_B^T B^{-1}p_j-c_j$. 所以,对于 LP-max,只要 $C_B^T B^{-1}p_j-(c_j+\Delta c_j)\geqslant 0$,即

$$\Delta c_j\leqslant C_B^T B^{-1}p_j-c_j \tag{3.2.2}$$

则最优解和最优值都不会改变. 因此,称区间 $(-\infty,C_B^T B^{-1}p_j-c_j]$ 为 LP-max 中,非最优基变量的系数 c_j 的**灵敏区间**. 对于 LP-min,只要 $C_B^T B^{-1}p_j-(c_j+\Delta c_j)\leqslant 0$,即

$$\Delta c_j\geqslant C_B^T B^{-1}p_j-c_j \tag{3.2.3}$$

则最优解和最优值都不会改变. 因此,称区间 $[C_B^T B^{-1}p_j-c_j,+\infty)$ 为 LP-min 中,非最优基变量的系数 c_j 的**灵敏区间**.

三、目标函数中最优基变量的系数 $c_{R(i)}$ 的灵敏度

从单纯形表(3.2.1)中可以看出,如果将最优基变量的系数 $c_{R(k)}$ 换成 $c_{R(k)}+\Delta c_{R(k)}$,会引发一系列检验数和目标函数值发生变化,而其他元素不变. 其中,第 $R(k)$ 个检验数变为

$$(C_B+\Delta C_B)^T B^{-1}p_{R(k)}-(c_{R(k)}+\Delta c_{R(k)})=C_B^T B^{-1}p_{R(k)}-c_{R(k)}+\Delta C_B^T B^{-1}p_{R(k)}-\Delta c_{R(k)}$$

由于 ΔC_B^T 是第 k 个元素为 $\Delta c_{R(k)}$,其他元素为 0 的行向量,$B^{-1}p_{R(k)}$ 是第 k 个元素为 1,其他元素为 0 的列向量. 所以,$\Delta C_B^T B^{-1}p_{R(k)}-\Delta c_{R(k)}=0$. 因此

$$(C_B+\Delta C_B)^T B^{-1}p_{R(k)}-(c_{R(k)}+\Delta c_{R(k)})=C_B^T B^{-1}p_{R(k)}-c_{R(k)} \tag{3.2.4}$$

第 $R(i)(i=1,2,\cdots,m;i\neq k)$ 个检验数变为

$$(C_B+\Delta C_B)^T B^{-1}p_{R(i)}-c_{R(i)}=C_B^T B^{-1}p_{R(i)}-c_{R(i)}+\Delta C_B^T B^{-1}p_{R(i)}$$

由于 $B^{-1}p_{R(i)}(i=1,2,\cdots,m;i\neq k)$ 的第 k 个元素为 0,所以,$\Delta C_B^T B^{-1}p_{R(i)}=0$. 因此

$$(C_B+\Delta C_B)^T B^{-1}p_{R(i)}-c_{R(i)}=C_B^T B^{-1}p_{R(i)}-c_{R(i)} \tag{3.2.5}$$

第 $j(j\neq R(i);i=1,2,\cdots,m)$ 个检验数变为

$$(C_B+\Delta C_B)^T B^{-1}p_j-c_j=C_B^T B^{-1}p_j-c_j+\Delta C_B^T B^{-1}p_j \quad (j\neq R(i);i=1,2,\cdots,m) \tag{3.2.6}$$

目标函数值 $C_B^T B^{-1}b$ 变为

$$(C_B+\Delta C_B)^T B^{-1}b=C_B^T B^{-1}b+\Delta C_B^T B^{-1}b \tag{3.2.7}$$

由(3.2.4)~(3.2.7)知,将最优基变量的系数 $c_{R(k)}$ 换成 $c_{R(k)}+\Delta c_{R(k)}$,对于 LP-max,只要

$$\Delta C_B^T B^{-1}p_j\geqslant -(C_B^T B^{-1}p_j-c_j) \quad (j=1,2,\cdots,n;j\neq R(i);i=1,2,\cdots,m) \tag{3.2.8}$$

则最优解不变(最优值变为 $C_B^T B^{-1}b+\Delta C_B^T B^{-1}b$). 对于 LP-min,只要

$$\Delta C_B^T B^{-1} p_j \leqslant -(C_B^T B^{-1} p_j - c_j) \quad (j=1,2,\cdots,n; j\neq R(i); i=1,2,\cdots,m) \quad (3.2.9)$$

则最优解不变(最优值变为 $C_B^T B^{-1} b + \Delta C_B^T B^{-1} b$). 因此, 由不等式组(3.2.8)得到的 $\Delta c_{R(i)}$ 的变化区间, 称为 LP-max 中, 最优基变量的系数 $c_{R(i)}$ 的**灵敏区间**. 由不等式组(3.2.9)得到的 $\Delta c_{R(i)}$ 的变化区间, 称为 LP-min 中, 最优基变量的系数 $c_{R(i)}$ 的**灵敏区间**.

例 3.2.1 已知 LP-max 用单纯形法运算后的单纯形表为

$$\begin{array}{cccccc|c} 5 & 0 & 0 & 7 & 0 & 0 & 8 \\ \hline -2 & 0 & 1 & 2 & 1 & 0 & 4 \\ 3 & 1 & 0 & -1 & 0 & 0 & 6 \\ 2 & 0 & 0 & -4 & 3 & 1 & 9 \end{array}$$

试求 LP-max 的目标函数中每一个系数的灵敏度区间.

解 由单纯形表知, LP-max 中 x_1, x_4, x_5 为非最优基变量, x_2, x_3, x_6 为最优基变量. 由(3.2.2)知, 目标函数中 x_1, x_4, x_5 的系数的灵敏区间分别为 $(-\infty, 5]$, $(-\infty, 7]$, $(-\infty, 0]$. 由(3.2.8)知, 目标函数中 x_2 的系数灵敏区间为下列不等式组的解:

$$\begin{cases} (0, \Delta c_2, 0) \begin{pmatrix} -2 \\ 3 \\ 2 \end{pmatrix} \geqslant -5 \\ (0, \Delta c_2, 0) \begin{pmatrix} 2 \\ -1 \\ -4 \end{pmatrix} \geqslant -7 \Rightarrow \begin{cases} 3\Delta c_2 \geqslant -5 \\ -\Delta c_2 \geqslant -7 \\ 0\Delta c_2 \geqslant 0 \end{cases} \Rightarrow -\frac{5}{3} \leqslant \Delta c_2 \leqslant 7 \\ (0, \Delta c_2, 0) \begin{pmatrix} 1 \\ 0 \\ 3 \end{pmatrix} \geqslant 0 \end{cases}$$

即 x_2 的系数灵敏区间为 $\left[-\dfrac{5}{3}, 7\right]$; x_3 的系数灵敏区间为下列不等式组的解:

$$\begin{cases} (\Delta c_3, 0, 0) \begin{pmatrix} -2 \\ 3 \\ 2 \end{pmatrix} \geqslant -5 \\ (\Delta c_3, 0, 0) \begin{pmatrix} 2 \\ -1 \\ -4 \end{pmatrix} \geqslant -7 \Rightarrow \begin{cases} -2\Delta c_3 \geqslant -5 \\ 2\Delta c_3 \geqslant -7 \\ \Delta c_3 \geqslant 0 \end{cases} \Rightarrow 0 \leqslant \Delta c_3 \leqslant \frac{5}{2} \\ (\Delta c_2, 0, 0) \begin{pmatrix} 1 \\ 0 \\ 3 \end{pmatrix} \geqslant 0 \end{cases}$$

即 x_3 的系数灵敏区间为 $\left[0, \dfrac{5}{2}\right]$; x_6 的系数灵敏区间为下列不等式组的解:

$$\begin{cases} (0,0,\Delta c_6)\begin{pmatrix} -2 \\ 3 \\ 2 \end{pmatrix} \geqslant -5 \\ (0,0,\Delta c_6)\begin{pmatrix} 2 \\ -1 \\ -4 \end{pmatrix} \geqslant -7 \\ (0,0,\Delta c_6)\begin{pmatrix} 1 \\ 0 \\ 3 \end{pmatrix} \geqslant 0 \end{cases} \Rightarrow \begin{cases} 2\Delta c_6 \geqslant -5 \\ -4\Delta c_6 \geqslant -7 \\ 3\Delta c_6 \geqslant 0 \end{cases} \Rightarrow 0 \leqslant \Delta c_6 \leqslant \frac{7}{4}$$

即 x_6 的系数灵敏区间为 $\left[0, \dfrac{7}{4}\right]$.

四、约束条件中常数项 b_i 的灵敏度

从单纯形表(3.2.1)中可以看出,如果将约束条件中的常数项 b_i 换成 $b_i + \Delta b_i$,会引起目标函数值和常数列中的元素发生变化,但不会使其他元素发生变化. 其中,目标函数值变为

$$C_B^T B^{-1}(b+\Delta b) = C_B^T B^{-1} b + C_B^T B^{-1} \Delta b \tag{3.2.10}$$

常数列变为

$$B^{-1}(b+\Delta b) = B^{-1} b + B^{-1} \Delta b$$

其中 $\Delta b = (0, \cdots, 0, \Delta b_i, 0, \cdots, 0)^T$. 因此,只要

$$B^{-1} \Delta b \geqslant -B^{-1} b \tag{3.2.11}$$

则最优基变量和非最优基变量均不变(最优解变为 $x = \begin{pmatrix} x_B \\ x_N \end{pmatrix} = \begin{pmatrix} B^{-1}(b+\Delta b) \\ 0 \end{pmatrix}$). 为此,由不等式组(3.2.11)得到的 Δb_i 的变化范围,称为常数项 b_i 的**灵敏区间**.

例 3.2.2 求解下列线性规划约束中每一个常数项的灵敏区间:

$$\min -4x_1 + x_2 - x_3 + 2x_4 + 2x_5$$

$$\text{s.t.} \begin{cases} -x_1 + 3x_4 + x_5 = 1 \\ x_1 + x_2 - 2x_4 = 2 \\ x_1 + x_3 + x_4 = 3 \\ x_1, x_2, \cdots, x_5 \geqslant 0 \end{cases}$$

解 列出单纯形表,然后化成典则形式

4	−1	1	−2	−2	0
−1	0	0	3	1	1
1	1	0	−2	0	2
1	0	1	1	0	3

2	0	0	1	0	1
−1	0	0	3	1	1
1*	1	0	−2	0	2
1	0	1	1	0	3

由于出现可行基,所以用单纯形法求解

0	−2	0	5	0	−3		0	−1/3	−5/3	0	0	−14/3
0	1	0	1	1	3		0	4/3	−1/3	0	1	8/3
1	1	0	−2	0	2		1	1/3	2/3	0	0	8/3
0	−1	1	3*	0	1		0	−1/3	1/3	1	0	1/3

由此得到最优解 $x_1=\dfrac{8}{3}, x_2=x_3=0, x_4=\dfrac{1}{3}, x_5=\dfrac{8}{3}$，最优值为 $-\dfrac{14}{3}$。

由最优单纯形表知 $B^{-1}b=\left(\dfrac{8}{3},\dfrac{8}{3},\dfrac{1}{3}\right)^{\mathrm{T}}$，$B^{-1}=\begin{pmatrix} 1 & 4/3 & -1/3 \\ 0 & 1/3 & 2/3 \\ 0 & -1/3 & 1/3 \end{pmatrix}$。

所以，根据(3.2.11)，常数项 b_1 的灵敏区间是下列不等式组的解：

$$\begin{pmatrix} 1 & 4/3 & -1/3 \\ 0 & 1/3 & 2/3 \\ 0 & -1/3 & 1/3 \end{pmatrix}\begin{pmatrix} \Delta b_1 \\ 0 \\ 0 \end{pmatrix} \geqslant -\begin{pmatrix} 8/3 \\ 8/3 \\ 1/3 \end{pmatrix} \Rightarrow \Delta b_1 \geqslant -8/3$$

即 b_1 的灵敏区间为 $[-8/3,+\infty)$；常数项 b_2 的灵敏区间是下列不等式组的解：

$$\begin{pmatrix} 1 & 4/3 & -1/3 \\ 0 & 1/3 & 2/3 \\ 0 & -1/3 & 1/3 \end{pmatrix}\begin{pmatrix} 0 \\ \Delta b_2 \\ 0 \end{pmatrix} \geqslant -\begin{pmatrix} 8/3 \\ 8/3 \\ 1/3 \end{pmatrix} \Rightarrow -2 \leqslant \Delta b_2 \leqslant 1$$

即 b_2 的灵敏区间为 $[-2,1]$；常数项 b_3 的灵敏区间是下列不等式组的解：

$$\begin{pmatrix} 1 & 4/3 & -1/3 \\ 0 & 1/3 & 2/3 \\ 0 & -1/3 & 1/3 \end{pmatrix}\begin{pmatrix} 0 \\ 0 \\ \Delta b_3 \end{pmatrix} \geqslant -\begin{pmatrix} 8/3 \\ 8/3 \\ 1/3 \end{pmatrix} \Rightarrow -1 \leqslant \Delta b_3 \leqslant 8$$

即 b_3 的灵敏区间为 $[-1,8]$。

五、约束条件中非最优基变量的系数 a_{ij} 的灵敏度

从单纯形表(3.2.1)中可以看出，如果将约束条件中非最优基变量的系数 a_{ij} 换成 $a_{ij}+\Delta a_{ij}$，会引起最优单纯形表中第 j 列元素包括第 j 个检验数发生变化，但不会使其他元素发生变化。其中，第 j 个检验数变为

$$C_B^{\mathrm{T}}B^{-1}(p_j+\Delta p_j)-c_j = C_B^{\mathrm{T}}B^{-1}p_j-c_j+C_B^{\mathrm{T}}B^{-1}\Delta p_j$$

其中 $\Delta p_j=(0,\cdots,0,\Delta a_{ij},0,\cdots,0)^{\mathrm{T}}$。因此，对于 LP-max 只要

$$C_B^{\mathrm{T}}B^{-1}\Delta p_j \geqslant -(C_B^{\mathrm{T}}B^{-1}p_j-c_j) \tag{3.2.12}$$

则最优解不变。因此由不等式组(3.2.12)得到的 Δa_{ij} 的变化范围，称为 LP-max 的约束条件中，非最优基变量的系数的**灵敏区间**。对于 LP-min 只要

$$C_B^{\mathrm{T}}B^{-1}\Delta p_j \leqslant -(C_B^{\mathrm{T}}B^{-1}p_j-c_j) \tag{3.2.13}$$

则最优解不变。因此由不等式组(3.2.13)得到的 Δa_{ij} 的变化范围，称为 LP-min 的约束条件中，非最优基变量的系数的**灵敏区间**。

例 3.2.3 求例 3.2.2 的线性规划的约束条件中，非最优基变量的系数 a_{22} 和 a_{13} 的

灵敏区间.

解 由例 3.2.2 的最优单纯形表知, $C_B^T B^{-1} p_2 - c_2 = -\frac{1}{3}$, $C_B^T B^{-1} p_3 - c_3 = -\frac{5}{3}$.

$B^{-1} = \begin{pmatrix} 1 & 4/3 & -1/3 \\ 0 & 1/3 & 2/3 \\ 0 & -1/3 & 1/3 \end{pmatrix}$, $C_B^T = (2, -4, 2)$. 根据(3.2.13) a_{22} 的灵敏区间是不等式组

$$(2, -4, 2) \begin{pmatrix} 1 & 4/3 & -1/3 \\ 0 & 1/3 & 2/3 \\ 0 & -1/3 & 1/3 \end{pmatrix} \begin{pmatrix} 0 \\ \Delta a_{22} \\ 0 \end{pmatrix} \leqslant \frac{1}{3}$$

的解,为 $\left(-\infty, \frac{1}{2}\right]$; a_{13} 的灵敏区间是不等式组

$$(2, -4, 2) \begin{pmatrix} 1 & 4/3 & -1/3 \\ 0 & 1/3 & 2/3 \\ 0 & -1/3 & 1/3 \end{pmatrix} \begin{pmatrix} \Delta a_{13} \\ 0 \\ 0 \end{pmatrix} \leqslant \frac{5}{3}$$

的解,为 $\left(-\infty, \frac{5}{6}\right]$.

注释 对于不等式约束的线性规划,如果引入松弛变量后,约束条件中松弛变量的系数构成的矩阵为可行基时,则将对应的最优单纯形表中,所有松弛变量的检验数按松弛变量引入的先后次序排列,便可得到 $C_B^T B^{-1}$,而不用再计算 $C_B^T B^{-1}$.

从单纯形表(3.2.1)中可以看出,将约束中最优基变量的系数 $a_{iR(k)} (i, k = 1, 2, \cdots, m)$ 换成 $a_{iR(k)} + \Delta a_{iR(k)}$,将会引起单纯形表中所有元素发生变化.因此,讨论 $a_{iR(k)}$ 的灵敏区间,必须要求原最优基变换后依然可逆,而且变换后的线性规划依然满足最优性条件.这项讨论非常复杂,这里就不再介绍了.

3.3 目标线性规划

目标线性规划,简称目标规划,依然属于线性规划.目标规划的主要功能是,通过引入偏差变量,将多目标线性规划转化成单目标线性规划,使无最优解的线性规划成为有最优解的线性规划.

一、关于无最优解的多目标线性规划

在现实中,人们实施优化时,往往希望多个目标能达到最优,但是,一般情况下是办不到的.例如下面两个线性规划:

$$(P1) \quad \begin{aligned} \max\ & 2x_1 + 4x_2 \\ \text{s.t.} & \begin{cases} x_1 + 2x_2 \leqslant 8 \\ 2x_1 + 3x_2 \leqslant 14 \\ x_1, x_2 \geqslant 0 \end{cases} \end{aligned} \qquad (P2) \quad \begin{aligned} \max\ & 4x_1 + 3x_2 \\ \text{s.t.} & \begin{cases} x_1 + 2x_2 \leqslant 8 \\ 2x_1 + 3x_2 \leqslant 14 \\ x_1, x_2 \geqslant 0 \end{cases} \end{aligned}$$

约束条件相同,最优解分别为 $x_1 = 4, x_2 = 2$ 与 $x_1 = 7, x_2 = 0$. 因此,下列多目标线性

规划：

$$\max 2x_1 + 4x_2$$
$$\max 4x_1 + 3x_2$$
$$(\text{P12}) \quad \text{s.t.} \begin{cases} x_1 + 2x_2 \leqslant 8 \\ 2x_1 + 3x_2 \leqslant 14 \\ x_1, x_2 \geqslant 0 \end{cases}$$

的最优解是不存在的. 现实中这样的例子很多, 如

例 3.3.1 某厂生产 A_1, A_2, A_3 三种产品, 需要用到原料 B_1, B_2, B_3, B_4. 已知该厂每种原料的储量和生产每种产品的原料消耗情况见表 3.3.1.

表 3.3.1

每吨用量 产品 原料	A_1	A_2	A_3	原料储量
B_1	0.12	0.18	0.16	120
B_2	0.36	0.32	0.34	180
B_3	0.12	0.16	0.14	100
B_4	0.08	0.05	0.00	28

每种产品的市场价格、单位利润、单位硫化物排放量见表 3.3.2.

表 3.3.2

产 品	A_1	A_2	A_3
每吨市场价格/元	4600	3800	4200
每吨利润/元	680	460	400
每吨排放硫化物/m³	15	12	0

在现有条件下, 一般总是希望总产值最高、总利润最大、硫化物排放量最低？如果用 x_j 表示计划生产 A_j 的数量 ($j=1,2,3$), 则实现上述三个目的的数学模型为

$$\max 4600x_1 + 3800x_2 + 4100x_3$$
$$\max 680x_1 + 460x_2 + 400x_3$$
$$\min 15x_1 + 12x_2$$
$$\text{s.t.} \begin{cases} 0.12x_1 + 0.18x_2 + 0.16x_3 \leqslant 120 \\ 0.36x_1 + 0.32x_2 + 0.34x_3 \leqslant 180 \\ 0.12x_1 + 0.16x_2 + 0.14x_3 \leqslant 100 \\ 0.08x_1 + 0.05x_2 \leqslant 28 \\ x_1, x_2, x_3 \geqslant 0 \end{cases}$$

通过类似运算可知这个规划的最优解是不存在的,因此,建立这样的规划是达不到预期目的.

但是,如果根据环保要求,把硫化物的排放控制在要求范围内(设不得超过 M),把总产值控制在指定的指标之上(设不低于 Q),则上述问题便可以表示成单目标线性规划

$$\max 680x_1 + 460x_2 + 400x_3$$
$$\text{s. t.} \begin{cases} 4600x_1 + 3800x_2 + 4100x_3 \geqslant Q \\ 15x_1 + 12x_2 \leqslant M \\ 0.12x_1 + 0.18x_2 + 0.16x_3 \leqslant 120 \\ 0.36x_1 + 0.32x_2 + 0.34x_3 \leqslant 180 \\ 0.12x_1 + 0.16x_2 + 0.14x_3 \leqslant 100 \\ 0.08x_1 + 0.05x_2 \leqslant 28 \\ x_1, x_2, x_3 \geqslant 0 \end{cases}$$

这样的做法,不但能获得最优解,而且可以比较接近实现上述多个目标的目的. 需要说明的是,这样的转化并不是唯一的,把哪两个目标函数放到约束中去,可以根据需要,通常将最为重要的目标留作单一的目标函数.

不过上述方法存在一定的缺陷,即取定 Q 值和 M 值的依据不足,如此取法,可能会出现偏差,却无法得知是偏大还是偏小,更无法控制偏差的大小. 要解决这样的问题,一般可采用目标线性规划的方法,具体做法如下:

根据要求或经验,给每一个目标函数都取定一个近似值,同时引入**负偏差变量** d^- 和**正偏差变量** d^+(统称为**偏差变量**),用以刻画和控制目标函数取值后出现的偏差,并将这样的等式放入约束条件中. 例如,将目标函数 $4600x_1 + 3800x_2 + 4100x_3$ 近似为 D_1,引入偏差变量 d_1^- 和 d_1^+,得到等式

$$4600x_1 + 3800x_2 + 4100x_3 + d_1^- - d_1^+ = D_1$$

将目标函数 $680x_1 + 460x_2 + 400x_3$ 近似为 D_2,引入偏差变量 d_2^- 和 d_2^+,得到等式

$$680x_1 + 460x_2 + 400x_3 + d_2^- - d_2^+ = D_2$$

将目标函数 $15x_1 + 12x_2$ 近似为 D_3,引入偏差变量 d_3^- 和 d_3^+,得到等式

$$15x_1 + 12x_2 + d_3^- - d_3^+ = D_3$$

这样,三个目标函数就都转变成了约束条件,而原先的目标可以用对各个偏差变量的要求来取代,取代的效果是,将原先无最优解的多目标线性规划变成了有最优解的单目标线性规划,而且,最优解在一定的程度上可以尽可能地接近原先多个目标的要求.

通过引入偏差变量,将所有目标函数转化成约束条件,并且重新设立只含有偏差变量的线性目标函数,便得到一种新的线性规划,称其为**目标线性规划**.

对于上述问题,可以按照实际要求,用偏差变量 d_j^-, d_j^+ ($j=1,2,3$) 构造线性目标函数 $f(d_1^-, d_1^+, d_2^-, d_2^+, d_3^-, d_3^+)$,即可得到目标线性规划如下:

$$\min f(d_1^-, d_1^+, d_2^-, d_2^+, d_3^-, d_3^+)$$
$$\text{s.t.} \begin{cases} 4600x_1 + 3800x_2 + 4100x_3 + d_1^- - d_1^+ = D_1 \\ 680x_1 + 460x_2 + 400x_3 + d_2^- - d_2^+ = D_2 \\ 15x_1 + 12x_2 + d_3^- - d_3^+ = D_3 \\ 0.12x_1 + 0.18x_2 + 0.16x_3 \leqslant 120 \\ 0.36x_1 + 0.32x_2 + 0.34x_3 \leqslant 180 \\ 0.12x_1 + 0.16x_2 + 0.14x_3 \leqslant 100 \\ 0.08x_1 + 0.05x_2 \leqslant 28 \\ x_j, d_j^-, d_j^+ \geqslant 0 \quad (j=1,2,3) \end{cases}$$

如果希望总产值尽可能接近 D_1,总利润尽可能接近 D_2,硫化物总的排放量尽可能接近 D_3,则可以取

$$\min f(d_1^-, d_1^+, d_2^-, d_2^+, d_3^-, d_3^+) = \min(d_1^- + d_1^+ + d_2^- + d_2^+ + d_3^- + d_3^+)$$

如果希望总产值尽可能不低于 D_1,总利润尽可能不低于 D_2,硫化物总的排放量尽可能不高于 D_3,则可以取

$$\min f(d_1^-, d_1^+, d_2^-, d_2^+, d_3^-, d_3^+) = \min(d_1^- + d_2^- + d_3^+)$$

如果希望总产值尽可能接近 D_1,总利润尽可能高于 D_2,硫化物总的排放量尽可能低于 D_3,则可以取

$$\min f(d_1^-, d_1^+, d_2^-, d_2^+, d_3^-, d_3^+) = \min(d_1^- + d_1^+ + d_2^- + d_3^+)$$

如果希望总产值尽可能接近 D_1,同时更加强调总利润要尽可能高于 D_2,硫化物总的排放量要尽可能低于 D_3,则可以给偏差变量 d_2^- 和 d_3^+ 分别乘以大于1的权重系数 λ_2 和 λ_3,即

$$\min f(d_1^-, d_1^+, d_2^-, d_2^+, d_3^-, d_3^+) = \min(d_1^- + d_1^+ + \lambda_2 d_2^- + \lambda_3 d_3^+)$$

如果只关心总利润要尽可能高于 D_2,硫化物总的排放量要尽可能低于 D_3,但认为前者更重要,则可以取权重系数 $\lambda > 1$,使

$$\min f(d_1^-, d_1^+, d_2^-, d_2^+, d_3^-, d_3^+) = \max(\lambda d_2^- + d_3^-)$$

等等.

例 3.3.2 对于无最优解的多目标线性规划(P12),如果预设

$$2x_1 + 4x_2 \approx 12, \quad 4x_1 + 3x_2 \approx 26$$

并希望 $2x_1 + 4x_2$ 的值尽可能不超过12,希望 $4x_1 + 3x_2$ 也尽可能不低于26,则如何用目标线性规划来表示这样的问题,并进行求解.

解 给 $2x_1 + 4x_2 \approx 12$ 引入偏差变量 d_1^- 和 d_1^+,给 $4x_1 + 3x_2 \approx 26$ 引入偏差变量 d_2^- 和 d_2^+,则按题目要求,正偏差变量 d_1^+ 应尽可能小,负偏差变量 d_2^- 应尽可能小. 因此,在这些要求下,(P12)可用下列目标线性规划接近目的:

$$\min\ (d_1^+ + d_2^-)$$

$$\text{s.t.} \begin{cases} 2x_1 + 4x_2 + d_1^- - d_1^+ = 12 \\ 4x_1 + 3x_2 + d_2^- - d_2^+ = 26 \\ x_1 + 2x_2 \leqslant 8 \\ 2x_1 + 3x_2 \leqslant 14 \\ x_1, x_2, d_1^-, d_1^+, d_2^-, d_2^+ \geqslant 0 \end{cases}$$

给不等式约束引入松弛变量 $x_3, x_4 \geqslant 0$,将该线性规划化成标准形,并出其列单纯形表.

x_1	x_2	x_3	x_4	d_1^-	d_1^+	d_2^-	d_2^+	
0	0	0	0	0	−1	−1	0	0
2	4	0	0	1	−1	0	0	12
4	3	0	0	0	0	1	−1	26
1	2	1	0	0	0	0	0	8
2	3	0	1	0	0	0	0	14

化成典则形式

x_1	x_2	x_3	x_4	d_1^-	d_1^+	d_2^-	d_2^+	
4	3	0	0	0	−1	0	−1	26
2*	4	0	0	1	−1	0	0	12
4	3	0	0	0	0	1	−1	26
1	2	1	0	0	0	0	0	8
2	3	0	1	0	0	0	0	14

用单纯形法求解

x_1	x_2	x_3	x_4	d_1^-	d_1^+	d_2^-	d_2^+	
0	−5	0	0	−2	1	0	−1	2
1	2	0	0	1/2	−1/2	0	0	6
0	−5	0	0	−2	2*	1	−1	2
0	0	1	0	−1/2	1/2	0	0	2
0	−1	0	1	−1	1	0	0	2

x_1	x_2	x_3	x_4	d_1^-	d_1^+	d_2^-	d_2^+	
0	−5/2	0	0	−1	0	−1/2	−1/2	1
1	3/4	0	0	0	0	1/4	−1/4	13/2
0	−5/2	0	0	−1	1	1/2	−1/2	1
0	5/4	1	0	0	0	−1/4	1/4	3/2
0	3/2	0	1	0	0	−1/2	1/2	1

由此得目标线性规划的最优解 $x_1 = \dfrac{13}{2}, x_2 = 0, d_1^- = 0, d_1^+ = 1, d_2^- = 0, d_2^+ = 0$.

二、关于无可行解的线性规划

现实中,人们在揭示系统尤其是复杂系统中各因素之间的关系时,往往不能保证找出的每一个关系很精确.另外,诸多的关系,通常也会有重要、比较重要、不太重要等程度上的差别.因此,当受到复杂关系或某些混沌现象干扰而出现约束条件相互矛盾时,相应的线性规划无法直接求解.在这种情况下,如何寻出满足所有重要甚至是比较重要的约束条件,而允许在不太重要的约束条件上出现偏差时,使目标函数达到最优的解,无疑是一项有意义的研究工作.实现这一目的的做法是,在无可行解的线性规划中,依据各约束条件的重要性,逐步引入负偏差变量 d^- 和正偏差变量 d^+,然后再求解.

例 3.3.3 由线性规划的几何意义知,下列线性规划无可行解:

$$\max 2x_1 + 4x_2$$

$$\text{s.t.} \begin{cases} x_1 - x_2 \leqslant 1 & (1) \\ 2x_1 + 3x_2 \leqslant 4 & (2) \\ x_1 + x_2 \geqslant 3 & (3) \\ x_1, x_2 \geqslant 0 \end{cases}$$

问题一:如果相比之下,约束条件(1)最重要,(2)次之,(3)重要性最低,试选择约束,引入偏差变量,再讨论最优解;

问题二:如果还希望目标函数尽可能接近 20,应如何改造该线性规划,并进行求解.

解 问题一:给约束条件(3)引入偏差变量 d^- 和 d^+,得到含偏差变量的线性规划

$$\max 2x_1 + 4x_2$$

$$\text{s.t.} \begin{cases} x_1 - x_2 \leqslant 1 \\ 2x_1 + 3x_2 \leqslant 4 \\ x_1 + x_2 + d^- - d^+ = 3 \\ x_1, x_2, d^-, d^+ \geqslant 0 \end{cases}$$

这时,引入松弛变量 $x_3, x_4 \geqslant 0$ 将其化标准形式后,列单纯形表,由于出现可行基,因此,用单纯形法求解

x_1	x_2	x_3	x_4	d^-	d^+	
-2	-4	0	0	0	0	0
1^*	-1	1	0	0	0	1
2	3	0	1	0	0	4
1	1	0	0	1	-1	3

x_1	x_2	x_3	x_4	d^-	d^+	
0	-6	2	0	0	0	2
1	-1	1	0	0	0	1
0	5^*	-2	1	0	0	2
0	2	-1	0	1	-1	2

3.3 目标线性规划

x_1	x_2	x_3	x_4	d^-	d^+	
0	0	−2/5	6/5	0	0	22/5
1	0	3/5*	1/5	0	0	7/5
0	1	−2/5	1/5	0	0	2/5
0	0	−1/5	−2/5	1	−1	6/5

x_1	x_2	x_3	x_4	d^-	d^+	
2/3	0	0	4/3	0	0	16/3
5/3	0	1	1/3	0	0	7/3
2/3	1	0	1/3	0	0	4/3
1/3	0	0	−1/3	1	−1	5/3

由此得到引入偏差变量后,线性规划的最优解为 $x_1=0, x_2=\frac{4}{3}, d^-=\frac{5}{3}, d^+=0$. 这个结果表明,如果取 $d^-=\frac{5}{3}, d^+=0$,即将原线性规划中的约束条件(3)改为 $x_1+x_2 \geqslant \frac{4}{3}$,可行域便不空了,而且能得到最优解 $x_1=0, x_2=\frac{4}{3}$.

问题二:按照问题二的要求,可以设目标函数 $2x_1+4x_2 \approx 20$,并且给其引入偏差变量 d_0^- 和 d_0^+,然后将 $2x_1+4x_2+d_0^--d_0^+=20$ 放入约束条件中,再给第 k 个约束条件引入偏差变量 d_k^- 和 d_k^+ ($k=1,2,3$). 如果第三个约束条件最重要,则以 $d_0^-+d_0^++d_3^-+d_3^+$ 为目标,用下列目标规划替换原先无可行解的规划:

$$\min d_0^-+d_0^++d_3^-+d_3^+$$
$$\text{s.t.} \begin{cases} 2x_1+4x_2+d_0^--d_0^+=20 \\ x_1-x_2+d_1^--d_1^+=1 \\ 2x_1+3x_2+d_2^--d_2^+=4 \\ x_1+x_2+d_3^--d_3^+=3 \\ x_j, d_k^-, d_k^+ \geqslant 0 \quad (j=1,2; k=0,1,2,3) \end{cases}$$

列单纯形表

x_1	x_2	d_0^-	d_0^+	d_1^-	d_1^+	d_2^-	d_2^+	d_3^-	d_3^+	
0	0	−1	−1	0	0	0	0	−1	−1	0
2	4	1	−1	0	0	0	0	0	0	20
1	−1	0	0	1	−1	0	0	0	0	1
2	3	0	0	0	0	1	−1	0	0	4
1	1	0	0	0	0	0	0	1	−1	3

化成典则形式

x_1	x_2	d_0^-	d_0^+	d_1^-	d_1^+	d_2^-	d_2^+	d_3^-	d_3^+	
3	5	0	−2	0	0	0	0	0	−2	23
2	4	1	−1	0	0	0	0	0	0	20
1*	−1	0	0	1	−1	0	0	0	0	1
2	3	0	0	0	0	1	−1	0	0	4
1	1	0	0	0	0	0	0	1	−1	3

由于显现出可行基，所以用单纯形法求解

x_1	x_2	d_0^-	d_0^+	d_1^-	d_1^+	d_2^-	d_2^+	d_3^-	d_3^+	
0	8	0	−2	−3	3	0	0	0	−2	20
0	6	1	−1	−2	2	0	0	0	0	18
1	−1	0	0	1	−1	0	0	0	0	1
0	5*	0	0	−2	2	1	−1	0	0	2
0	2	0	0	−1	1	0	0	1	−1	2

x_1	x_2	d_0^-	d_0^+	d_1^-	d_1^+	d_2^-	d_2^+	d_3^-	d_3^+	
0	0	0	−2	1/5	−1/5	−8/5	8/5	0	−2	84/5
0	0	1	−1	2/5	−2/5	−6/5	6/5	0	0	78/5
1	0	0	0	3/5*	−3/5	1/5	−1/5	0	0	7/5
0	1	0	0	−2/5	2/5	1/5	−1/5	0	0	2/5
0	0	0	0	−1/5	1/5	−2/5	2/5	1	−1	6/5

x_1	x_2	d_0^-	d_0^+	d_1^-	d_1^+	d_2^-	d_2^+	d_3^-	d_3^+	
−1/3	0	0	−2	0	0	−5/3	5/3	0	−2	49/3
−2/3	0	1	−1	0	0	−4/3	4/3	0	0	44/3
5/3	0	0	0	1	−1	1/3	−1/3	0	0	7/3
2/3	1	0	0	0	0	1/3	−1/3	0	0	4/3
1/3	0	0	0	0	0	−1/3	1/3*	1	−1	5/3

x_1	x_2	d_0^-	d_0^+	d_1^-	d_1^+	d_2^-	d_2^+	d_3^-	d_3^+	
−2	0	0	−2	0	0	0	0	−5	3	8
−2	0	1	−1	0	0	0	0	−4	4*	8
2	0	0	0	1	−1	0	0	1	−1	4
1	1	0	0	0	0	0	0	1	−1	3
1	0	0	0	0	0	−1	1	3	−3	5

x_1	x_2	d_0^-	d_0^+	d_1^-	d_1^+	d_2^-	d_2^+	d_3^-	d_3^+	
−1/2	0	−3/4	−5/4	0	0	0	0	−2	0	2
−1/2	0	1/4	−1/4	0	0	0	0	−1	1	2
3/2	0	1/4	−1/4	1	−1	0	0	0	0	6
1/2	1	1/4	−1/4	0	0	0	0	0	0	5
−1/2	0	3/4	−3/4	0	0	−1	1	0	0	11

由此得到目标规划的最优解

$x_1=0$, $x_2=5$, $d_0^-=d_0^+=d_1^+=d_2^-=d_3^-=0$, $d_1^-=5$, $d_2^+=11$, $d_3^+=2$

表明要达到问题二的愿望,应该将约束条件 $x_1-x_2\leqslant 1$ 改为 $x_1-x_2\leqslant -4$,将约束条件 $2x_1+3x_2\leqslant 4$ 改为 $2x_1+3x_2\leqslant 15$,将约束条件 $x_1+x_2\geqslant 3$ 改为 $x_1+x_2\geqslant 5$.

习 题 3

1. 写出下列线性规划的对偶规划:

(1) $\max C^T x$
s.t. $\begin{cases} A_1 x\leqslant b_1, \\ A_2 x\geqslant b_2, \\ x\geqslant 0; \end{cases}$

(2) $\min C^T x$
s.t. $\begin{cases} A_1 x=b_1, \\ A_2 x\geqslant b_2, \\ x\geqslant 0; \end{cases}$

(3) $\min 4x_1+2x_2-7x_3$
s.t. $\begin{cases} 3x_1+2x_2-5x_3\geqslant 14, \\ x_1+2x_2+x_3\geqslant 25, \\ -x_1-4x_2+x_3\leqslant 4, \\ x_1,x_2,x_3\geqslant 0. \end{cases}$

2. 设 $\overline{x}$ 和 $\overline{y}$ 分别是下列两个线性规划(P1)和(P2)的可行解:

(P1) $\max C^T x$
s.t. $\begin{cases} Ax\geqslant b \\ x\geqslant 0 \end{cases}$

(P2) $\max b^T y$
s.t. $\begin{cases} A^T y\leqslant -C \\ y\geqslant 0 \end{cases}$

试证明(1) $\overline{y}$ 是(P1)的对偶规划的可行解;

(2) $C^T \overline{x}\leqslant -b^T \overline{y}$;

(3) 如果 $C^T \overline{x}=-b^T \overline{y}$,则 $\overline{x}$ 和 $\overline{y}$ 分别是(P1)和(P2)的最优解.

3. 求下列线性规划的对偶规划的最优解:

(1) $\max 3x_1+x_2-x_3$
s.t. $\begin{cases} x_1-2x_2+5x_3\leqslant 1, \\ 3x_2-x_3\leqslant 5, \\ x_1,x_2,x_3\geqslant 0; \end{cases}$

(2) $\max 3x_1+4x_2-5x_3$
s.t. $\begin{cases} 2x_1+2x_2+3x_3\leqslant 14, \\ x_1+2x_2+2x_3\leqslant 8, \\ 4x_2+3x_3\leqslant 20, \\ x_1,x_2,x_3\geqslant 0. \end{cases}$

4. 求下列线性规划的最优解,再求目标函数的每个系数的灵敏度:

$\max 3x_1+5x_2+x_3+4x_4$

s.t. $\begin{cases} x_1+3x_2+2x_3+2x_4\leqslant 800 & (1) \\ 3x_1+4x_2+5x_3+4x_4\leqslant 1200 & (2) \\ 5x_1+4x_2+3x_3+3x_4\leqslant 1000 & (3) \\ x_1,x_2,x_3,x_4\geqslant 0 \end{cases}$

5. 针对 4 题中的线性规划,求约束条件中每个常数项的灵敏度和影子价格.

6. 针对 4 题中的线性规划,求约束条件(1)中 x_3 的系数灵敏度,和约束条件(2)中 x_1 的系数灵敏度.

7. 某化工厂可用三种不同的方法从某种化合物中提取 A、B 两种元素.但是采用不同的方法,得到的 A、B 两种元素的量不同,投入的成本也不同,见表 3.1.试问:要完成生产任务,能否做到投入的成本最低? 而且化合物原料用量最少? 如果把成本尽量控制在 540 万元以内,把化合物原料用量尽可能控制在 80 吨以内,应如何构建目标规划,并进行求解?

表 3.1

提取量/t 元素 \ 提取方法	方法Ⅰ	方法Ⅱ	方法Ⅲ	元素需要量/t
A	0.5	0.3	0.2	20
B	0.1	0.2	0.5	36
投入成本/(万元/吨)	2.5	3.3	12.5	

8. 讨论下列线性规划是否存在最优解,如果不存在,原因是什么:

$$\max x_1 + x_2$$
$$\text{s.t.} \begin{cases} -x_1 + 2x_2 \leqslant 2 \\ 2x_1 - x_2 \leqslant 1 \\ 3x_1 + 2x_2 \geqslant 8 \\ x_1, x_2, x_3 \geqslant 0 \end{cases}$$

试一次针对一个约束引入偏差变量,并讨论含偏差变量的线性规划是否存在最优解;如果希望目标函数值尽可能不要低于 10,第二个约束条件尽可能不要偏差太大,则应该如何建立目标规划,并进行求解.

第 4 章

整数线性规划

整数线性规划是线性规划的一种特殊形式,其与一般线性规划不同之处在于,所涉及的变量都限制于只取非负整数.因此,一般情况下,第 1 章和第 2 章介绍的求解线性规划的方法,都不能直接用于求解整数线性规划.本章主要介绍整数线性规划的一些概念,及一般整数线性规划和 0-1 整数线性规划的基本解法,为进一步研究各类整数线性规划奠定基础.

4.1 整数线性规划概念

现实中,有许多优化问题的数学模型属于线性规划,但是,变量却被限制在整数范围内取值,这样的线性规划又称为**整数线性规划**.整数线性规划的种类很多,通常不同类型的整数线性规划需要不同的解法,第 1 章和第 2 章介绍的线性规划解法都不能直接用于求解整数线性规划.

按照变量取值的特点,整数线性规划一般分为以下几种类型:

(1) 如果线性规划中的变量都被限制在非负整数内取值,则称这样的线性规划为**一般整数线性规划**.

(2) 如果线性规划中的变量都被限制在 0 和 1 中取值,则称这样的线性规划为**0-1 整数线性规划**.

(3) 如果线性规划中有一部分变量被限制在 0 和 1 中取值,另一部分变量被限制在非负整数内取值,则称这样的线性规划为**混合整数线性规划**.

(4) 如果线性规划中有一部分变量被限制在非负整数(或 0 和 1)内取值,另一部分变量被限制在非负实数内取值,则称这样的线性规划为**半整数线性规划**.

一般整数线性规划、0-1 整数线性规划及混合整数线性规划,都统称为**整数线性规划**,但是,半整数线性规划却不属于**整数线性规划**.

例 1.1.1 给出的产品最优生产计划问题,如果每一种产品都是以件数为单位的,则对应的线性规划中,所有变量只能取非负整数,因此,这种情况下对应的线性规划是一般整数线性规划.

例 1.1.4 给出的最优钢筋下料问题,由于模型属于线性规划,而且所有变量只能取非负整数,所以,该问题对应的线性规划也是一般整数线性规划.

例 1.1.5 给出的分配问题数学模型也属于线性规划,而且所有变量都只能取 0 或 1,所以,该问题对应的线性规划是 0-1 整数线性规划.

下面再举两个整数线性规划的例子.

例 4.1.1 要使某山区 12 个小村庄都能收到电视节目,必须建立一些通信转播站.经过测试,有 8 个地点比较适合建立转播站,而且得知,每一个地点如果建转播站,其信号可覆盖的村庄,以及需要投入的建设资金,见表 4.1.1.现在要研究的是,在保证 12 个小村庄都能收到电视节目的前提下,要使总的建设资金最少,应当在哪几个地点建转播站?

表 4.1.1

转播站点	能收到信号的村庄	需建设资金
A_1	$C_1\ C_2\ C_5\ C_8\ C_{11}$	s_1
A_2	$C_2\ C_4\ C_5\ C_9\ C_{10}\ C_{11}\ C_{12}$	s_2
A_3	$C_2\ C_3\ C_4\ C_8$	s_3
A_4	$C_5\ C_8\ C_9\ C_{11}\ C_{12}$	s_4
A_5	$C_1\ C_2\ C_6\ C_7\ C_9\ C_{10}\ C_{12}$	s_5
A_6	$C_3\ C_6\ C_7$	s_6
A_7	$C_5\ C_7\ C_8\ C_{10}$	s_7
A_8	$C_1\ C_4\ C_7\ C_9\ C_{10}$	s_8

解 引入变量 $x_i = \begin{cases} 1, & \text{在 } A_i \text{ 点建转播站}, \\ 0, & \text{否则} \end{cases}$ $(i=1,2,\cdots,8)$,则上述问题的数学模型为

$$\min s_1 x_1 + s_2 x_2 + \cdots + s_8 x_8$$

$$\text{s.t.} \begin{cases} x_1 + x_5 + x_8 \geqslant 1 \\ x_1 + x_2 + x_3 + x_5 \geqslant 1 \\ x_3 + x_6 \geqslant 1 \\ x_2 + x_3 + x_8 \geqslant 1 \\ x_1 + x_2 + x_4 + x_7 \geqslant 1 \\ x_5 + x_6 \geqslant 1 \\ x_5 + x_6 + x_7 + x_8 \geqslant 1 \\ x_1 + x_3 + x_4 + x_7 \geqslant 1 \\ x_2 + x_4 + x_5 + x_8 \geqslant 1 \\ x_2 + x_5 + x_7 + x_8 \geqslant 1 \\ x_1 + x_2 + x_4 \geqslant 1 \\ x_2 + x_4 + x_5 \geqslant 1 \\ x_j \in \{0,1\} \quad (j=1,2,\cdots,8) \end{cases}$$

由于模型中的变量只取 0 或 1,且目标函数和约束条件都是线性的,所以,该数学规划是 0-1 整数线性规划.

例 4.1.2 某厂要在 m 个仓库中选择租赁一些仓库,用于存放该厂的产品.已知该厂需要存储的货物量为 G,该厂到第 i 个仓库的单位货物运费为 c_i,第 i 个仓库可存放的货物量为 b_i,其租赁费用为 $s_i(i=1,2,\cdots,m)$.研究:在满足所有货物存储要求的条件下,要使总的费用支出最少,应租赁哪些仓库?

解 引入变量 $x_i=\begin{cases}1, & 租赁第\ i\ 个仓库,\\ 0, & 否则,\end{cases}$ $y_i=$ 在第 i 个仓库中存放的货物量 $(i=1,2,\cdots,m)$,则该问题的数学模型为

$$\min \sum_{i=1}^{m}(s_i x_i + c_i y_i)$$

$$\text{s.t.}\begin{cases}\sum_{i=1}^{m} y_i = G \\ y_i \leqslant b_i x_i & (i=1,2,\cdots,m) \\ x_i \in \{0,1\} & (i=1,2,\cdots,m) \\ y_i \geqslant 0 & (i=1,2,\cdots,m)\end{cases}$$

这个模型中目标函数和约束条件都是线性的,而变量 $x_i(i=1,2,\cdots,m)$ 被限制在 0 和 1 中取值,变量 $y_i(i=1,2,\cdots,m)$ 被限制在非负整数内取值,所以,该优化问题的数学模型是混合整数线性规划.

4.2 一般整数线性规划的解法

一、一般整数线性规划与线性规划的关系

为便于论述,将一般整数线性规划中变量取非负整数的约束改为变量取非负实数,则得到的线性规划,称为该整数线性规划的**松弛规划**.如下面的(LP)便是(IP)的松弛规划:

$$\text{(LP)}\quad \begin{array}{l}\max(或\min)\ C^{\mathrm{T}}x\\ \text{s.t.}\begin{cases}Ax=b\\ x\geqslant 0\end{cases}\end{array} \qquad \text{(IP)}\quad \begin{array}{l}\max(或\min)\ C^{\mathrm{T}}x\\ \text{s.t.}\begin{cases}Ax=b\\ x\ 为整数向量\geqslant 0\end{cases}\end{array}$$

显然,每一个整数线性规划都有一个与其对应的松弛规划,而松弛规划可以用第 1 章和第 2 章介绍的方法求解.根据线性规划的几何意义容易得知:

定理 4.2.1 整数线性规划有可行解的必要条件是,其松弛规划有可行解.

证 因为,非负整数也是非负实数,所以,整数线性规划的可行解也是其松弛规划的可行解.反之不成立,由下面的反例给出:

$$若\ \text{(LP)}\quad \begin{array}{l}\max\ x_1+x_2\\ \text{s.t.}\begin{cases}3x_1+2x_2=1\\ x_1,x_2\geqslant 0\end{cases}\end{array} \qquad \text{(IP)}\quad \begin{array}{l}\max\ x_1+x_2\\ \text{s.t.}\begin{cases}3x_1+2x_2=1\\ x_1,x_2\ 为非负整数\geqslant 0\end{cases}\end{array}$$

则(LP)有可行解,而(IP)无可行解.

这个定理也可换一个角度理解:若整数线性规划的松弛规划无可行解,则整数线性规划一定无可行解.反之,不一定成立.

定理 4.2.2 设整数线性规划有可行解,则整数线性规划的目标函数在其可行域内无上(下)界的充分必要条件是,其松弛规划的目标函数在可行域内无上(下)界.

证 这里仅以上述求 max 的(IP)和(LP)为例,对(IP)的约束条件中的变量系数都是有理数的情况进行证明,其他整数线性规划与其松弛规划间的关系证明类似.

充分性.当(LP)的目标函数在其可行域内无上界时,则用 1.2 节中给出的单纯形法计算(LP),必有 t 存在,使得 $a_{0t}<0, a_{it}\leqslant 0(i=1,2,\cdots,m)$,此时的单纯形表记为

$$\begin{array}{c|c} 0^T \quad C_B^T B^{-1} N - C_N^T & C_B^T B^{-1} b \\ \hline I \quad B^{-1} N & B^{-1} b \end{array}$$

则(LP)的约束条件与 $x_B = B^{-1}b - B^{-1} N x_N (x_B, x_N \geqslant 0)$ 等价. 记 $B^{-1}N = (p_t, F)$, $p_t = (a_{1t}, a_{2t}, \cdots, a_{mt})^T$,则 $p_t \leqslant 0, x_B = B^{-1}b - p_t x_t - F x_F$,对应的(LP)的目标函数为 $C_B^T B^{-1} b - (C_B^T B^{-1} N - C_N^T) x_N = C_B^T B^{-1} b - a_{0t} x_t - (C_B^T F - C_F^T) x_F$.

当 $p_t = 0^T$ 时,因为(IP)有可行解,所以存在分量为非负整数的向量 (z_B^T, z_t, z_F^T) 使得 $z_B = B^{-1} b - p_t z_t - F z_F = B^{-1} b - F z_F$,即 z_t 为非负整数→$+\infty$时,非负整数的向量 (z_B^T, z_t, z_F^T) 总是(IP)的可行解,这时,在 $z_t \to +\infty$ 时,其对应的目标函数 $C_B^T B^{-1} b - a_{0t} z_t - (C_B^T F - C_F^T) z_F \to +\infty$,即(IP)的目标函数无上解;当 $p_t \neq 0$ 时,总存在非负整数向量 α,使得 $\alpha^T x_B = \alpha^T B^{-1} b - \alpha^T p_t x_t - \alpha^T F x_F$ 中的 $\alpha^T B^{-1} b$ 与 $-\alpha^T p_t$ 都为非负整数向量,此时取非负整数 $x_t \to +\infty, x_F = 0$,则 (x_B^T, x_t, x_F^T) 总是 $\alpha^T x_B = \alpha^T B^{-1} b - \alpha^T p_t x_t - \alpha^T F x_F$ 的非负整数解,也是 $Ax = b$ 的非负整数解,这时,在 $z_t \to +\infty$ 时,其对应的目标函数 $C_B^T B^{-1} b - a_{0t} x_t \to +\infty$,即(IP)的目标函数无上界.

必要性.因为(IP)的可行域包含在(LP)的可行域内,所以(IP)的目标函数在其可行域内无上界时,(LP)的目标函数在其可行域内一定无上界.

推论 4.2.1 设(IP)有可行解,则(IP)有最优解的充分必要条件是(LP)有最优解.

证 利用定理 4.2.2,用反证法.

二、分支定界法

由上述原理知,如果整数线性规划存在最优解,则最优解一定在其松弛规划的可行域中.如果松弛规划的最优解中某个基变量 $x_{R(i)} = b_i$ 不是整数,则变量 $x_{R(i)}$ 在区间 $([b_i], [b_i]+1)$ 内取值($[b_i]$ 为不超过 b_i 的最大整数),松弛规划不会有整数解.因此,分别给松弛规划增加约束 $x_{R(i)} \leqslant [b_i]$ 和 $x_{R(i)} \geqslant [b_i]+1$,将得到两个新的线性规划,原整数规划的最优解一定在这两个新的线性规划的可行域中.

如果这两个线性规划都得到整数最优解,则目标值较优的最优解便是整数线性规划的最优解;如果有一个线性规划得到整数最优解,而且目标值比另一个线性规划的最优解的目标值更优,则这个线性规划的最优解便是整数规划的最优解;如果有一个线性

规划得到整数最优解,但是目标值却不优于非整数最优解的线性规划最优值,则需要对非整数最优解的线性规划的可行域再按上述方法二分成两个线性规划,并重复上述比较选择过程,直到获得整数线性规划的最优解为止.这种求解整数线性规划的方法称为**分支定界法**.

例 4.2.1 试用分支定界法求解整数线性规划

$$(\text{IP}) \quad \begin{aligned} &\max x_1+x_2 \\ &\text{s.t.} \begin{cases} -x_1+2x_2 \leqslant 3 \\ 2x_1+3x_2 \leqslant 9 \\ x_1,x_2 \text{ 为整数} \geqslant 0 \end{cases} \end{aligned}$$

解 给对应的松弛规划(LP)引入松弛变量 $x_3 \geqslant 0, x_4 \geqslant 0$,便出现可行基,因此,列单纯形表,用单纯形法求解

−1	−1	0	0	0
−1	2	1	0	3
2*	3	0	1	9

0	1/2	0	1/2	9/2
0	7/2	1	1/2	15/2
1	3/2	0	1/2	9/2

由此得(LP)的最优解 $x_1 = \dfrac{9}{2}, x_2 = 0$.

针对 $x_1 = \dfrac{9}{2}$,分别将 $x_1 \leqslant 4, x_1 \geqslant 5$ 加入(LP)的约束条件中,得到下面两个线性规划:

$$(\text{LP1}) \quad \begin{aligned} &\max x_1+x_2 \\ &\text{s.t.} \begin{cases} -x_1+2x_2 \leqslant 3 \\ 2x_1+3x_2 \leqslant 9 \\ x_1 \leqslant 4 \\ x_1,x_2 \geqslant 0 \end{cases} \end{aligned} \qquad (\text{LP2}) \quad \begin{aligned} &\max x_1+x_2 \\ &\text{s.t.} \begin{cases} -x_1+2x_2 \leqslant 3 \\ 2x_1+3x_2 \leqslant 9 \\ x_1 \geqslant 5 \\ x_1,x_2 \geqslant 0 \end{cases} \end{aligned}$$

注意:求解(LP1)和(LP2)不必从最初的单纯形表开始计算,可以把新增加约束条件放入(LP)的最优解单纯形表中,然后接着计算,这样可以提高计算效率.

在(LP1)中给新增的约束条件引入松弛变量 $x_5 \geqslant 0$ 后,放入(LP)的最优单纯形表中,再化成典则形式

0	1/2	0	1/2	0	9/2
0	7/2	1	1/2	0	15/2
1*	3/2	0	1/2	0	9/2
1	0	0	0	1	4

0	1/2	0	1/2	0	9/2
0	7/2	1	1/2	0	15/2
1	3/2	0	1/2	0	9/2
0	−3/2*	0	−1/2	1	−1/2

由于出现正则基,所以,用对偶单纯形法求解

0	0	0	1/3	1/3	13/3
0	0	1	−2/3	7/3	19/3
1	0	0	0	1	4
0	1	0	1/3	−2/3	1/3

由此得(LP1)的最优解为 $x_1=4, x_2=\dfrac{1}{3}$，最优值为 $\dfrac{13}{3}$.

在(LP2)中给新增的约束条件引入松弛变量 $x_5\geqslant 0$ 后，放入(LP)的最优单纯形表中，再化成典则形式

0	1/2	0	1/2	0	9/2
0	7/2	1	1/2	0	15/2
1*	3/2	0	1/2	0	9/2
1	0	0	0	−1	5

0	1/2	0	1/2	0	9/2
0	7/2	1	1/2	0	15/2
1	3/2	0	1/2	0	9/2
0	3/2	0	1/2	1	−1/2

由于出现正则基，所以，用对偶单纯形法求解，结果(LP2)无可行解。因此，从(LP2)上得不到(IP)的最优解。

再针对(LP1)的最优解中 $x_2=\dfrac{1}{3}$，分别将 $x_2=0, x_2\geqslant 1$ 加入(LP1)的约束条件中，得到下面两个线性规划：

$$(\text{LP3}) \quad \text{s.t.} \begin{cases} \max x_1+x_2 \\ -x_1+2x_2\leqslant 3 \\ 2x_1+3x_2\leqslant 9 \\ x_1\leqslant 4 \\ x_2=0 \\ x_1, x_2\geqslant 0 \end{cases} \qquad (\text{LP4}) \quad \text{s.t.} \begin{cases} \max x_1+x_2 \\ -x_1+2x_2\leqslant 3 \\ 2x_1+3x_2\leqslant 9 \\ x_1\leqslant 4 \\ x_2\geqslant 1 \\ x_1, x_2\geqslant 0 \end{cases}$$

(LP3)可以化简为 $\text{s.t.} \begin{cases} \max x_1+x_2 \\ 0\leqslant x_1\leqslant 4 \\ x_2=0 \end{cases}$，其最优解为整数解 $x_1=4, x_2=0$，最优值为 4.

在(LP4)中，给新增的约束条件引入松弛变量 $x_6\geqslant 0$ 后，放入(LP1)的最优单纯形表中，再化成典则形式

0	0	0	1/3	1/3	0	13/3
0	0	1	−2/3	7/3	0	19/3
1	0	0	0	1	0	4
0	1*	0	1/3	−2/3	0	1/3
0	1	0	0	0	−1	1

0	0	0	1/3	1/3	0	13/3
0	0	1	−2/3	7/3	0	19/3
1	0	0	0	1	0	4
0	1	0	1/3	−2/3	0	1/3
0	0	0	1/3	−2/3*	1	−2/3

由于出现正则基,所以,用对偶单纯形法求解求解得

0	0	0	1/2	0	1/2	4
0	0	1	1/2	0	7/2	4
1	0	0	1/2	0	3/2	3
0	1	0	0	0	-1	1
0	0	0	$-1/2$	1	$-3/2$	1

由此得(LP4)的最优解为整数解 $x_1=3, x_2=1$,最优值为 4.

由于(LP3)的最优解 $x_1=4, x_2=0$ 和(LP4)的最优解 $x_1=3, x_2=1$ 都是整数解,且最优值都等于 4,所以,这两个最优解都是(IP)的最优解.

例 4.2.2 试用分支定界法求解整数线性规划

$$\text{(IP)} \quad \text{s.t.} \begin{cases} \max 2x_1+x_2 \\ -x_1+x_2 \leqslant \dfrac{2}{3} \\ -x_1+x_2 \geqslant \dfrac{1}{6} \\ x_1+x_2 \leqslant 3 \\ x_1, x_2 \text{ 为整数} \geqslant 0 \end{cases}$$

解 给对应的松弛规划(LP)引入松弛变量 $x_3 \geqslant 0, x_4 \geqslant 0, x_5 \geqslant 0$,然后列单纯形表,再化成典则形式

-2	-1	0	0	0	0
-1	1	1	0	0	2/3
-1	1*	0	-1	0	1/6
1	1	0	0	1	3

-3	0	0	-1	0	1/6
0	0	1	1	0	1/2
-1	1	0	-1	0	1/6
2*	0	0	1	1	17/6

由于出现可行基,所以,用单纯形法求解

0	0	0	1/2	3/2	53/12
0	0	1	1	0	1/2
0	1	0	$-1/2$	1/2	19/12
1	0	0	1/2	1/2	17/12

由此得(LP)的最优解为 $x_1=\dfrac{17}{12}, x_2=\dfrac{19}{12}$.

由于 $x_1=\frac{17}{12}$ 和 $x_2=\frac{19}{12}$ 都不是整数,所以需要针对这两个变量取值进行分支定界,但是不必针对 $x_3=\frac{1}{2}$ 进行分支定界,因为 x_3 不是原规划中的变量. 下面先选择针对 $x_1=\frac{17}{12}$ 进行分支定界.

针对 $x_1=\frac{17}{12}$,将 $x_1 \leqslant 1, x_1 \geqslant 2$ 分别放入(LP)的约束条件中,得到

$$(\text{LP1}) \quad \text{s.t.} \begin{cases} \max 2x_1+x_2 \\ -x_1+x_2 \leqslant \frac{2}{3} \\ -x_1+x_2 \geqslant \frac{1}{6} \\ x_1+x_2 \leqslant 3 \\ x_1 \leqslant 1 \\ x_1, x_2 \geqslant 0 \end{cases} \qquad (\text{LP2}) \quad \text{s.t.} \begin{cases} \max 2x_1+x_2 \\ -x_1+x_2 \leqslant \frac{2}{3} \\ -x_1+x_2 \geqslant \frac{1}{6} \\ x_1+x_2 \leqslant 3 \\ x_1 \geqslant 2 \\ x_1, x_2 \geqslant 0 \end{cases}$$

在(LP1)中,给新增的约束条件 $x_1 \leqslant 1$ 引入松弛变量 $x_6 \geqslant 0$ 后,放入(LP)的最优单纯形表中,得到(LP1)的单纯形表,再化成典则形式

0	0	0	1/2	3/2	0	53/12	0	0	0	1/2	3/2	0	53/12
0	0	1	1	0	0	1/2	0	0	1	1	0	0	1/2
0	1	0	−1/2	1/2	0	19/12	0	1	0	−1/2	1/2	0	19/12
1*	0	0	1/2	1/2	0	17/12	1	0	0	1/2	1/2	0	17/12
1	0	0	0	0	1	1	0	0	0	−1/2*	−1/2	1	−5/12

由于出现正则基,所以用对偶单纯形法求解

0	0	0	0	1	1	4	0	0	1	0	0	3	11/3
0	0	1	0	−1*	2	−1/3	0	0	−1	0	1	−2	1/3
0	1	0	0	1	−1	2	0	1	1	0	0	1	5/3
1	0	0	0	0	1	1	1	0	0	0	0	1	1
0	0	0	1	1	−2	5/6	0	0	1	1	0	0	1/2

由此得(LP1)的最优解为 $x_1=1, x_2=\frac{5}{3}$,最优值为 $\frac{11}{3}$.

在(LP2)中,给新增的约束条件 $x_1 \geqslant 2$ 引入松弛变量 $x_6 \geqslant 0$ 后,放入代入(LP)的最优单纯形表中,得到(LP2)的单纯形表,将其化成典则形式后,出现了正则基,所以用对

4.2 一般整数线性规划的解法

偶单纯形法求解

0	0	0	1/2	3/2	0	53/12
0	0	1	1	0	0	1/2
0	1	0	−1/2	1/2	0	19/12
1*	0	0	1/2	1/2	0	17/12
1	0	0	0	−1		2

0	0	0	1/2	3/2	0	53/12
0	0	1	1	0	0	1/2
0	1	0	−1/2	1/2	0	19/12
1	0	0	1/2	1/2	0	17/12
0	0	0	1/2	1/2	1	−7/12

由此知(LP2)无可行解.

针对(LP1)的最优解中 $x_2 = \frac{5}{3}$,在(LP1)中再分别引入约束条件 $x_2 \leqslant 1, x_2 \geqslant 2$ 得到以下两个线性规划:

$$(LP3) \quad \max 2x_1 + x_2 \quad \text{s.t.} \begin{cases} -x_1 + x_2 \leqslant \frac{2}{3} \\ -x_1 + x_2 \geqslant \frac{1}{6} \\ x_1 + x_2 \leqslant 3 \\ x_1 \leqslant 1 \\ x_2 \leqslant 1 \\ x_1, x_2 \geqslant 0 \end{cases}$$

$$(LP4) \quad \max 2x_1 + x_2 \quad \text{s.t.} \begin{cases} -x_1 + x_2 \leqslant \frac{2}{3} \\ -x_1 + x_2 \geqslant \frac{1}{6} \\ x_1 + x_2 \leqslant 3 \\ x_1 \leqslant 1 \\ x_2 \geqslant 2 \\ x_1, x_2 \geqslant 0 \end{cases}$$

在(LP3)中,给新增的约束条件 $x_2 \leqslant 1$ 引入松弛变量 $x_7 \geqslant 0$ 后,放入(LP1)的最优单纯形表中,得到(LP3)的单纯形表,再化成典则形式,

0	0	1	0	0	3	0	11/3
0	0	−1	0	1	−2	0	1/3
0	1*	1	0	0	1	0	5/3
1	0	0	0	0	1	0	1
0	0	1	1	0	0	0	1/2
0	1	0	0	0	0	1	1

0	0	1	0	0	3	0	11/3
0	0	−1	0	1	−2	0	1/3
0	1	1	0	0	1	0	5/3
1	0	0	0	0	1	0	1
0	0	1	1	0	0	0	1/2
0	0	−1*	0	0	−1	1	−2/3

由于出现正则基,所以用对偶单纯形法求解

0	0	0	0	0	2	1	3
0	0	0	0	1	−1	−1	1
0	1	0	0	0	0	1	1
1	0	0	0	0	1	0	1
0	0	0	1	0	−1*	1	−1/6
0	0	1	0	0	1	−1	2/3

0	0	0	2	0	0	3	8/3
0	0	0	−1	1	0	−2	7/3
0	1	0	0	0	0	1	1
1	0	0	1	0	0	1	5/6
0	0	0	−1	0	1	−1	1/6
0	0	1	1	0	0	0	1/2

由此得(LP3)的最优解为 $x_1=\dfrac{5}{6}$，$x_2=1$，最优值为 $\dfrac{8}{3}$.

在(LP4)中，给新增的约束条件 $x_2\geqslant 2$ 引入松弛变量 $x_7\geqslant 0$ 后，放入(LP1)的最优单纯形表中，得到(LP4)的单纯形表，再化成典则形式，

0	0	1	0	0	3	0	11/3
0	0	−1	0	1	−2	0	1/3
0	1*	1	0	0	1	0	5/3
1	0	0	0	0	1	0	1
0	0	1	1	0	0	0	1/2
0	1	0	0	0	0	−1	2

0	0	1	0	0	3	0	11/3
0	0	−1	0	1	−2	0	1/3
0	1	1	0	0	1	0	5/3
1	0	0	0	0	1	0	1
0	0	1	1	0	0	0	1/2
0	0	1	0	0	1	1	−1/3

由于出现正则基，所以用对偶单纯形法求解，结果(LP4)无可行解.

由于(LP3)的最优解中 $x_1=\dfrac{5}{6}$，因此，还需要对(LP3)再进行分支定界计算.

针对 $x_1=\dfrac{5}{6}$ 给(LP3)分别引入约束条件 $x_1=0$ 与 $x_1\geqslant 1$ 得到两线性规划

(LP5) s.t. $\max 2x_1+x_2$
$\begin{cases}-x_1+x_2\leqslant\dfrac{2}{3}\\ -x_1+x_2\geqslant\dfrac{1}{6}\\ x_1+x_2\leqslant 3\\ x_1\leqslant 1,x_2\leqslant 1\\ x_1=0\\ x_1,x_2\geqslant 0\end{cases}$

(LP6) s.t. $\max 2x_1+x_2$
$\begin{cases}-x_1+x_2\leqslant\dfrac{2}{3}\\ -x_1+x_2\geqslant\dfrac{1}{6}\\ x_1+x_2\leqslant 3\\ x_1\leqslant 1,x_2\leqslant 1\\ x_1\geqslant 1\\ x_1,x_2\geqslant 0\end{cases}$

化简后为

(LP5) s.t. $\max x_2$
$\begin{cases}\dfrac{1}{6}\leqslant x_2\leqslant\dfrac{2}{3}\\ x_2\geqslant 0\end{cases}$

(LP6) s.t. $\max 2+x_2$
$\begin{cases}\dfrac{1}{6}\leqslant -1+x_2\leqslant\dfrac{2}{3}\\ 0\leqslant x_2\leqslant 1\end{cases}$

显然，(LP5)和(LP6)都无非负整数解，所以，该整数线性规划无可行解，也就无最优解.

三、割平面法

割平面法是求解一般整数线性规划的另一种基本方法，与分支定界法一样，也是通过逐步缩小松弛规划的可行域，来获取整数规划的最优解. 但不同的是，割平面法在缩小其松弛规划的可行域的过程中，始终是在一个规划上进行的，而且每次至少增加一个约束，因此，有更好的计算效率，也更加适用.

设 $Ax=b$ 是(LP)的约束条件，$A=(B,N)$，B 是(LP)的最优基. 由线性规划与其松

弛规划的关系知,如果(IP)有最优解,其一定是线性方程组 $x_B + B^{-1}Nx_N = B^{-1}b$ 的解. 现在来分析线性方程组 $x_B + B^{-1}Nx_N = B^{-1}b$ 含非负整数解应当具有的特征.

将线性方程组 $x_B + B^{-1}Nx_N = B^{-1}b$ 表示成下面的具体形式:

$$\begin{cases} x_{R(1)} + a_{1j_1}x_{j_1} + a_{1j_2}x_{j_2} + \cdots + a_{1j_{n-m}}x_{j_{n-m}} = b_1 \\ x_{R(2)} + a_{2j_1}x_{j_1} + a_{2j_2}x_{j_2} + \cdots + a_{2j_{n-m}}x_{j_{n-m}} = b_2 \\ \cdots \cdots \\ x_{R(m)} + a_{mj_1}x_{j_1} + a_{mj_2}x_{j_2} + \cdots + a_{mj_{n-m}}x_{j_{n-m}} = b_m \end{cases} \quad (4.2.1)$$

如果 $b_1, b_2, \cdots, b_m$ 都是非负整数,则

$$x_{R(i)} = b_i \quad (i=1,2,\cdots,m), \quad x_{j_k} = 0 \quad (k=1,2,\cdots,n-m)$$

便是(IP)的最优解;如果 $b_s(1 \leqslant s \leqslant m)$ 不是整数,则(4.2.1)中第 s 个等式也可以表示成

$$x_{R(s)} + \sum_{k=1}^{n-m} [a_{sj_k}]x_{j_k} - [b_s] = \Delta b_s - \sum_{k=1}^{n-m} \Delta a_{sj_k}x_{j_k} \quad (4.2.2)$$

其中 $[a_{sj_k}]$ 表示不超过 a_{sj_k} 的最大整数,$a_{sj_k} = [a_{sj_k}] + \Delta a_{sj_k}$,$[b_s]$ 表示不超过 b_s 的最大整数,$b_s = [b_s] + \Delta b_s$.

设 $(x_1^*, x_2^*, \cdots, x_n^*)$ 是(4.2.1)的任意一个非负整数解,则

$$x_{R(s)}^* + \sum_{k=1}^{n-m} [a_{sj_k}]x_{j_k}^* - [b_s] = \Delta b_s - \sum_{k=1}^{n-m} \Delta a_{sj_k}x_{j_k}^*$$

这时,等号的左边为整数,所以等号的右边一定是整数.因为 $0 < \Delta b_s < 1$,$\sum_{k=1}^{n-m} \Delta a_{sj_k}x_{j_k}^* \geqslant 0$,所以,若 $0 \leqslant \sum_{k=1}^{n-m} \Delta a_{sj_k}x_{j_k}^* < 1$,则整数 $\Delta b_s - \sum_{k=1}^{n-m} \Delta a_{sj_k}x_{j_k}^* = 0$;若 $\sum_{k=1}^{n-m} \Delta a_{sj_k}x_{j_k}^* \geqslant 1$,则整数 $\Delta b_s - \sum_{k=1}^{n-m} \Delta a_{sj_k}x_{j_k}^* \leqslant 0$.因此,不等式 $\Delta b_s - \sum_{k=1}^{n-m} \Delta a_{sj_k}x_{j_k} \leqslant 0$ 具有下列性质:

定理4.2.3 如果线性方程组(4.2.1)中的 $b_s(1 \leqslant s \leqslant m)$ 不是整数,则(4.2.1)的每一个非负整数解一定都满足不等式 $\Delta b_s - \sum_{k=1}^{n-m} \Delta a_{sj_k}x_{j_k} \leqslant 0$.

不等式 $\Delta b_s - \sum_{k=1}^{n-m} \Delta a_{sj_k}x_{j_k} \leqslant 0$ 的另一个重要性质是,在求(4.2.1)的非负整数解的过程中,可以过滤掉一些非整数解.

定理4.2.4 如果 $x_{R(i)} = b_i(i=1,2,\cdots,m), x_{j_k} = 0(k=1,2,\cdots,n-m)$ 是(4.2.1)的解,但是 $b_s(1 \leqslant s \leqslant m)$ 不是整数,则 $x_{R(i)} = b_i(i=1,2,\cdots,m), x_{j_k} = 0(k=1,2,\cdots,n-m)$ 一定不满足不等式 $\Delta b_s - \sum_{k=1}^{n-m} \Delta a_{sj_k}x_{j_k} \leqslant 0$.

证 因为 b_s 不是整数,所以 $0 < \Delta b_s < 1$,又因为 $x_{j_k} = 0(k=1,2,\cdots,n-m)$,所以 $\Delta b_s - \sum_{k=1}^{n-m} \Delta a_{sj_k}x_{j_k} > 0$.

由于在(4.2.1)中，$\sum_{j=1}^{n}\Delta a_{ij}x_j = \sum_{k=1}^{n-m}\Delta a_{ij_k}x_{j_k}$，所以不等式 $\Delta b_s - \sum_{k=1}^{n-m}\Delta a_{sj_k}x_{j_k} \leqslant 0$ 又可以写成 $\Delta b_s - \sum_{j=1}^{n}\Delta a_{ij}x_j \leqslant 0$。特别是当 $\Delta b_i \neq 0 (1 \leqslant i \leqslant m)$ 时，称不等式

$$\sum_{j=1}^{n}\Delta a_{ij}x_j \geqslant \Delta b_i$$

为(LP)的**割平面方程**。

利用定理 4.2.3 和定理 4.2.4 揭示的割平面方程的性质，可以求解一般整数线性规划，这样的方法称为**割平面法**。其过程如下：

(1) 求松弛规划(LP)的最优解。

如果(LP)最优解不存在，则(IP)的最优解一定不存在，停止运算；否则((LP)的最优解存在)，转到(2)。

(2) 如果(LP)的最优解中都是整数，则该最优解也是(IP)的最优解，停止运算；否则((LP)的最优解中有非整数)，转到(3)。

(3) 针对最优解中的非整数，根据该非整数在单纯形表中所在行上的元素构造割平面。

如果割平面不存在，则(IP)无可行解，也就无最优解，停止运算；否则(割平面存在)将割平面作为约束条件增加到(LP)中，转到(1)。

例 4.2.3 试用割平面法求解例 4.2.1 中的整数线性规划。

解 引入松弛变量后，用单纯形法求解(过程见例 4.2.1)，得到最优单纯形表

0	1/2	0	1/2	9/2
0	7/2	1	1/2	15/2
1	3/2	0	1/2	9/2

由于最优解 $x_1 = \dfrac{9}{2}, x_2 = 0 (x_3 = \dfrac{15}{2}$ 不需要考虑，因为 x_3 不是原规划中的变量)中，$x_1 = \dfrac{9}{2}$ 不是整数，所以，在最优单纯形表中，针对其所在行的元素，构建割平面方程 $\dfrac{1}{2}x_2 + \dfrac{1}{2}x_4 \geqslant \dfrac{1}{2}$，引入松弛变量 $x_5 \geqslant 0$ 后将其放入到最优单纯形表中(注意：不要给割平面除公因子，否则割平面将失去作用)，再化成典则形式

0	1/2	0	1/2	0	9/2
0	7/2	1	1/2	0	15/2
1	3/2	0	1/2	0	9/2
1	1/2	0	1/2	−1	1/2

0	1/2	0	1/2	0	9/2
0	7/2	1	1/2	0	15/2
1	3/2	0	1/2	0	9/2
0	−1/2*	0	−1/2	1	−1/2

由于出现正则基，所以用对偶单纯形法求解

0	0	0	0	1	4
0	0	1	−3	7	4
1	0	0	−1	3	3
0	1	0	1	−2	1

或

0	0	0	0	1	4
0	3	1	0	1	7
1	1	0	0	1	4
0	1	0	1	−2	1

由此得松弛规划的最优解为 $x_1=3, x_2=1$，也可以是 $x_1=4, x_2=0$，都是非负整数，所以这两个最优解是整数规划(IP)的最优解，最优值为 4.

例 4.2.4 试用割平面法求解例 4.2.2 中的整数线性规划.

解 引入松弛变量后，用单纯形法求解（过程见例 4.2.2），得到最优单纯形表

0	0	0	1/2	3/2	53/12
0	0	1	1	0	1/2
0	1	0	−1/2	1/2	19/12
1	0	0	1/2	1/2	17/12

由于最优解 $x_1=\frac{17}{12}, x_2=\frac{19}{12}$（因为 x_3 不是原规划中的变量，所以不考虑 $x_3=\frac{1}{2}$ 不是整数的问题）都不是整数，所以，在最优单纯形表中，分别根据这两个值所在行上的元素，构造割平面

$$\frac{1}{2}x_4+\frac{1}{2}x_5\geq\frac{7}{12}, \quad \frac{1}{2}x_4+\frac{1}{2}x_5\geq\frac{5}{12}$$

显然，前一个不等式涵盖了后一个不等式，所以，只给前一个割平面引入松弛变量 $x_6\geq 0$，将其放入上面的最优单纯形表中，再化成典则形式

0	0	0	1/2	3/2	0	52/12
0	0	1	1	0	0	1/2
0	1	0	−1/2	1/2	0	19/12
1	0	0	1/2	1/2	0	17/12
0	0	0	1/2	1/2	−1	7/12

0	0	0	1/2	3/2	0	53/12
0	0	1	1	0	0	1/2
0	1	0	−1/2	1/2	0	19/12
1	0	0	1/2	1/2	0	17/12
0	0	0	−1/2*	−1/2	1	−7/12

出现了正则基，所以用对偶单纯形法求解

0	0	0	0	1	1	23/6
0	0	1	0	−1*	2	−2/3
0	1	0	0	1	−1	13/6
1	0	0	0	0	1	5/6
0	0	0	1	1	−2	7/6

0	0	1	0	0	3	19/6
0	0	−1	0	1	−2	2/3
0	1	1	0	0	1	3/2
1	0	0	0	0	1	5/6
0	0	1	1	0	0	1/2

由此得松弛规划的最优解 $x_1=\frac{5}{6}, x_2=\frac{3}{2}$（因为 x_4, x_5 不是原规划中的变量，所以不考虑 $x_4=\frac{1}{2}, x_5=\frac{2}{3}$）。由于 $x_1=\frac{5}{6}, x_2=\frac{3}{2}$ 都不是整数，但是，在最优单纯形表中，按照这两个数所在行上的元素，割平面不存在，所以，所要求的整数规划无可行解，因此，无最优解.

例 4.2.5 试用割平面法求解整数线性规划

$$\max 5x_1+x_2-4x_3+2x_4$$

$$\text{s. t.} \begin{cases} 2x_1+x_2-3x_3+x_4=4 \\ 2x_1-4x_2+6x_3+x_5=9 \\ -x_1+x_2+x_6=1 \\ x_j \text{ 为整数} \geqslant 0 \quad (j=1,2,\cdots,6) \end{cases}$$

解 列松弛规划的单纯形表，然后化成典则形式

−5	−1	4	−2	0	0	0
2	1	−3	1	0	0	4
2	−4	6	0	1	0	9
−1	1	0	0	0	1	1

−1	1	−2	0	0	0	8
2	1	−3	1	0	0	4
2	−4	6	0	1	0	9
−1	1	0	0	0	1	1

由于出现可行基，所以用单纯形法求解（具体过程略），得到最优单纯形表

0	0	0	1/3	1/2	2/3	29/2
1	0	0	1/2	1/4	1/2	19/4
0	0	1	1/6	1/4	5/6	15/4
0	1	0	1/2	1/4	3/2	23/4

由于松弛规划的最优解中，$x_1=\frac{19}{4}, x_2=\frac{23}{4}, x_3=\frac{15}{4}$ 都不是整数，因此，需要在最优单纯形表中，根据这三个数所在行上的元素，引入割平面方程.

针对 $x_1=\frac{19}{4}$，割平面方程为 $\frac{1}{2}x_4+\frac{1}{4}x_5+\frac{1}{2}x_6 \geqslant \frac{3}{4}$；针对 $x_2=\frac{23}{4}$ 的割平面方程与针对 $x_1=\frac{19}{4}$ 的割平面方程相同，引入一个即可；针对 $x_3=\frac{15}{4}$ 的割平面方程为 $\frac{1}{6}x_4+\frac{1}{4}x_5+\frac{5}{6}x_6 \geqslant \frac{3}{4}$.

给两割平面方程分别引入松弛变量 $x_7, x_8 \geqslant 0$，放入上述最优单纯形表中，化成典则形式：

4.2 一般整数线性规划的解法

0	0	0	1/3	1/2	2/3	0	0	29/2
1	0	0	1/2	1/4	1/2	0	0	19/4
0	0	1	1/6	1/4	5/6	0	0	15/4
0	1	0	1/2	1/4	3/2	0	0	23/4
0	0	0	1/2	1/4	1/2	−1	0	3/4
0	0	0	1/6	1/4	5/6	0	−1	3/4

0	0	0	1/3	1/2	2/3	0	0	29/2
1	0	0	1/2	1/4	1/2	0	0	19/4
0	0	1	1/6	1/4	5/6	0	0	15/4
0	1	0	1/2	1/4	3/2	0	0	23/4
0	0	0	−1/2*	−1/4	−1/2	1	0	−3/4
0	0	0	−1/6	−1/4	−5/6	0	1	−3/4

由于出现了正则基,所以用对偶单纯形法求解(过程略),得到最优单纯形表

0	0	0	0	1/4	0	1/2	1/2	55/4
1	0	0	0	0	0	1	0	4
0	0	1	0	0	0	0	1	3
0	1	0	0	−1/4	0	1/2	3/2	17/4
0	0	0	1	1/4	0	−5/2	3/2	3/4
0	0	0	0	1/4	1	1/2	−3/2	3/4

由于最优解中 $x_2 = \dfrac{17}{4}$,$x_4 = \dfrac{3}{4}$ 不是整数,所以,需要针对这两个数引入割平面方程.

针对 $x_2 = \dfrac{17}{4}$ 的割平面方程为 $\dfrac{3}{4}x_5 + \dfrac{1}{2}x_7 + \dfrac{1}{2}x_8 \geqslant \dfrac{1}{4}$,针对 $x_4 = \dfrac{3}{4}$ 的割平面方程为 $\dfrac{1}{4}x_5 + \dfrac{1}{2}x_7 + \dfrac{1}{2}x_8 \geqslant \dfrac{3}{4}$.分别给这两个割平面方程引入松弛变量 $x_9, x_{10} \geqslant 0$,然后放入上述最优单纯形表中,再化成典则形式

0	0	0	0	1/4	0	1/2	1/2	0	0	55/4
1	0	0	0	0	0	1	0	0	0	4
0	0	1	0	0	0	0	1	0	0	3
0	1	0	0	$-1/4$	0	1/2	3/2	0	0	17/4
0	0	0	1	1/4	0	$-5/2$	3/2	0	0	3/4
0	0	0	0	1/4	1	1/2	$-3/2$	0	0	3/4
0	0	0	0	$-3/4$	0	$-1/2$	$-1/2$	1	0	$-1/4$
0	0	0	0	$-1/4$	0	$-1/2$	$-1/2$	0	1	$-3/4$

由于出现了正则基,所以用对偶单纯形法求解(过程略),得到最优单纯形表

0	0	0	0	0	0	0	0	0	1	13
1	0	0	0	0	0	1	0	0	0	4
0	0	1	0	0	0	0	1	0	0	3
0	1	0	0	0	0	1	2	0	-1	5
0	0	0	1	0	0	-3	1	0	1	0
0	0	0	0	0	1	0	-2	0	1	0
0	0	0	0	1	0	2	2	0	-4	3
0	0	0	0	0	0	1	1	1	-3	2

最优解为 $x_1=4, x_2=5, x_3=3, x_4=0, x_5=3, x_6=0$,最优值为 13. 由于最优解中都是整数,所以,该最优解是所要求的整数规划的最优解.

针对(IP-max)割平面法的程序步骤如下:

(1)用单纯形法求(LP-max)的最优解

$1°$ 输入:
$$\begin{bmatrix} a_{01} & a_{02} & \cdots & a_{0n} & b_0 \\ a_{11} & a_{12} & \cdots & a_{1n} & b_1 \\ \vdots & \vdots & & \vdots & \vdots \\ a_{m1} & a_{m2} & \cdots & a_{mn} & b_m \end{bmatrix} \Leftarrow \begin{array}{c|c|c} 0 & C_B^T B^{-1} N - C_N^T & C_B^T B^{-1} b \\ \hline I & B^{-1} N & B^{-1} b \end{array}$$

用 $R(i)(i=1,2,\cdots,m)$ 记录单位矩阵 I 中的元素 1 的位置(表示第 i 行上,I 中的元素 1 位于第 $R(i)$ 列上).

$2°$ 求 $\min\{j \mid a_{0j} < 0, 1 \leqslant j \leqslant n\} \triangleq t$.

若 t 不存在,则转到 $5°$;否则(t 存在)转到 $3°$.

$3°$ 求 $\min\left\{\dfrac{b_i}{a_{it}} \bigg| a_{it} > 0, 1 \leqslant i \leqslant m\right\} \triangleq \lambda$.

若 λ 不存在，则 LP-max 无上界，所以 IP-max 无上界，停．否则（λ 存在）求 $\min\left\{R(i)\left|\dfrac{b_i}{a_{it}}=\lambda,a_{it}>0,1\leqslant i\leqslant m\right.\right\}\triangleq R(s)$，转到 4°．

4° $a_{sj}\Leftarrow\dfrac{a_{sj}}{a_{st}}(j=1,2,\cdots,n+1),b_s\Leftarrow\dfrac{b_s}{a_{st}}$．

$a_{ij}\Leftarrow a_{ij}-a_{sj}a_{it},b_i\Leftarrow b_i-b_sa_{it}(i=0,1,2,\cdots,m,i\neq s,j=1,2,\cdots,n+1),R(s)\Leftarrow t$，转到 2°．

(2) 引入割平面方程．

5° $k\Leftarrow 1,i\Leftarrow 1$．

6° 若 $b_k>[b_k]$，则转到 7°；否则（$b_k=[b_k]$），$k\Leftarrow k+1$，转到 8°．

7° $\mu_j\Leftarrow a_{kj}-[a_{kj}](j=1,2,\cdots,n)$．

若 $\sum\limits_{j=1}^{n}\mu_j=0$，则 (IP) 无可行解，停；否则 $\left(\sum\limits_{j=1}^{n}\mu_j>0\right)$．

$a_{m+i,j}\Leftarrow-\mu_j(j=1,2,\cdots,n),a_{m+i,n+1}\Leftarrow 1,b_{m+i}\Leftarrow[b_k]-b_k$，
$k\Leftarrow k+1,i\Leftarrow i+1$，转到 6°．

8° 若 $k<m$，则转到 6°；否则 ($k=m$)，转到 9°．

9° 若 $i=1$，则得 (IP) 的最优解：$x_{R(i)}=b_i(i=1,2,\cdots,m)$，其他 $x_j=0$，停．否则 ($i>1$)，$m\Leftarrow m+i,n\Leftarrow n+i,R(m+r)\Leftarrow n+r(r=1,2,\cdots,i)$，转到 10°．

(3) 用对偶单纯形法求解增加割平面后的线性规划．

10° 求 $\min\{i|b_i<0,1\leqslant i\leqslant m\}\triangleq s$．

若 s 不存在，则转到 5°；否则（s 存在）转到 11°．

11° 求 $\max\left\{\dfrac{a_{0j}}{a_{sj}}\left|a_{sj}<0,1\leqslant j\leqslant n\right.\right\}\triangleq\lambda$．

若 λ 不存在，则 IP-max 无可行解，所以无最优解，停．否则（λ 存在）求 $\min\left\{j\left|\dfrac{a_{0j}}{a_{sj}}=\lambda,a_{sj}<0,1\leqslant j\leqslant n\right.\right\}\triangleq t$，转到 12°．

12° $a_{sj}\Leftarrow\dfrac{a_{sj}}{a_{st}}(j=1,2,\cdots,n),b_s\Leftarrow\dfrac{b_s}{a_{st}}$，

$a_{ij}\Leftarrow a_{ij}-a_{sj}a_{it},b_i\Leftarrow b_i-b_sa_{it}(i=0,1,2,\cdots,m,i\neq s,j=1,2,\cdots,n+1)$，
$R(s)\Leftarrow t$，转到 10°．

算法注释 在上述算法步骤 5°～步骤 8° 中，针对实际问题，引入的割平面方程中可能会出现有几个割平面方程相同，或某些割平面方程的解包含在另一个割平面方程的解中，这时，如果删除多余的割平面方程，可以提高计算效率；如果不作删除，也不会影响获取最优解．

4.3　0-1 整数规划的解法

0-1 整数规划属于特殊的整数规划，其涉及的变量只取 0 或 1．0-1 整数规划类型很

多,通常不同的类型有不同的解法.作为基础,本节只介绍一般 0-1 整数规划的隐枚举法及几种特殊的 0-1 整数规划的解法.

一、隐枚举法

本节涉及的 0-1 整数规划是线性规划中更为特殊的一类问题,其一般形式为

$$\max(\text{或 min}) \ c_1x_1+c_2x_2+\cdots+c_nx_n$$

$$\text{s. t.} \begin{cases} a_{11}x_1+a_{12}x_2+\cdots+a_{1n}x_n = (\text{或} \leqslant)b_1 \\ a_{21}x_1+a_{22}x_2+\cdots+a_{2n}x_n = (\text{或} \leqslant)b_2 \\ \cdots\cdots \\ a_{m1}x_1+a_{m2}x_2+\cdots+a_{mn}x_n = (\text{或} \leqslant)b_m \\ x_j \in \{0,1\} \quad (j=1,2,\cdots,n) \end{cases}$$

由于 0-1 整数规划中的每一个变量只限于 0 和 1 中取值,所以,其取值范围较一般线性整数规划的变量取值范围要小的多,由乘法原理知,n 个 0-1 变量只有 2^n 种不同的取值结果.因此,在 0-1 整数规划的规模(主要指变量的个数 n 和约束条件的个数 m)不太大时,都可以通过穷举对比的方法,找出最优解.在此过程中,如果抓住求最值的特点,则有大量的判断和计算可以省略.下面要介绍的隐枚举法,就是充分地利用了这一特点.

隐枚举法的具体运算过程如下:

(1) 按序列出所有 $(x_1,x_2,\cdots,x_n)$.

(2) 先顺序判断 $(x_1,x_2,\cdots,x_n)$ 是否满足 0-1 整数规划中的 m 个约束条件.如果某个约束条件不满足,之后的约束条件就不再判断.一旦某个 $(x_1,x_2,\cdots,x_n)$ 满足 0-1 整数规划中的所有约束条件,便将 $(x_1,x_2,\cdots,x_n)$ 对应的目标函数值记录下来,作为**阈值**,此时的 $(x_1,x_2,\cdots,x_n)$ 作为**预选最优解**.

(3) 当获得阈值之后,接下来,改为依次寻找目标函数值优于当前阈值的 $(x_1,x_2,\cdots,x_n)$,直到找到或找不到为止.

(4) 如果找不到,则预选最优解便是 0-1 整数规划的最优解,阈值便是最优值;如果找到了,再判断它是否满足 0-1 整数规划中的所有约束条件,是,用其替换预选最优解,对应的目标函数值替换阈值;不是,再重复(4)的过程,直到最后一个 $(x_1,x_2,\cdots,x_n)$ 为止.最后得到的预选最优解,便是 0-1 整数规划的最优解,对应的阈值便是最优值.

例 4.3.1 求下列 0-1 整数规划:

$$\max 5x_1-x_2+3x_3$$

$$\text{s. t.} \begin{cases} x_1+3x_2+2x_3 \leqslant 5 & (1) \\ 3x_1-x_2+x_3 \leqslant 2 & (2) \\ 4x_1+3x_3 \geqslant 2 & (3) \\ 3x_1-2x_2 \leqslant 1 & (4) \\ x_1,x_2,x_3 \in \{0,1\} \end{cases}$$

解 用隐枚举法,解的过程见表 4.3.1(打√表示满足约束条件,打×表示不满足约束条件)

表 4.3.1

(x_1,x_2,x_3)的取值	目标函数值	约束条件 (1)(2)(3)(4)
(0,0,0)		√ √ ×
(0,0,1)	3(阈值)	√ √ √ √
(0,1,0)	−1	
(0,1,1)	2	
(1,0,0)	5	√ ×
(1,0,1)	8	√ ×
(1,1,0)	4(阈值)	√ √ √ √
(1,1,1)	5	×

由此得最优解为 $x_1=1, x_2=1, x_3=0$,最优值为 4.

针对不同类型的 0-1 整数规划,还可以对隐枚举法作适当的改进,以提高计算效率.具体方法是:当目标函数求最小(大)时,将目标函数中的每一项(按系数)和二进制数 $(x_1,x_2,\cdots,x_n)$,都按由小(大)到大(小)重新排列,其他运算过程不变.

例如,例 4.3.1 中的 0-1 整数规划也可按表 4.3.2 的方式使用隐枚举法.

表 4.3.2

(x_1,x_3,x_2)的取值	目标函数值	约束条件 (1)(2)(3)(4)
(1,1,1)		×
(1,1,0)		√ ×
(1,0,1)	4(阈值)	√ √ √ √
(1,0,0)	5	√ ×
(0,1,1)	2	
(0,1,0)	3	
(0,0,1)	−1	
(0,0,0)	0	

由此同样得到最优解为 $x_1=1, x_2=1, x_3=0$,最优值为 4,但计算量却减少了许多.不难理解的是,以上介绍的隐枚举法,其实也适用于许多非线性 0-1 整数规划.

例 4.3.2 求下列 0-1 整数规划:

$$\max\ (x_1-2x_2)^3+3x_2x_3$$

$$\text{s. t.}\begin{cases} 3x_1x_2+2x_3\geqslant 2 & (1) \\ 3x_1-x_2x_3\leqslant 3 & (2) \\ x_1+x_2+x_3\geqslant 2 & (3) \\ x_1,x_2,x_3\in\{0,1\} & \end{cases}$$

解 用隐枚举法,解的过程见表 4.3.3(打√表示满足约束条件,打×表示不满足约束条件).

表 4.3.3

(x_1,x_2,x_3)的取值	目标函数值	约束条件 (1)(2)(3)
(0,0,0)		×
(0,0,1)		√ √ ×
(0,1,0)		×
(0,1,1)	−5(阈值)	√ √ √
(1,0,0)	1	×
(1,0,1)	1(阈值)	√ √ √
(1,1,0)	−1	
(1,1,1)	2(阈值)	√ √ √

由此知,$x_1=1, x_2=1, x_3=1$ 为最优解,最优值为 2.

二、特殊 0-1 整数规划的特殊解法

有些 0-1 整数规划形式比较特殊,可以充分利用其特点构建算法,而且计算效率会比隐枚举法高得多.

例 4.3.3 如果例 4.1.1 中 $s_1=s_2=\cdots=s_8$. 试求这种情况下的最优选址问题.

解 $s_1=s_2=\cdots=s_8$,因此,数学模型可简化成

$$\min x_1+x_2+\cdots+x_8$$

$$\text{s.t.} \begin{cases} x_1+x_5+x_8 \geq 1 \\ x_1+x_2+x_3+x_5 \geq 1 \\ x_3+x_6 \geq 1 \\ x_2+x_3+x_8 \geq 1 \\ x_1+x_2+x_4+x_7 \geq 1 \\ x_5+x_6 \geq 1 \\ x_5+x_6+x_7+x_8 \geq 1 \\ x_1+x_3+x_4+x_7 \geq 1 \\ x_2+x_4+x_5+x_8 \geq 1 \\ x_2+x_5+x_7+x_8 \geq 1 \\ x_1+x_2+x_4 \geq 1 \\ x_2+x_4+x_5 \geq 1 \\ x_j \in \{0,1\} \quad (j=1,2,\cdots,8) \end{cases}$$

其表示:最少要建几个转播站?建在何处?才能保证每一个村庄都能收到信号.

如果用隐枚举法求解这个 0-1 线性整数规划,需要依次对 $2^8=256$ 个 8 维 0-1 向

量进行检验,看其是否满足约束条件,还要计算和对比每个 0-1 向量的目标函数值. 无疑,这样计算量太大.

如果将所有可建转播站的点分成三个集合:确定要建站的点构成的集合为 U_1、确定不建站的点构成的集合为 U_2、还未确定的点构成的集合为 U_0. 便可以按下列方法求解例 4.3.3.

(1)将所有的检测点记成 U_0,取 $U_1=U_2=\varnothing$(空集).

(2)从 U_0 找一个覆盖村庄最少的点 A_i.

(3)若集合 $(U_0-\{A_i\})\cup U_1$ 中的每一个点都建站,可以使每个村庄都收到信号,则将 A_i 点由 U_0 转入 U_2,否则将 A_i 点由 U_0 转入 U_1.

(4)若集合 U_0 不空,则转到(2),否则停. 这时集合 U_1 中的点,是最少要建的转播站.

如果用 a_i 表示,在 A_i 点建站,能收到信号的村庄个数;用 b_j 表示 $(U_0-\{A_i\})\cup U_1$ 中,能使村庄 C_j 收到信号的站点个数,则求解例 4.3.3 的过程见表 4.3.4. 为了看得更清楚,运算过程中,一旦确定不在哪个点建站,便将那个点对应的行用直线覆盖,这样运算结束后,不但能从 $A_i\in U_1$ 看出转播站应当建在哪些点,而且从未被直线覆盖的行,也可以看出这样的结果.

表 4.3.4

效果选点\村庄	C_1	C_2	C_3	C_4	C_5	C_6	C_7	C_8	C_9	C_{10}	C_{11}	C_{12}	a_i	初始状态
A_1	1	1	0	0	1	0	1	0	0	1	0	0	5	$A_1\in U_0$
A_2	0	1	0	1	1	0	0	0	1	1	1	1	7	$A_2\in U_0$
A_3	0	1	1	1	0	0	0	1	0	0	0	0	4	$A_3\in U_0$
A_4	0	0	0	0	1	0	0	1	0	1	1	1	5	$A_4\in U_0$
A_5	1	1	0	0	0	1	1	0	1	1	0	1	7	$A_5\in U_0$
A_6	0	0	1	0	0	1	1	0	0	0	0	0	3	$A_6\in U_0$
A_7	0	0	0	1	0	0	1	1	0	0	1	0	4	$A_7\in U_0$
A_8	1	1	0	0	0	0	0	1	1	0	1	0	5	$A_8\in U_0$
b_j	3	4	2	3	4	2	4	4	4	4	3	3	运算顺序	决策
b_j	3	4	1	3	4	1	3	4	4	4	3	3	选 A_6	$A_6\in U_2$
b_j	3	3	0	2	4	4	3	4	4	3	3	选 A_3	$A_3\in U_1$
b_j	3	4	1	3	3	1	2	3	4	3	3	选 A_7	$A_7\in U_2$
b_j	2	3	2	3	2	2	3	2	3	3	选 A_1	$A_1\in U_2$
b_j	2	3	1	3	1	1	2	3	3	1	2	选 A_4	$A_4\in U_2$
b_j	1	3	1	2	1	1	1	2	2	1	2	选 A_8	$A_8\in U_2$

续表

效果\村庄\选点	C_1	C_2	C_3	C_4	C_5	C_6	C_7	C_8	C_9	C_{10}	C_{11}	C_{12}	a_i	初始状态
b_j	1	2	1	1	0	1	1	1	1	1	0	1	选A_2	$A_2 \in U_1$
b_j	0	2	1	2	1	0	0	1	1	1	1	1	选A_5	$A_5 \in U_1$

由此得知,在 A_2、A_3、A_5 三个点处建转播站,可以使 12 个村庄都收到信号,而且建站个数最少(总投资最低).这样的运算,只要统计 8 次,每次统计只用加法计算 12 组数据,即可获得最优结果,其计算量只是隐枚举法计算量的 $\frac{1}{32}$.

注释 如果例 4.3.3 中 $s_1, s_2, \cdots, s_8$ 不尽相同,就不能用上述方法求解了,但也存在比隐枚举法更高效的算法,只是过程稍复杂一些,这里就不再给出了,而将其作为兴趣问题,供学生讨论.

如果引入变量

$$w_{ij} = \begin{cases} 1, & \text{在 } A_i \text{ 点建转播站村庄 } C_j \text{ 能受到信号} \\ 0, & \text{否则} \end{cases} \quad (i=1,2,\cdots,8; j=1,2,\cdots,12)$$

$$x_i = \begin{cases} 0, & A_i \in U_0 \\ 1, & A_i \in U_1 \\ 2, & A_i \in U_2 \end{cases} \quad (i=1,2,\cdots,8)$$

则上述算法的程序步骤如下:

$1°$ 输入 $w_{ij}(i=1,2,\cdots,8; j=1,2,\cdots,12)$.

$2°$ $x_i \leftarrow 0 (i=1,2,\cdots,8)$.

计算 $a_i = \sum_{j=1}^{12} w_{ij} (i=1,2,\cdots,8)$,表示在 A_i 点建转播站能够收到信号的村庄个数.

$b_j = \sum_{i=1}^{8} w_{ij} (j=1,2,\cdots,12)$,表示能使村庄 C_j 收到信号的站点个数.

$3°$ 求 $\min\{a_i | x_i = 0, 1 \leqslant i \leqslant 8\} \triangleq \lambda$.

如果 λ 不存在,则输出最优选址点 $x_i (i=1,2,\cdots,8)$,停;否则(λ 存在)转到 $4°$.

$4°$ $k \leftarrow \min\{i | a_i = \lambda, x_i = 0, 1 \leqslant i \leqslant 8\}$.

$5°$ $\mu_j \leftarrow b_j - w_{kj} (j=1,2,\cdots,12)$.

若 $\mu_j \geqslant 1 (j=1,2,\cdots,12)$,则 $x_k \leftarrow 2, b_j \leftarrow \mu_j (j=1,2,\cdots,12)$,转到 $3°$;否则(至少有一个 $\mu_j = 0$),$x_k \leftarrow 1$,转到 $3°$.

例 4.3.4(投资选项问题) 某投资公司有资金 5 亿元,可用于三个项目的投资.每个项目可投入资金的额度都有几种不同选择,但只能从中选择一种,选择不同的投资额度,5 年后获得的收益不同,具体投资收益情况见表 4.3.5.如何选择投资项目,5 年后收益最大?

表 4.3.5

项目\收益 投资额	0	1	2	3	4
A	0	0.3	0.6	1.0	1.2
B	0	0.5	1.0	1.2	不设置
C	不设置	0.4	0.8	1.1	1.5

对于这个问题,如用 $i=1,2,3$ 分别表示项目 A,B,C,用 $c_{i,j}$ 表示第 i 个项目投资 j 时,可获得的收益($i=1,2,3;j=0,1,2,3,4$),令 $c_{2,4}=c_{3,0}=-S(S>0$ 充分大$)$. 引入变量:

$$x_{i,j}=\begin{cases}1, & \text{给第 } i \text{ 个项目投资 } j \text{ 亿元},\\ 0, & \text{否则}\end{cases} \quad (i=1,2,3;j=0,1,2,3,4)$$

则例 4.3.4 的数学模型可建立成下面形式:

$$\max \sum_{i=1}^{3}\sum_{j=0}^{4} c_{i,j} x_{i,j}$$

$$\text{s.t.} \begin{cases} \sum_{i=1}^{3}\sum_{j=0}^{4} j x_{i,j} \leqslant 5 \\ x_{1,0}+x_{1,1}+x_{1,2}+x_{1,3}+x_{1,4} \leqslant 1 \\ x_{2,0}+x_{2,1}+x_{2,2}+x_{2,3} \leqslant 1 \\ x_{3,1}+x_{3,2}+x_{3,3}+x_{3,4} \leqslant 1 \\ x_{i,j} \in \{0,1\} \quad (i=1,2,3;j=0,1,2,3,4) \end{cases} \quad (4.3.1)$$

这是一个 0-1 线性整数规划,涉及 15 个变量,如果用隐枚举法,要涉及 $2^{15}=32768$ 个 15 维 0-1 向量,显然计算量太大. 如果按照所给条件,列出所有满足约束条件的选择方案及其对应的收益(表 4.3.6),则通过对比收益,即可得到最优解.

表 4.3.6

项目\投资额 选择方案	F_1	F_2	F_3	F_4	F_5	F_6	F_7	F_8	F_9	F_{10}	F_{11}	F_{12}	F_{13}
A	4	3	3	2	2	2	1	1	1	1	0	0	0
B	0	1	0	2	1	0	3	2	1	0	3	2	1
C	1	1	2	1	2	3	1	2	3	4	2	3	4
收益	1.6	1.9	1.8	2.0	1.9	1.7	1.9	2.1	1.9	1.8	2.0	2.1	2.0

从表 4.3.6 可以看出,该投资选项问题有两个最优选项方案,一个方案是 F_8:给项目 A 投 1 亿元、项目 B 投 2 亿元、项目 C 投 2 亿元;另一个方案是 F_{12}:给项目 B 投 2 亿元、项目 C 投 3 亿元. 总收益都是 2.1 亿元.

现实中还有许多 0-1 整数规划可以根据自身的特点，构建出比隐枚举法效率更高的算法，例 1.1.5 中给出的分配问题，便是另一个典型问题，该问题的求解方法，将放在第 9 章中进行系统介绍．

习 题 4

1. 试用分支定界法求解下列整数规划：

(1) $\max 2x_1 + 5x_3$
$$\text{s.t.} \begin{cases} 3x_1 + 4x_2 \leqslant 43, \\ 5x_1 + 2x_2 \leqslant 38, \\ x_1, x_2 \text{ 为整数} \geqslant 0; \end{cases}$$

(2) $\min 6x_1 - 2x_2$
$$\text{s.t.} \begin{cases} x_1 + 7x_2 \leqslant 34, \\ 4x_1 - x_2 \leqslant 12, \\ x_1, x_2 \text{ 为整数} \geqslant 0. \end{cases}$$

2. 试用割平面法求解下列整数规划：

(1) $\max 2x_1 + x_2 + 4x_3$
$$\text{s.t.} \begin{cases} 3x_1 + 4x_2 - 2x_3 \leqslant 27, \\ x_1 - 2x_2 + 4x_3 \leqslant 12, \\ x_1, x_2, x_3 \text{ 为整数} \geqslant 0; \end{cases}$$

(2) $\min 4x_1 + 5x_2 + x_3$
$$\text{s.t.} \begin{cases} x_1 + 3x_2 + 2x_3 \geqslant 52, \\ 2x_1 + x_2 - x_3 \geqslant 8, \\ x_1, x_2, x_3 \text{ 为整数} \geqslant 0; \end{cases}$$

(3) $\max 3x_1 + 4x_2 + 2x_3$
$$\text{s.t.} \begin{cases} 4x_1 - 3x_2 \leqslant 16, \\ -2x_1 + 5x_2 + x_3 \leqslant 24, \\ x_1 + 4x_2 - x_3 \leqslant 30, \\ x_1, x_2, x_3 \text{ 为整数} \geqslant 0; \end{cases}$$

(4) $\max 6x_1 - 3x_2 - x_3$
$$\text{s.t.} \begin{cases} x_1 + 2x_2 + 2x_3 \geqslant 20, \\ -3x_1 + x_2 + 5x_3 \geqslant 6, \\ 2x_1 - x_2 - 3x_2 \geqslant 0, \\ x_1, x_2, x_3 \text{ 为整数} \geqslant 0. \end{cases}$$

3. 试用隐枚举法求解下列 0-1 规划：

(1) $\min 5x_1 + 4x_2 - 2x_3$
$$\text{s.t.} \begin{cases} x_1 + 5x_2 - 4x_3 \geqslant 1, \\ 4x_2 - x_2 + 3x_3 \geqslant 3, \\ 2x_1 - 7x_2 + x_3 \leqslant 2, \\ -3x_1 + x_2 + x_3 \leqslant 2, \\ x_1, x_2, x_3 \in \{0, 1\}; \end{cases}$$

(2) $\max 3x_1 - 2x_2 + 5x_3 - x_4$
$$\text{s.t.} \begin{cases} 7x_1 - 4x_2 + 2x_3 + 2x_4 \geqslant 4, \\ 2x_1 + 5x_2 - 3x_3 - x_4 \geqslant 1, \\ x_1 + 2x_2 + 4x_3 + x_4 \leqslant 7, \\ 5x_1 - 3x_2 + 7x_3 + 4x_4 \leqslant 10, \\ x_1, x_2, x_3, x_4 \in \{0, 1\}. \end{cases}$$

4. 某个办公大楼中 12 个区域（A1, A2, ⋯, A12）对联通信号接受效果比较差，经测试楼内有 7 个地点（D1, D2, ⋯, D7）安放信号补偿器后，可以使部分区域正常接收联通信号，具体测试结果用"√"表示能正常接受信号，见表 4.1．

表 4.1

	D1	D2	D3	D4	D5	D6	D7
A1		√	√		√		
A2	√			√			
A3		√	√	√			
A4	√	√		√			
A5	√					√	√

续表

	D1	D2	D3	D4	D5	D6	D7
A6			√	√			√
A7	√	√		√			√
A8		√		√	√		
A9		√			√		√
A10			√			√	
A11						√	√
A12					√		

试问在这 7 个地点中,信号补偿器安放在哪几个地点,既可以使 12 个区域都正常接收联通信号,又可以使信号补偿器用得最少?

5. 某建筑工地要从一批 12 米长的钢筋截出 5.5 米长的钢筋段 1600 根、4.5 米长的钢筋段 2100 根、3.2 米长的钢筋段 3200 根. 问: 应该采用什么样的截取方法, 才能最大限度地减少 12 米长的钢筋用量? (要求列出数学模型后再求解)

第 5 章

最小支撑树和最优路径问题

现实中有许多运筹问题可以放在点和线段构成的图形上研究,这样的运筹问题归为网络规划,是运筹学的一个重要分支.网络规划的内容很多,本书将分 5 章介绍(第 5~9 章),本章主要介绍图与网络的概念、网络规划中的最小支撑树和最优路径问题及其解法.

5.1 图与网络的概念

一、图的概念

定义 5.1.1 用点和线段组成的图形称为**图**,图中的线段称为图的**边**,图中的每一条边都有两个端点,图中的点(包括每一条边的端点)都称为图的**节点**.

在图论中,通常用 $G(V,E)$ 表示图,其中 $V=\{v_1,v_2,\cdots,v_n\}$ 表示图中的所有节点构成的集合;$E=\{e_1,e_2,\cdots,e_m\}$ 表示图中的所有边构成的集合.有时为了反映边与节点之间的关系,边集合又表示成 $E=\{(v_i,v_j)|v_i,v_j\in V\}$.

图 5.1.1 中的(a)、(b)和(c)都是图.

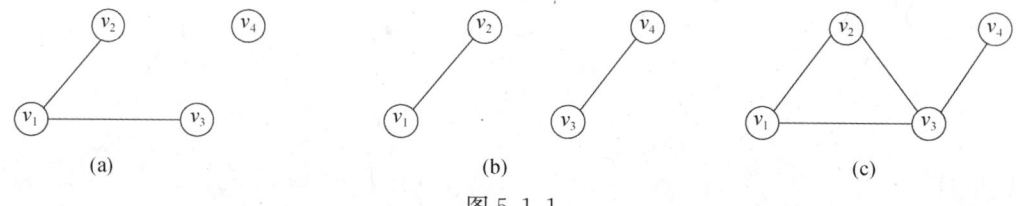

图 5.1.1

定义 5.1.2 如果 E 中有 $k(>1)$ 条边以 v_i 和 v_j 为端点,则称图 $G(V,E)$ 中这些边是以 v_i 和 v_j 为端点的 **k 重边**.如果 $(v_i,v_j)\in E$,且 $v_i=v_j$,则称 (v_i,v_j) 为图 $G(V,E)$ 中的**环**.无环又无重边的图称为**简单图**.

图 5.1.2 中,(a)有环 e_4,(b)有重边 e_1 与 e_2,所以(a)和(b)都不是简单图,只有(c)是简单图.

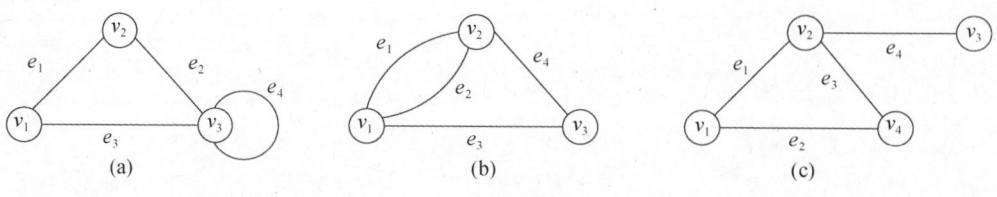

图 5.1.2

定义 5.1.3 如果边集 E 中的每一条边都是有向的,则称图 $G(V,E)$ 是**有向图**;如果边集 E 中的每一条边都是无向的,则称图 $G(V,E)$ 是**无向图**;如果边集 E 中既含有向边,又含无向边,则称图 $G(V,E)$ 为**复向图**.

图 5.1.2 中的(a)、(b)和(c)都是无向图,图 5.1.3 中的(a)是有向图,(b)是复向图.

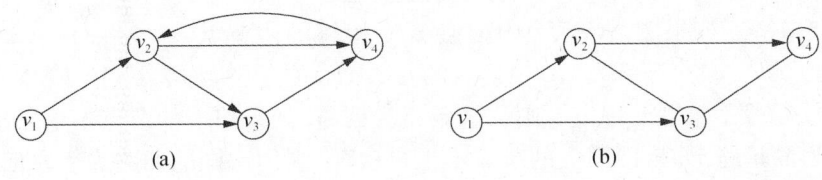

图 5.1.3

定义 5.1.4 如果 $(v_i,v_j)\in E$,则称图 $G(V,E)$ 中节点 v_i **相邻可达**节点 v_j. 如果节点 v_i 相邻可达节点 v_j,或节点 v_j 相邻可达节点 v_i,则称节点 v_i 和节点 v_j **相邻**.

规定 图中每一个节点都相邻可达其自身.

定义 5.1.5 在图 $G(V,E)$ 中,如果节点 $v_{i_{k-1}}$ 相邻可达节点 $v_{i_k}(k=2,\cdots,m)$,则称在图 $G(V,E)$ 中节点 v_{i_1} **可达**节点 v_{i_m};如果节点 $v_{i_{k-1}}$ 和节点 v_{i_k} 相邻 $(k=2,\cdots,m)$,则称节点 v_{i_1} 和节点 v_{i_m} **相连**.

在图 5.1.3 的(b)中,节点 v_1 相邻可达节点 v_2、v_3,可达节点 v_4;节点 v_2 相邻可达节点 v_3、v_4,但不可达节点 v_1;节点 v_3 相邻可达节点 v_2、v_4,但不可达节点 v_1;节点 v_4 相邻可达节点 v_3,可达节点 v_2,但不可达节点 v_1.

定义 5.1.6 如果图中的任意两个节点都相连,则称这样的图为**连通图**或**网络**.如果图中的任意两个节点都相互相邻可达,则称这样的图为**完全图**.

图 5.1.1 中的(a)和(b)都不是连通图;图 5.1.2 中的三个图和图 5.1.3 中的两个图都是连通图,但都不是完全图;图 5.1.4 中的(a)、(b)和(c)都是完全图.

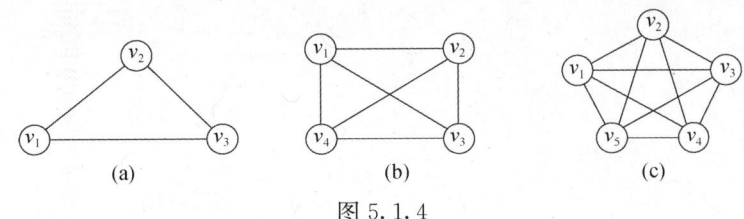

图 5.1.4

图 5.1.5 中的(a)不是完全图,(b)是完全图.

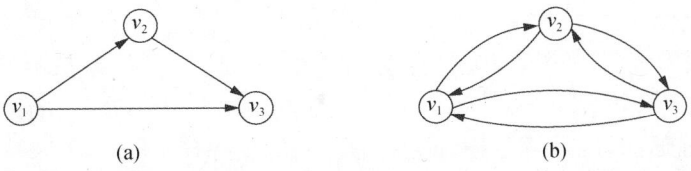

图 5.1.5

二、子图的概念与几种特殊子图

定义 5.1.7 如果 $V_1 \subseteq V, E_1 \subseteq E$,则称图 $G(V_1,E_1)$ 是图 $G(V,E)$ 的**子图**.

定义 5.1.8 如果图 $G(V,E)$ 中节点 $v_{i_{k-1}}$ 与节点 v_{i_k} 相邻($k=2,\cdots,m$),则有序边列 $(v_{i_1},v_{i_2})(v_{i_2},v_{i_3})\cdots(v_{i_{m-1}},v_{i_m})$ 连成的 $G(V,E)$ 的子图,称为 $G(V,E)$ 中节点 v_{i_1} 与节点 v_{i_m} 间的一条**链**;如果 $v_{i_1}=v_{i_m}$,则称这条链为**圈**.

定义 5.1.9 如果图 $G(V,E)$ 中节点 $v_{i_{k-1}}$ 相邻可达节点 v_{i_k}($k=2,\cdots,m$),则有序边列 $(v_{i_1},v_{i_2})(v_{i_2},v_{i_3})\cdots(v_{i_{n-1}},v_{i_m})$ 连成的 $G(V,E)$ 的子图,称为 $G(V,E)$ 中节点 v_{i_1} 到节点 v_{i_m} 的一条**路**. 如果 $v_{i_1}=v_{i_m}$,则称这条路为**回路**. 如果路上的节点不重复出现,则称这样的路为**简单路**. 如果回路上的节点不重复出现,则称这样的回路为**简单回路**.

注释 本书中涉及的路都是简单路,涉及的回路都是简单回路.

由上述定义知,图 $G(V,E)$ 中的路一定是图 $G(V,E)$ 中的链;图 $G(V,E)$ 中的回路一定是图 $G(V,E)$ 中的圈. 但是,反之都不一定成立. 如果 $G(V,E)$ 是无向图,则图 $G(V,E)$ 中的路与链是相同的,回路与圈也是相同的.

例如,图 5.1.6 中,(b)是(a)的一条链,但不是(a)中的路;(c)既是(a)中的一条链,又是(a)中的一条路. (d)、(e)和(f)都是图 5.1.6(a)中的圈,但都不是(a)中的回路;其实不难发现(a)中无回路.

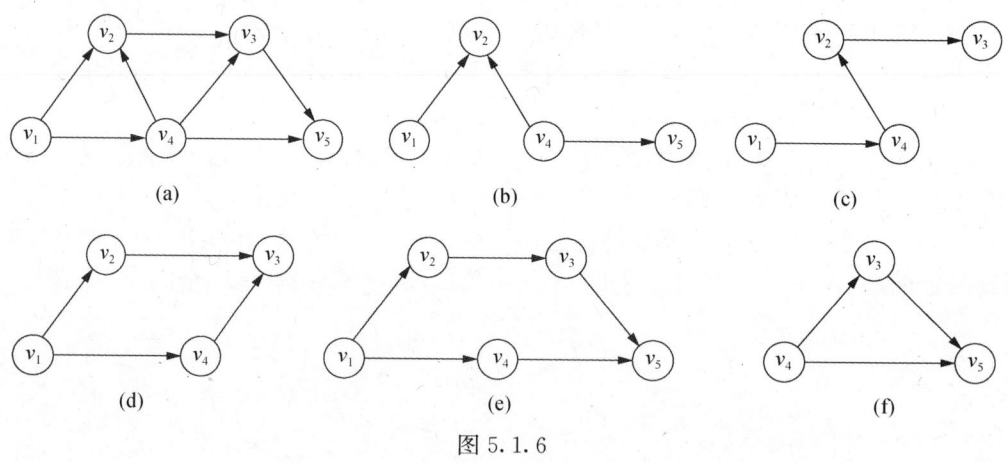

图 5.1.6

定义 5.1.10 如果无向图 $G(V,E)$ 是一个连通的不含圈的图,则称 $G(V,E)$ 是一个**树**.

定义 5.1.11 如果无向图 $G(V_1,E_1)$ 是一棵树,且 $V_1=V, E_1 \subseteq E$,则称 $G(V_1,E_1)$ 是 $G(V,E)$ 的**支撑树**.

图 5.1.7 中,(a)不是树,因为含有圈,(b)和(c)都是树,但是都不是(a)的支撑树,因为(b)的节点集合不等于(a)的节点集合;(c)的 (v_2,v_3) 边不是(a)的边. (d)、(e)和(f)都是不含圈的连通图,因此都是树,而且都是(a)的支撑树.

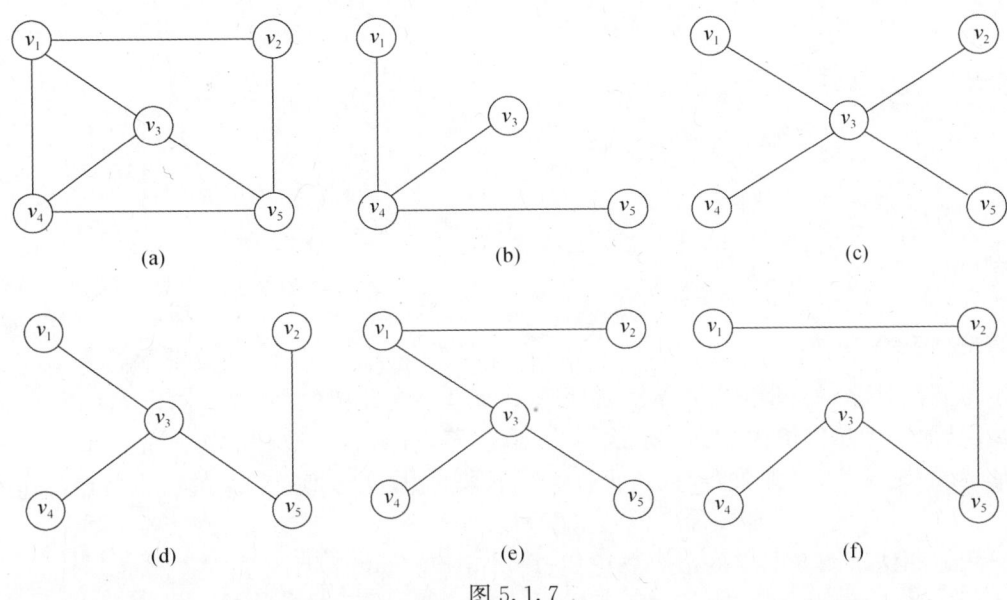

图 5.1.7

如果图中的每一条边都赋予了数值,则称这些数值为图中对应边的**权值**,而这样的图称为**赋权图**. 本章介绍的运筹问题都与赋权图有关,称为**网络规划问题**.

5.2 最小支撑树问题及其算法

定义 5.2.1 设 $G(V,E)$ 是一个赋权图,称 $G(V,E)$ 的支撑树中,所有边上的权值之和最小的支撑树为 $G(V,E)$ 的**最小支撑树**.

现实中有许多运筹问题都可以归为寻找最小支撑树问题,如用光缆把一些城镇连接起来,形成通信互联网,如何连接造价最低的问题,就属于最小支撑树问题. 解决最小支撑树问题的常用方法有破圈法、避圈法以及生长树法.

一、破圈法

破圈法是寻找赋权图中的最小支撑树的常用方法,其易于理解,易于掌握. 具体方法是:在图上任意找一个圈,在圈上去掉一条权值最大的边,不断地重复这一过程,直到不存在圈为止. 在这个过程中,先破哪个圈,后破哪个圈,不受限制,效果相同.

例 5.2.1 试用破圈法找出图 5.2.1 中的最小支撑树.

解 图 5.2.1 中,在连接节点①②③的圈上,去掉权值最大的边(①,③);从留下的图中,在连接节点①②③⑤的圈上,去掉权值最大的边(①,⑤);从留下的图中,在连接节点②③④的圈上,去掉权值最大的边(②,③);从留下的图中,在连接节点③④⑤的圈上,去掉权值最大的边(④,⑤);从留下的图中,在连接节点③④⑥⑤的圈上,去掉权值最大的边(⑤,⑥);从留下的图中,在连接节点②④⑥的圈上,去掉权值最大的边(④,⑥),这时,留下的图中已不存在圈,如图 5.2.2 所示. 这个图便是所要求的最小支撑树,其权值之和为 23.

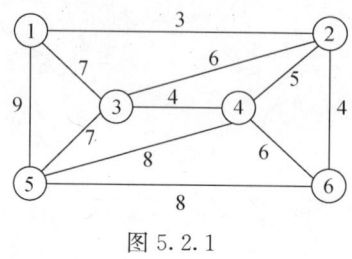

图 5.2.1

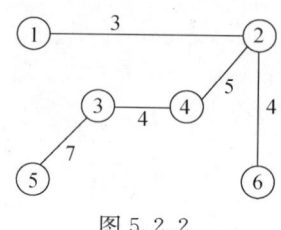

图 5.2.2

二、避圈法

避圈法(Kruskal 算法)是寻找赋权图中的最小支撑树的另一种常用方法,具体做法是:从原图中按权值由小到大依次取边,取后不放回,如果取到的边与先前取到的边不形成圈,则保留,否则放弃,直到所有保留下来的边,能够把原图中的所有节点都连通为止.

用避圈法求图 5.2.1 的最小支撑树过程如图 5.2.3 所示.

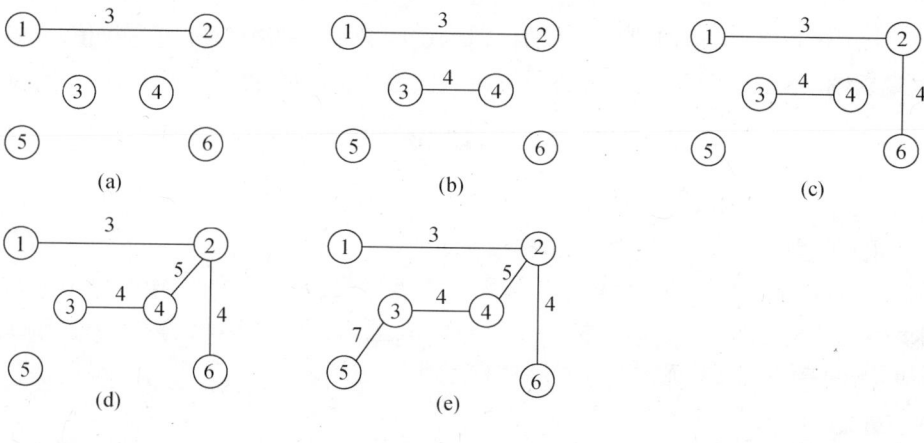

图 5.2.3

三、生长树法

破圈法和避圈法都属于图上作业法,当网络的规模不大时,这两种方法都很方便.但是,当网络规模很大时,再用这两种方法就不太合适了.另外,这两种方法都难以转化成计算机程序,其原因是识别网络中的圈的程序不易编制.

下面要介绍一种求最小支撑树不涉及判别圈的算法,为此,先引入以下概念.

定义 5.2.2 如果连通的无向图 $G(V,E)$ 的子图 $G(\overline{V},\overline{E})$ 是一个树,则称 $G(\overline{V},\overline{E})$ 是 $G(V,E)$ 的**生长树**.

规定 $G(V,E)$ 中的每一个节点都是 $G(V,E)$ 的生长树.

5.2 最小支撑树问题及其算法

定理 5.2.1 设 $G(V,E)$ 是一个连通的无向图,则图 $G(\overline{V},\overline{E})$ 是 $G(V,E)$ 的支撑树的必要条件是,$G(\overline{V},\overline{E})$ 是 $G(V,E)$ 的生长树.

根据定义 5.1.11 和定义 5.2.1,这个定理显然成立. 但要注意定理 5.2.1 强调的是必要条件,而非充分条件. 即,支撑树一定是生长树,反之却不一定.

定义 5.2.3 设连通无向图 $G(V,E)$ 上,边 (v_i,v_j) 的权值为 d_{ij},$G(\overline{V},\overline{E})$ 是 $G(V,E)$ 的一个生长树,$v_k \in V$. 如果 $d_{sk} = \min\{d_{ik} | v_i \in \overline{V},(v_i,v_k) \in E\}$,则称 d_{sk} 是生长树 $G(\overline{V},\overline{E})$ 到节点 v_k 的**距离**,称 v_s 为该生长树的**生长点**.

显然,$v_k \in \overline{E}$ 时,$s=k$,这时 $d_{sk}=0$.

有了上述概念,便可以给出求最小支撑树的**生长树法**:

(1) 在网络中任意找一个节点,作为该网络的生长树.
(2) 求生长树距离生长树外最近的节点,和生长树的生长点.
(3) 如果这样的节点不存在,则生长树为最小支撑树,停止运算;否则将这个树外节点连接到生长树的生长点上(得到新的生长树),再转到(2).

由于上述步骤中不涉及圈的判断,因此,生长树法是一种易于编程实现算法.

例 5.2.2 试用生长树法找出图 5.2.1 的最小支撑树.

解 任取节点③作为生长树.

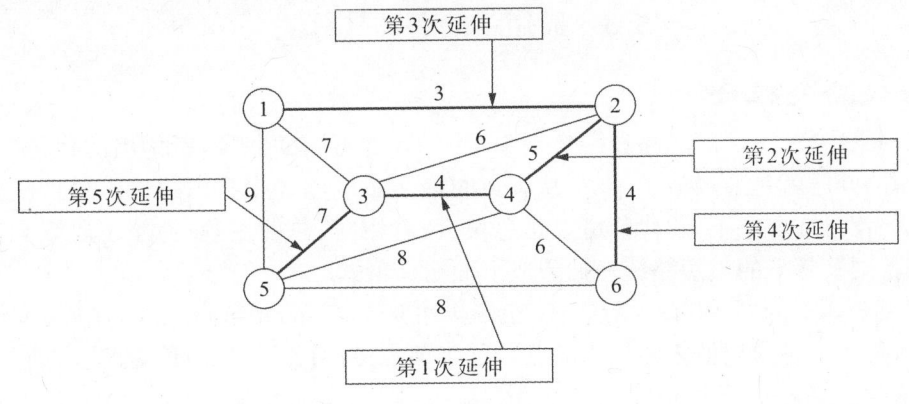

图 5.2.4

这时,生长树上节点③到树外节点④距离最近,所以将(③,④)连接到生长树上;这时,生长树上节点④到树外节点②最近,所以将(④,②)连接到生长树上;这时,生长树上节点②到树外节点①最近,所以将(②,①)连接到生长树上;这时,生长树上节点②到树外节点⑥距离最近,所以将(②,⑥)连接到生长树上;这时,生长树上节点③到树外节点⑤距离最近,所以将(③,⑤)连接到生长树上. 这时,树外已无节点,因此,这时的生长树便是图 5.2.1 的最小支撑树,见图 5.2.4 中粗线条连接出的树.

如果引入下列变量:

$$x_{ij} = \begin{cases} 1, & (i,j) \text{为树上的边} \\ 0, & \text{否则} \end{cases} \quad (i,j=1,2,\cdots,n)$$

$$y(i) = \begin{cases} 1, & v_i \text{为树上的节点} \\ 0, & \text{否则} \end{cases} \quad (i=1,2,\cdots,n)$$

则生长树法的程序步骤如下：

1° 输入图的权值矩阵 $C_{ij}(i,j=1,2,\cdots,n)$
  （注：$i=j$ 时，$C_{ij}=0$；顶点 v_i 与 v_j 不相邻时，$C_{ij}=\infty$）.
  $x_{ij} \leftarrow 0 (i,j=1,2,\cdots,n)$,
  $y(1) \leftarrow 1, y(i) \leftarrow 0 (i=2,3,\cdots,n)$.

2° 求 $\min\{C_{ij} \mid y(i)=1, y(j)=0, 1 \leqslant i,j \leqslant n\} \triangleq \alpha$.
  若 α 不存在，则转到 4°；否则转到 3°.

3° $s \leftarrow \min\{i \mid C_{ij}=\alpha, y(i)=1, y(j)=0, 1 \leqslant i,j \leqslant n\}$,
  $t \leftarrow \min\{j \mid C_{sj}=\alpha, y(j)=0, 1 \leqslant j \leqslant n\}$,
  $x_{st} \leftarrow 1, y(t) \leftarrow 1$ 转到 2°.

4° 输出 $x_{ij}(i,j=1,2,\cdots,n)$
  （注：所有 $x_{ij}=1(1 \leqslant i,j \leqslant n)$ 对应的边，构成最小支撑树）.

5.3 最短路问题及其算法

一、最短路的概念

在网络中，两点之间的路径一般是不唯一的，走不同的路径，所付出的代价往往不同. 最短路问题就是通过数学方法，从两点间诸多不同路径中找出总代价最低的路径. 在不同的背景或要求下，总代价可以是总长度、总用时、总费用等. 为便于研究和论述，通常把不同背景下的最短路统一抽象成下面定义形式.

定义 5.3.1 设网络 $G(V,E)$ 中，节点 v_i 可达节点 v_j，则节点 v_i 到节点 v_j 的所有路径中，路径上各边权值之和最小的路径称为节点 v_i 到节点 v_j 的**最短路径**，简称为**最短路**.

研究最短路，有两个问题要解决：一是计算出最短路的长度，二是指出最短路的走向.

本节将最短路问题分为两类介绍：一类是网络中每条边的权值都大于 0 的情况下，两节点间的最短路问题，称为无负权值最短路问题；另一类是网络中存在权值小于 0 的边，但无回路的情况下，网络中两节点间的最短路问题，称为含负权值最短路问题.

二、延伸路径的方法与特点

顺向延伸 从节点 v_s 向其相邻可达的所有节点延伸，之后，每次从所有被延伸到，但还未向其他节点延伸的节点中选定一个节点，继续向其相邻可达但还未向其他节点延伸的所有节点延伸. 不断地重复这一过程，直到每个节点都向其相邻可达的节点延伸过为止,则称这一延伸过程是**由节点 v_s 开始的顺向延伸**.

逆向延伸 从节点 v_t 向相邻可达它的所有节点逆向延伸,之后,每次从所有被延伸到,但还未向其他节点逆向延伸的节点中选定一个节点,继续向相邻可达它,但还未向其他节点延伸的所有节点逆向延伸.不断地重复这一过程,直到每个节点都向相邻可达它的节点逆向延伸过为止,则称这一延伸过程是**由节点 v_t 开始的逆向延伸**.

显然,从节点 v_s 开始的顺向延伸,可以延伸出节点 v_s 到任何一点的所有路径;同样,从节点 v_t 开始的逆向延伸,可以延伸出任何一个节点到节点 v_t 的所有路径.利用这样的特点,可以构建各种网络最优路径问题的算法.

定义 5.3.2 在顺向延伸(逆向延伸)的过程中,如果选择从节点 v_i 向其所有相邻可达(相邻可达它)的节点延伸,则称节点 v_i 为**延伸点**;没有充当过延伸点的节点称为**可变标记点**;充当过延伸点的节点称为**固定标记点**.

定义 5.3.3 设 $L_{sj}(j=1,2,\cdots,n)$ 表示,从节点 v_s 顺向延伸到节点 v_j 时,所有延伸出的这两点间的最短路长值,节点 v_k 为该路径上节点 v_j 的紧前节点,则称 (v_k, L_{sj}) 为可变标记点 v_j 的**可变标记**.当节点 v_j 成为固定标记点时,将其可变标记改称为**固定标记**,记成 $\overline{(v_k, L_{sj})}$,并且不再发生变化.

规定 从起始节点 v_s 顺向延伸开始前,所有其他可变标记点的可变标记为 $(v_s, +\infty)$.

定义 5.3.4 设 $L_{it}(i=1,2,\cdots,n)$ 表示,从节点 v_t 逆向延伸到节点 v_i 时,所有延伸出的这两点间的最短路长值,节点 v_k 为该路径上节点 v_i 的紧后节点,则称 (L_{it}, v_k) 为可变标记点 v_i 的**可变标记**.当节点 v_i 成为固定标记点时,将其可变标记改称为**固定标记**,记成 $\overline{(L_{it}, v_k)}$,并且不再发生变化.

规定 从终端节点 v_t 逆向延伸开始前,所有其他可变标记点的可变标记为 $(+\infty, v_t)$.

上述给出的顺向延伸和逆向延伸方法,都可以用于求最短路径问题,只是在不同类型的网络上,选择延伸点的规则有差异.

三、无负权值最短路问题的 Dijkstra 算法

在无负权值的网络中,求最短路径,不论是用顺向延伸还是用逆向延伸,延伸点都应当在可变标记点中选取,而且被选的可变标记点中记录的路长值必须是最小的.按照这样的规则进行的顺向延伸,而形成的算法称为**顺向 Dijkstra 算法**;进行的逆向延伸,而形成的算法称为**逆向 Dijkstra 算法**.两者又统称为 **Dijkstra 算法**.

定理 5.3.1 如果用顺向 Dijkstra 算法求解无负权值网络中两节点间的最短路,则在节点 v_j 的标记成为固定标记 $\overline{(v_a, L_{sj})}$ 时,L_{sj} 便是节点 v_s 到节点 v_j 的最短路长值,节点 v_a 是该最短路径上节点 v_j 的紧前节点.

证 因为,按照顺向 Dijkstra 算法,选到节点 v_j 为延伸点时,表明从节点 v_s 开始,延伸到其他各可变标记点的路径中,到节点 v_j 的路径最短,即,如果 $v_i(i \neq j)$ 是可变标记点,则 v_i 的可变标记中 $L_{si} \geqslant L_{sj}$,而此时,如果有未延伸出的节点 v_s 到节点 v_j 的路径,则只能通过对当前异于 v_j 的一些可变标记点继续延伸,才能到达节点 v_j,因此,这

些从节点 v_s 到节点 v_j 的路径,长度只会比 L_{sj} 更大. 又因为,节点 v_j 充当过延伸点后,其可变标记 (v_α, L_{sj}) 便成为固定标记 $\overline{(v_\alpha, L_{sj})}$. 所以,这时的 L_{sj} 是节点 v_s 到节点 v_j 的最短路长度,而且,按照标记规则,节点 v_α 在节点 v_s 到节点 v_j 的最短路上,并且是节点 v_j 的紧前节点.

定理 5.3.2 如果用逆向 Dijkstra 算法求解无负权值网络中两节点间的最短路,则在节点 v_i 的标记成为固定标记 $\overline{(L_{it}, v_\beta)}$ 时,L_{it} 便是节点 v_i 到 v_t 的最短路长值,节点 v_β 是该最短路径上节点 v_i 的紧后节点.

证 参考定理 5.3.1 的证明.

由定理 5.3.1 可知,用顺向 Dijkstra 算法求解网络中节点 v_s 到节点 v_t 的最短路,结果可以得到节点 v_s 到其他各节点的最短路;由定理 5.3.2 可知,用逆向 Dijkstra 算法求解网络中节点 v_s 到节点 v_t 的最短路,结果可以得到其他各节点到节点 v_t 到的最短路.

例 5.3.1 试用顺向 Dijkstra 算法求图 5.3.1 中的节点①到节点⑦的最短路径.

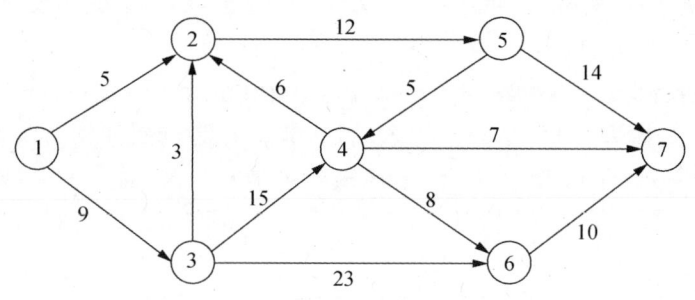

图 5.3.1

解 先给各节点一个初始可变标记 $(①, L_{1j})(j=1,2,\cdots,n)$,其中 $L_{11}=0$,$L_{1j}=+\infty$ $(j=2,3,\cdots,n)$. 为了简便,在图上省略掉所有可变标记 $(①,+\infty)$. 按顺向 Dijkstra 算法,依次得到的延伸点为①、②、③、⑤、④、⑦、⑥,具体标记过程见图 5.3.2.

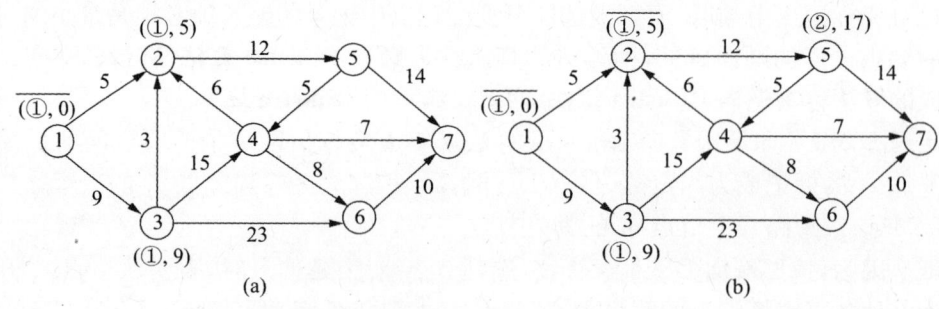

(a)   (b)

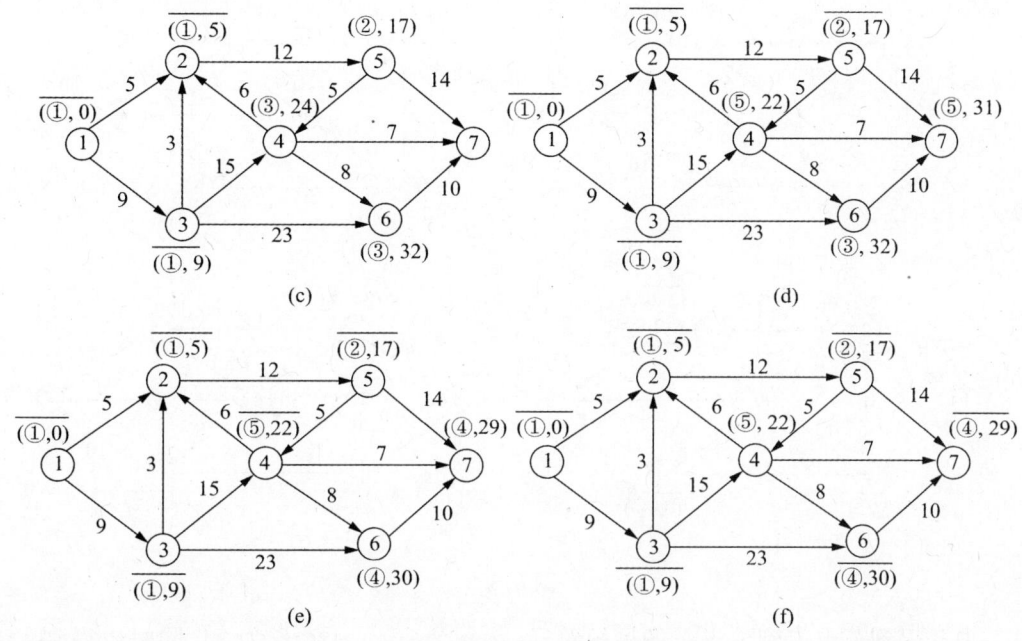

图 5.3.2

由此得到节点①到节点⑦的最短路径为⑦←④←⑤←②←①,长为 29. 同时也得到了节点①到其他各节点的最短路径:⑥←④←⑤←②←①,长为 30;⑤←②←①,长为 17;④←⑤←②←①,长为 22;③←①,长为 9;②←①,长为 5.

注释 根据定义 5.3.3 和定理 5.3.1,如果只想获得节点 v_s 到节点 v_j 的最短路径,则用顺向 Dijkstra 算法时,只要节点 v_j 成为固定标记点,便可停止运算,这时节点 v_j 的固定标记 $\overline{(v_a, L_{sj})}$ 中,L_{sj} 一定是节点 v_s 到节点 v_j 的最短路长度. 这样做,可以提高计算效率.

例 5.3.2 试用逆向 Dijkstra 算法求图 5.3.1 中的节点②到节点⑦的最短路径.

解 先给各节点一个初始可变标记 $(L_{i7}, ⑦)$ $(i=1,2,\cdots,7)$,其中 $L_{77}=0$,$L_{i7}=+\infty$ $(j=1,2,\cdots,6)$. 为了简便,在图上省略掉所有可变标记 $(+\infty, ⑦)$. 按逆向 Dijkstra 算法,依次得到的延伸点为⑦、④、⑥、⑤、③、②、①,具体标记过程见图 5.3.3.

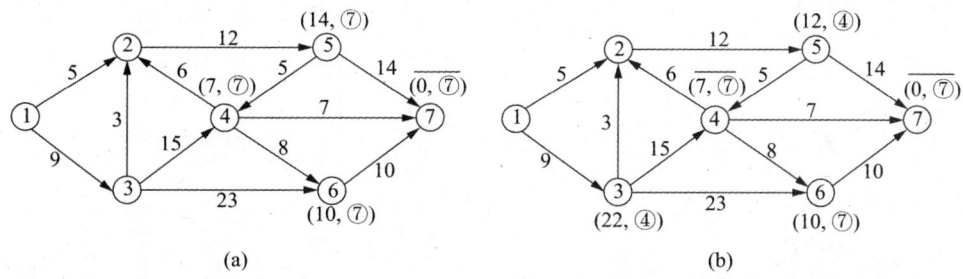

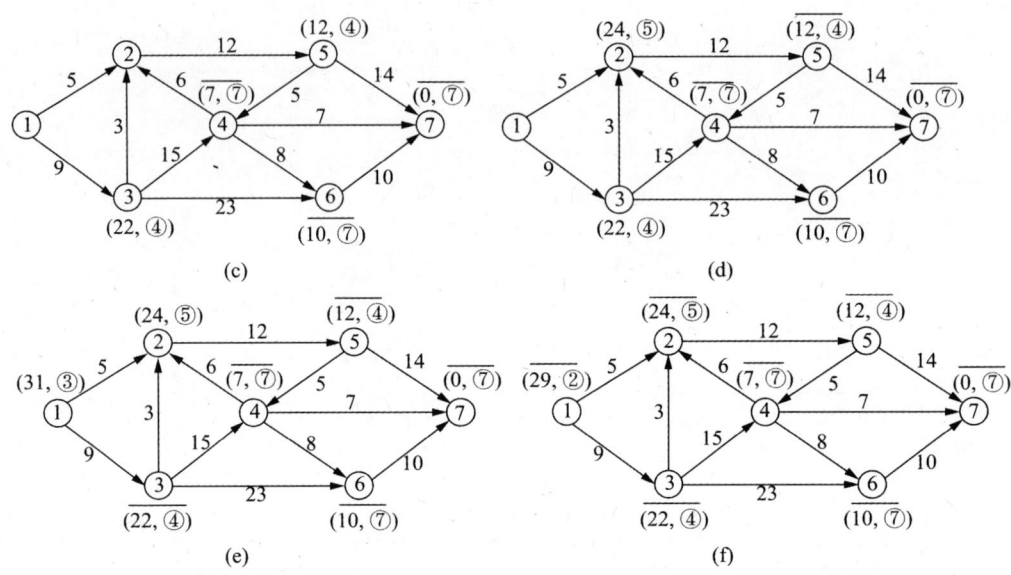

图 5.3.3

由此得到节点②到节点⑦的最短路径：②→⑤→④→⑦，长为24．同时也得到了节点①到节点⑦的最短路径：①→②→⑤→④→⑦，长为29；节点③到节点⑦的最短路径：③→④→⑦，长为22；节点④到节点⑦的最短路径：④→⑦，长为7；节点⑤到节点⑦的最短路径：⑤→④→⑦，长为12；节点⑥到节点⑦的最短路径：⑥→⑦，长为10.

注释 同顺向 Dijkstra 算法一样，如果只需要求节点 v_i 到节点 v_t 的最短路径，则用逆向 Dijkstra 算法求解时，只要节点 v_i 成为固定标记点，即可停止运算．这时，节点 v_i 的固定标记中记录的路径长度，便是节点 v_i 到节点 v_t 的最短路径．

顺向 Dijkstra 算法与逆向 Dijkstra 算法既可用于求有向网络中的最短路径，也可用于求无向网络中的最短路径和复向网络中的最短路径．

例 5.3.3 如果去除图 5.3.1 中每条边的方向，但各权值保持不变，便得到一个无向图．试求该无向图中节点①到节点⑦的最短距离．

解 以顺向 Dijkstra 算法为例，标记过程与例 5.3.1 完全类似．依次得到的延伸点为节点①、②、③、④、⑤、⑦、⑥，具体标记过程见图 5.3.4.

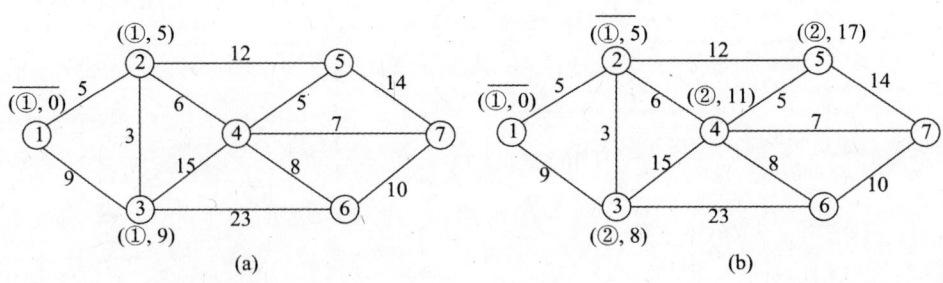

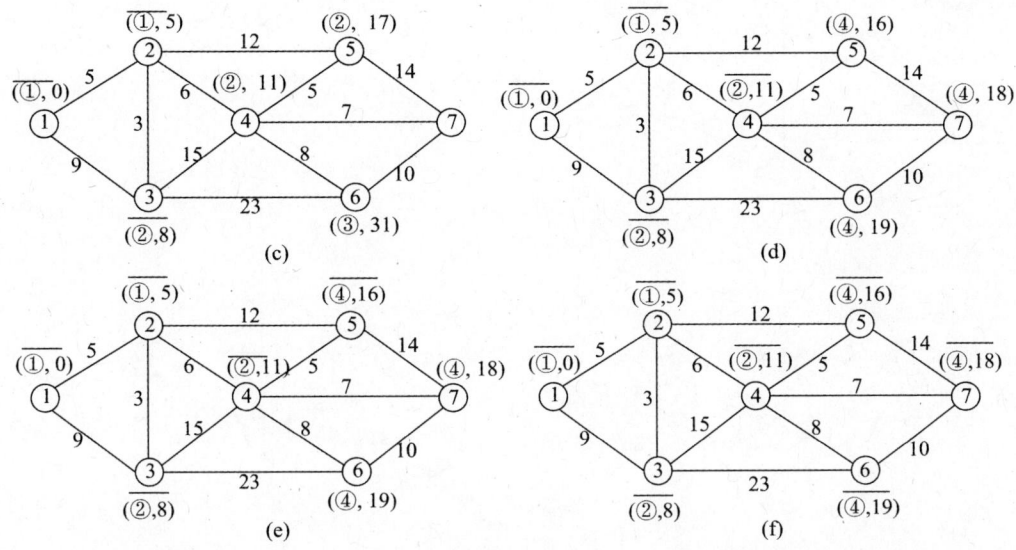

图 5.3.4

由此得到节点①到其他各节点的最短路径为⑦←④←②←①,长为 18;⑥←④←②←①,长为 19;⑤←④←②←①,长为 16;④←②←①,长为 11;③←②←①,长为 8;②←①,长为 5.

注释 (1) 用 Dijkstra 算法求无向图中一个节点到另一个节点的最短路,将得到原图的一个支撑树,但不一定是最小支撑树.例如图 5.3.5 中,(a)的最小支撑树为(b);而用顺向 Dijkstra 算法求节点①到节点③的最短路径获得的(a)的支撑树却是为(c).

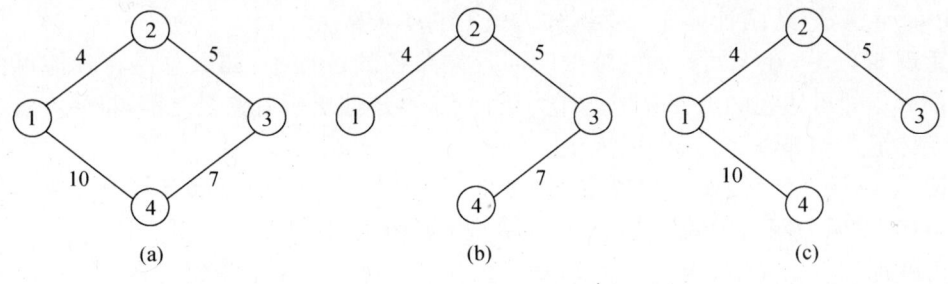

图 5.3.5

(2) 当网络中有负权值边时,用 Dijkstra 算法求最短路,会出现失真.例如图 5.3.6 中(a),用顺向 Dijkstra 算法求节点①到节点④的最短路径,过程依次见(b)、(c)、(d),得最短路径:①→②,长为 3;①→③,长为 5;①→③→④,长为 9.但是①到②和①到④两条正确的最短路径应当是:①→③→②,长为 1;①→③→②→④,长为 8.

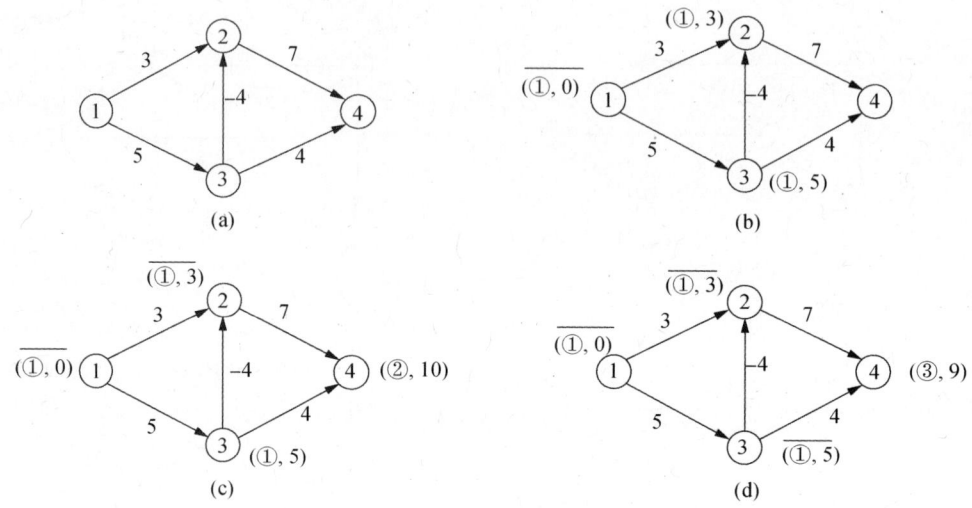

图 5.3.6

四、含负权值无回路最短路问题的强 Dijkstra 算法

在很多情况下,含负权值的网络中,两节点可达却不能保证两节点间存在最短路,但是含负权值的无回路网络中,只要两节点可达,便一定存在最短路. 如果把顺向 Dijkstra 算法中的延伸点选择规则改成:总是将其他可变标记点都不相邻可达它的可变标记点作为延伸点;把逆向 Dijkstra 算法中的延伸点选择规则改成:总是将不相邻可达其他可变标记点的可变标记点作为延伸点,则由此形成的算法,便可以用于求解含负权值无回路网络上的最短路问题,并将这样的算法分别称为**顺向强 Dijkstra 算法**和**逆向强 Dijkstra 算法**,这两种算法又都统称为**强 Dijkstra 算法**.

定理 5.3.3 在无回路的网络中顺向延伸路径的过程中,如果总是将其他可变标记点都不相邻可达它的可变标记点作为延伸点,则延伸出所有路径之前,将始终有无其他可变标记点相邻可达它的可变标记点.

证 (用反证法)假设延伸到某个阶段时,每一个可变标记点都有其他可变标记点相邻可达它. 因为网络中的可变标记点是有限的,所以,任意找一个可变标记点 $v_{i(1)}$,则必有可变标记点 $v_{i(2)}$ 相邻可达 $v_{i(1)}$,同样,必有可变标记点 $v_{i(3)}$ 相邻可达 $v_{i(2)}$……照此推论下去,便会有某个可变标记点重复出现,既存在回路,与网络 $G(V, E)$ 中无回路矛盾.

定理 5.3.4 如果用顺向强 Dijkstra 算法求解含负权值但无回路网络中两节点间的最短路,则在节点 v_j 的标记成为固定标记 $\overline{(v_a, L_j)}$ 时,L_j 便是节点 v_s 到节点 v_j 的最短路长值,节点 v_a 是该最短路径上节点 v_j 的紧前节点.

证 参照定理 5.3.1 的证明.

定理 5.3.5 在无回路的网络中逆向延伸路径的过程中,如果总是将不相邻可达其他可变标记点的可变标记点作为延伸点,则延伸出所有路径之前,将始终有不相邻可达其他可变标记点的可变标记点.

证 参照定理 5.3.3 的证明.

定理 5.3.6 如果用逆向强 Dijkstra 算法求解含负权值但无回路网络中两节点间的最短路,则在节点 v_i 的标记成为固定标记 $\overline{(L_{it}, v_\beta)}$ 时, L_{it} 便是节点 v_i 到 v_t 的最短路长值,节点 v_β 是该最短路径上节点 v_i 的紧后节点.

证 参考定理 5.3.1 的证明.

例 5.3.4 试用顺向强 Dijkstra 算法求图 5.3.7 中节点②到节点④的最短路径.

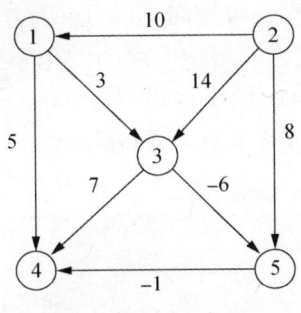

图 5.3.7

解 先给各节点一个初始可变标记 $(②, L_{2j})(j=1,2,3,4,5)$,其中 $L_{22}=0, L_{2j}=+\infty$ $(j=1,3,4,5)$. 为了简便,在图上省略掉所可变标记 $(②, +\infty)$. 按照顺向强 Dijkstra 算法,依次得到的延伸点为②,①,③,⑤,④,标记过程见图 5.3.8.

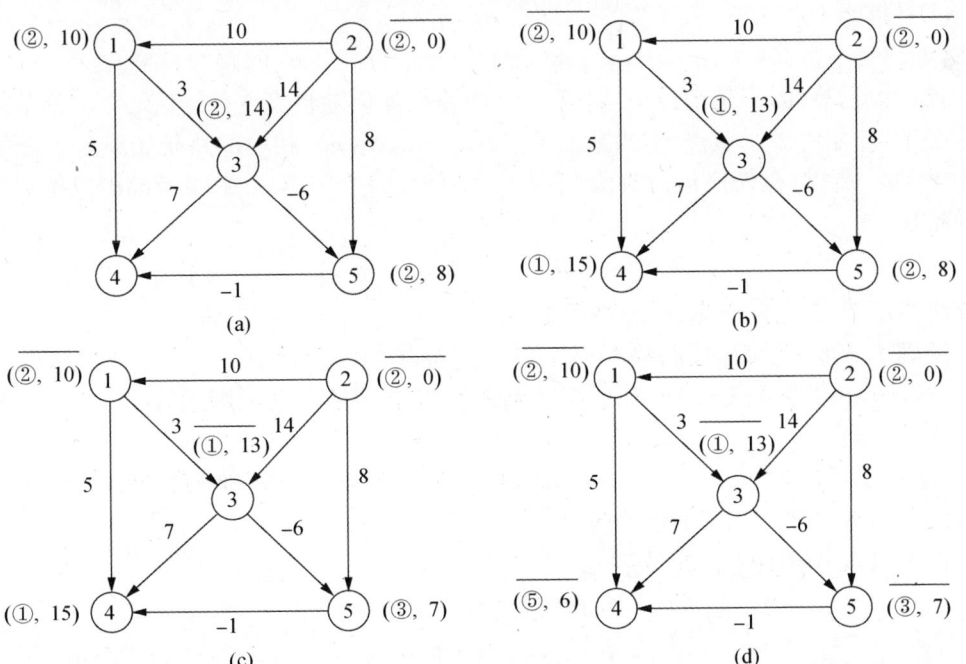

图 5.3.8

由此得到节点②到节点④的最短路径:④←⑤←③←①←②,长为 6.同时得到节点②到节点①的最短路径:①←②,长为 10;节点②到节点③的最短路径:③←①←②,长为 13;节点②到节点⑤的最短路径:⑤←③←①←②,长为 7.

注释 顺向强 Dijkstra 算法和逆向强 Dijkstra 算法,也可以用于求无负权值网络中的最短路径问题,但是,在编程上,这两种算法采用的延伸节点的选择方法,不如顺向 Dijkstra 算法和逆向 Dijkstra 算法中采用的方法简单,运算量也会明显增加.因此,求最短路径问题,要根据网络的情况,合理选择算法.

上述给出的顺向 Dijkstra 算法与逆向 Dijkstra 算法都属于图上作业法,要将其编制成程序用计算机实现,必须量化网络中节点间的相邻可达关系,为此引入以下概念:

定义 5.3.5 设在 n 个节点的网络 $G(V,E)$ 中,d_{ij} 是边 $(v_i,v_j) \in E$ 的长度.若补充 $i=j$ 时,$d_{ij}=0$,节点 v_i 不相邻可达节点 v_j 时,$d_{ij}=+\infty$.则称矩阵 $(d_{ij})_{n \times n}$ 为网络的**边矩阵**.

定义 5.3.6 设 L_{ij} 是网络 $G(V,E)$ 中节点 v_i 到节点 v_j 的路长值,d_{ij} 是网络的边矩阵中的元素.如果 $L_{sj}=L_{sk}+d_{kj}$ 时,$q_{sj}=k$,则称 $(q_{s1},q_{s2},\cdots,q_{sn})$ 为节点 v_s 到节点 v_j 的**逆方向**,当 $k=s$ 时,又称 $(q_{s1},q_{s2},\cdots,q_{sn})$ 为节点 v_s 到节点 v_j 的**初始逆方向**;如果 $L_{it}=d_{ik}+L_{kt}$ 时,$p_{it}=k$,则称 $(p_{1t},p_{2t},\cdots p_{nt})$ 为节点 v_i 到节点 v_t 的**顺方向**,当 $k=t$ 时,又称 $(p_{1t},p_{2t},\cdots p_{nt})$ 为节点 v_i 到节点 v_t 的**初始顺方向**.

定理 5.3.7 设 d_{ij} 是网络 $G(V,E)$ 的边矩阵中的元素,$L_{sj}=d_{sj}(j=1,2,\cdots,n)$,$(q_{s1},q_{s2},\cdots,q_{sn})$ 是节点 v_s 到节点 v_j 初始逆方向,若按照下列法则运算:

当且仅当 $L_{sk}+d_{kj}<L_{sj}$ 时,$L_{sj} \Leftarrow L_{sk}+d_{kj}$,$q_{sj} \Leftarrow k$

则 L_{sj} 始终是逆方向 $(q_{s1},q_{s2},\cdots,q_{sn})$ 指出的节点 v_s 到节点 v_j 的路径长度.

证 由运算知,不论节点 v_s 到节点 v_j 的路径如何随运算变化,在节点 v_s 到节点 v_j 的路径上,q_{sj} 始终表示节点 v_j 的紧前节点 $(j=1,2,\cdots,n)$,相应的路长始终是 $L_{sk}+d_{kj}$,其中 $k=q_{sj}$.所以,在任何运行阶段,节点 v_s 到任意一个节点 v_j 的路径都可以按以下方法递推出

$$j \leftarrow q_{sj} \triangleq j_1 \leftarrow q_{sj_1} \triangleq j_2 \leftarrow \cdots q_{sj_{m-1}} \triangleq j_m \leftarrow q_{sj_m} = s$$

这就指出了节点 v_s 到节点 v_j 的路径走向.

定理 5.3.8 设 d_{ij} 是网络 $G(V,E)$ 的边矩阵中的元素,$L_{it}=d_{it}(i=1,2,\cdots,n)$,$(p_{1t},p_{2t},\cdots,p_{nt})$ 是节点 v_i 到节点 v_t 初始顺方向.若按照下列法则运算:

当且仅当 $d_{ik}+L_{kt}<L_{it}$ 时,$L_{it} \Leftarrow d_{ik}+L_{kt}$,$p_{it} \Leftarrow k$

则 L_{it} 始终是顺方向 $(p_{1t},p_{2t},\cdots,p_{nt})$ 指出的节点 v_i 到节点 v_t 的路径长度.

证 参考定理 5.3.7 的证明过程.

如果引入节点的状态标号:

$$M(i)=\begin{cases} 0, & \text{给节点 } v_i \text{ 可变标记} \\ 1, & \text{给节点 } v_i \text{ 固定标记} \end{cases} \quad (i=1,2,\cdots,n)$$

和路径指针向量 $(q_{s1},q_{s2},\cdots,q_{sn})$ 或 $(p_{1t},p_{2t},\cdots,p_{nt})$,便可以给出上述各种最短路编程

算法.

顺向 Dijkstra 算法程序步骤：

$1°$ 输入：边矩阵$(d_{ij})_{n\times n}$.

$2°$ 初始路长 $L_{sj}\Leftarrow d_{sj}(j=1,2,\cdots,n)$.

初始逆方向 $q_{sj}\Leftarrow s(j=1,2,\cdots,n)$，节点标记：$M(j)\Leftarrow 0(j=1,2,\cdots,n)$.

$3°$ 求 $\min\{L_{sj}|M(j)=0,1\leqslant j\leqslant n\}\triangleq\lambda$.

若 λ 不存在，则输出 $L_{sj}(j=1,2,\cdots,n),q_{sj}(j=1,2,\cdots,n)$，停；否则($\lambda$ 存在)，转到 $4°$.

$4°$ 求 $\min\{j|L_{sj}=\lambda,M(j)=0,1\leqslant j\leqslant n\}\triangleq k,j\Leftarrow 1$，转到 $5°$.

$5°$ 若 $0<d_{kj}<\infty,M(j)=0$，则转到 $6°$；否则直接转到 $7°$.

$6°$ 若 $L_{sk}+d_{kj}<L_{sj}$，则 $L_{sj}\Leftarrow L_{sk}+d_{kj},q_{sj}\Leftarrow k$，转到 $7°$；否则直接转到 $7°$.

$7°$ 若 $j<n$，则 $j\Leftarrow j+1$ 转到 $5°$；否则$(j=n),M(k)\Leftarrow 1$，转到 $3°$.

逆向 Dijkstra 算法程序步骤：

$1°$ 输入：边矩阵$(d_{ij})_{n\times n}$.

$2°$ 初始路长 $L_{it}\Leftarrow d_{it}(i=1,2,\cdots,n)$.

初始逆方向 $p_{it}\Leftarrow t(i=1,2,\cdots,n)$，初始节点标记：$M(i)\Leftarrow 0(i=1,2,\cdots,n)$.

$3°$ 求 $\min\{L_{it}|M(i)=0,1\leqslant i\leqslant n\}\triangleq\lambda$.

若 λ 不存在，则输出 $L_{it}(i=1,2,\cdots,n),p_{it}(i=1,2,\cdots,n)$，停；否则($\lambda$ 存在)，转到 $4°$.

$4°$ 求 $\min\{i|L_{it}=\lambda,M(i)=0,1\leqslant i\leqslant n\}\triangleq k,i\Leftarrow 1$，转到 $5°$.

$5°$ 若 $0<d_{ik}<\infty,M(i)=0$，则转到 $6°$；否则直接转到 $7°$.

$6°$ 若 $d_{ik}+L_{kt}<L_{it}$，则 $L_{it}\Leftarrow d_{ik}+L_{kt},p_{it}\Leftarrow k$，转到 $7°$；否则直接转到 $7°$.

$7°$ 若 $i<n$，则 $i\Leftarrow i+1$ 转到 $5°$；否则$(i=n),M(k)\Leftarrow 1$，转到 $3°$.

编制顺向强 Dijkstra 算法与逆向强 Dijkstra 算法的程序，关键是解决

$$\{v_i|(v_i,v_k)\in E,v_i \text{ 和 } v_k \text{ 都是可变标记点}\}=\varnothing$$

与

$$\{v_i|(v_k,v_i)\in E,v_i \text{ 和 } v_k \text{ 都是可变标记点}\}=\varnothing$$

的量化问题. 为此有下面定理：

定理 5.3.9 设 $v_k\in E$ 是可变标记点，如果针对网络 $G(V,E)$ 引入变量

$$z_{ij}=\begin{cases}1, & (v_i,v_j)\in E \\ 0, & \text{否则}\end{cases} \quad (i,j=1,2,\cdots,n)$$

$$M(i)=\begin{cases}0, & \text{节点 } v_i \text{ 为可变标记点} \\ 1, & \text{节点 } v_i \text{ 为固定标记点}\end{cases} \quad (i=1,2,\cdots,n)$$

则 (1) $\{v_i|(v_i,v_k)\in E,v_i \text{ 和 } v_k \text{ 都是可变标记点}\}=\varnothing$ 的充要条件是 $\sum_{i=1}^{n}[1-M(i)]z_{ik}=0$；

(2) $\{v_i|(v_k,v_i)\in E,v_i \text{ 和 } v_k \text{ 都是可变标记点}\}=\varnothing$ 的充要条件是 $\sum_{i=1}^{n}[1-M(i)]z_{ki}=0$.

证 (1)必要性. 当$\{v_i \mid (v_i, v_k) \in E, v_i$ 和 v_k 都是可变标记点$\} = \varnothing$ 时,如果$(v_i, v_k) \in E$,则v_i不是可变标记点,只能是固定标记点,即$M(i)=1$;如果$(v_i, v_k) \notin E$,则$z_{ik}=0$. 所以$\sum_{i=1}^{n}[1-M(i)]z_{ik}=0$.

充分性. 当$\sum_{i=1}^{n}[1-M(i)]z_{ik}=0$时,对于每一个$1\leqslant i\leqslant n$,要么$1-M(i)=0$. 要么$z_{ik}=0$. $1-M(i)=0$意味着节点v_i不是可变标记点;$z_{ik}=0$意味着$(v_i, v_k) \notin E$. 所以,$\{v_i \mid (v_i, v_k) \in E, v_i$ 和 v_k 都是可变标记点$\} = \varnothing$.

(2)的证明完全类似,略.

顺向强 Dijkstra 算法程序步骤:

$1°$ 输入:边矩阵$(d_{ij})_{n\times n}$.

节点间的相邻可达关系 $z_{ij} = \begin{cases} 1, & (v_i, v_j) \in E \\ 0, & 否则 \end{cases}$ $(i, j=1, 2, \cdots, n)$.

$2°$ 节点v_1到节点v_k的初始路长$L_{1k} \Leftarrow d_{1k}(k=1, 2, \cdots, n)$,

各节点的初始标记状态$M(k) \Leftarrow 0(k=1, 2, \cdots, n)$,

初始逆方向$q_{1j} \Leftarrow 1(j=1, 2, \cdots, n)$.

$3°$ 求 $\min\{j \mid M(j)=0, \sum_{i=1}^{n}[1-M(i)]z_{ij}=0, 1\leqslant j\leqslant n\} \triangleq j_0$.

$4°$ 如果j_0不存在,则得到节点v_1到节点v_k的最短路L_{1k}及路径指针$q_{1k}(k=1, 2, \cdots, n)$,停. 否则($j_0$存在),$j \Leftarrow 1$,转到$5°$.

$5°$ 若$z_{j_0 j}=1, M(j)=0$,则转到$6°$;否则直接转到$7°$.

$6°$ $L \Leftarrow L_{1j_0} + d_{j_0 j}$,

若$L < L_{1j}$,则$L_{1j} \Leftarrow L, q_{1j} \Leftarrow j_0$,转到$7°$;否则直接转到$7°$.

$7°$ 若$j < n$,则$j \Leftarrow j+1$转到$5°$;否则($j=n$),$M(j_0) \Leftarrow 1$,转到$3°$.

逆向强 Dijkstra 算法程序步骤:

$1°$ 输入:边矩阵$(d_{ij})_{n\times n}$,

节点间的相邻可达关系 $z_{ij} = \begin{cases} 1, & (v_i, v_j) \in E \\ 0, & 否则 \end{cases}$ $(i, j=1, 2, \cdots, n)$.

$2°$ 节点v_k到节点v_n的初始路长$L_{kn} \Leftarrow d_{kn}(k=1, 2, \cdots, n)$,

各节点的初始标记状态$M(k) \Leftarrow 0(k=1, 2, \cdots, n)$,

初始顺方向$p_{kn} \Leftarrow n(k=1, 2, \cdots, n)$.

$3°$ 求 $\max\{i \mid M(i)=0, \sum_{j=1}^{n}[1-M(j)]z_{ij}=0, 1\leqslant i\leqslant n\} \triangleq i_0$.

$4°$ 若i_0不存在,则得到节点v_k到节点v_n的最短路L_{kn}及路径指针$p_{kn}(k=1, 2, \cdots, n)$,停. 否则($i_0$存在),$i \Leftarrow 1$,转到$5°$.

$5°$ 若$z_{i i_0}=1, M(i)=0$,则转到$6°$;否则直接转到$7°$.

$6°$ $L \Leftarrow d_{ii_0} + L_{i_0 n}$,
若 $L < L_{in}$,则 $L_{in} \Leftarrow L, p_{in} \Leftarrow i_0$,转到 $7°$;否则直接转到 $7°$.
$7°$ 若 $i < n$,则 $i \Leftarrow i+1$,转到 $5°$;否则 $(i=n)$, $M(i_0) \Leftarrow 1$,转到 $3°$.

五、最短路问题的 Floyd 算法

Dijkstra 算法采用的都是从一个节点开始,朝着一侧方向不断向外延伸,并在延生的过程中,同步执行下列路径选择运算:

$$L_{sj} \Leftarrow \min\{L_{sj}, L_{sk} + d_{kj}\} \text{ 或 } L_{it} \Leftarrow \min\{d_{ik} + L_{kt}, L_{kt}\} \tag{5.3.1}$$

直到每个节点都充当过延伸点为止.

其实,让网络中的每一个节点,都向其所有相邻可达的节点延伸,甚至在延伸过程中,让已经延伸出的路径在两端点处同时延伸,并同步执行路径选择运算:

$$L_{ij} \Leftarrow \min\{L_{ij}, L_{ik} + L_{kj}\} \tag{5.3.2}$$

同样能达到求出最短路径的目的. Floyd 算法便充分地利用了这一特点.下面先介绍,如何随(5.3.2)的运算同步记录节点 v_i 到节点 v_j 的路径走向.

定义 5.3.7 设 $p_{ij} = j (i,j=1,2,\cdots,n)$,则称矩阵 $(p_{ij})_{n \times n}$ 为**初始指针矩阵**.

定理 5.3.10 设 $(d_{ij})_{n \times n}$ 为网络 $G(V,E)$ 的边矩阵,$(p_{ij})_{n \times n}$ 为初始指针矩阵,若按照下列法则运算:

当且仅当 $d_{ik} + d_{kj} < d_{ij}$ 时,$d_{ij} \Leftarrow d_{ik} + d_{kj}, p_{ij} \Leftarrow p_{ik} (1 \leq i,j,k \leq n)$

则 $(d_{ij})_{n \times n}$ 中的每一个 d_{ij} 始终是在 $(p_{ij})_{n \times n}$ 的指向下,节点 i 到节点 j 的路径长度.

证 因为当且仅当 $d_{ik} + d_{kj} < d_{ij}$ 时,$d_{ij} \Leftarrow d_{ik} + d_{kj}, p_{ij} \Leftarrow p_{ik}$,所以 d_{ij} 与 p_{ij} 总是同步变化.因为 p_{ij} 表示以节点 p_{ij} 为节点 j 的紧前节点时,节点 i 到节点 j 的路长为 d_{ij}(如果 $d_{ij} = +\infty$,则表明按当前的指向,不存在节点 i 到节点 j 的路径;如果 $d_{ij} = 0$,则表明 $i = j$).所以,将节点 i 到节点 j 的路径改为节点 i 到节点 k 的路径连接节点 k 到节点 j 的路径时,节点 i 到节点 k 的路径上节点 k 的紧前节点 p_{ik},便成为节点 i 到节点 j 的新路径上节点 j 的紧前节点,节点 i 到节点 j 的路径长度便成为 $d_{ik} + d_{kj}$,因此,当且仅当 $d_{ik} + d_{kj} < d_{ij}$ 时,$d_{ij} \Leftarrow d_{ik} + d_{kj}, p_{ij} \Leftarrow p_{ik}$,则 $(p_{ij})_{n \times n}$ 中的每一个元素 p_{ij} 始终表示在节点 i 到节点 j 的路径上,节点 j 的紧前节点为 p_{ij},节点 i 到节点 j 的路径为

$$i \to p_{ij} \triangleq i_1 \to p_{i_1 j} \triangleq i_2 \to \cdots \to p_{i_m j} = j \quad (i,j=1,2,\cdots,n)$$

$(d_{ij})_{n \times n}$ 中的每一个元素 d_{ij} 始终表示在 $(p_{ij})_{n \times n}$ 的指向下,节点 i 到节点 j 的路径长度为 d_{ij}.

推论 5.3.1 若 $(d_{ij})_{n \times n}, (p_{ij})_{n \times n}$ 是 Floyd 算法输出的运算结果,则 d_{ij} 为节点 i 到节点 j 的最短路长度,最短路径的走向可以由 $(p_{ij})_{n \times n}$ 指出.

Floyd 算法的程序步骤:

$1°$ 输入边矩阵 $(d_{ij})_{n \times n}$ 和初始指针矩阵 $(p_{ij})_{n \times n}$.
$2°$ $i \Leftarrow 1, j \Leftarrow 1, k \Leftarrow 1$.
$3°$ $\mu \Leftarrow d_{ik} + d_{kj}$,

若 $\mu < d_{ij}$，则 $d_{ij} \Leftarrow \mu, p_{ij} \Leftarrow p_{ik}$ 转到 4°；否则 $(\mu \geq d_{ij})$ 直接转到 4°．

4° 若 $j<n$，则 $j \Leftarrow j+1$，转到 3°；否则 $(j=n)$ 转到 5°．

5° 若 $i<n$，则 $i \Leftarrow i+1, j \Leftarrow 1$，转到 3°；否则 $(i=n)$ 转到 6°．

6° 若 $k<n$，则 $k \Leftarrow k+1, j \Leftarrow 1, i \Leftarrow 1$，转到 3°；否则 $(k=n)$ 输出：$(d_{ij})_{n \times n}, (p_{ij})_{n \times n}$，停．

例 5.3.5 试用 Floyd 算法求解图 5.3.9 中所有两节点间的最短路径．

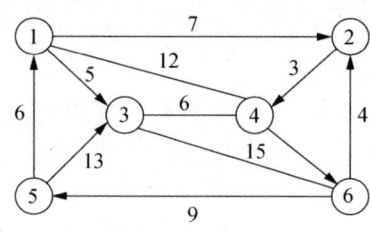

图 5.3.9

解 将边矩阵 $(d_{ij})_{n \times n}$ 和初始指针矩阵 $(p_{ij})_{n \times n}$ 用 $(d_{ij}/p_{ij})_{n \times n}$ 一并给出

$$\begin{pmatrix} 0/1 & 7/2 & 5/3 & 12/4 & \infty/5 & \infty/6 \\ \infty/1 & 0/2 & \infty/3 & 3/4 & \infty/5 & \infty/6 \\ \infty/1 & \infty/2 & 0/3 & 6/4 & \infty/5 & 15/6 \\ 12/1 & \infty/2 & 6/3 & 0/4 & \infty/5 & 8/6 \\ 6/1 & \infty/2 & 13/3 & \infty/4 & 0/5 & \infty/6 \\ \infty/1 & 4/2 & 15/3 & \infty/4 & 9/5 & 0/6 \end{pmatrix}$$

按照步骤 3°~步骤 5°，依次计算 $k=1$ 和 $k=2$ 时，$(d_{ij}/p_{ij})_{n \times n}$ 的结果：

$$\begin{pmatrix} 0/1 & 7/2 & 5/3 & 12/4 & \infty/5 & \infty/6 \\ \infty/1 & 0/2 & \infty/3 & 3/4 & \infty/5 & \infty/6 \\ \infty/1 & \infty/2 & 0/3 & 6/4 & \infty/5 & 15/6 \\ 12/1 & 19/1 & 6/3 & 0/4 & \infty/5 & 8/6 \\ 6/1 & 13/1 & 11/1 & 18/1 & 0/5 & \infty/6 \\ \infty/1 & 4/2 & 15/3 & \infty/4 & 9/5 & 0/6 \end{pmatrix}, \begin{pmatrix} 0/1 & 7/2 & 5/3 & 10/2 & \infty/5 & \infty/6 \\ \infty/1 & 0/2 & \infty/3 & 3/4 & \infty/5 & \infty/6 \\ \infty/1 & \infty/2 & 0/3 & 6/4 & \infty/5 & 15/6 \\ 12/1 & 19/1 & 6/3 & 0/4 & \infty/5 & 8/6 \\ 6/1 & 13/1 & 11/1 & 16/1 & 0/5 & \infty/6 \\ \infty/1 & 4/2 & 15/3 & 7/2 & 9/5 & 0/6 \end{pmatrix}$$

按照步骤 3°~步骤 5°，依次计算 $k=3$ 和 $k=4$ 时，$(d_{ij}/p_{ij})_{n \times n}$ 的结果：

$$\begin{pmatrix} 0/1 & 7/2 & 5/3 & 10/2 & \infty/5 & 20/3 \\ \infty/1 & 0/2 & \infty/3 & 3/4 & \infty/5 & \infty/6 \\ \infty/1 & \infty/2 & 0/3 & 6/4 & \infty/5 & 15/6 \\ 12/1 & 19/1 & 6/3 & 0/4 & \infty/5 & 8/6 \\ 6/1 & 13/1 & 11/1 & 16/1 & 0/5 & 26/1 \\ \infty/1 & 4/2 & 15/3 & 7/2 & 9/5 & 0/6 \end{pmatrix}, \begin{pmatrix} 0/1 & 7/2 & 5/3 & 10/2 & \infty/5 & 18/2 \\ 15/4 & 0/2 & 9/4 & 3/4 & \infty/5 & 11/4 \\ 18/4 & 25/4 & 0/3 & 6/4 & \infty/5 & 14/4 \\ 12/1 & 19/1 & 6/3 & 0/4 & \infty/5 & 8/6 \\ 6/1 & 13/1 & 11/1 & 16/1 & 0/5 & 24/1 \\ 19/2 & 4/2 & 13/2 & 7/2 & 9/5 & 0/6 \end{pmatrix}$$

按照步骤 3°~步骤 6°，依次计算 $k=5$ 和 $k=6$ 时，$(d_{ij}/p_{ij})_{n \times n}$ 结果：

$$\begin{bmatrix} 0/1 & 7/2 & 5/3 & 10/2 & \infty/5 & 18/2 \\ 15/4 & 0/2 & 9/4 & 3/4 & \infty/5 & 11/4 \\ 18/4 & 25/4 & 0/3 & 6/4 & \infty/5 & 14/4 \\ 12/1 & 19/1 & 6/3 & 0/4 & \infty/5 & 8/6 \\ 6/1 & 13/1 & 11/1 & 16/1 & 0/5 & 24/1 \\ 15/5 & 4/2 & 13/2 & 7/2 & 9/2 & 0/6 \end{bmatrix}, \begin{bmatrix} 0/1 & 7/2 & 5/3 & 10/2 & 27/2 & 18/2 \\ 15/4 & 0/2 & 9/4 & 3/4 & 20/4 & 11/4 \\ 18/4 & 18/4 & 0/3 & 6/4 & 23/4 & 14/4 \\ 12/1 & 12/6 & 6/3 & 0/4 & 17/6 & 8/6 \\ 6/1 & 13/1 & 11/1 & 16/1 & 0/5 & 24/1 \\ 15/5 & 4/2 & 13/2 & 7/2 & 9/2 & 0/6 \end{bmatrix}$$

从这个矩阵中可以读出所有两节点间的最短路径长度和走向,见表 5.3.1.

表 5.3.1

选择	最短路径	长度	选择	最短路径	长度
①到②	①→②	7	④到①	④→①	12
①到③	①→③	5	④到②	④→⑥→②	12
①到④	①→②→④	10	④到③	④→⑥→③	6
①到⑤	①→②→④→⑥→⑤	27	④到⑤	④→⑥→⑤	17
①到⑥	①→②→④→⑥	18	④到⑥	④→⑥	8
②到①	④→①	15	⑤到①	⑤→①	6
②到③	②→④→③	9	⑤到②	⑤→②	13
②到④	②→④	3	⑤到③	⑤→①→③	11
②到⑤	②→④→⑥→⑤	20	⑤到④	⑤→①→④	16
②到⑥	②→④→⑥	11	⑤到⑥	⑤→①→②→④→⑥	24
③到①	③→④→①	18	⑥到①	⑥→①	15
③到②	③→④→⑥→②	18	⑥到②	⑥→②	4
③到④	③→④	6	⑥到③	⑥→②→④→③	13
③到⑤	③→④→⑥→⑤	23	⑥到④	⑥→②→④	7
③到⑥	③→④→⑥	14	⑥到⑤	⑥→⑤	9

算法注释 (1)用 Floyd 算法求解节点 v_s 到节点 v_t 的最短路径,最终获得的却是网络中所有两节点间的最短路径,共 C_n^2 条.

(2)Floyd 算法既可以求解有向网络中所有两节点间的最短路径,又可以求解无向网络和复向网络中所有两节点间的最短路径.

(3)当网络含有负权值边时,用 Floyd 算法求最短路可能会有某些边与负权值边被重复经过而出现失真,但是,含负权值的网络中无回路时,用 Floyd 算法就不会出现失真.

例 5.3.6 试用 Floyd 算法求图 5.3.7 中节点②到节点④的最短路径.

解 虽然这个网络中含有负权值边,但是却是一个无回路的网络,因此可以用 Floyd 算法求解,过程如下:

按照 Floyd 算法先引入边矩阵 $(d_{ij})_{5\times 5}$ 和初始指针矩阵 $(p_{ij})_{5\times 5}$,用 $(d_{ij}/p_{ij})_{5\times 5}$ 形

式给出,再用算法步骤 $3°\sim$ 步骤 $5°$ 计算,当 $k=1$ 时,$(d_{ij}/p_{ij})_{5\times 5}$ 的结果：

$$\begin{bmatrix} 0/1 & +\infty/2 & 3/3 & 5/4 & +\infty/5 \\ 10/1 & 0/2 & 14/3 & +\infty/4 & 8/5 \\ +\infty/1 & +\infty/2 & 0/3 & 7/4 & -6/5 \\ +\infty/1 & +\infty/2 & +\infty/3 & 0/4 & +\infty/5 \\ +\infty/1 & +\infty/2 & +\infty/3 & -1/4 & 0/5 \end{bmatrix}, \begin{bmatrix} 0/1 & +\infty/2 & 3/3 & 5/4 & +\infty/5 \\ 10/1 & 0/2 & 13/1 & 15/1 & 8/5 \\ +\infty/1 & +\infty/2 & 0/3 & 7/4 & -6/5 \\ +\infty/1 & +\infty/2 & +\infty/3 & 0/4 & +\infty/5 \\ +\infty/1 & +\infty/2 & +\infty/3 & -1/4 & 0/5 \end{bmatrix}$$

接着用算法步骤 $3°\sim$ 步骤 $5°$ 计算 $k=2,3,4,5$ 时,$(d_{ij}/p_{ij})_{5\times 5}$ 的结果：

$$\begin{bmatrix} 0/1 & +\infty/2 & 3/3 & 5/4 & -3/3 \\ 10/1 & 0/2 & 13/1 & 15/1 & 7/1 \\ +\infty/1 & +\infty/2 & 0/3 & 7/4 & -6/5 \\ +\infty/1 & +\infty/2 & +\infty/3 & 0/4 & +\infty/5 \\ +\infty/1 & +\infty/2 & +\infty/3 & -1/4 & 0/5 \end{bmatrix}, \begin{bmatrix} 0/1 & +\infty/2 & 3/3 & -4/3 & -3/3 \\ 10/1 & 0/2 & 13/1 & 6/1 & 7/1 \\ +\infty/1 & +\infty/2 & 0/3 & -7/5 & -6/5 \\ +\infty/1 & +\infty/2 & +\infty/3 & 0/4 & +\infty/5 \\ +\infty/1 & +\infty/2 & +\infty/3 & -1/4 & 0/5 \end{bmatrix}$$

(注:$k=2$ 时,没有改变 $k=1$ 时的结果,$k=4$ 时,没有改变 $k=3$ 时的结果,因此,上面两个矩阵分别是 $k=3$ 时和 $k=5$ 时的运算结果).

由此得到所有两节点间的最短路径：①→③,长为 3;①→③→⑤→④,长为 -4;①→③→⑤,长 -3;②→①,长为 10;②→①→③,长 13;②→①→③→⑤→④,长为 6;②→①→③→⑤,长为 7;③→⑤→④,长为 -7;③→⑤长为 -6;⑤→④,长为 -1. 节点①到②、③到①、③到②、④到①、④到②、④到③、④到⑤、⑤到①、⑤到②、⑤到③都不存在路径.

5.4 最长路径问题及其算法

一、最长路的概念

同最短路问题一样,最长路问题也是一类有着广泛应用背景的运筹问题,为了便于研究和论述,通常把不同背景下的最长路统一抽象成下面定义形式.

定义 5.4.1 设 $G(V,E)$ 是一个无回路的赋权有向网络,如果节点 $v_i \in V$ 可达节点 $v_j \in V$,则称节点 v_i 到节点 v_j 的所有路径中,权值之和最大的一条路,为节点 v_i 到节点 v_j 的**最长路径**,简称**最长路**.

研究最长路,有两个问题要解决：一是计算出最长路的长度,二是指出最长路的走向.

借鉴 5.3 节中,针对含负权值无回路有向网络中,获取最短路径的顺向强 Dijkstra 算法和逆向强 Dijkstra 算法,以及 Floyd 算法,可以构建出无回路网络中求最长路径的算法.

二、最长路问题的仿强 Dijkstra 算法

如果把顺向强 Dijkstra 算法中的初始可变标记 $(v_s,L_{sj})(j=1,2,\cdots,n)$ 中的 $L_{sj}=+\infty$ 改成 $L_{sj}=-\infty$,把 $L_{sj}=\min\{L_{sj},L_{sk}+d_{kj}\}$ 的运算,改为 $L_{sj}=\max\{L_{sj},L_{sk}+d_{kj}\}$,便可得到求最长路的**仿顺向强 Dijkstra 算法**;如果把逆向强 Dijkstra 算法中的初始可变标记 $(L_{it},v_t)(i=1,2,\cdots,n)$ 中的 $L_{it}=+\infty$ 改成 $L_{it}=-\infty$,把 $L_{it}=\min\{L_{it},L_{ik}+d_{kt}\}$ 的运算,改

为 $L_{it} = \max\{L_{it}, L_{ik} + d_{kt}\}$，便可得到求最长路的**仿逆向强 Dijkstra 算法**.

定理 5.4.1　如果用仿顺向强 Dijkstra 算法求解无回路网络中两节点间的最短路，则在节点 v_j 的标记成为固定标记 $\overline{(v_\alpha, L_{sj})}$ 时，L_{sj} 便是节点 v_s 到节点 v_j 的最长路的长度值，节点 v_α 是该最长路径上节点 v_j 的紧前节点.

证　参考定理 5.3.1 的证明.

定理 5.4.2　如果用仿逆向强 Dijkstra 算法求解无回路网络中两节点间的最短路，则在节点 v_i 的标记成为固定标记 $\overline{(L_{it}, v_\beta)}$ 时，L_{it} 便是节点 v_i 到 v_t 的最长路的长度值，节点 v_β 是该最长路径上节点 v_i 的紧后节点.

证　参考定理 5.3.1 的证明.

例 5.4.1　试用最长路的仿顺向强 Dijkstra 算法，求图 5.4.1 中节点①到节点⑦的最长路径.

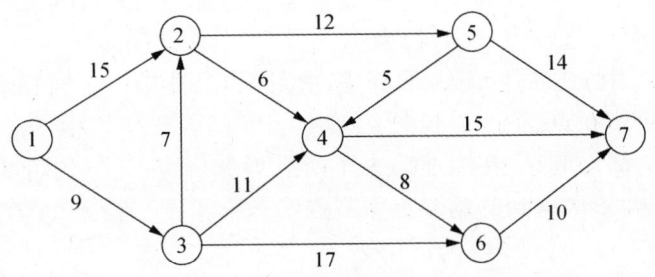

图 5.4.1

解　这是一个无回路的有向赋权图，先给各个节点一个初始可变标记 $(①, L_{1j})$，其中 $L_{11} = 0, L_{1j} = -\infty (j = 2, 3, \cdots, 7)$. 为简便起见，在图上略去了所有形如 $(①, -\infty)$ 的可变标记. 按照仿顺向强 Dijkstra 算法，依次得到的延伸点为节点①、③、②、⑤、④、⑥、⑦，具体标记过程见图 5.4.2.

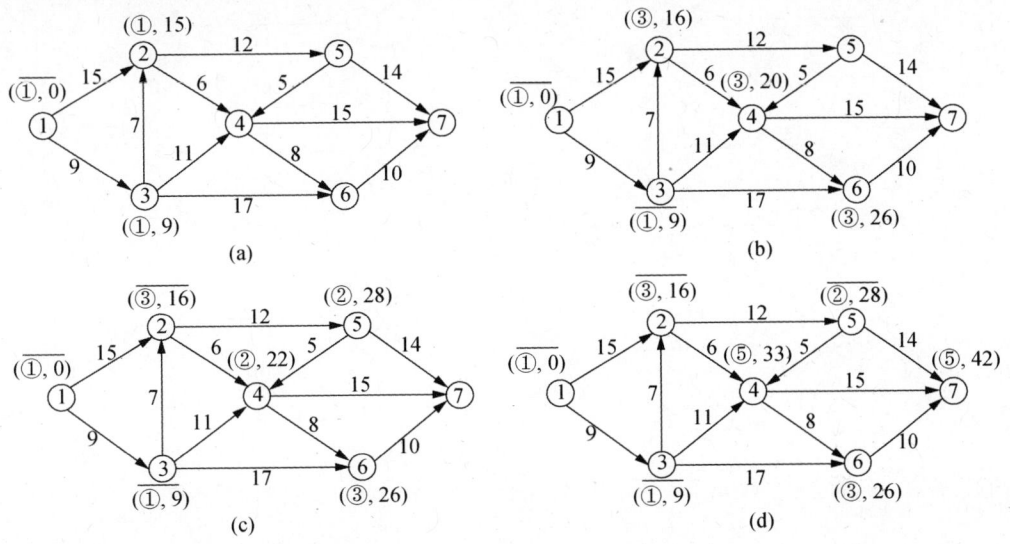

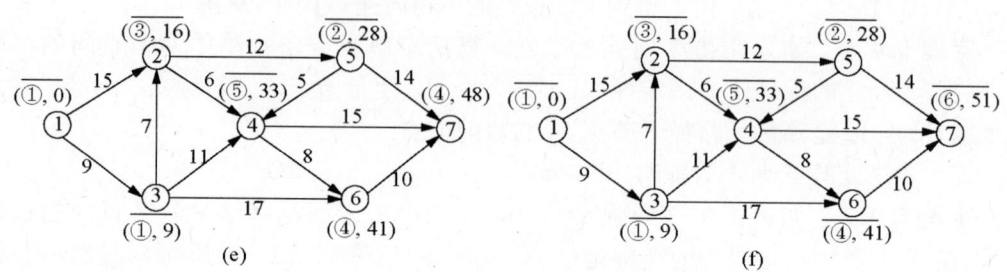

图 5.4.2

此时,按照固定标记中的节点,逆向追踪,便得到节点①到节点⑦的最长路径:⑦←⑥←④←⑤←②←③←①,长为 51. 同时也得到了节点①到其他各节点的最长路径:⑥←④←⑤←②←③←①,长为 41;⑤←②←③←①,长为 28;④←⑤←②←③←①,长为 33;③←①,长为 9;②←③←①,长为 16.

例 5.4.2 试用仿逆向强 Dijkstra 算法,求图 5.4.1 中节点①到节点⑦的最长路径.

解 先给各个节点标一个初始可变标记 $(L_{it}, ⑦)$,其中 $L_{77}=0, L_{i7}=-\infty$ ($j=1,2,\cdots,6$). 为简便起见,在图上略去了所有形如 $(-\infty, ⑦)$ 的可变标记. 按照仿逆向强 Dijkstra 算法,依次得到的延伸点为节点⑦、⑥、④、⑤、②、③、①,具体标记过程见图 5.4.3.

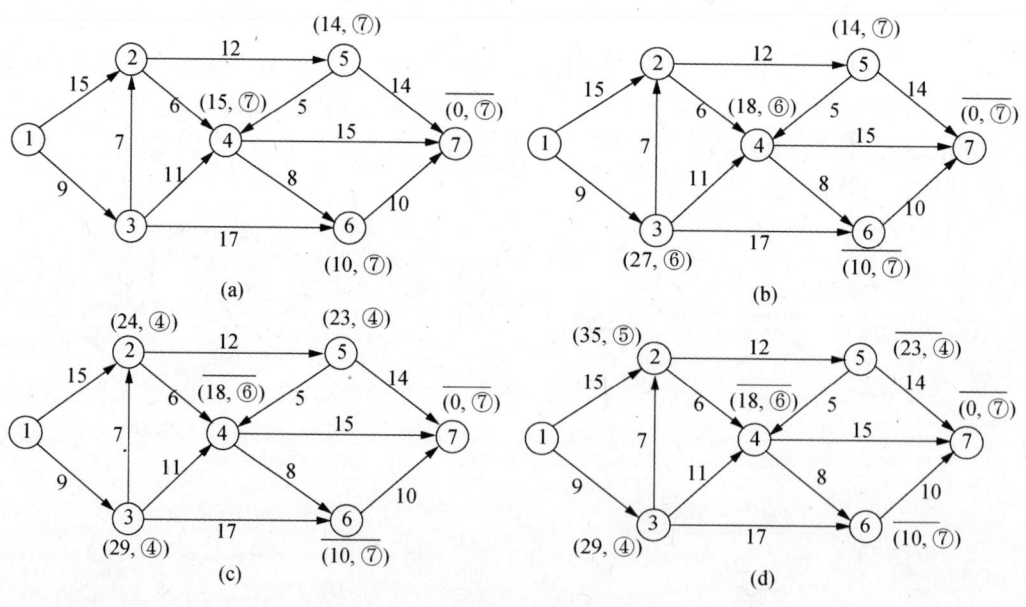

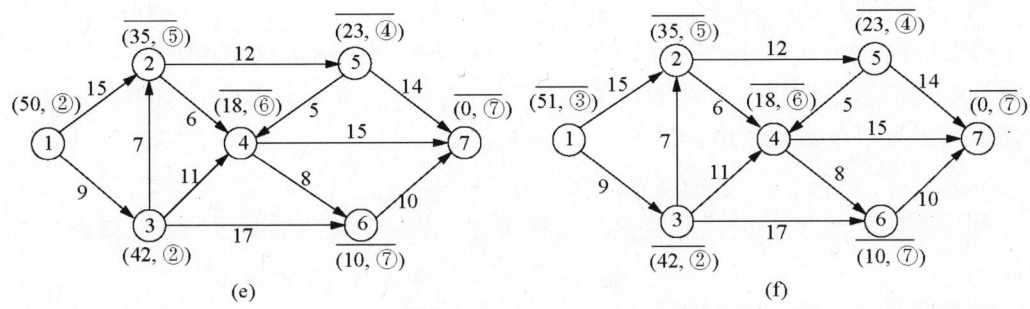

图 5.4.3

此时,按照固定标记中的节点,顺向追踪,便得到节点①到节点⑦的最长路径:①→③→②→⑤→④→⑥→⑦,长为 51. 同时也得到了其他各节点到节点⑦的最长路径:②→⑤→④→⑥→⑦,长为 35;③→②→⑤→④→⑥→⑦,长为 42;④→⑥→⑦,长为 18;⑤→④→⑥→⑦,长为 23;⑥→⑦,长为 10.

上述给出的求有向无回路网络中最长路径的仿顺向强 Dijkstra 算法与仿逆向强 Dijkstra 算法都属于图上作业法,要将其编程用计算机实现,必须将网络中节点间的相邻可达的关系,以及可变标记和固定标记进行量化,为此引入以下概念:

定义 5.4.2 设在 n 个节点的有向网络 $G(V,E)$ 中,d_{ij} 是边 $(v_i,v_j) \in E$ 的长度. 若补充 $i=j$ 时,$d_{ij}=0$,$(v_i,v_j) \notin E$ 时,$d_{ij}=-\infty$. 则称矩阵 $(d_{ij})_{n \times n}$ 为有向网络的**长边矩阵**.

定义 5.4.3 设 L_{ij} 是有向网络 $G(V,E)$ 中节点 v_i 到节点 v_j 的路长值,d_{ij} 是有向网络的长边矩阵中的元素. 如果 $L_{sj}=L_{sk}+d_{kj}$ 时,$q_{sj} \Leftarrow k$,则称 $(q_{s1},q_{s2},\cdots,q_{sn})$ 为节点 v_s 到节点 v_j 的**逆方向**,当 $k=s$ 时,又称 $(q_{s1},q_{s2},\cdots,q_{sn})$ 为节点 v_s 到节点 v_j 的**初始逆方向**;如果 $L_{it}=d_{ik}+L_{kt}$ 时,$p_{it} \Leftarrow k$,则称 $(p_{1t},p_{2t},\cdots,p_{nt})$ 为节点 v_i 到节点 v_t 的**顺方向**,当 $k=t$ 时,又称 $(p_{1t},p_{2t},\cdots,p_{nt})$ 为节点 v_i 到节点 v_t 的**初始顺方向**.

定理 5.4.3 设 d_{ij} 是有向网络 $G(V,E)$ 的长边矩阵中的元素,$L_{sj}=d_{sj}$ $(j=1,2,\cdots,n)$,$(q_{s1},q_{s2},\cdots,q_{sn})$ 是节点 v_s 到节点 v_j 初始逆方向,若按照下列法则运算:

当且仅当 $L_{sk}+d_{kj}>L_{sj}$ 时,$L_{sj} \Leftarrow L_{sk}+d_{kj}$,$q_{sj} \Leftarrow k$

则 L_{sj} 始终是逆方向 $(q_{s1},q_{s2},\cdots,q_{sn})$ 指出的节点 v_s 到节点 v_j 的路径长度.

证 由运算知,不论节点 v_s 到节点 v_j 的路径如何随运算变化,在节点 v_s 到节点 v_j 的路径上,q_{sj} 始终表示节点 v_j 的紧前节点 $(j=1,2,\cdots,n)$,相应的路长始终是 $L_{sk}+d_{kj}$,其中 $k=q_{sj}$. 所以,在任何运行阶段,节点 v_s 到任意一个节点 v_j 的路径都可以按以下方法指出:

$$j \leftarrow q_{sj} \triangleq j_1 \leftarrow q_{sj_1} \triangleq j_2 \leftarrow \cdots \leftarrow q_{sj_{m-1}} \triangleq j_m \leftarrow q_{sj_m} = s$$

定理 5.4.4 设 d_{ij} 是有向网络 $G(V,E)$ 的长边矩阵中的元素,$L_{it}=d_{it}$ $(i=1,2,\cdots,n)$,$(p_{1t},p_{2t},\cdots,p_{nt})$ 是节点 v_i 到节点 v_t 初始顺方向,若按照下列法则运算:

当且仅当 $d_{ik}+L_{kt}>L_{it}$ 时，$L_{it} \Leftarrow d_{ik}+L_{kt}$，$p_{it} \Leftarrow k$

则 L_{it} 始终是顺方向 $(p_{1t},p_{2t},\cdots,p_{nt})$ 指出的节点 v_i 到节点 v_t 的路径长度.

证 类似于定理 5.4.3 的证明，在任何运行阶段，任意一个节点 v_i 到节点 v_t 的最短路径可以按以下方法指出：

$$i \to p_{it} \triangleq i_1 \to p_{i_1 t} \triangleq i_2 \to \cdots \to p_{i_m t} = t.$$

利用上述定理，可以将求最长路的两种仿强 Dijkstra 算法编制成计算机程序，分别如下：

仿顺向强 Dijkstra 算法程序

$1°$ 输入：长边矩阵 $(d_{ij})_{n \times n}$，

节点间的相邻可达关系 $z_{ij}=\begin{cases}1, & (v_i,v_j) \in E \\ 0, & 否则\end{cases}$ $(i,j=1,2,\cdots,n)$.

$2°$ 节点 v_1 到节点 v_k 的初始路长 $L_{1k} \Leftarrow d_{1k}(k=1,2,\cdots,n)$，

各节点的初始标记状态 $M(k) \Leftarrow 0(k=1,2,\cdots,n)$，

初始逆方向 $q_{1j} \Leftarrow 1(j=1,2,\cdots,n)$.

$3°$ 求 $\min\left\{j \,\middle|\, M(j)=0, \sum_{i=1}^{n}[1-M(i)]z_{ij}=0, 1 \leqslant j \leqslant n\right\} \triangleq j_0$.

$4°$ 如果 j_0 不存在，则得到节点 v_1 到节点 v_k 的最长路 L_{1k} 及路径指针 q_{1k}，$(k=1,2,\cdots,n)$，停. 否则（j_0 存在），$j \Leftarrow 1$，转到 $5°$.

$5°$ 若 $z_{j_0 j}=1, M(j)=0$，则转到 $6°$；否则直接转到 $7°$.

$6°$ $L \Leftarrow L_{1j_0}+d_{j_0 j}$.

若 $L>L_{1j}$，则 $L_{1j} \Leftarrow L$，$q_{1j} \Leftarrow j_0$，转到 $7°$；否则直接转到 $7°$.

$7°$ 若 $j<n$，则 $j \Leftarrow j+1$ 转到 $5°$；否则（$j=n$），$M(j_0) \Leftarrow 1$，转到 $3°$.

仿逆向强 Dijkstra 算法程序

$1°$ 输入：长边矩阵 $(d_{ij})_{n \times n}$，

节点间的相邻可达关系 $z_{ij}=\begin{cases}1, & (v_i,v_j) \in E \\ 0, & 否则\end{cases}$ $(i,j=1,2,\cdots,n)$.

$2°$ 节点 v_k 到节点 v_n 的初始路长 $L_{kn} \Leftarrow d_{kn}(k=1,2,\cdots,n)$，

各节点的初始标记状态 $M(k) \Leftarrow 0(k=1,2,\cdots,n)$，

初始顺方向 $p_{kn} \Leftarrow n(k=1,2,\cdots,n)$.

$3°$ 求 $\max\left\{i \,\middle|\, M(i)=0, \sum_{j=1}^{n}[1-M(j)]z_{ij}=0, 1 \leqslant i \leqslant n\right\} \triangleq i_0$.

$4°$ 若 i_0 不存在，则得到节点 v_k 到节点 v_n 的最长路 L_{kn} 及路径指针 p_{kn}，$(k=1,2,\cdots,n)$，停. 否则（i_0 存在），$i \Leftarrow 1$，转到 $5°$.

$5°$ 若 $z_{i i_0}=1, M(i)=0$，则转到 $6°$；否则，直接转到 $7°$.

$6°$ $L \Leftarrow d_{i i_0}+L_{i_0 n}$.

若 $L>L_{in}$，则 $L_{in} \Leftarrow L$，$p_{in} \Leftarrow i_0$，转到 $7°$；否则，直接转到 $7°$.

7° 若 $i<n$,则 $i\Leftarrow i+1$,转到 5°;否则$(i=n)$,$M(i_0)\Leftarrow 1$,转到 3°.

三、最长路问题的仿 Floyd 算法

将求最短路的 Floyd 算法中的运算"若 $d_{ik}+d_{kj}<d_{ij}$,则 $d_{ij}\Leftarrow d_{ik}+d_{kj}$"改成"若 $d_{ik}+d_{kj}>d_{ij}$,则 $d_{ij}\Leftarrow d_{ik}+d_{kj}$",便得到了求最长路的**仿 Floyd 算法**.

定理 5.4.5 设 $(d_{ij})_{n\times n}$ 为有向网络 $G(V,E)$ 的长边矩阵,$(p_{ij})_{n\times n}$ 为初始指针矩阵,若按照下列法则运算:

当且仅当 $d_{ik}+d_{kj}>d_{ij}$ 时,$d_{ij}\Leftarrow d_{ik}+d_{kj}$,$p_{ij}\Leftarrow p_{ik}(1\leqslant i,j,k\leqslant n)$,则 $(d_{ij})_{n\times n}$ 中的每一个 d_{ij} 始终是在 $(p_{ij})_{n\times n}$ 的指向下,节点 v_i 到节点 v_j 的路径长度.

证 参照定理 5.3.10 的证明.

仿 Floyd 算法步骤:

1° 输入长边矩阵 $(d_{ij})_{n\times n}$ 和初始指针矩阵 $(p_{ij})_{n\times n}$.

2° $i\Leftarrow 1,j\Leftarrow 1,k\Leftarrow 1$.

3° $\mu\Leftarrow d_{ik}+d_{kj}$,

若 $\mu>d_{ij}$,则 $d_{ij}\Leftarrow\mu$,$p_{ij}\Leftarrow p_{ik}$ 转到 4°;否则$(\mu\leqslant d_{ij})$直接转到 4°.

4° 若 $j<n$,则 $j\Leftarrow j+1$,转到 3°;否则$(j=n)$,转到 5°.

5° 若 $i<n$,则 $i\Leftarrow i+1,j\Leftarrow 1$,转到 3°;否则$(i=n)$,转到 6°.

6° 若 $k<n$,则 $k\Leftarrow k+1,j\Leftarrow 1,i\Leftarrow 1$,转到 3°;否则$(k=n)$输出:$(d_{ij})_{n\times n}$,$(p_{ij})_{n\times n}$,停.

例 5.4.3 试用仿 Floyd 算法,求例 5.4.1 的有向网络中所有两节点间的最长路径.

解 按照已知的网络构造长边矩阵 $(d_{ij})_{7\times 7}$,引入一部指针矩阵 $(p_{ij})_{7\times 7}$:

$$(d_{ij}/p_{ij})_{7\times 7}=\begin{bmatrix} 0/1 & 15/2 & 9/3 & -\infty/4 & -\infty/5 & -\infty/6 & -\infty/7 \\ -\infty/1 & 0/2 & -\infty/3 & 6/4 & 12/5 & -\infty/6 & -\infty/7 \\ -\infty/1 & 7/2 & 0/3 & 11/4 & -\infty/5 & 17/6 & -\infty/7 \\ -\infty/1 & -\infty/2 & -\infty/3 & 0/4 & -\infty/5 & 8/6 & 15/7 \\ -\infty/1 & -\infty/2 & -\infty/3 & 5/4 & 0/5 & -\infty/6 & 14/7 \\ -\infty/1 & -\infty/2 & -\infty/3 & -\infty/4 & -\infty/5 & 0/6 & 10/7 \\ -\infty/1 & -\infty/2 & -\infty/3 & -\infty/4 & -\infty/5 & -\infty/6 & 0/7 \end{bmatrix}$$

当 $k=1$ 时,经步骤 3°~步骤 5°得到 $(d_{ij}/p_{ij})_{7\times 7}$ 不变. $k=2$ 时,经步骤 3°~步骤 5°得到

$$(d_{ij}/p_{ij})_{7\times 7}=\begin{bmatrix} 0/1 & 15/2 & 9/3 & 21/2 & 27/2 & -\infty/6 & -\infty/7 \\ -\infty/1 & 0/2 & -\infty/3 & 6/4 & 12/5 & -\infty/6 & -\infty/7 \\ -\infty/1 & 7/2 & 0/3 & 13/2 & 19/2 & 17/6 & -\infty/7 \\ -\infty/1 & -\infty/2 & -\infty/3 & 0/4 & -\infty/5 & 8/6 & 15/7 \\ -\infty/1 & -\infty/2 & -\infty/3 & 5/4 & 0/5 & -\infty/6 & 14/7 \\ -\infty/1 & -\infty/2 & -\infty/3 & -\infty/4 & -\infty/5 & 0/6 & 10/7 \\ -\infty/1 & -\infty/2 & -\infty/3 & -\infty/4 & -\infty/5 & -\infty/6 & 0/7 \end{bmatrix}$$

$k=3$ 时,经步骤 3°～步骤 5°得到

$$(d_{ij}/p_{ij})_{7\times 7} = \begin{pmatrix} 0/1 & 16/3 & 9/3 & 22/3 & 28/3 & 26/3 & -\infty/7 \\ -\infty/1 & 0/2 & -\infty/3 & 6/4 & 12/5 & -\infty/6 & -\infty/7 \\ -\infty/1 & 7/2 & 0/3 & 13/2 & 19/2 & 17/6 & -\infty/7 \\ -\infty/1 & -\infty/2 & -\infty/3 & 0/4 & -\infty/5 & 8/6 & 15/7 \\ -\infty/1 & -\infty/2 & -\infty/3 & 5/4 & 0/5 & -\infty/6 & 14/7 \\ -\infty/1 & -\infty/2 & -\infty/3 & -\infty/4 & -\infty/5 & 0/6 & 10/7 \\ -\infty/1 & -\infty/2 & -\infty/3 & -\infty/4 & -\infty/5 & -\infty/6 & 0/7 \end{pmatrix}$$

$k=4$ 时,经步骤 3°～步骤 5°得到

$$(d_{ij}/p_{ij})_{7\times 7} = \begin{pmatrix} 0/1 & 16/3 & 9/3 & 22/3 & 28/3 & 30/3 & 37/3 \\ -\infty/1 & 0/2 & -\infty/3 & 6/4 & 12/5 & 14/4 & 21/4 \\ -\infty/1 & 7/2 & 0/3 & 13/2 & 19/2 & 21/2 & 28/2 \\ -\infty/1 & -\infty/2 & -\infty/3 & 0/4 & -\infty/5 & 8/6 & 15/7 \\ -\infty/1 & -\infty/2 & -\infty/3 & 5/4 & 0/5 & 13/4 & 20/4 \\ -\infty/1 & -\infty/2 & -\infty/3 & -\infty/4 & -\infty/5 & 0/6 & 10/7 \\ -\infty/1 & -\infty/2 & -\infty/3 & -\infty/4 & -\infty/5 & -\infty/6 & 0/7 \end{pmatrix}$$

$k=5$ 时,再经步骤 3°～步骤 5°得到

$$(d_{ij}/p_{ij})_{7\times 7} = \begin{pmatrix} 0/1 & 16/3 & 9/3 & 33/3 & 28/3 & 41/3 & 48/3 \\ -\infty/1 & 0/2 & -\infty/3 & 17/5 & 12/5 & 25/5 & 32/5 \\ -\infty/1 & 7/2 & 0/3 & 24/2 & 19/2 & 32/2 & 39/2 \\ -\infty/1 & -\infty/2 & -\infty/3 & 0/4 & -\infty/5 & 8/6 & 15/7 \\ -\infty/1 & -\infty/2 & -\infty/3 & 5/4 & 0/5 & 13/4 & 20/4 \\ -\infty/1 & -\infty/2 & -\infty/3 & -\infty/4 & -\infty/5 & 0/6 & 10/7 \\ -\infty/1 & -\infty/2 & -\infty/3 & -\infty/4 & -\infty/5 & -\infty/6 & 0/7 \end{pmatrix}$$

$k=6$ 时,经步骤 3°～步骤 5°得到

$$(d_{ij}/p_{ij})_{7\times 7} = \begin{pmatrix} 0/1 & 16/3 & 9/3 & 33/3 & 28/3 & 41/3 & 51/3 \\ -\infty/1 & 0/2 & -\infty/3 & 17/5 & 12/5 & 25/5 & 35/5 \\ -\infty/1 & 7/2 & 0/3 & 24/2 & 19/2 & 32/2 & 42/2 \\ -\infty/1 & -\infty/2 & -\infty/3 & 0/4 & -\infty/5 & 8/6 & 18/6 \\ -\infty/1 & -\infty/2 & -\infty/3 & 5/4 & 0/5 & 13/4 & 23/4 \\ -\infty/1 & -\infty/2 & -\infty/3 & -\infty/4 & -\infty/5 & 0/6 & 10/7 \\ -\infty/1 & -\infty/2 & -\infty/3 & -\infty/4 & -\infty/5 & -\infty/6 & 0/7 \end{pmatrix}$$

$k=7$ 时,经步骤 3°～步骤 5°矩阵不变.由此得到所有两节点间的最长路径,见表 5.4.1.

表 5.4.1

选择	最长路径	长度	选择	最长路径	长度
①到②	①→③→②	16	③到④	③→②→⑤→④	24
①到③	①→③	9	③到⑤	③→②→⑤	19
①到④	①→③→②→⑤→④	33	③到⑥	③→②→⑤→④→⑥	32
①到⑤	①→③→②→⑤	28	③到⑦	③→②→⑤→④→⑥→⑦	42
①到⑥	①→③→②→⑤→④→⑥	41	④到⑥	④→⑥	8
①到⑦	①→③→②→⑤→④→⑥→⑦	51	④到⑦	④→⑥→⑦	18
②到④	②→⑤→④	17	⑤到④	⑤→④	5
②到⑤	②→⑤	12	⑤到⑥	⑤→④→⑥	13
②到⑥	②→⑤→④→⑥	25	⑤到⑦	⑤→④→⑥→⑦	23
②到⑦	②→⑤→④→⑥→⑦	35	⑥到⑦	⑥→⑦	10
③到②	③→②	7			

注释 表 5.4.1 中未列出的节点对之间不存在可达路径.

5.5 最大增流路径问题

一、基本概念

定义 5.5.1 设网络 $G(V,E)$ 中的边 $(v_i,v_j)\in E$ 上的流量上限为 f_{ij},实际流量为 l_{ij}. 称从节点 v_s 到节点 v_t 的所有不同路径中,可以增加的流量最大的路径,为节点 v_s 到节点 v_t 的**最大增流路径**,最大增流路径上最多可以增加的流量为**最大增流量**.

二、最大增流路径问题的仿 Dijkstra 算法

求最大增流路径,可以仿照 Dijkstra 算法,用延伸的方法来实现. 设 $\delta_{ij}=f_{ij}-l_{ij}$, $\forall(v_i,v_j)\in E$,则有

仿顺向 Dijkstra 算法 给节点 v_j 初始可变标记 (v_s,L_{sj}),其中 $L_{sj}=0$ 表示从节点 v_s 顺向延伸到节点 $v_j(j=1,2,\cdots,n)$ 的初始增流量,$L_{ss}=+\infty$. 延伸点的选择顺序为可变标记中 L_{sj} 大的优先,延伸过程中,当且仅当 $L_{sj}<\min\{L_{sk},\delta_{kj}\}$ 时,$L_{sj}\Leftarrow\min\{L_{sk},\delta_{kj}\}$. 延伸点向其所有相邻可达的节点延伸过后,变为固定标记点.

仿逆向 Dijkstra 算法 给节点 v_i 的初始可变标记为 (L_{it},v_t),其中 $L_{it}=0$ 表示从节点 v_t 逆向延伸到节点 $v_i(i=1,2,\cdots,n)$ 的初始增流量,$L_{tt}=+\infty$. 延伸点的选择顺序为可变标记中 L_{it} 大的优先,延伸过程中,当且仅当 $L_{it}<\min\{\delta_{ik},L_{kt}\}$ 时,$L_{it}\Leftarrow\min\{\delta_{ik},L_{kt}\}$. 延伸点向所有相邻可达它的节点延伸过后,变为固定标记点.

定理 5.5.1 如果用仿顺向 Dijkstra 算法求解网络中两节点间的最大增流路径,则在节点 v_j 的标记成为固定标记 $\overline{(v_\alpha,L_{sj})}$ 时,L_{sj} 便是节点 v_s 到节点 v_j 的最大增流量,节点 v_α 是该最大增流路径上节点 v_j 的紧前节点.

定理 5.5.2 如果用仿逆向 Dijkstra 算法求解网络中两节点间的最大增流路径,

则在节点 v_i 的标记成为固定标记 $\overline{(L_{it}, v_\beta)}$ 时,L_{it} 便是节点 v_i 到节点 v_t 的最大增流路径值,节点 v_β 是该最短路径上节点 v_i 的紧后节点.

定理 5.5.1 和定理 5.5.2 的证明,都可以参考定理 5.3.1 的证明过程,这里不再给出.

例 5.5.1 已知一有向局域网络如图 5.5.1 所示,该局域网络中各边上前一个权值表示流量上限,后一个权值表示实际流量.试在该局域网内求节点①到节点⑦的最大增流路径.

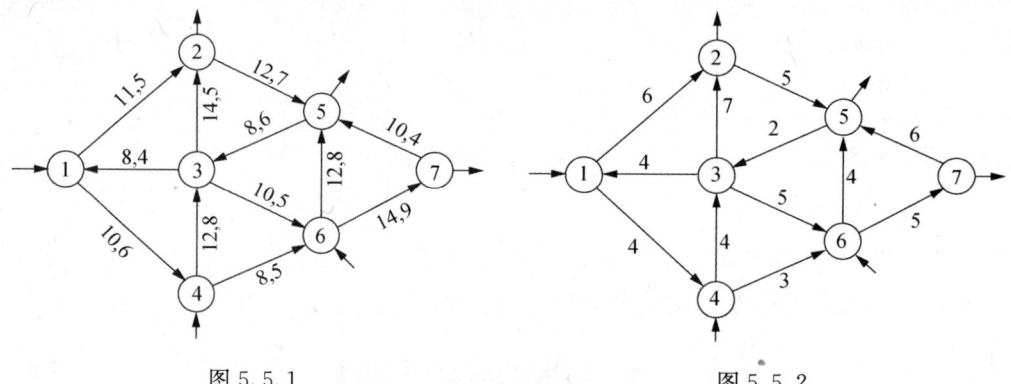

图 5.5.1 图 5.5.2

解 按上述算法,先求每条边上最大可增加的流量 $\delta_{ij} = f_{ij} - l_{ij}\ (1 \leqslant i,j \leqslant 7)$,见图 5.5.2.

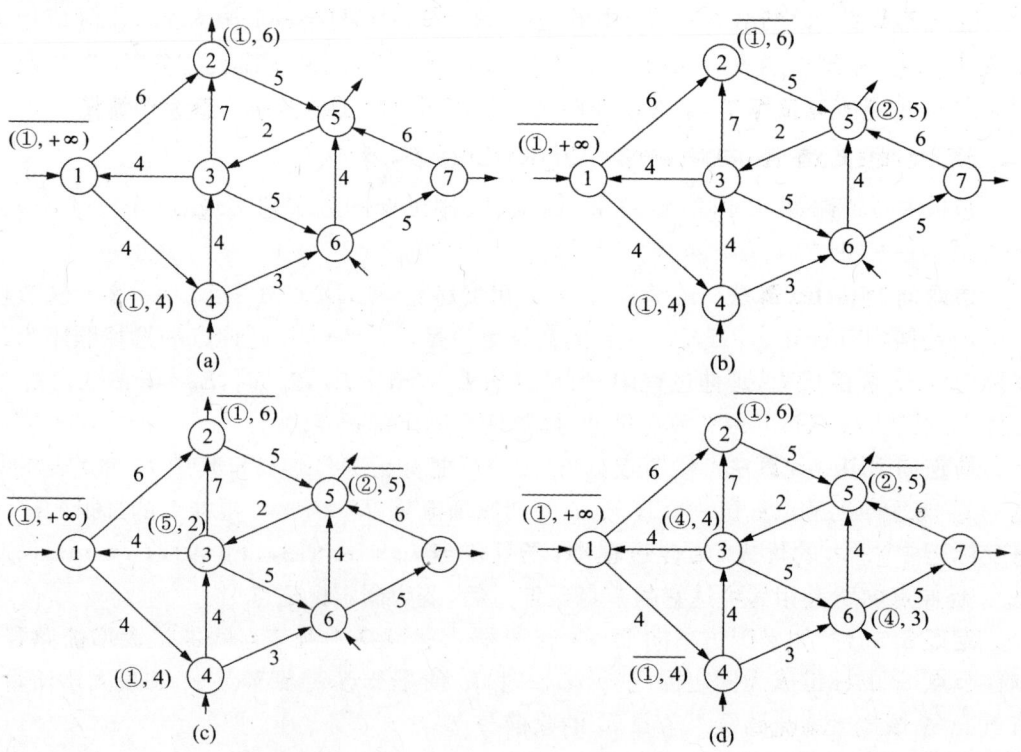

(a) (b)

(c) (d)

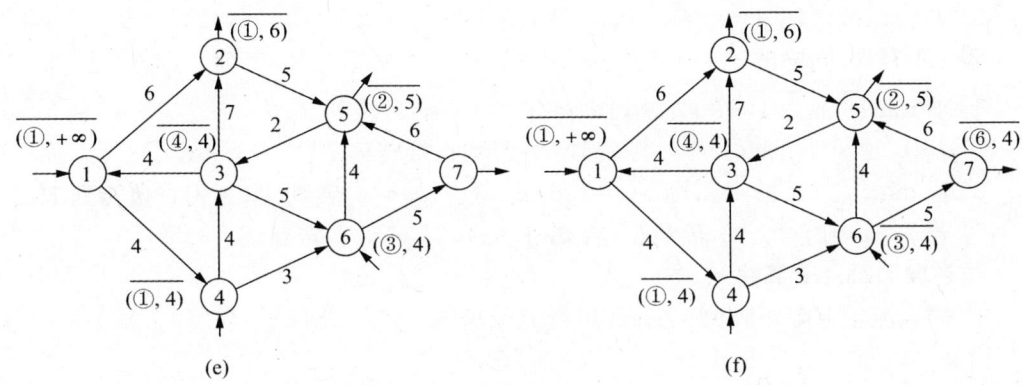

图 5.5.3

然后,给出初始可增流量 $L_{11}=+\infty,L_{1j}=0(j=2,3,\cdots,7)$,并用$(①,L_{1j})$作为各节点的初始可变标记$(j=1,2,\cdots,7)$. 为了简便,当 $L_{1j}=0$ 时,图上$(①,L_{1j})$省略不标. 这时用仿顺向 Dijkstra 算法求解,依次得到延伸点为①,②,⑤,④,③,⑥,⑦,具体过程见图 5.5.3.

由此得节点①到节点⑦的最大增流路径为⑦←⑥←③←④←①,增量为 4. 同时也得到了节点①到其他各节点的最大增流路径⑥←③←④←①,增量为 4;⑤←②←①,增量为 5;④←①,增量为 4;③←④←①,增量为 4;②←①,增量为 6.

上面给出的两种求最大增流路径的算法,都属于图上作业法. 如果在运算中,给网络 $G(V,E)$ 中的每一个节点都引入状态标号:

$$M(i)=\begin{cases}0, & \text{给节点 } v_i \text{ 可变标记}\\ 1, & \text{给节点 } v_i \text{ 固定标记}\end{cases} (i=1,2,\cdots,n)$$

再引入流量上限矩阵$(f_{ij})_{n\times n}$,其中

$$f_{ij}=\begin{cases}(v_i,v_j)\text{的流量上限}, & (v_i,v_j)\in E\\ 0, & (v_i,v_j)\notin E\end{cases} (i,j=1,2,\cdots,n)$$

再将已知的可行流扩展成可行流矩阵$(l_{ij})_{n\times n}$,其中

$$l_{ij}=\begin{cases}(v_i,v_j)\text{上已有的流量}, & (v_i,v_j)\in E\\ 0, & (v_i,v_j)\notin E\end{cases} (i,j=1,2,\cdots,n)$$

则这两种算法都可以转化成计算机程序.

仿顺向 Dijkstra 算法的程序步骤

1° 输入流量上限矩阵$(f_{ij})_{n\times n}$和可行流量矩阵$(l_{ij})_{n\times n}$.

$$\delta_{ij}\Leftarrow\begin{cases}f_{ij}-l_{ij}, & (v_i,v_j)\in E\\ 0, & (v_i,v_j)\notin E\end{cases} (i,j=1,2,\cdots,n)$$

2° 初始可增流量 $x_s\Leftarrow+\infty,x_{sj}\Leftarrow 0(j=1,2,\cdots,n;j\neq s)$,

初始逆方向 $q_{sj}\Leftarrow s(j=1,2,\cdots,n)$,

节点标记:$M(j)\Leftarrow 0(j=1,2,\cdots,n)$.

$3°$ 求 $\max\{x_{sj}|M(j)=0,1\leqslant j\leqslant n\}\triangleq\lambda$.

若 λ 不存在,则输出 $x_{sj}(j=1,2,\cdots,n),q_{sj}(j=1,2,\cdots,n)$,停;否则($\lambda$ 存在),转到 $4°$.

$4°$ 求 $\min\{j|x_{sj}=\lambda,M(j)=0,1\leqslant j\leqslant n\}\triangleq k,j\leftarrow 1$,转到 $5°$.

$5°$ 若 $0<\delta_{kj}<\infty,M(j)=0$,则转到 $6°$;否则直接转到 $7°$.

$6°$ 若 $\min\{x_{sk},\delta_{kj}\}>x_{sj}$,则 $x_{sj}\leftarrow\min\{x_{sk},\delta_{kj}\},q_{sj}\leftarrow k$,转到 $7°$;否则直接转到 $7°$.

$7°$ 若 $j<n$,则 $j\leftarrow j+1$ 转到 $5°$;否则 $(j=n),M(k)\leftarrow 1$,转到 $3°$.

仿逆向 Dijkstra 算法

$1°$ 输入流量上限矩阵 $(f_{ij})_{n\times n}$ 和可行流量矩阵 $(l_{ij})_{n\times n}$.

$$\delta_{ij}\leftarrow\begin{cases}f_{ij}-l_{ij}, & (v_i,v_j)\in E\\ 0, & (v_i,v_j)\notin E\end{cases}\quad(i,j=1,2,\cdots,n)$$

$2°$ 初始可增流量 $x_{tt}\leftarrow+\infty,x_{it}\leftarrow 0(i=1,2,\cdots,n;i\neq t)$,

初始顺方向 $p_{it}\leftarrow t(i=1,2,\cdots,n)$,

节点标记: $M(i)\leftarrow 0(i=1,2,\cdots,n)$.

$3°$ 求 $\max\{x_{it}|M(i)=0,1\leqslant i\leqslant n\}\triangleq\lambda$.

若 λ 不存在,则输出 $x_{it}(i=1,2,\cdots,n),p_{it}(j=1,2,\cdots,n)$,停;否则($\lambda$ 存在),转到 $4°$.

$4°$ 求 $\min\{i|x_{it}=\lambda,M(i)=0,1\leqslant i\leqslant n\}\triangleq k,i\leftarrow 1$,转到 $5°$.

$5°$ 若 $0<\delta_{ik}<\infty,M(i)=0$,则转到 $6°$;否则直接转到 $7°$.

$6°$ 若 $\min\{\delta_{ik},x_{kt}\}>x_{it}$,则 $x_{it}\leftarrow\min\{\delta_{ik},x_{kt}\},p_{it}\leftarrow k$,转到 $7°$;否则直接转到 $7°$.

$7°$ 若 $i<n$,则 $i\leftarrow i+1$ 转到 $5°$;否则 $(i=n),M(k)\leftarrow 1$,转到 $3°$.

三、最大增流路径问题的仿 Floyd 算法

求最大增流路径也可以仿照求最短路径问题的 Floyd 算法原理进行,差别仅仅在步骤 $3°$.因此,将这种求最大增流路径的算法称为**仿 Floyd 算法**,其具体步骤如下:

$1°$ 输入流量上限矩阵 $(f_{ij})_{n\times n}$ 和可行流量矩阵 $(l_{ij})_{n\times n}$.

$$\delta_{ij}\leftarrow\begin{cases}+\infty, & i=j,\\ f_{ij}-l_{ij}, & (v_i,v_j)\in E\\ 0, & (v_i,v_j)\notin E\end{cases}\quad(i,j=1,2,\cdots,n)$$

$p_{ij}\leftarrow j(i,j=1,2,\cdots,n)$

$2°$ $i\leftarrow 1,j\leftarrow 1,k\leftarrow 1$.

$3°$ $\mu\leftarrow\min\{\delta_{ik},\delta_{kj}\}$.

如果 $\delta_{ij}<\mu$,则 $\delta_{ij}\leftarrow\mu,p_{ij}\leftarrow p_{ik}$ 转到 $4°$,否则 $(\delta_{ij}\geqslant\mu)\delta_{ij}$ 与 p_{ij} 都不变,转到 $4°$.

$4°$ 若 $j<n$,则 $j\leftarrow j+1$ 转到 $3°$;否则 $(j=n)$ 转到 $5°$.

$5°$ 若 $i<n$,则 $i\leftarrow i+1,j\leftarrow 1$ 转到 $3°$;否则 $(i=n)$ 转到 $6°$.

$6°$ 若 $k<n$,则 $k\leftarrow k+1,i\leftarrow 1,j\leftarrow 1$ 转到 $3°$;否则 $(k=n)$ 输出 $(\delta_{ij})_{n\times n}$ 和 $(p_{ij})_{n\times n}$.

如同用 Floyd 算法求最短路径问题,用仿 Floyd 算法求一个节点到另一个节点的最大增流路径,可以得到网络中所有两节点间的最大增流路径.不过需要说明的是,任

5.5 最大增流路径问题   125

意给一条最大增流路径增加流量,都有可能影响到其他最大增流路径的可增流量.

例 5.5.2 试用仿 Floyd 算法,求例 5.5.1 的局域网内节点①、②、④、⑤、⑥、⑦之间,所有两节点间的最大增流路径.

解 按仿 Floyd 算法步骤 1°得

$$(\delta_{ij}/p_{ij})_{7\times7} = \begin{pmatrix} +\infty/1 & 6/2 & 0/3 & 4/4 & 0/5 & 0/6 & 0/7 \\ 0/1 & +\infty/2 & 0/3 & 0/4 & 5/5 & 0/6 & 0/7 \\ 4/1 & 7/2 & +\infty/3 & 0/4 & 0/5 & 5/6 & 0/7 \\ 0/1 & 0/2 & 4/3 & +\infty/4 & 0/5 & 3/6 & 0/7 \\ 0/1 & 0/2 & 2/3 & 0/4 & +\infty/5 & 0/6 & 0/7 \\ 0/1 & 0/2 & 0/3 & 0/4 & 4/5 & +\infty/6 & 5/7 \\ 0/1 & 0/2 & 0/3 & 0/4 & 6/5 & 0/6 & +\infty/7 \end{pmatrix}$$

按照仿 Floyd 算法步骤 2°~步骤 6°,在 $k=1$ 时得到

$$(\delta_{ij}/p_{ij})_{7\times7} = \begin{pmatrix} +\infty/1 & 6/2 & 0/3 & 4/4 & 0/5 & 0/6 & 0/7 \\ 0/1 & +\infty/2 & 0/3 & 0/4 & 5/5 & 0/6 & 0/7 \\ 4/1 & 7/2 & +\infty/3 & 4/1 & 0/5 & 5/6 & 0/7 \\ 0/1 & 0/2 & 4/3 & +\infty/4 & 0/5 & 3/6 & 0/7 \\ 0/1 & 0/2 & 2/3 & 0/4 & +\infty/5 & 0/6 & 0/7 \\ 0/1 & 0/2 & 0/3 & 0/4 & 4/5 & +\infty/6 & 5/7 \\ 0/1 & 0/2 & 0/3 & 0/4 & 6/5 & 0/6 & +\infty/7 \end{pmatrix}$$

在 $k=2$ 时得到

$$(\delta_{ij}/p_{ij})_{7\times7} = \begin{pmatrix} +\infty/1 & 6/2 & 0/3 & 4/4 & 5/2 & 0/6 & 0/7 \\ 0/1 & +\infty/2 & 0/3 & 0/4 & 5/5 & 0/6 & 0/7 \\ 4/1 & 7/2 & +\infty/3 & 4/1 & 5/2 & 5/6 & 0/7 \\ 0/1 & 0/2 & 4/3 & +\infty/4 & 0/5 & 3/6 & 0/7 \\ 0/1 & 0/2 & 2/3 & 0/4 & +\infty/5 & 0/6 & 0/7 \\ 0/1 & 0/2 & 0/3 & 0/4 & 4/5 & +\infty/6 & 5/7 \\ 0/1 & 0/2 & 0/3 & 0/4 & 6/5 & 0/6 & +\infty/7 \end{pmatrix}$$

在 $k=3$ 时得到

$$(\delta_{ij}/p_{ij})_{7\times7} = \begin{pmatrix} +\infty/1 & 6/2 & 0/3 & 4/4 & 5/2 & 0/6 & 0/7 \\ 0/1 & +\infty/2 & 0/3 & 0/4 & 5/5 & 0/6 & 0/7 \\ 4/1 & 7/2 & +\infty/3 & 4/1 & 5/2 & 5/6 & 0/7 \\ 4/3 & 4/3 & 4/3 & +\infty/4 & 4/3 & 4/3 & 0/7 \\ 2/3 & 2/3 & 2/3 & 2/3 & +\infty/5 & 2/3 & 0/7 \\ 0/1 & 0/2 & 0/3 & 0/4 & 4/5 & +\infty/6 & 5/7 \\ 0/1 & 0/2 & 0/3 & 0/4 & 6/5 & 0/6 & +\infty/7 \end{pmatrix}$$

……(略去了 $k=4,5,6$ 的运算过程)至 $k=7$ 时,得到

$$(\delta_{ij}/p_{ij})_{7\times 7} = \begin{pmatrix} +\infty/1 & 6/2 & 4/4 & 4/4 & 5/2 & 4/4 & 4/4 \\ 2/5 & +\infty/2 & 2/5 & 2/5 & 5/5 & 2/5 & 2/5 \\ 4/1 & 7/2 & +\infty/3 & 4/1 & 5/2 & 5/6 & 5/6 \\ 4/3 & 4/3 & 4/3 & +\infty/4 & 4/3 & 4/3 & 4/3 \\ 2/3 & 2/3 & 2/3 & 2/3 & +\infty/5 & 2/3 & 2/3 \\ 2/5 & 2/5 & 2/5 & 2/5 & 5/7 & +\infty/6 & 5/7 \\ 2/5 & 2/5 & 2/5 & 2/5 & 6/5 & 2/5 & +\infty/7 \end{pmatrix}$$

由此得到所两点间的最大增流路径,见表 5.5.1.

表 5.5.1

最大增流路径	增流量	最大增流路径	增流量
①→②	6	⑤→③→①	2
①→④	4	⑤→③→②	2
①→②→⑤	5	⑤→③→①→④	2
①→④→③→⑥	4	⑤→③→⑥	2
①→④→③→⑥→⑦	4	⑤→③→⑥→⑦	2
②→⑤→③→①	2	⑥→⑤→③→①	2
②→⑤→③→①→④	2	⑥→⑤→③→②	2
②→⑤	5	⑥→⑤→③→①→④	2
②→⑤→③→⑥	2	⑥→⑦→⑤	5
②→⑤→③→⑥→⑦	2	⑥→⑦	5
④→③→①	4	⑦→⑤→③→①	2
④→③→②	4	⑦→⑤→③→②	2
④→③→②→⑤	4	⑦→⑤→③→①→④	2
④→③→⑥	4	⑦→⑤	6
④→③→⑥→⑦	4	⑦→⑤→③→⑥	2

习 题 5

1. 分别用破圈法、避圈法和生长树法求出图 5.1 和图 5.2 中网络的最小支撑树.

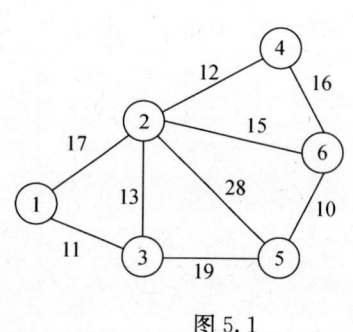

图 5.1   图 5.2

2. 试用顺向Dijkstra算法分别求图5.3和图5.4中节点①到节点⑦的最短路径.

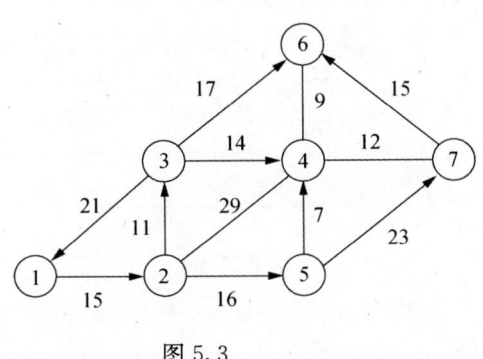

图5.3 图5.4

3. 试用逆向Dijkstra算法求图5.3中各节点到节点⑤的最短路径.
4. 试用Floyd算法分别求解图5.3和图5.4中所有两点间的最短路径.
5. 试用强Dijkstra算法求解图5.5中节点①到节点⑦的最短路径.
6. 试用Floyd算法求图5.5中节点①到节点⑦的最短路径.

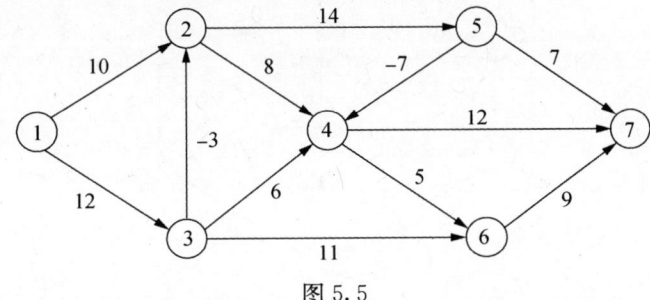

图5.5

7. 试用针对最长路径问题的仿顺向Dijkstra算法,分别求图5.6和图5.7中节点①到节点⑦的最长路径.

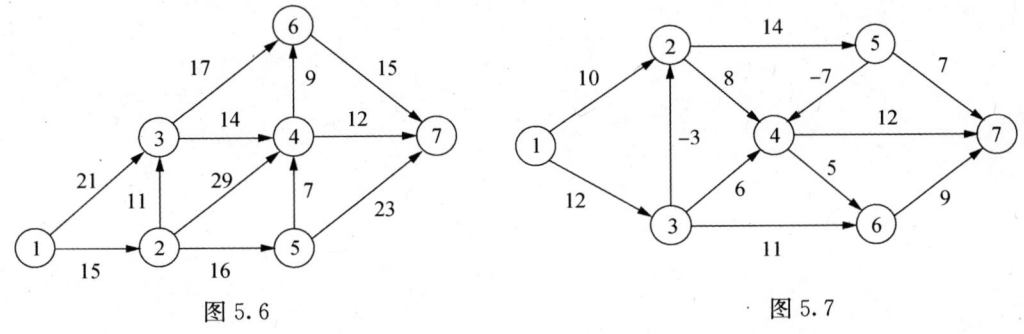

图5.6 图5.7

8. 试用针对最长路径问题的仿逆向Dijkstra算法,分别求图5.8和图5.9中节点①到节点⑦的最长路径.

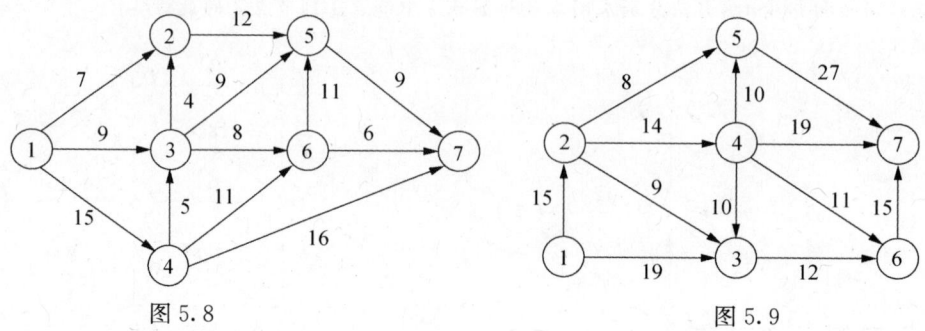

图 5.8　　　　　　　　　　　图 5.9

9. 试用针对最长路径问题的仿 Floyd 算法，求图 5.7 和图 5.9 所示的网络中节点①到节点⑦的最长路径.

10. 图 5.10 给出了一个局域网络，网络中每条边上的前一个数表示该有向边的流量上限，后一个数表示该边上已具有的流量，试用针对最大增流路径问题的仿顺向 Dijkstra 算法，求该局域网内由节点①到节点⑥的最大增流路径，再用针对最大增流路径问题的仿逆向 Dijkstra 算法，求节点③到节点④的最大增流路径.

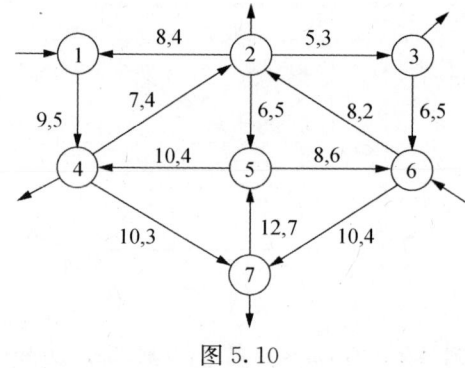

图 5.10

11. 试用针对最大增流路径问题的仿 Floyd 算法，求图 5.10 中任意两点间的最大增流径.

第 6 章

网络最优选址和网络最优计划问题

网络最优选址问题和网络最优计划问题(又称为计划评审技术问题)都与最优路径问题有关,是网络规划中的两类典型问题,在现实中有着广泛的用途和重要的应用价值.本章将着重介绍这两类问题的优化原理和优化算法.

6.1 网络最优选址问题

一、网络最优选址的概念

最优选址问题类型很多,例 4.1.1 和例 4.1.2 涉及的都是最优选址问题.不同类型的最优选址问题,会涉及不同的理论和方法.本节只介绍几种仅仅与路径有关的最优选址问题的理论和方法.

定义 6.1.1 设 $G(V,E)$ 是一个赋权网络,$V_0 \subseteq V$,称节点 $v_i \in V$ 到节点集合 V_0 中最近的节点的距离为**节点 v_i 到集合 V_0 的距离(集合 V_0 到节点 v_i 的距离)**.

显然,如果 $v_i \in V_0$,则根据定义 6.1.1,节点 v_i 到节点集合 V_0 的距离为 0.

定义 6.1.2 如果赋权网络 $G(V,E)$ 的所有节点中,节点 $v_i \in V$ 到集合 V_0 的距离最远,则称节点 $v_i \in V$ 到集合 V_0 的距离为**以集合 V_0 为中心的网络半径**.

显然,如果 $V_0 = V$,则根据定义 6.1.1,以集合 V_0 为中心的网络半径为 0.

定义 6.1.3 设 $G(V,E)$ 是一个赋权网络,$V_0 \subseteq V$,V_0 中包含 m 个节点.如果与网络 $G(V,E)$ 中其他所有包含 m 个节点的集合相比,以集合 V_0 为中心的网络半径最小,则称集合 V_0 为网络的 m **中心集合**,称以集合 V_0 为中心的网络半径为网络的 m **中心半径**.

定义 6.1.4 如果集合 $V_0 = \{v_r\}$ 是网络 $G(V,E)$ 的 1 中心集合,则称节点 v_r 为该网络的**中心节点**.称以集合 $V_0 = \{v_r\}$ 为中心的网络半径称为该网络的**中心半径**.

网络最优选址问题研究的是:如何寻找赋权网络 $G(V,E)$ 的中心节点和中心半径,这样的问题又称为**单点最优选址问题**;如何寻找赋权网络 $G(V,E)$ 的 m 中心集合和 m 中心半径,这样的问题又称为**多点最优选址问题**;在节点集合到距其最远节点的距离不能超过 L 的要求下,在赋权网络 $G(V,E)$ 中至少要选几个节点?各节点应选在何处?这样的问题又称为**半径有界的最优选址问题**.

二、单点最优选址问题的算法

如果引入变量

$$x_i = \begin{cases} 1, & \text{选择节点 } v_i \\ 0, & \text{否则} \end{cases} \quad (i=1,2,\cdots,n)$$

则根据定义 6.1.1～定义 6.1.4，单点最优选址问题的数学模型为

$$\min_{1\leqslant i\leqslant n}(\max_{1\leqslant j\leqslant n} d_{ij} x_i)$$

$$\text{s. t.} \begin{cases} \sum_{i=1}^n x_i = 1 \\ x_i \in \{0,1\} (i=1,2,\cdots,n) \end{cases} \tag{6.1.1}$$

其中 $d_{ij}(i,j=1,2,\cdots,n)$ 为节点 v_i 到节点 v_j 的最短路长,可以通过 Floyd 算法获得.

模型(6.1.1)属于 0-1 整数规划,根据其特点,可以按下列步骤求解赋权网络 $G(V,E)$ 的中心节点和中心半径:

(1)用 Floyd 算法求出网络 $G(V,E)$ 所有两节点间的最短路长 $d_{ij}(i,j=1,2,\cdots,n)$;

(2)求 $L_i = \max\{d_{ij} | 1 \leqslant j \leqslant n\}(i=1,2,\cdots,n)$;

(3)求 $L_k = \min\{L_i | 1 \leqslant i \leqslant n\}$,

则节点 v_k 为赋权网络 $G(V,E)$ 的中心节点, L_k 为赋权网络 $G(V,E)$ 的中心半径.

例 6.1.1 已知一赋权网络如图 6.1.1 所示,试求该网络的中心节点和中心半径.

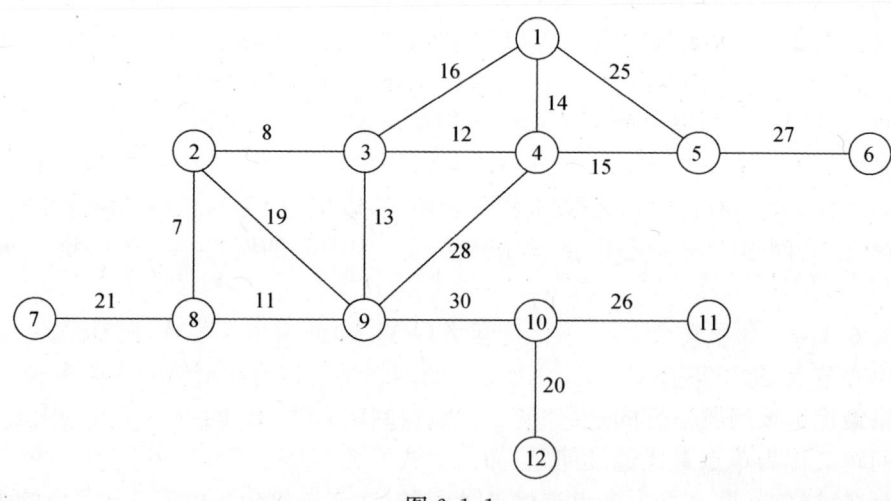

图 6.1.1

解 用 Floyd 算法求出网络中所有两节点之间的最短路长(具体运算过程略):

$$(d_{ij})_{12\times 12} = \begin{bmatrix} 0 & 24 & 16 & 14 & 25 & 52 & 52 & 31 & 29 & 59 & 85 & 79 \\ 24 & 0 & 8 & 20 & 35 & 62 & 28 & 7 & 18 & 48 & 74 & 68 \\ 16 & 8 & 0 & 12 & 27 & 54 & 36 & 15 & 13 & 43 & 69 & 63 \\ 14 & 20 & 12 & 0 & 15 & 42 & 48 & 27 & 25 & 55 & 81 & 75 \\ 25 & 35 & 27 & 15 & 0 & 27 & 63 & 42 & 40 & 70 & 96 & 90 \\ 52 & 62 & 54 & 42 & 27 & 0 & 90 & 69 & 67 & 97 & 123 & 117 \\ 52 & 28 & 36 & 48 & 63 & 90 & 0 & 21 & 32 & 62 & 88 & 82 \\ 31 & 7 & 15 & 27 & 42 & 69 & 21 & 0 & 11 & 41 & 67 & 61 \\ 29 & 18 & 13 & 25 & 40 & 67 & 32 & 11 & 0 & 30 & 56 & 50 \\ 59 & 48 & 43 & 55 & 70 & 97 & 62 & 41 & 30 & 0 & 26 & 20 \\ 85 & 74 & 69 & 81 & 96 & 123 & 88 & 67 & 56 & 26 & 0 & 46 \\ 79 & 68 & 63 & 75 & 90 & 117 & 82 & 61 & 50 & 20 & 46 & 0 \end{bmatrix}$$

从矩阵$(d_{ij})_{12\times 12}$中找出每个节点到距其最远的节点的距离:

$L_1=85$, $L_2=74$, $L_3=69$, $L_4=81$, $L_5=96$, $L_6=123$

$L_7=90$, $L_8=69$, $L_9=67$, $L_{10}=97$, $L_{11}=123$, $L_{12}=117$

由于$L_9=67$最小,所以网络的中心节点为⑨,中心半径为67.

三、多点最优选址问题的算法

如果引入变量

$$x_i = \begin{cases} 1, & \text{选择节点 } v_i \\ 0, & \text{否则} \end{cases} \quad (i=1,2,\cdots,n)$$

则根据定义 6.1.1~定义 6.1.3,多点最优选址问题的数学模型为

$$\min\left[\max_{1\leqslant j\leqslant n}\left[\min_{\substack{x_i=1 \\ 1\leqslant i\leqslant n}} d_{ij}x_{ij}\right]\right] \tag{6.1.2}$$

$$\text{s. t.} \begin{cases} \sum_{i=1}^{n} x_i = m \\ x_i \in \{0,1\} \quad (i=1,2,\cdots,n) \end{cases}$$

其中$d_{ij}(i,j=1,2,\cdots,n)$为节点v_i到节点v_j的最短路长,可以通过 Floyd 算法获得.

模型(6.1.2)属于 0-1 整数规划,是要从网络$G(V,E)$的C_n^m个含m个节点的集合中,选出一个距其最远节点的距离最近的节点集合. 这样的问题,虽然可以用穷举的方法来获取,但计算量太大. 因此,有必要根据模型(6.1.2)的特点,另寻其他更有效的方法.

设在赋权网络$G(V,E)$中,$V_0 = \{v_{R(i)} | 1\leqslant i\leqslant m\} \subseteq V$,$d_{ij}(i,j=1,2,\cdots,n)$是节点$v_i$到节点$v_j$的最短路长,则模型(6.1.2)的目标函数中,求集合V_0到节点v_j的距离的运算部分$\min\{d_{ij}x_i | x_i=1, 1\leqslant i\leqslant n\}$,便可以表示成下列形式:

$$d_{R(\alpha(j)),j} = \min\{d_{R(i)j} | 1\leqslant i\leqslant m\} \quad (j=1,2,\cdots,n) \tag{6.1.3}$$

求节点集合 V_0 到距其最远节点的距离的运算部分 $\max\limits_{1\leqslant j\leqslant n}(\min\{d_{ij}x_i|x_i=1,1\leqslant i\leqslant n\})$，便可以表示成下列形式：

$$d_{R(\alpha(s)),s}=\max\{d_{R(\alpha(j)),j}|1\leqslant j\leqslant n\} \tag{6.1.4}$$

由公式(6.1.3)可知，集合 V_0 到节点 v_j 的距离就是，节点 $v_{R(\alpha(j))}\in V_0$ 到节点 $v_j\in V-V_0$ 的最短路长；由公式(6.1.4)可知，以集合 V_0 为中心的网络半径就是，节点 $v_{R(\alpha(s))}\in V_0$ 到节点 $v_s\in V-V_0$ 的最短路长．因此，有下列性质：

定理 6.1.1 设网络 $G(V,E)$ 中，$V_0=\{v_{R(i)}|1\leqslant i\leqslant m\}\subseteq V$，$d_{ij}(i,j=1,2,\cdots,n)$ 是节点 v_i 到节点 v_j 的最短路长，如果以集合 V_0 为中心的网络半径为 d_{st}，$v_s\in V_0$，$v_t\in V-V_0$，则网络 $G(V,E)$ 中存在网络半径小于 d_{st} 的含 m 个节点的集合的必要条件是，存在节点 $v_e\in V-V_0(e\neq t)$，使得 $d_{et}<d_{st}$．

证 (用反证法) 假设任取节点 $v_i\in V-V_0(i\neq t)$，都有 $d_{it}\geqslant d_{st}$．

因为，以集合 V_0 为中心的网络半径为 d_{st}，所以，由定义 6.1.1 和定义 6.1.2 知，任取节点 $v_i\in V_0$，都有 $d_{it}\geqslant d_{st}$．又因为，任取节点 $v_i\in V-V_0(i\neq t)$，都有 $d_{it}\geqslant d_{st}$．所以，任取节点 $v_i\in V(i\neq t)$ 都有 $d_{it}\geqslant d_{st}$．因此，不论哪个含 m 个节点的集合，其网络半径都不会小于 d_{st}，这与网络 $G(V,E)$ 中存在网络半径小于 d_{st} 的含 m 个节点的集合的条件矛盾．

由定理 6.1.1 知，当以集合 V_0 为中心的网络半径为 d_{st}，$v_s\in V_0$，$v_t\in V-V_0$ 时，如果网络中存在含节点数相同，但网络半径更小的节点集合，则一定存在节点 $v_e\in V-V_0$，使得 $d_{et}<d_{st}$．这表明，搜索和判断网络中是否存在网络半径更小的节点集合，可以转化成判断矩阵 $(d_{ij})_{n\times n}$ 的第 t 列上是否存在 $d_{et}<d_{st}$，$v_e\in V-V_0$，这不但大大地缩小了搜寻的范围，而且极大地简化了搜寻和判断的方法．

定理 6.1.2 设网络 $G(V,E)$ 中，$V_0=\{v_{R(i)}|1\leqslant i\leqslant m\}\subseteq V$，$d_{ij}(i,j=1,2,\cdots,n)$ 是节点 v_i 到节点 v_j 的最短路长，

$$d_{R(\alpha(j)),j}=\min\{d_{R(i)j}|1\leqslant i\leqslant m\} \quad (j=1,2,\cdots,n)$$
$$d_{R(\alpha(s)),s}=\max\{d_{R(\alpha(j)),j}|1\leqslant j\leqslant n\}$$
$$u_j=\min\{d_{R(i)j}|R(i)\neq R(\alpha(s)),1\leqslant i\leqslant m\} \quad (j=1,2,\cdots,n)$$

若存在 $v_e\in V-V_0$，使得 $\alpha(j)=\alpha(s)$ 时，$\min\{u_j,d_{ej}\}<d_{R(\alpha(s)),s}$，则 $[V_0-\{v_{R(\alpha(s))}\}]\cup\{v_e\}$ 到 v_s 的距离必小于 V_0 到 v_s 的距离，而且，以 $[V_0-\{v_{R(\alpha(s))}\}]\cup\{v_e\}$ 为中心的网络半径不大于以 V_0 为中心的网络半径．

证 由定义 6.1.1 知，$[V_0-\{v_{R(\alpha(s))}\}]\cup\{v_e\}$ 到 v_s 的距离为

$$\min\{d_{R(1)s},\cdots,d_{R(\alpha(s)-1),s},d_{es},d_{R(\alpha(s)+1),s},\cdots,d_{R(m)s}\}=\min\{u_s,d_{es}\}$$

又因为 $\alpha(j)=\alpha(s)$ 时，$\min\{u_j,d_{ej}\}<d_{R(\alpha(s)),s}$，所以 $j=s$ 时，$\min\{u_s,d_{es}\}<d_{R(\alpha(s)),s}$，即 $[V_0-\{v_{R(\alpha(s))}\}]\cup\{v_e\}$ 到 v_s 的距离必小于 V_0 到 v_s 的距离．

因为，对于任意的 $v_j\in V$，当 $\alpha(j)=\alpha(s)$ 时，$\min\{u_j,d_{ej}\}<d_{R(\alpha(s)),s}$，所以，

$$L_j=\min\{d_{R(1)j},\cdots,d_{R(\alpha(s)-1),j},d_{ej},d_{R(\alpha(s)+1),j},\cdots,d_{R(m)j}\}=\min\{u_j,d_{ej}\}<d_{R(\alpha(s)),s}$$

当 $\alpha(j)\neq\alpha(s)$ 时，

$$L_j=\min\{d_{R(1)j},\cdots,d_{R(\alpha(s)-1),j},d_{ej},d_{R(\alpha(s)+1),j},\cdots,d_{R(m)j}\}=\min\{u_j,d_{ej}\}$$

$$\leqslant u_j = \min\{d_{R(i)j} | R(i) \neq R(\alpha(s)), 1 \leqslant i \leqslant m\}$$
$$\leqslant \min\{d_{R(i)j} | 1 \leqslant i \leqslant m\} = d_{R(\alpha(j))j}$$

所以,$\max\{L_j | 1 \leqslant j \leqslant n\} \leqslant \max\{d_{R(\alpha(j))j} | 1 \leqslant j \leqslant n\} = d_{R(\alpha(s)),s}$,由定义 6.1.1 知,以 $[V_0 - \{v_{R(\alpha(s))}\}] \cup \{v_e\}$ 为中心的网络半径不大于以 V_0 为中心的网络半径.

由定理 6.1.2 知,当以集合 V_0 为中心的网络半径为 $d_{s_t}, v_s \in V_0, v_t \in V - V_0$ 时,如果在矩阵 $(d_{ij})_{n \times n}$ 的第 t 列上存在 $d_{et} < d_{st}, v_e \in V - V_0$,而且,第 s 行上 $d_{sj} = u_j(1 \leqslant j \leqslant n)$ 的元素都小于第 e 行上对应的元素 d_{ej},则用节点 v_e 取代集合 V_0 中的节点 v_s,便能否缩小以 V_0 为中心的网络半径,否则,达不到目的. 这样的方法,可以省略大量的比较过程.

根据定理 6.1.1 和定理 6.1.2,求解网络的 m 中心集合和 m 中心半径,可以先取一个初始节点集合,然后判断和搜寻是否存在含节点数相同,但网络半径更小的节点集合,存在的话,用其取代当前的集合,再重复这样的过程,直到不存在含节点数相同,但网络半径更小的集合为止.按照这种方法构建的算法,称为**中心转移算法**.

下面给出中心转移算法的程序步骤:

$1°$ 用 Floyd 算法获取所有两节点间的最短路长值 $(d_{ij})_{n \times n}$.

$2°$ 任选 m 个初始节点 $R(k)(k=1,2,\cdots,m), y_{ij} \Leftarrow 0(i,j=1,2,\cdots,n)$.

$3°$ 求该节点集合到节点 j 的距离及刻画该距离的节点

$$\min\{d_{R(k)j} | 1 \leqslant k \leqslant m\} \triangleq L_j, \alpha(j) \Leftarrow \min\{k | d_{R(k)j} = L_j, 1 \leqslant k \leqslant m\} \quad (j=1,2,\cdots,n)$$

$4°$ 求以该节点集合为中心的网络半径及刻画该半径的节点

$$\max\{d_{R(\alpha(j))j} | 1 \leqslant j \leqslant n\} \triangleq L, \quad s \Leftarrow \max\{j | d_{R(\alpha(j))j} = L, 1 \leqslant j \leqslant n\}$$

$5°$ 若 $\alpha(j) \neq \alpha(s)$,则 $u_j \Leftarrow L_j$;否则 $(\alpha(j) = \alpha(s))$

$$u_j \Leftarrow \min\{d_{R(i)j} | R(i) \neq R(\alpha(s)), 1 \leqslant i \leqslant m\} \quad (j=1,2,\cdots,n)$$

$6°$ $i \Leftarrow 1, j \Leftarrow 1$.

$7°$ 若 $i \notin \{R(k) | 1 \leqslant k \leqslant m\}$,则转到 $8°$;否则 $(i \in \{R(k) | 1 \leqslant k \leqslant m\})$ 转到 $14°$.

$8°$ 若 $d_{is} < d_{R(\alpha(s)),s}$,则转到 $9°$;否则 $(d_{is} \geqslant d_{R(\alpha(s)),s})$ 转到 $14°$.

$9°$ 若 $\alpha(j) \neq \alpha(s)$,则转到 $11°$;否则 $(\alpha(j) = \alpha(s))$ 转到 $10°$.

$10°$ 若 $d_{ij} \leqslant u_j$,则转到 $11°$;否则 $(d_{ij} > u_j)$ 转到 $14°$.

$11°$ 如果 $j < n$,则 $j \Leftarrow j+1$,转到 $9°$;否则 $(j=n), j \Leftarrow 1$,转到 $12°$.

$12°$ 若 $d_{ij} < u_j$,则 $R(\alpha(j)) \Leftarrow i$,转到 $13°$;否则 $(d_{ij} \geqslant u_j)$ 直接转到 $13°$.

$13°$ 如果 $j < n$,则 $j \Leftarrow j+1$,转到 $12°$;否则 $(j=n)$ 转到 $4°$.

$14°$ 如果 $i < n$,则 $i \Leftarrow i+1$ 转到 $7°$;否则 $(i=n)$ 输出 m 中心节点:$R(k)(k=1,2,\cdots,m); m$ 中心半径:$d_{R(\alpha(s)),s}$.停.

算法注释 (1)步骤 $2°$ 中,m 个初始节点虽然可以任意选取,但是为了提高计算效率,可以把 m 个初始节点选得分散一些.

(2)步骤 $3°$ 中,$L_j(j=1,2,\cdots,n)$ 其实就是矩阵 $(d_{ij})_{n \times n}$ 的第 $R(1), R(2), \cdots, R(m)$ 行中第 j 列的最小元素. 步骤 $5°$ 中,$u_j(j=1,2,\cdots,n)$ 其实就是矩阵 $(d_{ij})_{n \times n}$ 的第 $R(1), \cdots, R(s-1), R(s+1), \cdots, R(m)$ 行中第 j 列的最小元素.

(3) 步骤 8°至步骤 11°是利用定理 6.1.1 和定理 6.1.2,搜寻和判断当前是否存在含节点数相同,但网络半径更小的节点集合.

(4) 步骤 12°和步骤 13°是记录新的节点集合到各个节点的距离.

例 6.1.2 试求图 6.1.1 所示网络的 3 中心集合和 3 中心半径.

解 上述算法可以放在矩阵中运行.由步骤 1°得到的所有两节点间的最短路长

$$
(d_{ij})_{12\times 12}=\begin{bmatrix}
0 & 24 & 16 & 14 & 25 & 52 & 52 & 31 & 29 & 59 & 85 & 79 \\
24 & 0^* & 8^* & 20 & 35 & 62 & 28^* & 7^* & 18^\triangle & 48 & 74 & 68 \\
16 & 8 & 0 & 12 & 27 & 54 & 36 & 15 & 13 & 43 & 69 & 63 \\
14^* & 20 & 12 & 0^* & 15^* & 42^* & 48 & 27 & 25 & 55 & 81 & 75 \\
25 & 35 & 27 & 15 & 0 & 27 & 63 & 42 & 40 & 70 & 96 & 90 \\
52 & 62 & 54 & 42 & 27 & 0 & 90 & 69 & 67 & 97 & 123 & 117 \\
52 & 28 & 36 & 48 & 63 & 90 & 0 & 21 & 32 & 62 & 88 & 82 \\
31 & 7 & 15 & 27 & 42 & 69 & 21 & 0 & 11 & 41 & 67 & 61 \\
29 & 18 & 13 & 25 & 40 & 67 & 32 & 11 & 0^* & 30^* & 56^* & 50^* \\
59 & 48 & 43 & 55 & 70 & 97 & 62 & 41 & 30 & 0^\triangle & 26^\triangle & 20^\triangle \\
85 & 74 & 69 & 81 & 96 & 123 & 88 & 67 & 56 & 26 & 0 & 46 \\
79 & 68 & 63 & 75 & 90 & 117 & 82 & 61 & 50 & 20 & 46 & 0
\end{bmatrix}
\begin{matrix} \\ R(1)=2 \\ \\ R(2)=4 \\ \\ \\ \\ \\ R(3)=9 \\ i=10 \\ \\ \end{matrix}
$$

(矩阵 6.1.1)

其中 $R(1)=2,R(2)=4,R(3)=9$ 记录了 $\{v_2,v_4,v_9\}$ 为初选节点集合.按步骤 3°找出的集合 $\{v_2,v_4,v_9\}$ 到各个节点的距离 $d_{R(\alpha(j))j}(j=1,2,\cdots,n)$ 为矩阵中右上角标有"$*$"的元素;按步骤 4°找出的集合 $\{v_2,v_4,v_9\}$ 为中心的网络半径为 $d_{9,11}=56$;按步骤 6°至步骤 11°搜寻到的替换节点为 v_{10};按步骤 12°和步骤 13°算出的新集合 $\{v_2,v_4,v_{10}\}$ 到各个节点距离,对距离发生变化的,在右上角标"$\triangle$",见(矩阵 6.1.1).

因此,新集合 $\{v_2,v_4,v_{10}\}$ 到各个节点的距离见(矩阵 6.1.2)中右上角标有"$*$"的元素.

$$
(d_{ij})_{12\times 12}=\begin{bmatrix}
0 & 24 & 16 & 14 & 25 & 52 & 52 & 31 & 29 & 59 & 85 & 79 \\
24^\triangle & 0^* & 8^* & 20 & 35 & 62 & 28^* & 7^* & 18^* & 48 & 74 & 68 \\
16 & 8 & 0 & 12 & 27 & 54 & 36 & 15 & 13 & 43 & 69 & 63 \\
14^* & 20 & 12 & 0^* & 15^* & 42^* & 48 & 27 & 25 & 55 & 81 & 75 \\
25 & 35 & 27 & 15^\triangle & 0^\triangle & 27^\triangle & 63 & 42 & 40 & 70 & 96 & 90 \\
52 & 62 & 54 & 42 & 27 & 0 & 90 & 69 & 67 & 97 & 123 & 117 \\
52 & 28 & 36 & 48 & 63 & 90 & 0 & 21 & 32 & 62 & 88 & 82 \\
31 & 7 & 15 & 27 & 42 & 69 & 21 & 0 & 11 & 41 & 67 & 61 \\
29 & 18 & 13 & 25 & 40 & 67 & 32 & 11 & 0 & 30 & 56 & 50 \\
59 & 48 & 43 & 55 & 70 & 97 & 62 & 41 & 30 & 0^* & 26^* & 20^* \\
85 & 74 & 69 & 81 & 96 & 123 & 88 & 67 & 56 & 26 & 0 & 46 \\
79 & 68 & 63 & 75 & 90 & 117 & 82 & 61 & 50 & 20 & 46 & 0
\end{bmatrix}
\begin{matrix} \\ R(1)=2 \\ \\ R(2)=4 \\ i=5 \\ \\ \\ \\ \\ R(3)=10 \\ \\ \\ \end{matrix}
$$

(矩阵 6.1.2)

重复步骤 4°~步骤 14°,按同样的方法标记,将得到下列矩阵:

$$(d_{ij})_{12\times 12}=\begin{bmatrix} 0 & 24 & 16 & 14 & 25 & 52 & 52 & 31 & 29 & 59 & 85 & 79 \\ 24^* & 0^* & 8^* & 20 & 35 & 62 & 28^* & 7^* & 18^* & 48 & 74 & 68 \\ 16 & 8 & 0 & 12 & 27 & 54 & 36 & 15 & 13 & 43 & 69 & 63 \\ 14 & 20 & 12 & 0 & 15 & 42 & 48 & 27 & 25 & 55 & 81 & 75 \\ 25^\triangle & 35 & 27 & 15^* & 0^* & 27^* & 63 & 42 & 40 & 70 & 96 & 90 \\ 52 & 62 & 54 & 42 & 27 & 0 & 90 & 69 & 67 & 97 & 123 & 117 \\ 52 & 28 & 36 & 48 & 63 & 90 & 0 & 21 & 32 & 62 & 88 & 82 \\ 31 & 7^\triangle & 15^\triangle & 27 & 42 & 69 & 21^\triangle & 0^\triangle & 11^\triangle & 41 & 67 & 61 \\ 29 & 18 & 13 & 25 & 40 & 67 & 32 & 11 & 0 & 30 & 56 & 50 \\ 59 & 48 & 43 & 55 & 70 & 97 & 62 & 41 & 30 & 0^* & 26^* & 20^* \\ 85 & 74 & 69 & 81 & 96 & 123 & 88 & 67 & 56 & 26 & 0 & 46 \\ 79 & 68 & 63 & 75 & 90 & 117 & 82 & 61 & 50 & 20 & 46 & 0 \end{bmatrix} \begin{matrix} \\ R(1)=2 \\ \\ \\ R(2)=5 \\ \\ \\ i=8 \\ \\ R(3)=10 \\ \\ \end{matrix}$$

(矩阵 6.1.3)

$$(d_{ij})_{12\times 12}=\begin{bmatrix} 0 & 24 & 16 & 14 & 25 & 52 & 52 & 31 & 29 & 59 & 85 & 79 \\ 24 & 0 & 8 & 20 & 35 & 62 & 28 & 7 & 18 & 48 & 74 & 68 \\ 16 & 8 & 0 & 12 & 27 & 54 & 36 & 15 & 13 & 43 & 69 & 63 \\ 14 & 20 & 12 & 0 & 15 & 42 & 48 & 27 & 25 & 55 & 81 & 75 \\ 25^* & 35 & 27 & 15^* & 0^* & 27^* & 63 & 42 & 40 & 70 & 96 & 90 \\ 52 & 62 & 54 & 42 & 27 & 0 & 90 & 69 & 67 & 97 & 123 & 117 \\ 52 & 28 & 36 & 48 & 63 & 90 & 0 & 21 & 32 & 62 & 88 & 82 \\ 31 & 7^* & 15^* & 27 & 42 & 69 & 21^* & 0^* & 11^* & 41 & 67 & 61 \\ 29 & 18 & 13 & 25 & 40 & 67 & 32 & 11 & 0 & 30 & 56 & 50 \\ 59 & 48 & 43 & 55 & 70 & 97 & 62 & 41 & 30 & 0^* & 26^* & 20^* \\ 85 & 74 & 69 & 81 & 96 & 123 & 88 & 67 & 56 & 26 & 0 & 46 \\ 79 & 68 & 63 & 75 & 90 & 117 & 82 & 61 & 50 & 20 & 46 & 0 \end{bmatrix} \begin{matrix} \\ \\ \\ \\ R(2)=5 \\ \\ \\ R(1)=8 \\ \\ R(3)=10 \\ \\ \end{matrix}$$

(矩阵 6.1.4)

这时,以集合 $\{v_5, v_8, v_{10}\}$ 为中心的网络半径为 $d_{5,6}=27$,在矩阵的第 6 行中,只有 $d_{6,6}=0<d_{5,6}$,但是 $\min\{d_{6,1}, d_{8,1}, d_{10,1}\}=31>d_{5,6}$,因此,运行到步骤 $14°$,$n=12$ 时,便得到图 6.1.1 的 3 中心集合为 $\{v_5, v_8, v_{10}\}$,3 中心半径为 $d_{5,6}=27$.

四、半径有界的最优选址问题的算法

如果引入变量

$$x_i = \begin{cases} 1, & \text{选择节点 } v_i \\ 0, & \text{否则} \end{cases} \quad (i=1,2,\cdots,n)$$

则半径有界的最优选址问题的数学模型为

$$\min \sum_{i=1}^{n} x_i$$
$$\text{s. t.} \begin{cases} \max\limits_{1 \leqslant j \leqslant n}(\min\{d_{ij}x_i \mid x_i = 1, 1 \leqslant i \leqslant n\}) \leqslant L \\ x_i \in \{0,1\} \quad (i = 1,2,\cdots,n) \end{cases} \tag{6.1.5}$$

其中 $d_{ij}(i,j=1,2,\cdots,n)$ 为节点 v_i 到节点 v_j 的最短路长,可以通过 Floyd 算法获得。

这是一个 0-1 整数规划,在用 Floyd 算法获取网络中所有两节点之间的最短路长之后,如果针对矩阵 $(d_{ij})_{n \times n}$ 中的每一个元素引入:

$$c_{ij} = \begin{cases} 1, & d_{ij} \leqslant L \\ 0, & \text{否则} \end{cases} \quad (i,j = 1,2,\cdots,n)$$

则模型(6.1.5)显然等价于下列数学模型:

$$\min \sum_{i=1}^{n} x_i$$
$$\text{s. t.} \begin{cases} \sum_{j=1}^{n} c_{ij}x_j \geqslant 1 \quad (i = 1,2,\cdots,n) \\ x_i \in \{0,1\} \quad (i = 1,2,\cdots,n) \end{cases} \tag{6.1.6}$$

这就将半径有界的最优选址问题转化成了例 4.3.3 所示的最优选址问题,因此,可以用例 4.3.3 中介绍的方法求解模型(6.1.6),称这种求解半径有界的最优选址问题的算法为**集合收缩算法**.

如果在算法中引入变量:

$$y_i = \begin{cases} 0, & \text{未确定是否选节点 } v_i \\ 1, & \text{确定选节点 } v_i \\ 2, & \text{确定不选节点 } v_i \end{cases} \quad (i=1,2,\cdots,n)$$

则集合收缩算法步骤如下:

1° 用 Floyd 算法求出网络中所有两节点之间的最短路长度 $d_{ij}(i,j=1,2,\cdots,n)$.

2° $y_k \Leftarrow 0(k=1,2,\cdots,n), c_{ij} \Leftarrow \begin{cases} 1, & d_{ij} \leqslant L \\ 0, & \text{否则} \end{cases} \quad (i,j=1,2,\cdots,n).$

3° $a_i \Leftarrow \sum_{j=1}^{n} c_{ij}(i=1,2,\cdots,n), b_j \Leftarrow \sum_{i=1}^{n} c_{ij}(j=1,2,\cdots,n).$

4° 求 $\min\{a_i \mid y_i=0, 1 \leqslant i \leqslant n\} \triangleq \lambda$.

如果 λ 不存在,则输出最优选址点 $y_i(i=1,2,\cdots,n)$,停;否则(λ 存在)转到 5°.

5° $k \Leftarrow \min\{i \mid a_i = \lambda, y_i = 0, 1 \leqslant i \leqslant n\}.$

6° $\mu_j \Leftarrow b_j - c_{kj}(j=1,2,\cdots,n).$

若 $\mu_j \geqslant 1(j=1,2,\cdots,n)$,则 $y_k \Leftarrow 2, b_j \Leftarrow \mu_j(j=1,2,\cdots,12)$,转到 4°;

否则(至少有一个 $\mu_j=0$),$y_k \Leftarrow 1$,转到 4°.

算法注释 (1)算法中,$y_i=0$ 和 $y_i=1$ 对应的节点构成的集合为预选的节点集合.

(2) 步骤 3° 中的 $a_i(i=1,2,\cdots,n)$ 表示预选出的节点集合中节点 v_i 到网络中各节点的距离不超过 L 的节点个数;$b_j(j=1,2,\cdots,n)$ 表示网络中的节点 v_j 到预选出的节点集合中各节点的距离不超过 L 的节点个数.

例 6.1.3 在图 6.1.1 所示的网络中最少要选几个节点?选在何处?才能使选出的节点集合到网络中每一点的距离都不超过 26.

解 用集合收缩算法求解这个半径有界的最优选址问题. 运算过程见表 6.1.1. 为了看得更清楚,在运算的过程中,一旦出现确定不选的节点,便将其对应的行用直线覆盖,这样运算结束后,既可以从 $y_i=1(1\leqslant i\leqslant 12)$ 看出最终要选择的节点,又可以从未被直线覆盖的行看出最终要选择的节点.

表 6.1.1

效果\节点\节点	v_1	v_2	v_3	v_4	v_5	v_6	v_7	v_8	v_9	v_{10}	v_{11}	v_{12}	a_i	y_i
v_1	1	1	1	1	1	0	0	0	0	0	0	0	5	0
v_2	1	1	1	1	1	0	1	0	0	0	0	0	6	0
v_3	1	1	1	1	1	0	1	0	0	0	0	0	6	0
v_4	1	1	1	1	1	0	0	0	1	0	0	0	6	0
v_5	1	0	0	1	1	0	0	0	0	0	0	0	3	0
v_6	0	0	0	0	0	1	0	0	0	0	0	0	1	0
v_7	0	0	0	0	0	0	0	0	0	0	0	0	2	0
v_8	0	1	1	0	0	0	1	1	1	0	0	0	5	0
v_9	0	1	1	1	0	0	0	1	1	0	0	0	5	0
v_{10}	0	0	0	0	0	0	0	0	0	1	1	1	3	0
v_{11}	0	0	0	0	0	0	0	0	0	1	1	0	2	0
v_{12}	0	0	0	0	0	0	0	0	0	0	1	1	2	0
b_j	5	6	6	6	3	1	2	5	3	2	2	2	运算顺序	决策
μ_j	5	6	6	6	3	0	2	5	5	3	2	2	$k=6$	$y_6=1$
$b_j \Leftarrow \mu_j$	5	6	6	6	3	1	1	4	5	3	2	2	$k=7$	$y_7=2$
$b_j \Leftarrow \mu_j$	5	6	6	6	3	1	1	4	5	3	1	2	$k=11$	$y_{11}=2$
$b_j \Leftarrow \mu_j$	5	6	6	6	3	1	1	4	5	1	1	1	$k=12$	$y_{12}=2$
$b_j \Leftarrow \mu_j$	4	6	6	5	2	1	1	4	5	1	1	1	$k=5$	$y_5=2$
μ_j	4	6	6	5	2	1	1	4	5	0	0	0	$k=10$	$y_{10}=1$
$b_j \Rightarrow \mu_j$	3	5	5	4	1	1	1	3	4	1	1	1	$k=1$	$y_1=2$
$b_j \Rightarrow \mu_j$	3	4	4	4	1	0	1	3	4	1	1	1	$k=8$	$y_8=1$
$b_j \Leftarrow \mu_j$	3	4	4	3	1	0	1	3	4	1	1	1	$k=9$	$y_9=2$
$b_j \Leftarrow \mu_j$	2	3	3	2	1	0	1	2	3	1	1	1	$k=2$	$y_2=2$

续表

效果＼节点＼节点	v_1	v_2	v_3	v_4	v_5	v_6	v_7	v_8	v_9	v_{10}	v_{11}	v_{12}	a_i	y_i
$b_j \Leftarrow \mu_j$	1	2	2	1	1	1	1	1	2	1	1	1	$k=3$	$y_3=2$
$b_j \Leftarrow \mu_j$	0	1	1	0	0	1	1	1	1	1	1	1	$k=4$	$y_4=1$

由上述表格中的运算结果知,如果要满足题目的要求,最少要选择 4 个节点,且这 4 个节点为④、⑥、⑧、⑩.

6.2　网络最优计划问题

一、基本概念

现实中,每一项工程通常都是由若干作业项目构成的,各作业项目之间往往存在着一定的工作流程,使得起始作业之外的每一项作业的开工时间都会受限于其他一些作业项目的完工时间.在这种情况下,要使整个工程的进展时间最短,应如何制定工程计划,如何预先掌握工程的进展程度;在条件和要求发生变化的情况下,要保证工程的进度,应如何调整各作业项目上投入的人力和物力.这些运筹问题都属于**网络最优计划问题**.

网络最优计划问题中涉及的概念比较多,必须准确地了解一些常用名称的含义.

定义 6.2.1　如果在工程中,A 作业必须在 B 作业开始之前完成,而且 A 作业和 B 作业之间不存在 A 作业之后、B 作业之前的作业,则称 A 作业是 B 作业的**紧前作业**,B 作业是 A 作业的**紧后作业**.

定义 6.2.2　如果每一项作业的所有紧前作业一旦完工,便立刻开始这项作业,则按此方法完成工程的时间称为该工程的**最短工期**.

定义 6.2.3　每一项作业的所有紧前作业都完工的时刻,称为该项作业的**最早开工时间**;在不改变最短工期的前提下,每项作业最多可以推后开始的时刻,称为该项作业的**最迟开工时间**.

规定　无紧前作业的作业,其最早开工时间与最迟开工时间均为 0.

定义 6.2.4　如果每项作业都按最早开工时间开始,则完成该项作业的时刻称为该项作业的**最早完工时间**;如果每项作业都按最迟开工时间开始,则完成该项作业的时刻称为该项作业的**最迟完工时间**.

定义 6.2.5　每项作业的最迟开工时间与最早开工时间之差,称为该项作业的**松弛时间**.

显然,每项作业的最迟完工时间与最早完工时间之差,等于每项作业的最迟开工时间与最早开工时间之差,也等于该项作业的松弛时间.

网络最优计划问题可以一般性地描述成:一项工程由 n 项作业构成,在已知各项作业的紧前、紧后关系,以及各项作业的用时情况下,如何制定工程中每一项作业的最早开工时间、最迟开工时间、松弛时间,以及该工程的最短工期.

二、网络最优计划问题的箭线图

网络最优计划问题可以用有向网络表示,这可以使工程中的作业关系更加直观. 用有向网络表示网络最优计划问题的方法有两种,一种是绘制**单箭线图**,另一种是绘制**复箭线图**.

1. 单箭线图

如果将工程中的每项作业都视为有向边,边的权值为完成该作业的用时,边的两端点分别为对应作业的开始时刻和终止时刻,再将所有有向边按各自对应的作业间的紧前、紧后关系连接成有向网络,则称这样的有向网络为**单箭线图**.

绘制单箭线图应注意两点,一是绘制单箭线图,常常需要加入用时为 0 的**虚拟作业**. 因为,在很多情况下,如果不加入虚拟作业,便无法完整地表示工程中某些作业之间的关系. 二是绘制出单箭线图后,应注意在不改变拓扑结构的前提下调整网络的形状,使绘制出的单箭线图尽可能达到好的视觉.

例 6.2.1 某项工程中各作业用时及紧前、紧后关系见表 6.2.1. 试绘制该工程的单箭线图.

表 6.2.1

作 业	A	B	C	D	E	F	G	H	I	J	K
用时/周	2	4	6	3	10	2	4	3	2	5	3
紧前作业	无	A	A	A	B	CDJ	EF	D	CHJ	B	GI
紧后作业	BCD	EJ	FI	FH	G	G	K	I	K	FI	无

根据表 6.2.1 给出的关系,该工程的单箭线图可绘制成图 6.2.1 的形式.

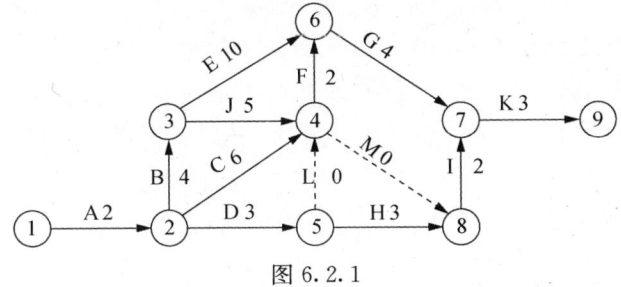

图 6.2.1

其中,作业 L 和 M 是该工程中不存在的虚拟作业.

2. 复箭线图

如果将工程中的每一项作业都作为一个节点,每个节点都伸出有向边分别连接其紧后作业对应的节点,这些有向边的权值均为该节点对应的作业用时,则按这样的方法绘制出的有向网络图称为**复箭线图**.

绘制复箭线图不会涉及虚拟边,但是,绘制完后,应补上一个虚拟节点,使终点作业伸出的有向边与这个虚拟节点相连接,这样可以使复箭线图符合一般图的表示.另外,绘制出复箭线图后,也应注意在不改变网络的拓扑结构的前提下,调整网络的形状,使绘制出的复箭线图尽可能达到好的视觉.

例 6.2.2 试绘制例 6.2.1 中给出的工程的复箭线图.

根据表 6.2.1 给出的关系,该工程的复箭线图可绘制成图 6.2.2 的形式.

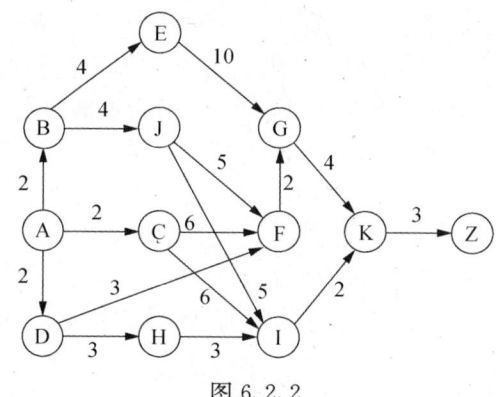

图 6.2.2

其中节点 Z 为虚拟节点,不是工程中的作业.

对比上述两种箭线图的绘制方式会发现,在工程中的作业比较多,关系又比较复杂的情况下,绘制单箭线图通常比绘制复箭线图要复杂的多,因为,绘制单箭线图通常不但要补充一些虚工作业,而且还要选择合适的连接方式;绘制复箭线图,却只需要额外地给终点作业补上一个虚拟节点.

6.3 网络最优计划问题的算法

一、基于单箭线图的网络最优计划问题的算法

由于,对工程中的每一项作业,只有在其所有紧前作业都完成后,它才能开始,所以,每一项作业的最早开工时间、最迟开工时间、最早完工时间、最迟完工时间、松弛时间都与最长路有关,并且容易论证,在单箭线图中具有以下关系:

定理 6.3.1 如果将网络最优计划问题用单箭线图表示,节点 1 为起始作业的始端节点,节点 n 为结束作业的终端节点,$d_{ij}(1 \leqslant i,j \leqslant n)$ 为节点 i 到节点 j 的最长路的长度,t_k 为第 k 项作业的用时,WS(k) 表示第 k 项作业的始端节点,WL(k) 表示第 k 项作业的终端节点$(k=1,2,\cdots,m)$,则有下列结论成立:

(1) $d_{1,\text{WS}(k)}$ 为第 k 项作业的**最早开工时间**;

(2) $d_{1,\text{WS}(k)}+t_k$ 为第 k 项作业的**最早完工时间**;

(3) $d_{1n}-d_{\text{WL}(k),n}$ 为第 k 项作业的**最迟完工时间**;

(4) $d_{1n} - d_{WL(k),n} - t_k$ 为第 k 项作业的**最迟开工时间**；

(5) $d_{1n} - d_{1,WS(k)} - d_{WL(k),n} - t_k$ 为第 k 项作业的**松弛时间**；

(6) d_{1n} 为工程的**最短工期**.

根据定理 6.3.1，只要求出单箭线图上起始节点到每一项作业的始端节点的最长路，和每一项作业的终端节点到单箭线图的终点的最长路，即可进一步得到每一项作业的最早开工时间、最迟开工时间、最早完工时间、最迟完工时间、松弛时间.

例 6.3.1 试制定表 6.2.1 所示的网络最优计划：每一项作业的最早开工时间、最迟开工时间、最早完工时间、最迟完工时间、松弛时间、最短工期.

解 在已绘制出的单箭线图（图 6.2.1）上，先用仿顺向强 Dijkstra 算法求出节点①到其他各节点的最长路（运算过程中，不用标记路径指针），在此过程中，依次选择的延伸点为①、②、③、⑤、④、⑥、⑧、⑦、⑨，具体过程见图 6.3.1.

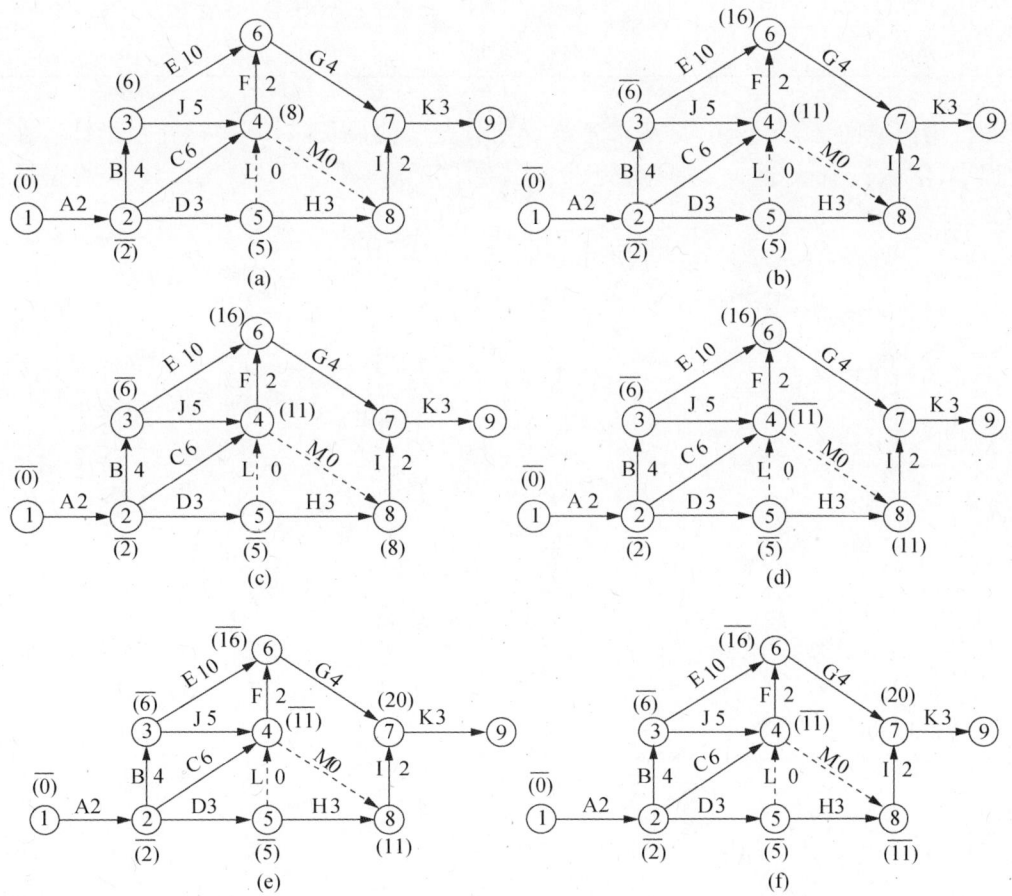

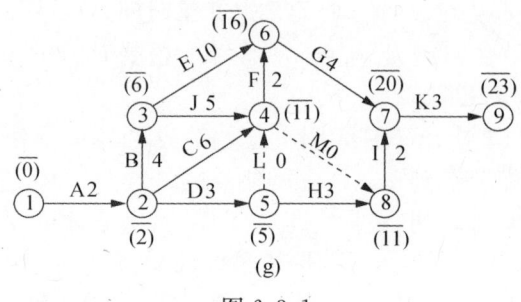

图 6.3.1

由此得到节点①到其他各节点的最长路$(L_{1j})(j=1,2,\cdots,9)$，见表 6.3.1.

表 6.3.1

节点 1 到节点 j	L_{11}	L_{12}	L_{13}	L_{14}	L_{15}	L_{16}	L_{17}	L_{18}	L_{19}
最长路的长度	0	2	6	11	5	16	20	11	23

再用仿逆向强 Dijkstra 算法求各节点到节点⑨的最长路（不用标路径指针）：在此过程中，依次选择的逆向延伸点为⑨、⑦、⑧、⑥、④、⑤、③、②、①，具体过程见图 6.3.2.

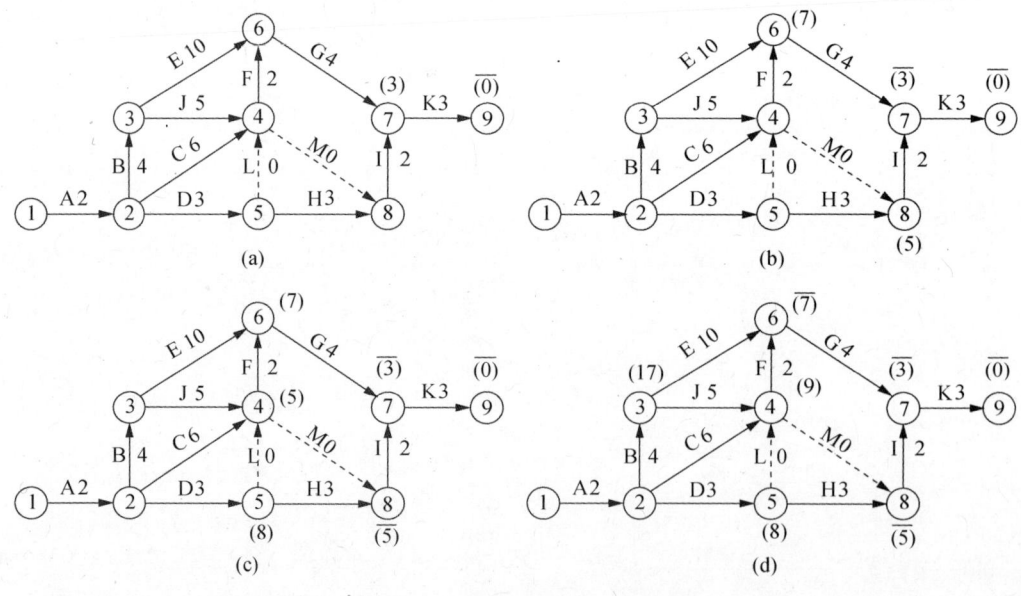

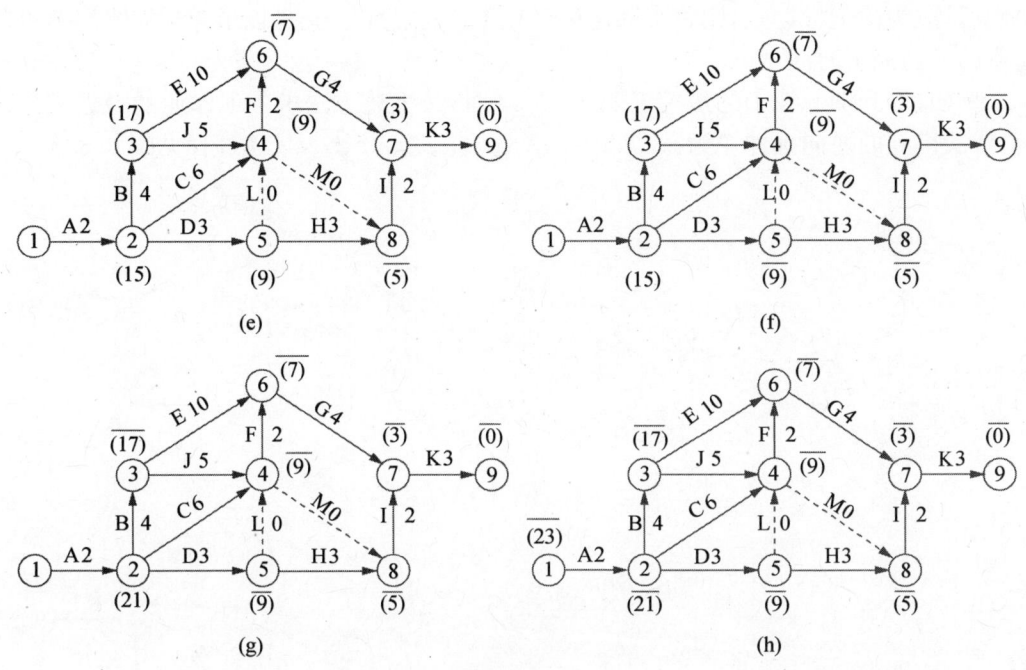

图 6.3.2

由此得到各节点到节点⑨的最长路(L_{i9})($i=1,2,\cdots,9$),见表 6.3.2.

表 6.3.2

节点 i 到节点 9	L_{19}	L_{29}	L_{39}	L_{49}	L_{59}	L_{69}	L_{79}	L_{89}	L_{99}
最长路的长度	23	21	17	9	9	7	3	5	0

根据定理 6.3.1,得到网络最优计划,见表 6.3.3. 工程的最短工期为 $L_{19}=23$.

表 6.3.3

作 业	A	B	C	D	E	F	G	H	I	J	K
最早开工时间	0	2	2	2	6	11	16	5	11	6	20
最早完工时间	2	6	8	5	16	13	20	8	13	11	23
最迟完工时间	2	6	14	14	16	16	20	18	20	14	23
最迟开工时间	0	2	8	11	6	14	16	15	18	9	20
松弛时间	0	0	6	9	0	3	0	10	7	3	0

由定理 6.3.1 知,$d_{1n}-d_{WL(k),n}$ 为第 k 项作业的最迟完工时间,所以,在得到最短工期时,也可以按下列方法获取各项作业的最迟完工时间:给节点 n 标记 $\Gamma_{nn}=L_{1n}$(最短工期),给节点 i 标记 $\Gamma_{in}=+\infty$($i=1,2,\cdots,n-1$),以不相邻可达任何可变标记点的可变标记点为逆向延伸点,逆向延伸过程中,当且仅当 $\Gamma_{kn}-t_{ik}<\Gamma_{in}$ 时,$\Gamma_{in} \Leftarrow \Gamma_{kn}-t_{ik}$. 延伸

点用后,成为固定标记点,则每个固定标记点上的标记 Γ_{in},便是以节点 i 为终端节点的作业的最迟完工时间.

例如,得到例 6.3.1 的最短工期 $L_{19} = 23$ 时,按上述方法求各项作业的最迟完工时间,依次得到的逆向延伸点为⑨、⑦、⑥、⑧、④、⑤、③、②、①,具体过程见图 6.3.3.

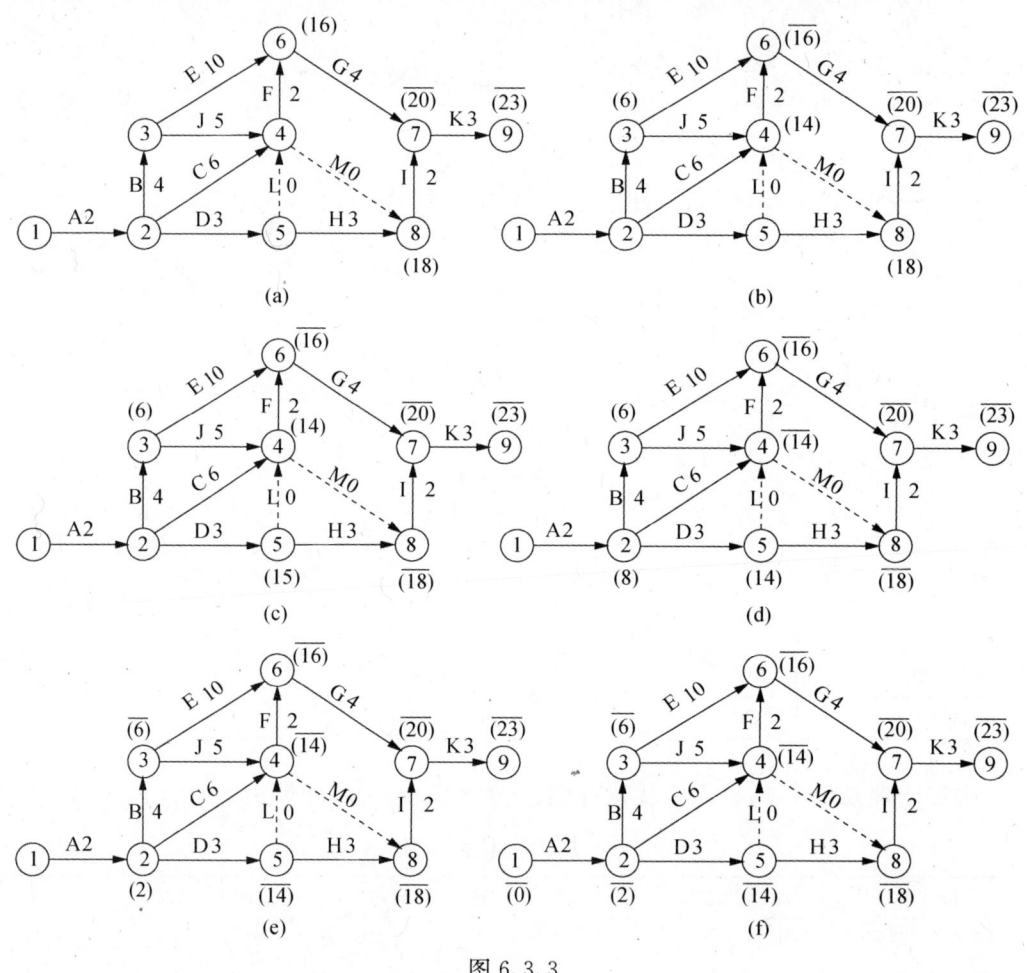

图 6.3.3

由此得到每一项作业的最迟完工时间,见表 6.3.4.

表 6.3.4

作 业	A	B	C	D	E	F	G	H	I	J	K
最迟完工时间	2	6	14	14	16	16	20	18	20	14	23

注释 用仿 Floyd 算法可以得到网络中任意两节点间的最长路,所以,根据定理 6.3.1,针对单箭线图,也可以借助仿 Floyd 算法求解网络最优计划问题.

二、基于复箭线图的网络最优计划问题的算法

在复箭线图中,同样容易论证每一项作业的最早开工时间、最迟开工时间、最早完工时间、最迟完工时间,以及松弛时间与最长路之间也存在着下列关系:

定理 6.3.2 如果将网络最优计划问题用复箭线图表示,节点 1 为起点作业,节点 n 为终点作业,$d_{ij}(1 \leqslant i,j \leqslant n)$ 为节点 i 到节点 j 的最长路的长度,$t_k(k=1,2,\cdots,n)$ 为第 k 项作业的用时,则有下列结论成立:

(1) d_{1k} 等于第 k 项作业的**最早开工时间**;

(2) $d_{1k}+t_k$ 等于第 k 项作业的**最早完工时间**;

(3) $d_{1n}-d_{1k}-d_{kn}$ 等于第 k 项作业的**松弛时间**;

(4) $d_{1n}-d_{kn}$ 等于第 k 项作业的**最迟开工时间**;

(5) $d_{1n}-d_{kn}+t_k$ 等于第 k 项作业的**最迟完工时间**;

(6) $d_{1n}+t_n$ 等于工程的**最短工期**.

在复箭线图上,也可以用仿强 Dijkstra 算法求出起始节点到其他各节点的最长路,以及各点到最终节点的最长路,再依据定理 6.3.2,算出网络最优计划问题需要的全部结果. 但是,值得强调的是,不画复箭线图,仅仅依据每项作业的用时及各项作业间的紧前、紧后关系,便能构建复箭线图的长边矩阵 $(d_{ij})_{n \times n}$,因此,借助求最长路的仿 Floyd 算法,根据定理 6.3.2,不画任何箭线图,即可求解网络最优计划问题. 这种算法称为**基于仿 Floyd 算法的网络最优计划算法**.

基于仿 Floyd 算法的网络最优计划算法的程序步骤:

1° 输入各项作业用时 $t_j(j=1,2,\cdots,n)$. 其中作业 1 为起点作业,作业 n 为终点作业.

$$d_{ij} \Leftarrow \begin{cases} t_i, & \text{第 } j \text{ 项作业为第 } i \text{ 项作业的紧后作业} \\ 0, & i=j \\ -\infty, & \text{否则} \end{cases} \quad (i,j=1,2,\cdots,n).$$

2° $i \Leftarrow 1, j \Leftarrow 1, k \Leftarrow 1$.

3° $\mu \Leftarrow d_{ik}+d_{kj}$.

若 $\mu > d_{ij}$,则 $d_{ij} \Leftarrow \mu$,转到 4°;否则 ($\mu \leqslant d_{ij}$) 直接转到 4°.

4° 若 $j<n$,则 $j \Leftarrow j+1$,转到 3°;否则 ($j=n$) 转到 5°.

5° 若 $i<n$,则 $i \Leftarrow i+1, j \Leftarrow 1$,转到 3°;否则 ($i=n$) 转到 6°.

6° 若 $k<n$,则 $k \Leftarrow k+1, j \Leftarrow 1, i \Leftarrow 1$,转到 3°;否则 ($k=n$) 转到 7°.

7° $\delta_j \Leftarrow d_{1n}-d_{1,j}-d_{j,n}(j=1,2,\cdots,n)$.

$\mathrm{ES}_j \Leftarrow d_{1j}, \mathrm{EF}_j \Leftarrow \mathrm{ES}_j+t_j, \mathrm{LS}_j \Leftarrow \mathrm{ES}_j+\delta_j, \mathrm{LF}_j \Leftarrow \mathrm{LS}_j+t_j(j=1,2,\cdots,n)$.

算法注释 (1) 步骤 7° 中,$\mathrm{ES}_j, \mathrm{EF}_j, \mathrm{LS}_j, \mathrm{LF}_j, \delta_j$ 分别表示第 j 项作业的最早开工时间、最早完工时间、最迟开工时间、最迟完工时间、松弛时间 ($j=1,2,\cdots,n$).

(2) 当工程中无紧前作业的作业不只一个时,可设一个用时为 0 的虚拟作业,作为它们的紧前作业;当无紧后作业的作业不只一个时,也可设一个用时为 0 的虚拟作业,

作为它们的紧后作业,则上述算法同样可用.

例 6.3.2 试用网络最优计划的仿 Floyd 算法求解例 6.2.1 中的工程最优计划问题.

解 按照网络最优计划的仿 Floyd 算法的步骤 1° 构建长边矩阵 $(d_{ij})_{n\times n}$:

$$\begin{array}{c} & A & B & C & D & E & F & G & H & I & J & K \\ A \\ B \\ C \\ D \\ E \\ F \\ G \\ H \\ I \\ J \\ K \end{array} \begin{pmatrix} 0 & 2 & 2 & 2 & -\infty & -\infty & -\infty & -\infty & -\infty & -\infty & -\infty \\ -\infty & 0 & -\infty & -\infty & 4 & -\infty & -\infty & -\infty & -\infty & 4 & -\infty \\ -\infty & -\infty & 0 & -\infty & -\infty & 6 & -\infty & -\infty & 6 & -\infty & -\infty \\ -\infty & -\infty & -\infty & 0 & -\infty & 3 & -\infty & 3 & -\infty & -\infty & -\infty \\ -\infty & -\infty & -\infty & -\infty & 0 & -\infty & 10 & -\infty & -\infty & -\infty & -\infty \\ -\infty & -\infty & -\infty & -\infty & -\infty & 0 & 2 & -\infty & -\infty & -\infty & -\infty \\ -\infty & -\infty & -\infty & -\infty & -\infty & -\infty & 0 & -\infty & -\infty & -\infty & 4 \\ -\infty & -\infty & -\infty & -\infty & -\infty & -\infty & -\infty & 0 & 3 & -\infty & -\infty \\ -\infty & -\infty & -\infty & -\infty & -\infty & -\infty & -\infty & -\infty & 0 & -\infty & 2 \\ -\infty & -\infty & -\infty & -\infty & -\infty & 5 & -\infty & -\infty & 5 & 0 & -\infty \\ -\infty & -\infty & -\infty & -\infty & -\infty & -\infty & -\infty & -\infty & -\infty & -\infty & 0 \end{pmatrix}$$

按步骤 2°～步骤 6° 运算,运算结束后 $(d_{ij})_{n\times n}$ 为

$$\begin{array}{c} & A & B & C & D & E & F & G & H & I & J & K \\ A \\ B \\ C \\ D \\ E \\ F \\ G \\ H \\ I \\ J \\ K \end{array} \begin{pmatrix} 0 & 2 & 2 & 2 & 6 & 11 & 16 & 5 & 11 & 6 & 20 \\ -\infty & 0 & -\infty & -\infty & 4 & 9 & 14 & -\infty & 9 & 4 & 18 \\ -\infty & -\infty & 0 & -\infty & -\infty & 6 & 8 & -\infty & 6 & -\infty & 12 \\ -\infty & -\infty & -\infty & 0 & -\infty & 3 & 5 & 3 & 6 & -\infty & 9 \\ -\infty & -\infty & -\infty & -\infty & 0 & -\infty & 10 & -\infty & -\infty & -\infty & 14 \\ -\infty & -\infty & -\infty & -\infty & -\infty & 0 & 2 & -\infty & -\infty & -\infty & 6 \\ -\infty & -\infty & -\infty & -\infty & -\infty & -\infty & 0 & -\infty & -\infty & -\infty & 4 \\ -\infty & -\infty & -\infty & -\infty & -\infty & -\infty & -\infty & 0 & 3 & -\infty & 5 \\ -\infty & -\infty & -\infty & -\infty & -\infty & -\infty & -\infty & -\infty & 0 & -\infty & 2 \\ -\infty & -\infty & -\infty & -\infty & -\infty & 5 & 7 & -\infty & 5 & 0 & 11 \\ -\infty & -\infty & -\infty & -\infty & -\infty & -\infty & -\infty & -\infty & -\infty & -\infty & 0 \end{pmatrix}$$

最终的 $(d_{ij})_{n\times n}$ 记录了任意两个节点之间的最长路的长度,根据步骤 7°,计算出每项作业的最早开工时间、最迟开工时间、最早完工时间、最迟完工时间及松弛时间. 见表 6.3.5.

表 6.3.5

作 业	A	B	C	D	E	F	G	H	I	J	K
最早开工时间	0	2	2	2	6	11	16	5	11	6	20
最早完工时间	2	6	8	5	16	13	20	8	13	11	23

续表

作业	A	B	C	D	E	F	G	H	I	J	K
最迟开工时间	0	2	8	11	6	14	16	15	18	9	20
最迟完工时间	2	6	14	14	16	16	20	18	20	14	23
松弛时间	0	0	6	9	0	3	0	10	7	3	0

由定理 6.3.2 知,该工程的最短工期为 23.

三、关键作业和关键路径的概念与应用

定义 6.3.1 松弛时间为 0 的作业称为**关键作业**,松弛时间不为 0 的作业称为**非关键作业**.

由定理 6.3.1 或定理 6.3.2 知,关键作业的最早开工时间与最迟开工时间相同,意味着关键作业必须严格按最早开工时间进行,不能延后,否则会延误工程的完工时间.

定理 6.3.3 箭线图中,起点到终点的路径 L 是最长路径的充分必要条件是,路径 L 上的作业都是**关键作业**.

证 这里只针对复箭线图进行证明,至于单箭线图的情况证明完全类似.

必要性. 当 L 是起点到终点的最长路径时,在路径 L 上任取一个节点 v_i,将路径 L 分成两段 L_1 和 L_2,则 L_1 是起点到节点 v_i 的最长路径,L_2 是节点 v_i 到终点的最长路径. 由定理 6.3.2 知,节点 v_i 对应作业的松弛时间 $= L - L_1 - L_2 = 0$,根据定义 6.3.1,节点 v_i 对应作业为关键作业,由于 v_i 是最长路径 L 上任取的节点,所以,最长路径 L 上每一个节点对应的作业都是关键作业.

充分性. 当起点到终点的路径 L 上的作业都是关键作业时,由定义 6.3.1 知,L 上每一个节点对应的作业的松弛时间都等于 0,这意味着 L 上每一项作业一旦结束,其紧后作业(位于 L 上)必须立刻开始,根据定义 6.2.2,L 的长度为最短工期,由定理 6.3.2 知,L 是起点到终点的最长路径.

定义 6.3.2 由关键作业在箭线图中形成的起点到终点的路径,称为**关键路径**.

由定理 6.3.2 知,箭线图的关键路径,就是起点到终点的最长路径,长度就是最短工期.

如果将关键作业用粗线段表示,则例 6.2.1 的单箭线图中的关键路径如图 6.3.4 所示.

例 6.2.1 的复箭线图中的关键路径如图 6.3.5 所示.

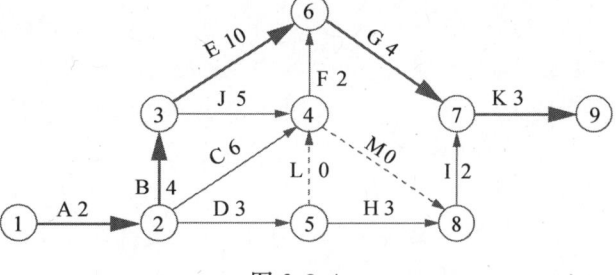

图 6.3.4

关键作业是决定最短工期的作业,如果关键作业的用时缩短了,则最短工期必然缩短;如果缩短非关键作业的用时,则不会改变最短工期. 这些特点告诉我们,要想通过技

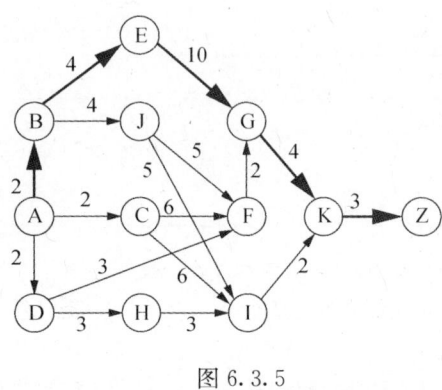

图 6.3.5

术改造或设备更新来减少作业的用时,达到缩短工程工期的目的,应该从关键作业着手,减少关键作业的用时是缩短工程工期的必要手段,而减少非关键作业的用时,无助于缩短工程工期.另外,还应该注意,当关键路径不止一条时,仅仅缩短一条关键路径上的作业用时,也无助于缩短工程工期;关键路径上的作业用时减少的再多,工期也不会缩到短于箭线图中的次最长路.因此,在缩短关键作业的用时不能达到预期目的时,还应该有选择地减少一些非关键作业的用时.

例 6.3.3 通过技术改造或设备更新,例 6.2.1 中的一些作业可以不同程度地减少用时,具体可减少的用时量,见表 6.3.6.如果受资金和施工等方面的限制,只允许对两个作业项目实施技术改造或设备更新,那么,选择哪两个项目,可以最大限度地缩短工期.

表 6.3.6

作 业	A	B	C	D	E	F	G	H	I	J	K
用时/周	2	4	6	3	10	2	4	3	2	5	3
可减用时	0	0.2	4	0.5	6.3	0.1	1.2	1.7	0.3	3.1	0.2

解 由表 6.3.6 知,作业 C 和 E 可减少的用时最多,如果选择这两个作业进行技术改造或设备更新,则作业 C 和 E 的用时减少后,工程的关键作业变为 A、B、J、F、G、K,最短工期变为 20,如图 6.3.6 所示.

由例 6.3.1 的运算结果知,原先的关键作业为 A、B、E、G、K,由表 6.3.6 知,这 5 个关键作业中 E 和 G 可减少的用时最多,如果按照表 6.3.6 提供的数值,减少作业 E 和 G 的用时后,工程中的关键作业变为 A、B、J、F、G、K,最短工期变为 18.8.如图 6.3.7 所示.

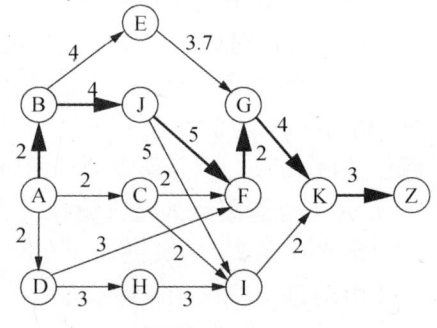

图 6.3.6

如果按照表 6.3.6 提供的数值,选择减少关键作业 E 和非关键作业 J 的用时,则工程中的关键作业变为 A、C、F、G、K,最短工期变为 17.如图 6.3.8 所示.

可以验证,减少关键作业 E 和非关键作业 J 的用时,工程的工期缩得最短.

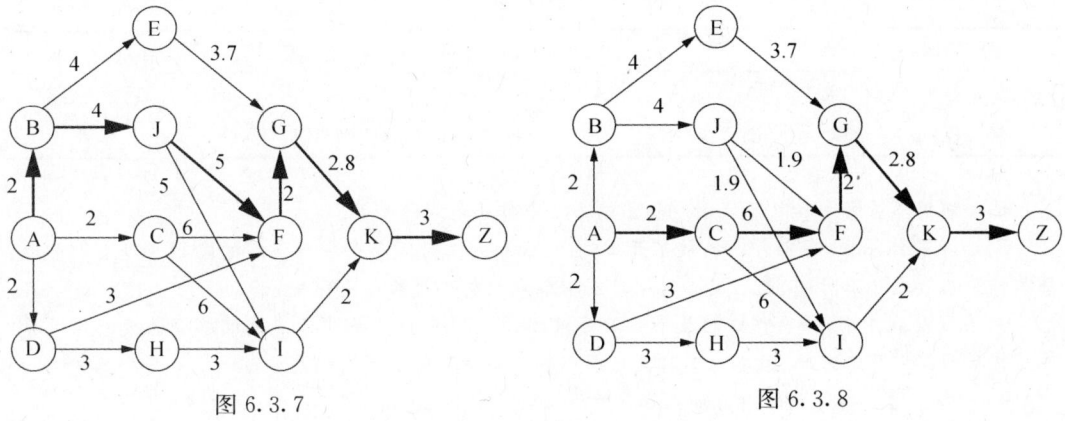

图 6.3.7　　　　　　　　　　　图 6.3.8

习　题　6

1. 试求图 6.1 的中心节点和中心半径.

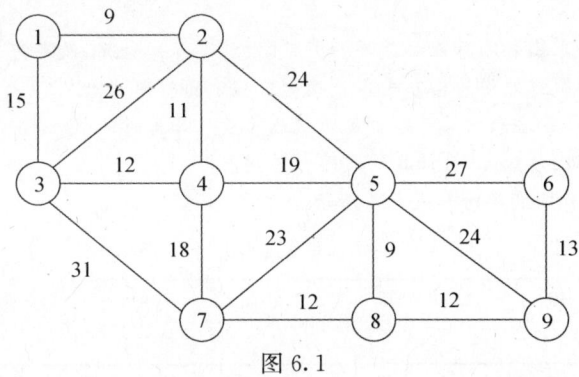

图 6.1

2. 如果要在图 6.1 中选一个节点集合,使每一个节点到这个节点集合的距离不超过 25,试问节点集合中至少要几个节点？这几个节点应选在何处？

3. 试求图 6.1 所示的网络的 3 中心集合和 3 中心半径.

4. 如果 A 作业是 B 作业的紧前作业,则 A 作业一完工 B 作业是否就可以开始？如果 C 作业是 D 作业的紧后作业,则 D 作业一定是 C 作业的紧前作业吗？

5. 某工程由 8 项作业构成,相互间的紧前紧后关系见表 6.1.

表 6.1

作　业	A	B	C	D	E	F	G	H
紧前作业	无	无	A	A	BC	E	BCDF	EG
紧后作业	CD	EG	EG	G	FH	G	H	无

试分别用单箭线图和复箭线图绘制出该工程中作业之间的关系.

6. 某工程由 11 项作业构成,相互间的紧前紧后关系见表 6.2.

表 6.2

作 业	A	B	C	D	E	F	G	H	I	J	K
紧前作业	无	A	A	A	B	CDJ	EF	D	H	B	GI
紧后作业	BCD	EJ	F	FH	G	G	K	I	K	F	无

试分别用单箭线图和复箭线图绘制出该工程中作业之间的关系.

7. 在单箭线图中,每项作业的最早开工时间、最早完工时间与图中节点间的路径长度有何关系? 每项作业的最迟开工时间、最迟完工时间与图中节点间的路径长度有何关系?

8. 在复箭线图中,每项作业的最早开工时间、最早完工时间与图中节点间的路径长度有何关系? 每项作业的最迟开工时间、最迟完工时间与图中节点间的路径长度有何关系?

9. 如果 5 题中各作业的用时如表 6.3 所示.

表 6.3

作 业	A	B	C	D	E	F	G	H
用时/小时	12	13	2	15	4	10	6	7

试用往返延伸算法求出每项作业的最早开工时间、最迟开工时间、最早完工时间、最迟完工时间、松弛时间、最短工期(计算结果用表格列出),并指出工程中的关键作业.

10. 试借助仿 Floyd 算法求出第 9 题中每项作业的最早开工时间、最迟开工时间、最早完工时间、最迟完工时间、松弛时间、最短工期(计算结果用表格列出).

11. 如果 6 题中各作业的用时如表 6.4 所示.

表 6.4

作 业	A	B	C	D	E	F	G	H	I	J	K
用时/天	2	4	7	3	10	2	4	3	2	2	3

试用仿 Floyd 算法求出每项作业的最早开工时间、最迟开工时间、最早完工时间、最迟完工时间、松弛时间、最短工期(计算结果用表格列出),并指出工程中的关键作业.

12. 如果 9 题给出的工程中有部分作业可以通过技术改造或设备更新缩短用时,而这些作业用于技术改造或设备更新的费用,及能够缩短的用时见表 6.5.

表 6.5

作 业	A	B	D	E	F
投入资金量/万元	8	9	6	5	7
可缩短用时/小时	1	5	4	1	4

在总投资不超过 20 万元的限制条件下,要最大限度地缩短工程进度,应该把资金投给哪些作业项目?

第7章

最大流和最小费用流问题

最大流和最小费用流问题是网络规划中的两个重要问题,在交通、通信、电力及城市用水等管理问题方面有着广泛的用途.本章将着重介绍有向网络和无向网络的最大流问题、最小费用流问题及其解法.

7.1 最大流问题及其算法

一、有向网络最大流问题及其数学模型

如果把有向网络中只出不进的节点称为**源点**,把只进不出的节点称为**汇点**,则最大流问题的一般描述如下:

在 n 个节点的有向网络 $G(V,E)$ 中,$v_1 \in V$ 为源点,$v_n \in V$ 为汇点.边 $(v_i,v_j) \in E$ 的流量上限为 f_{ij}.研究的问题是源点 v_1 通过 $G(V,E)$ 流向汇点 v_n 的流量能够达到多大?

设边 $(v_i,v_j) \in E$ 上的流量为 x_{ij},则最大流问题的数学模型为

$$\max \sum_{(v_1,v_j) \in E} x_{1j}$$
$$\text{s. t.} \begin{cases} \sum_{(v_i,v_k) \in E} x_{ik} - \sum_{(v_k,v_j) \in E} x_{kj} = 0 & (k=2,3,\cdots,n-1) \\ 0 \leqslant x_{ij} \leqslant f_{ij}, (v_i,v_j) \in E \end{cases} \quad (7.1.1)$$

其中,第一个约束条件表示,除了源点和汇点外,每一个节点处流入的流量都应该等于流出的流量;第二个约束条件表示,每一条边上的流量都是非负的,且不能超过该边的流量上限.另外,目标函数也可以用 $\sum_{(v_i,v_n) \in E} x_{in}$ 替换 $\sum_{(v_1,v_j) \in E} x_{1j}$.

如果网络中的源点和汇点都不唯一,则可以重新设一个源点 v_0 和汇点 v_{n+1},并且令源点 v_0 只相邻可达原有的源点,之间的有向边的权值都为 $+\infty$,令原先的所有汇点都相邻可达汇点 v_{n+1},之间的有向边的权值为 $+\infty$,而其他节点都不相邻可达汇点 v_{n+1}.如此,得到的新的网络 $G(\overline{v},\overline{E})$ 便是一个单源单汇的网络.

显然,模型(7.1.1)属于线性规划,但是,不宜用第1章介绍的方法求解,原因是过程太复杂,而且计算量非常大.本节要介绍的求解最大流问题的割集法和 Ford-Fulkersen 算法,这两种方法都抓住了最大流问题的特点,因此,运算过程要简便得多,计算效率也要高得多.

定义 7.1.1 数学模型(7.1.1)的可行解称为该网络的**可行流**,使(7.1.1)的目标

函数值最大的可行流称为该网络的**最大流**.

二、有向网络的割与割量的概念与性质

定义 7.1.2 设 $G(V,E)$ 是一个以 v_1 为源点,v_n 为汇点的有向网络. 如果 $v_1 \in \overline{V} \subseteq V, v_n \in V - \overline{V}$,则称有序的集合对 $(\overline{V}, V-\overline{V})$ 为网络 $G(V,E)$ 的**割**;网络中所有由 $\overline{V}$ 到 $V-\overline{V}$ 的有向边的权值之和称为割 $(\overline{V}, V-\overline{V})$ 的**割量**;割量最小的割,称为**最小割**.

定理 7.1.1 单源单汇的有向网络的最大流量等于该网络最小割的割量.

这个定理比较直观,易于理解,所以证明过程不再给出.

例 7.1.1 已知一单源单汇的有向网络如图 7.1.1 所示,网络中每条边上数值均表示该边的流量上限. 试求源点①流向汇点⑦的最大流.

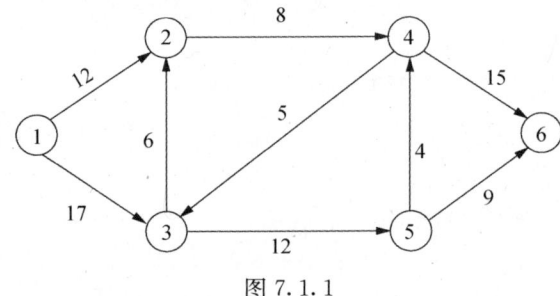

图 7.1.1

解 找出网络的所有割及其割量,见表 7.1.1.

表 7.1.1

含源点集	含汇点集	割量
①	②③④⑤⑥	29
①②	③④⑤⑥	25
①③	②④⑤⑥	30
①②③	④⑤⑥	20
①②④	③⑤⑥	37
①③⑤	②④⑥	31
①②③④	⑤⑥	27
①②③⑤	④⑥	21
①②③④⑤	⑥	24

由于含源点集为①、②、③,含汇点集为④、⑤、⑥时,割的割量最小为 20. 因此,由定理 7.1.1 知,该有向网络的最大流为 20.

由于现实中更想知道的往往是,最大流是如何通过网络从源点流向汇点的,对于这一点,定理 7.1.1 并没有揭示. 要想知道最大流的流动方式,可以先给得到最小割量的有向边标上流量(等于该边的流量上限),然后按照模型(7.1.1)中的约束条件,依次给

每个节点的流入边和流出边表上流量,具体过程见图 7.1.2(括号内为有向边上的流量值).

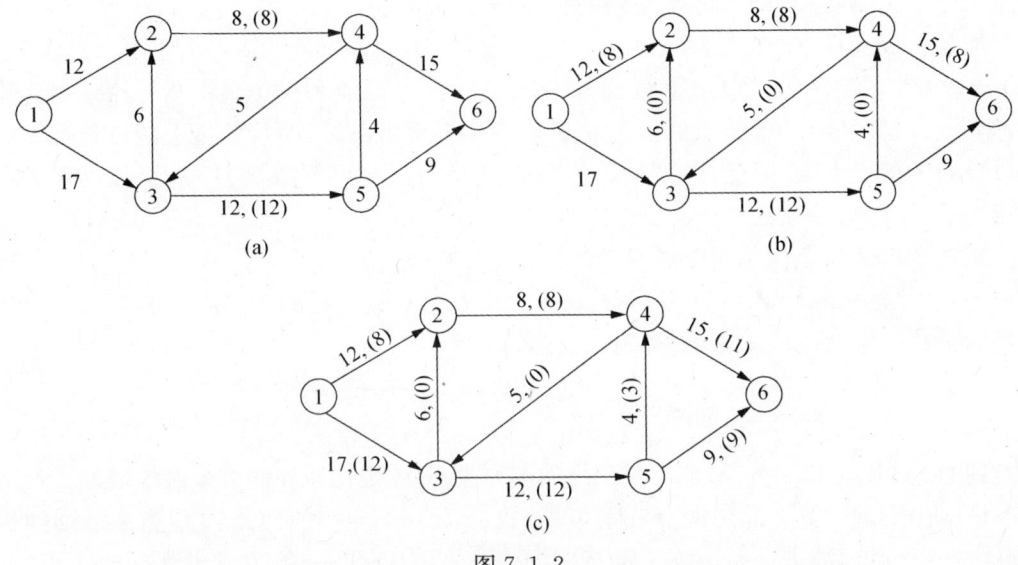

图 7.1.2

需要说明的是,在网络中的节点和边比较多的情况下,依据最小割寻找网络最大流的流动方式,过程会很复杂,许多边上的流量可能需要反复修改,而且修改任何一条边上的流量都会涉及对一系列边上流量的修改.因此,用上述方法寻找最大流的流动方式,只适用于规模较小的网络.另外,通过上述练习不难发现,网络的最大流的流动方式一般是不唯一的.

三、有向网络最大流的 Ford-Fulkersen 算法

用 Ford-Fulkersen 算法解决有向网络最大流问题,不但可以得到最大流的值,而且可以获得最大流的流动方式.不过,在介绍这一算法之前,必须先介绍一些相关的概念和性质.

定义 7.1.3 设 L 是以源点和汇点为端点的一条链,E_L^+ 是 L 上所有指向汇点的边构成的集合,E_L^- 是 L 上所有指向源点的边构成的集合,f_{ij} 为边 (v_i,v_j) 的流量上限,x_{ij} 为可行流经过边 (v_i,v_j) 的流量 $(1 \leqslant i,j \leqslant n)$. 如果 L 满足以下条件:

(1) 每一个 $(v_i,v_j) \in E_L^+$,都有 $x_{ij} < f_{ij}$;

(2) 每一个 $(v_i,v_j) \in E_L^-$,都有 $x_{ij} > 0$,则称 L 为网络的**增广链**.

图 7.1.3 显示的就是一条由源点①到汇点⑩的一条链.

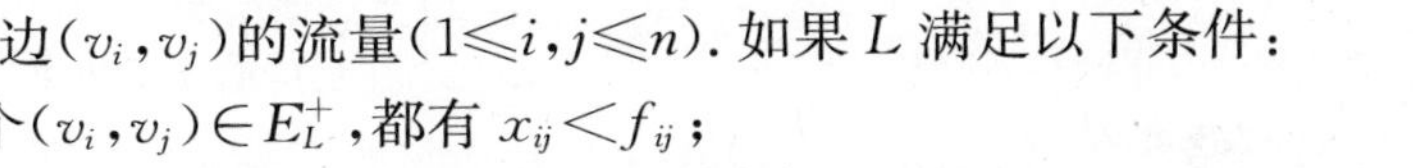

图 7.1.3

如果在这条链上，(①,②)边上 $f_{12}-x_{12}>0$，(⑤,②)边上 $x_{52}>0$，(③,⑤)边上，$x_{35}>0$，(③,⑧)边上 $f_{38}-x_{38}>0$，(⑧,⑦)边上 $f_{87}-x_{87}>0$，(⑦,⑩)边上 $f_{7,10}-x_{7,10}>0$. 则由定义 7.1.3 知，这条链是网络的一条增广链.

取 $\delta=\min\{f_{12}-x_{12},x_{52},x_{35},f_{38}-x_{38},f_{87}-x_{87},f_{7,10}-x_{7,10}\}$，并且给(①,②)、(③,⑧)、(⑧,⑦)、(⑦,⑩)边上各增加 δ 流量，给(⑤,②)和(③,⑤)边上各减少 δ 流量，则②、⑤、③、⑧、⑦各节点的流进总量依然等于流出总量，而且各边上的流量都不会超过该边的流量上限. 因此，改变后的流量依然是网络的可行流，但却是流量更大的可行流.

定理 7.1.2 设 L 是网络的一条增广链，如果取
$$\delta=\min\{\min\{f_{ij}-x_{ij}\mid(v_i,v_j)\in E_L^+\},\min\{x_{ij}\mid(v_i,v_j)\in E_L^-\}\}$$
并且对最每一条边 $(v_i,v_j)\in L$，实施以下运算：
$$x_{ij}\leftarrow\begin{cases}x_{ij}+\delta,&\text{边}(v_i,v_j)\in E_L^+\\x_{ij}-\delta,&\text{边}(v_i,v_j)\in E_L^-\end{cases}$$
则得到的 $x_{ij}(i,j=1,2,\cdots,n)$ 依然是网络的可行流，其流量比原先的可行流量增加了 δ.

证 由于增广链上除了源点和汇点外，每一个节点连接的两条边必然是下列四种情况之一：一条边流进一条边流出都指向源点；一条边流进一条边流出都指向汇点；两条边都流进；两条边都流出. 因此，可以参照上述图 7.1.3 的特点，分别针对这四种情况进行证明. 具体过程就不再给出了.

定理 7.1.3 网络 $G(V,E)$ 中的可行流 $x_{ij}(1\leqslant i,j\leqslant n)$ 为最大流的充分必要条件是，网络 $G(V,E)$ 中不存在增广链.

由于，用反证法容易得知必要性成立，但是充分性的证明比较烦琐，因此，定理 7.1.3 的证明这里就不再给出了.

定理 7.1.2 和定理 7.1.3 揭示，解决网络最大流问题，可以在网络的任意一个可行流的基础上，寻找增广链，然后调整增广链上各边的流量，来获取流量更大的可行流，不断地重复这一过程，直到不存在增广链为止. 那么如何寻找增广链呢？这是问题的关键.

Ford-Fulkersen 算法给出了一种通过相邻延伸寻找增广链的方法，其有别于寻找最优路径的延伸方法. 差别是，前者延伸出的是链，后者延伸出的是路.

如果用 f_{ij} 和 x_{ij} 分别表示网络 $G(V,E)$ 中边 $(v_i,v_j)\in E$ 的流量上限和可行流在该边上的流量，用 $\delta_{1j}(j=1,2,\cdots,n)$ 表示从源点 v_1 相邻延伸到节点 v_j 时，形成的链上可增加的流量，则求**有向网络最大流的 Ford-Fulkersen 算法**过程如下：

(1)给每个节点 v_j 一个初始可变标记 $(v_1,\delta_{1j})(j=1,2,\cdots,n)$，其中
$$\delta_{11}=+\infty,\delta_{1j}=0\quad(j=2,3,\cdots,n)$$

(2)确定延伸节点：
$$\max\{\delta_{1j}\mid(v_\alpha,\delta_{1j})\text{为可变标记},1\leqslant j\leqslant n\}\triangleq\lambda$$
$$\max\{j\mid\delta_{1j}=\lambda,(v_\alpha,\delta_{1j})\text{为可变标记},1\leqslant j\leqslant n\}\triangleq k$$

如果 $k=n$,则转到(5);否则($k\neq n$)转到(3).

(3)对于节点 v_k 相邻的每一个可变标记点 $v_j (1\leq j\leq n)$:

如果$(v_k,v_j)\in E$,且 $\min\{\delta_{1k},f_{kj}-x_{kj}\}>\delta_{1j}$,则$(v_{a(j)},\delta_{1j})\Leftarrow(v_k,\min\{\delta_{1k},f_{kj}-x_{kj}\})$;如果$(v_j,v_k)\in E$,且 $\min\{\delta_{1k},x_{jk}\}>\delta_{1j}$,则$(v_{a(j)},\delta_{1j})\Leftarrow(v_k,\min\{\delta_{1k},x_{jk}\})$.

(4)将节点 v_k 的可变标记改成固定标记,转到(2).

(5)如果 $\delta_{1n}>0$,则得到增广链,其连接方式由各节点的固定标记中的节点逆向指出;这时,按照定理 7.1.2 中给出的方法,修改增广链上各边的流量 x_{ij}.之后,转到(1);如果 $\delta_{1n}=0$ 则这时网络中的可行流是最大流,停止运算.

例 7.1.2 已知一单源单汇的有向网络如图 7.1.4 所示,每条边上前一个数值表示流量上限,后一个数值表示可行流在这条边上的流量.如果网络中的可行流能够改变,试用 Ford-Fulkersen 算法求该网络源点①能够流向汇点⑥的最大流.

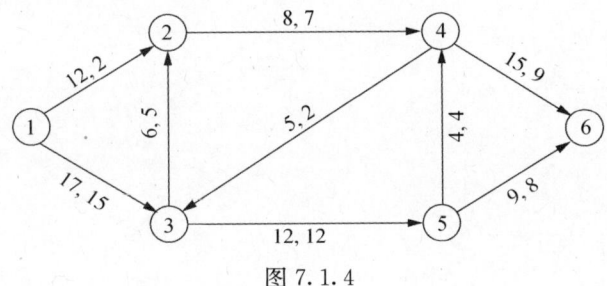

图 7.1.4

解 规定图中节点旁没有标记的均表示该节点有一个可变标记为(①,0),用 Ford-Fulkersen 算法寻找增广链,依次得到的延伸点为①、②、③、④,具体过程见图 7.1.5.

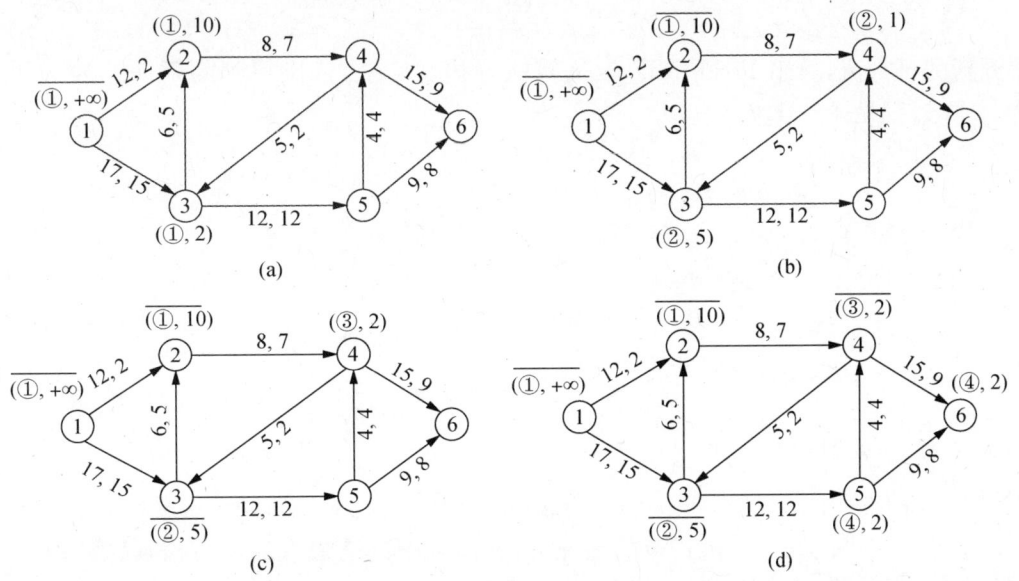

图 7.1.5

由此得到一条增量为 2 的增广链 ⑥←④→③→②←①,沿这条增广链修正可行流
$$x_{46} \Leftarrow x_{46}+2=11, \quad x_{43} \Leftarrow x_{43}-2=0, \quad x_{32} \Leftarrow x_{32}-2=3, \quad x_{12} \Leftarrow x_{12}+2=4$$
得到新的可行流,再用 Ford-Fulkersen 算法寻找增广链,依次得到的延伸点为①、②、③、④、具体过程见图 7.1.6.

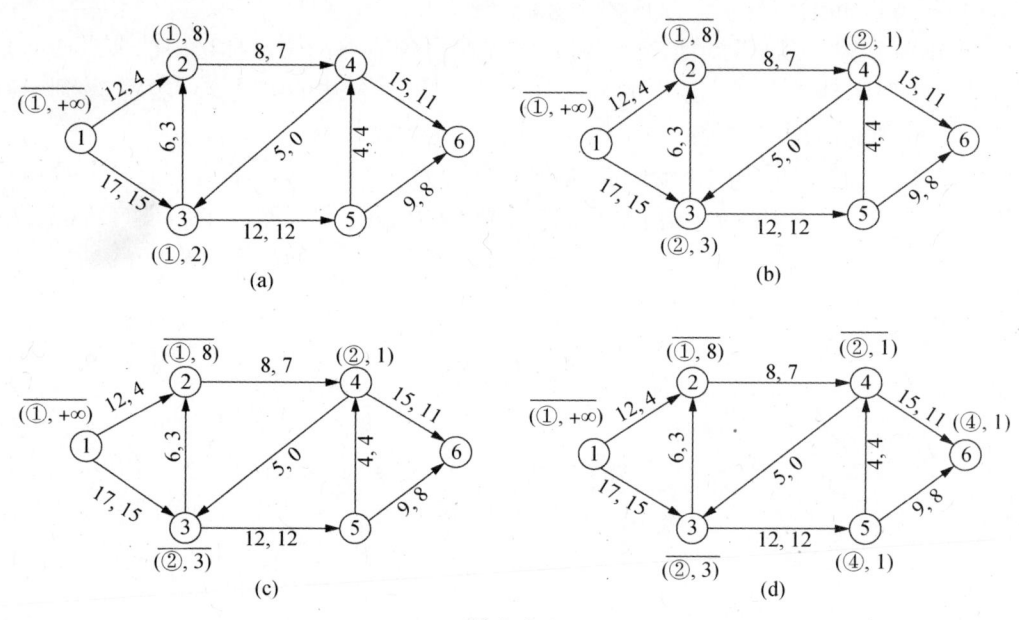

图 7.1.6

由此得到一条增量为 1 的增广链 ⑥←④←②←①,沿这条增广链修正可行流
$$x_{46} \Leftarrow x_{46}+1=12, \quad x_{24} \Leftarrow x_{24}+1=8, \quad x_{12} \Leftarrow x_{12}+1=5$$
得到新的可行流,再用 Ford-Fulkersen 算法寻找增广链,依次得到的延伸点为①、②、③,具体过程见图 7.1.7.

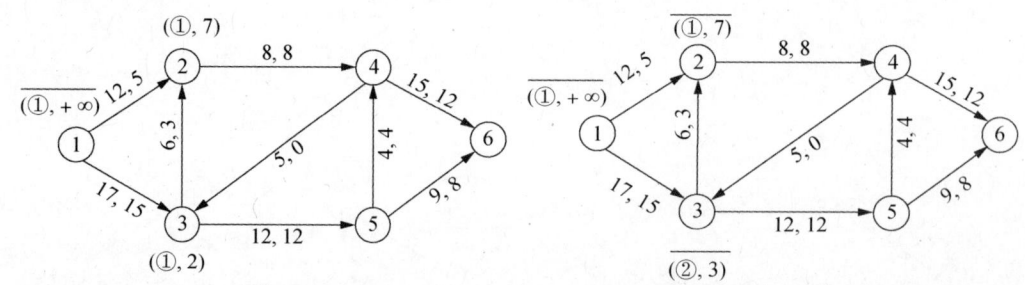

图 7.1.7

由 Ford-Fulkersen 算法步骤(4)知,当前的可行流为网络的最大流.

上例给出了已知一个可行流的情况下,如何求解网络最大流的方法,其实,由模型(7.1.1)知,零流量也是可行流,因此,用 Ford-Fulkersen 算法求最大流,也可以从零流

量开始.如果从零流量开始求例 7.1.2 的最大流(具体过程不再给出),则可以得到如图 7.1.8 所示的最大流.

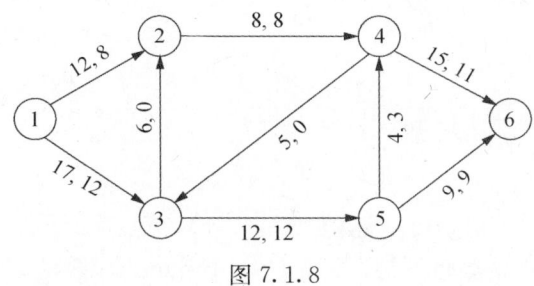

图 7.1.8

四、无向网络最大流算法

上述介绍了有向网络最大流问题,其实无向网络也存在最大流问题.与有向网络不同的是,无向网络中的源和汇是根据需要指定的,而不是边的方向形成的.如果在无向网络 $G(V,E)$ 中选择 $v_1 \in V$ 为源点,$v_n \in V$ 为汇点,则无向网络最大流问题的数学模型与模型(7.1.1)相同.

无向网络的最大流也可以通过相邻延伸方法寻找增广链,具体过程与有向网络中寻找增广链的方法类似.差别仅仅是前者用边 $(v_k,v_j)=(v_j,v_k)\in E$ 上的流量 x_{kj} 或 x_{jk} 来定方向,而后者用 (v_k,v_j) 与 (v_j,v_k) 哪个是网络的边来定方向.因此,我们把基于相邻延伸下的无向网络最大流的算法,依然称为 **Ford-Fulkersen 算法**,其过程如下:

(1) 给每个节点 v_j 一个初始可变标记 $(v_1,\delta_{1j})(j=1,2,\cdots,n)$. 其中

$$\delta_{11}=+\infty, \delta_{1j}=0 \quad (j=2,3,\cdots,n)$$

(2) 确定延伸节点:

$$\max\{\delta_{1j}\,|\,(v_a,\delta_{1j})\text{为可变标记},1\leqslant j\leqslant n\}\triangleq\lambda$$

$$\max\{j\,|\,\delta_{1j}=\lambda,(v_a,\delta_{1j})\text{为可变标记},1\leqslant j\leqslant n\}\triangleq k$$

如果 $k=n$,则转到(6);否则$(k\neq n)$转到(3).

(3) 对于节点 v_k 相邻的每一个可变标记点 $v_j(1\leqslant j\leqslant n)$,如果 $x_{kj}>0$,且 $\min\{\delta_{1k},f_{kj}-x_{kj}\}>\delta_{1j}$,则 $(v_{a(j)},\delta_{1j})\Leftarrow(v_k,\min\{\delta_{1k},f_{kj}-x_{kj}\})$;如果 $x_{jk}>0$,且 $\min\{\delta_{1k},x_{jk}\}>\delta_{1j}$,则 $(v_{a(j)},\delta_{1j})\Leftarrow(v_k,\min\{\delta_{1k},x_{jk}\})$;如果 $x_{kj}=x_{jk}=0$,且 $\min\{\delta_{1k},f_{kj}\}>\delta_{1j}$,则 $(v_{a(j)},\delta_{1j})\Leftarrow(v_k,\min\{\delta_{1k},f_{kj}-x_{kj}\})$.

(4) 将节点 v_k 的可变标记改成固定标记,转到(2).

(5) 如果 $\delta_{1n}>0$,则得到增广链,其连接方式由各节点的固定标记中的节点逆向指出;这时,按照定理 7.1.2 中给出的方法,修改增广链上各边的流量 x_{ij}. 之后,转到(1);如果 $\delta_{1n}=0$ 则这时网络中的可行流是最大流,停止运算.

例 7.1.3 已知一无向网络如图 7.1.9 所示,每条边上的数值表示流量上限.如果将节点①作为源点,节点⑤作为汇点,试求该无向网络的最大流.

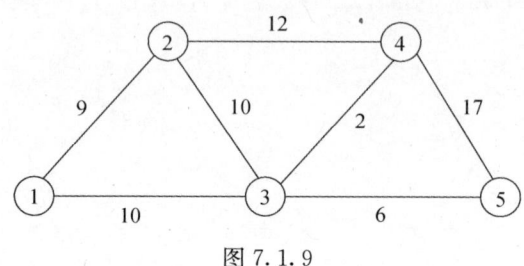

图 7.1.9

解 先给节点①一个初始可变标记(①,$+\infty$),节点②、③、④、⑤的初始可变标记都是(①,0),为了简便,都省略不标.按照 Ford-Fulkersen 算法寻找增广链,依次得到的延伸点为①、③、②、④,见图 7.1.10.

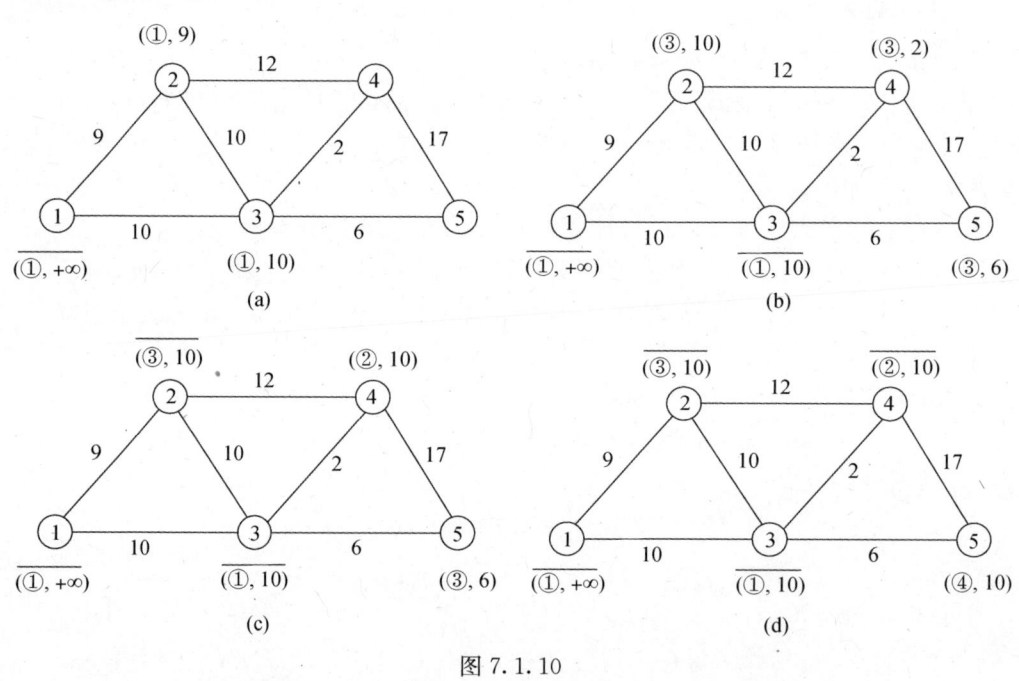

图 7.1.10

由此得到一条增量为 10 的增广链⑤←④←②←③←①,沿这条增广链修正可行流 $x_{45} \Leftarrow x_{45}+10=10$, $x_{24} \Leftarrow x_{24}+10=10$, $x_{32}=x_{32}+10=10$, $x_{13} \Leftarrow x_{13}+10=10$ 得到新的可行流.这时,重新寻找增广链,依次得到延伸点①、②、③、⑤,见图 7.1.11.

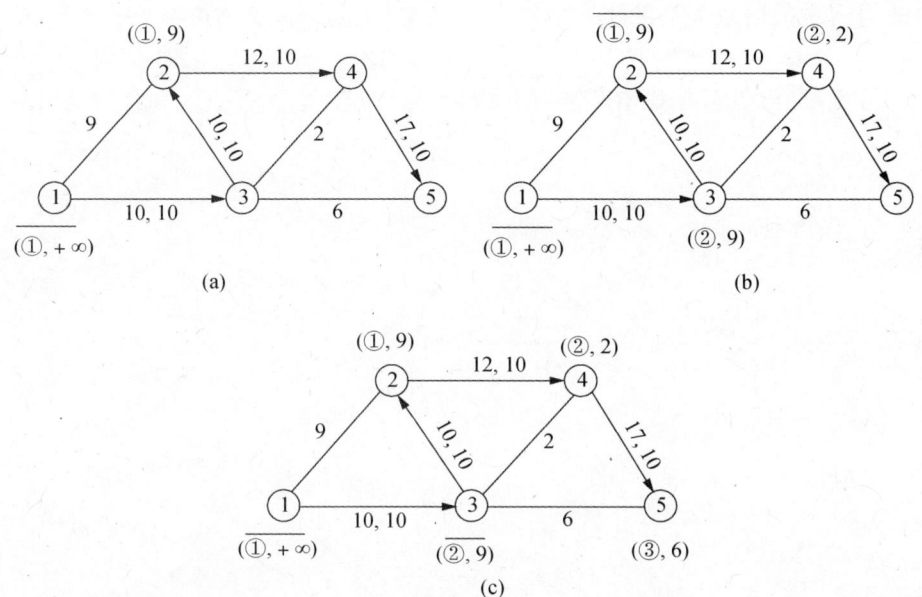

图 7.1.11

由此得到一条增量为 6 的增广链 ⑤←③→②←①,沿这条增广链修正可行流

$$x_{35} \Leftarrow x_{35}+6=6, \quad x_{32} \Leftarrow x_{32}-6=4, \quad x_{12} \Leftarrow x_{12}+6=6$$

得到新的可行流. 再重新寻找增广链,依次得到延伸点①、②、③、④,见图 7.1.12.

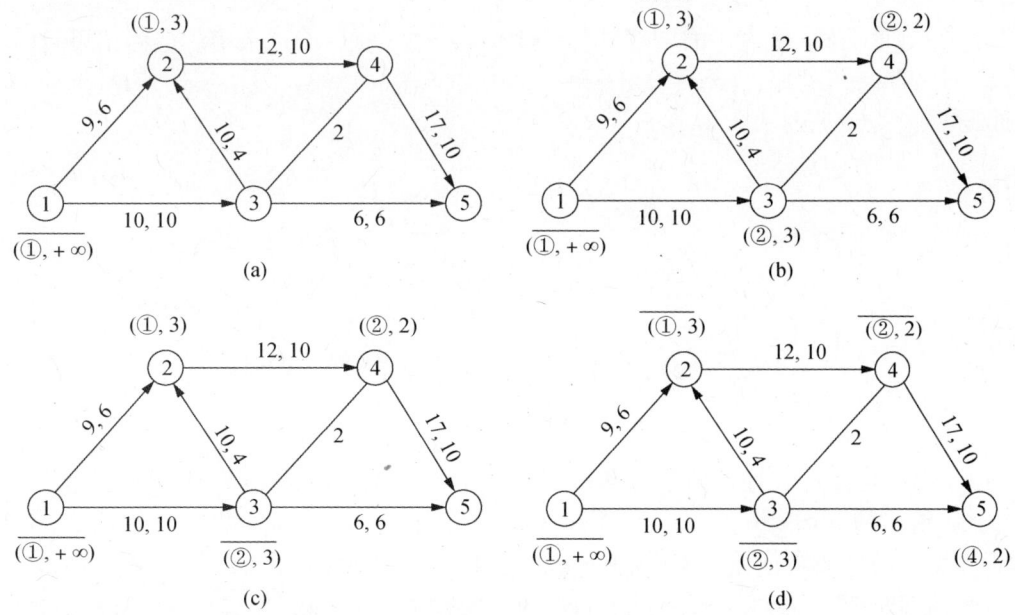

图 7.1.12

由此得到一条增广链 ⑤←④←②←①，沿这条增广链修正可行流

$$x_{45} \Leftarrow x_{45}+2=12, \quad x_{24} \Leftarrow x_{24}+2=12, \quad x_{12} \Leftarrow x_{12}+2=8$$

得到新的可行流. 再重新寻找增广链，依次得到延伸点①、②、③、④，见图 7.1.13.

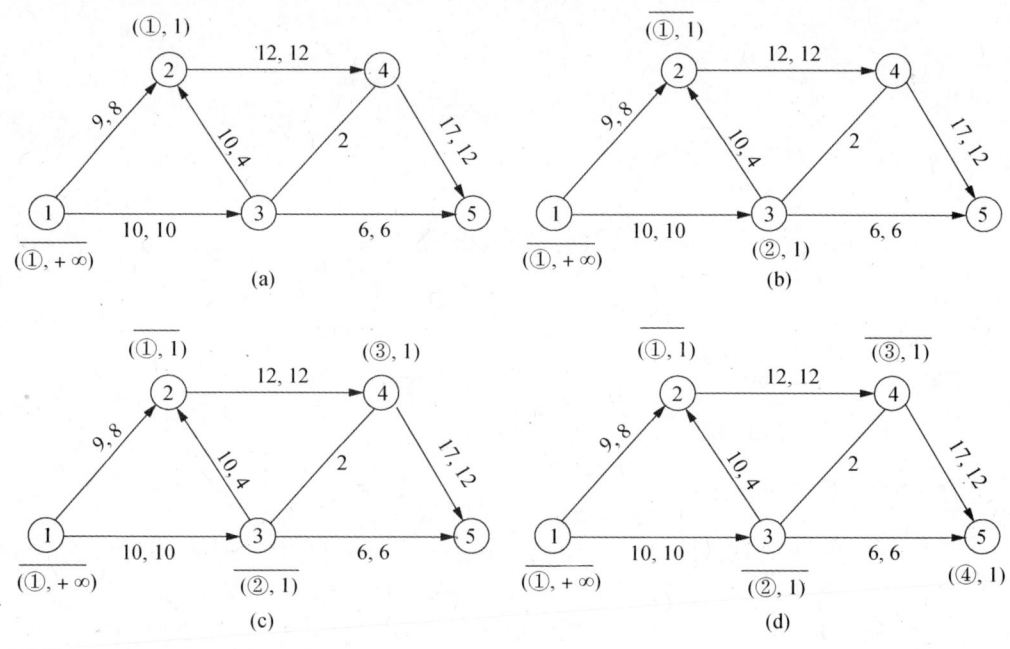

图 7.1.13

由此得到一条增广链 ⑤←④←③→②←①，沿这条增广链修正可行流

$$x_{45} \Leftarrow x_{45}+1=13, \quad x_{34} \Leftarrow x_{34}+1=1, \quad x_{32} \Leftarrow x_{32}-1=3, \quad x_{12} \Leftarrow x_{12}+1=9$$

得到新的可行流，见图 7.1.14.

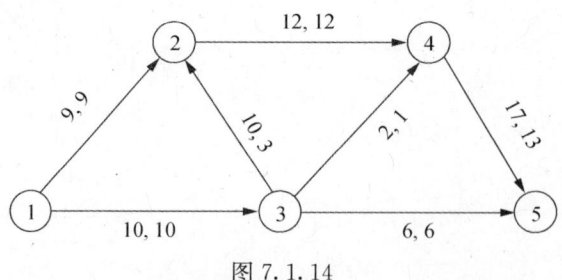

图 7.1.14

由于这时已不存在增广链了，所以，图 7.1.14 中标出的可行流为最大流.

上述给出的 Ford-Fulkersen 算法属于表上作业法，要将其转化成计算机程序算法，还需要充分了解有向网络 $G(V,E)$ 的特征，并进行以下工作：

(1) 流量上限 f_{ij} 能够反映其对应的边的方向：$f_{ij}>0$ 意味着 $(v_i,v_j) \in E$，$f_{ij}=0$ 意味着 $(v_i,v_j) \notin E$. 但是，为了能让计算机识别，还要将流量上限扩展成**边容矩阵**

$(f_{ij})_{n\times n}$,即对所有$(v_i,v_j)\notin E$,补充$f_{ij}=0$,由此可以解决任意两点是否相邻可达的判断.

(2) 引入 0-1 变量
$$M(i)=\begin{cases}0, & v_i\text{是可变标记点,}\\ 1, & v_i\text{是固定标记点}\end{cases}\quad(i=1,2,\cdots,n)$$
可以表示 Ford-Fulkersen 算法运行过程中,各个节点的**状态**.

(3) 如果引入初始指针向量$(q_{11},q_{12},\cdots,q_{1n})$(其中$q_{1j}\Leftarrow 1(j=1,2,\cdots,n)$)和初始增流向量$(\delta_{11},\delta_{12},\cdots,\delta_{1n})$(其中$\delta_{11}=+\infty,\delta_{1j}=0(j=1,2,\cdots,n)$),则有下列规律.

定理 7.1.4 设网络$G(V,E)$中,v_1为源点,v_n为汇点.$(f_{ij})_{n\times n}$为边容矩阵,x_{ij}为可行流在边$(v_i,v_j)\in E$上的流量,$(\delta_{11},\delta_{12},\cdots,\delta_{1n})$为初始增流向量,$(q_{11},q_{12},\cdots,q_{1n})$为初始指针向量.如果执行 Ford-Fulkersen 算法中,每次选出延伸点v_k后,对于$f_{kj}>0$,当且仅当$\min\{\delta_{1k},f_{kj}-x_{kj}\}>\delta_{1j}$时,$\delta_{1j}\Leftarrow\min\{\delta_{1k},f_{kj}-x_{kj}\},q_{1j}\Leftarrow k$;对于$f_{jk}>0$,当且仅当$\min\{\delta_{1k},x_{jk}\}>\delta_{1j}$时,$\delta_{1j}\Leftarrow\min\{\delta_{1k},x_{jk}\},q_{1j}\Leftarrow k$;则在任何运行阶段,$\delta_{1j}$始终是$(q_{11},q_{12},\cdots,q_{1n})$指出的链上,源点$v_1$能传送到节点$v_j$的增量.

证 参考定理 6.3.1 的证明过程,这里不再给出.

注释 指针向量$(q_{11},q_{12},\cdots,q_{1n})$可用于指出增广链的连接方式,方法如下:
$$n\Leftarrow q_{1n}\triangleq k_1\Leftarrow q_{1k_1}\triangleq k_2\sim\cdots\sim q_{1k_{s-1}}\triangleq k_s\Leftarrow q_{1k_s}=1$$
其中,若$f_{k_i,k_{i+1}}>0$,则$k_i\sim k_{i+1}$表示$k_i\to k_{i+1}$;若$f_{k_{i+1},k_i}>0$时,$k_i\sim k_{i+1}$表示$k_i\leftarrow k_{i+1}$.而且$f_{k_i,k_{i+1}}>0$时,必然$f_{k_{i+1},k_i}=0$,反之也成立.

有向网络最大流的 Ford-Fulkersen 算法程序步骤:

1° 输入边容矩阵$(f_{ij})_{n\times n}$;初始可行流$x_{ij}\Leftarrow 0(i,j=1,2,\cdots,n)$.

2° 取初始增流向量$\delta_{11}=+\infty,\delta_{1j}=0(j=2,3,\cdots,n)$,
取初始指针向量$q_{1j}\Leftarrow 1(j=1,2,\cdots,n)$,
取节点状态标记$M(j)\Leftarrow 0(j=1,2,\cdots,n)$.

3° 求$\max\{\delta_{1j}|M(j)=0,1\leq j\leq n\}\triangleq\mu$,
$k\Leftarrow\max\{j|\delta_{1j}=\mu,M(j)=0,1\leq j\leq n\}$,
若$k=n$则转到 8°;否则$(k\neq n)j\Leftarrow 1$,转到 4°.

4° 如果$f_{kj}>0,M(j)=0$,则$\mu\Leftarrow\min\{\delta_{1k},f_{kj}-x_{kj}\}$,转到 6°;否则转到 5°.

5° 如果$f_{jk}>0,M(j)=0$,则$\mu\Leftarrow\min\{\delta_{1k},x_{jk}\}$,转到 6°;否则转到 7°.

6° 若$\mu>\delta_{1j}$,则$\delta_{1j}\Leftarrow\mu,q_{1j}\Leftarrow k$ 转到 7°;否则$(\mu\leq\delta_{1j})$直接转到 7°.

7° 若$j<n$,则$j\Leftarrow j+1$ 转到 4°;否则$(j=n)M(k)\Leftarrow 1$,转到 3°.

8° 若$\delta_{1n}=0$,则$x_{ij}(i,j=1,2,\cdots,n)$为最大流,停.否则$(\delta_{1n}>0)$转到 9°.

9° $\beta\Leftarrow n$.

10° $\alpha\Leftarrow q_{1\beta}$.若$f_{\alpha\beta}>0$,则$x_{\alpha\beta}\Leftarrow x_{\alpha\beta}+\delta_{1n}$;否则$x_{\alpha\beta}\Leftarrow x_{\alpha\beta}-\delta_{1n}$.

11° 若$\alpha\neq 1$,则$\beta\Leftarrow\alpha$,转到 10°;否则$(\alpha=1)$转到 2°.

注释 无向网络的边容矩阵中，$f_{kj}=f_{jk}$. 只要将上述算法步骤4°和步骤5°改成

4°若 $f_{kj}>0, M(j)=0, x_{jk}=0$，则 $\mu \Leftarrow \min\{\delta_{1k}, f_{kj}-x_{kj}\}$，转到6°；否则转到5°.

5°若 $f_{jk}>0, M(j)=0$，则 $\mu \Leftarrow \min\{\delta_{1k}, x_{jk}\}$，转到6°；否则转到7°.

再将上述算法步骤10°中的"若 $f_{\alpha\beta}>0$"改成"若 $x_{\beta\alpha}=0$". 即可得到求无向网络最大流的 Ford-Fulkersen 算法的程序.

7.2 最小费用流问题及其算法

一、最小费用流的概念

不论是有向网络还是无向网络，从源点流向汇点的流量相同的可行流，一般都会有多种流动方式，最大流也是如此. 例如，图7.2.1和图7.2.2的可行流，都是例7.1.2中有向网络的最大流；又如，图7.2.3和图7.2.4的可行流，都是例7.1.3中无向网络的最大流.

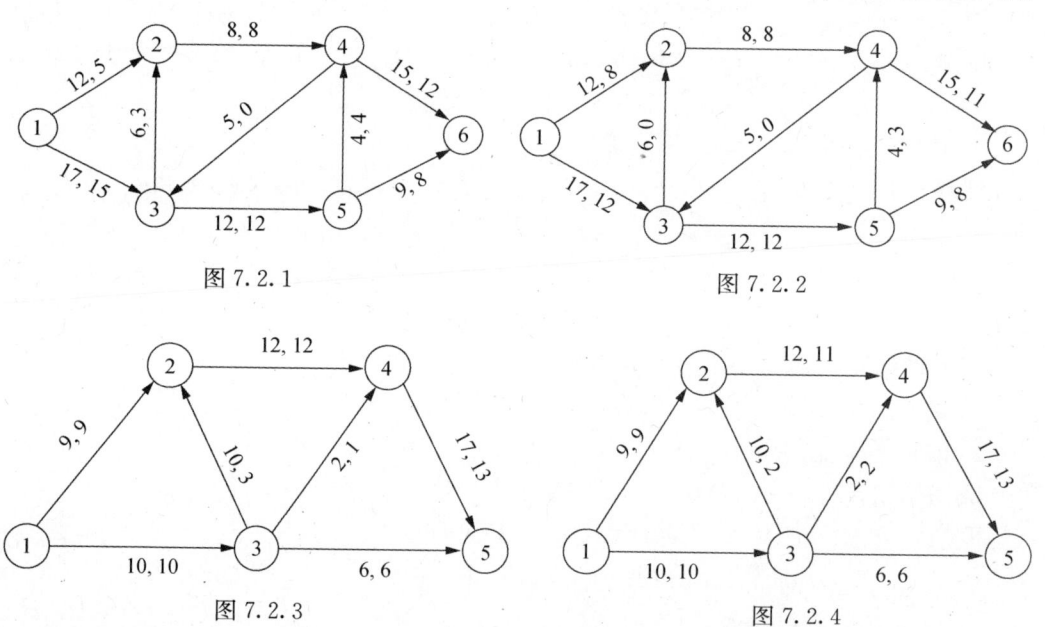

图 7.2.1　　　　图 7.2.2

图 7.2.3　　　　图 7.2.4

如果网络中的每一条边，都涉及三个权值：流量上限、实际流量、单位流量费用，则从源点流向汇点的可行流的流动方式不同，付出的总费用也将不同. 这就涉及最小费用流问题.

最小费用流问题的一般描述是：在 n 个节点的网络 $G(V,E)$ 中，节点 v_1 为源点，节点 v_n 为汇点，边 $(v_i, v_j) \in E$ 上的流量上限为 f_{ij}，实际流量为 e_{ij}，单位费用为 s_{ij}（$1 \leqslant i, j \leqslant n$）. 要研究的问题是，在保证网络中总流量不变的前提下，如何调整各边上的流量，使源点 v_1 通过网络流向汇点 v_n 的流量总费用最少.

设将每一条边 $(v_i, v_j) \in E$ 上的流量 e_{ij} 改成 x_{ij}，则求最小费用流的数学模型为

$$\min \sum_{(v_i,v_j)\in E} s_{ij} x_{ij}$$

$$\text{s.t.} \begin{cases} \sum_{(v_i,v_j)\in E} x_{ik} - \sum_{(v_k,v_j)\in E} x_{kj} = 0 \quad (k=2,3,\cdots,n-1) \\ \sum_{(v_1,v_j)\in E} x_{1j} = \sum_{(v_1,v_j)\in E} e_{1j} \\ 0 \leqslant x_{ij} \leqslant f_{ij}, (v_i,v_j)\in E \end{cases} \quad (7.2.1)$$

如果网络 $G(V,E)$ 中的可行流 $e_{ij}(1\leqslant i,j\leqslant n)$ 是最大流,则模型(7.2.1)表示的便是最大流的最小费用流的数学模型. 如果网络 $G(V,E)$ 中的可行流 $e_{ij}(1\leqslant i,j\leqslant n)$ 不是最大流,则求解网络 $G(V,E)$ 的最大流的最小费用流的数学模型为

$$\min \sum_{(v_i,v_j)\in E} s_{ij} x_{ij}$$

$$\text{s.t.} \begin{cases} \max \sum_{(v_1,v_j)\in E} x_{1j} \\ \text{s.t.} \begin{cases} \sum_{(v_i,v_k)\in E} x_{ik} - \sum_{(v_k,v_j)\in E} x_{kj} = 0 \quad (k=2,3,\cdots,n-1) \\ 0 \leqslant x_{ij} \leqslant f_{ij}, (v_i,v_j)\in E \end{cases} \end{cases} \quad (7.2.2)$$

这是一个双层线性规划模型,内层线型规划表示求网络的最大流,外层表示在以最大流为元素构成的集合中,求总费用最小的最大流.因此,从模型结构可以看出,求网络的最大流的最小费用流,可以先求出网络的最大流(7.1节中已作了介绍),则问题便转化成了已知一个可行流,求最小费用流问题.鉴于此,本节将着重介绍已知一个可行流的前提下,求流量不变的最小费用流的方法.

二、调费图与负回路的概念与性质

定义 7.2.1 设 $G(V_0,E_0)$ 是一个含有负权值边的回路,如果 $G(V_0,E_0)$ 上的所有边的权值之和小于零,则称 $G(V_0,E_0)$ 是一个**负回路**.

定义 7.2.2 设 $G(V,E)$ 是一个单源单汇的有向网络,$f_{ij}>0$ 是 $(v_i,v_j)\in E$ 的流量上限,$x_{ij}\geqslant 0$ 是 $G(V,E)$ 的可行流经过 $(v_i,v_j)\in E$ 的流量,$s_{ij}>0$ 是流经 $(v_i,v_j)\in E$ 的单位费用.按照下列方法构造有向图 $G(\overline{V},\overline{E})$:

(1)取 $\overline{V}=V$.

(2)对于 $(v_i,v_j)\in E$,如果 $x_{ij}=0$ 时,则将 $(v_i,v_j)\in \overline{E}$,权值定为 $d_{ij}=s_{ij}$;当 $x_{ij}=f_{ij}$ 时,将 $(v_j,v_i)\in \overline{E}$,权值定为 $d_{ji}=-s_{ij}$;当 $0<x_{ij}<f_{ij}$ 时,将 $(v_i,v_j)\in \overline{E}$,$(v_j,v_i)\in \overline{E}$,权值分别定为 $d_{ij}=s_{ij}$ 与 $d_{ji}=-s_{ij}$. 则称有向图 $G(\overline{V},\overline{E})$ 为有向图 $G(V,E)$ 的**调费图**.

从调费图的构造可以看出,调费图是一个含有负权值的有向图,调费图通常会含有大量的二重边,调费图中可能含有负回路.

例 7.2.1 已知一单源单汇的有向网络如图 7.2.5 所示,每条边上的三个权值依次为流量上限 f_{ij}、实际流量 x_{ij}、单位费用 s_{ij}. 试画出该有向图的调费图.

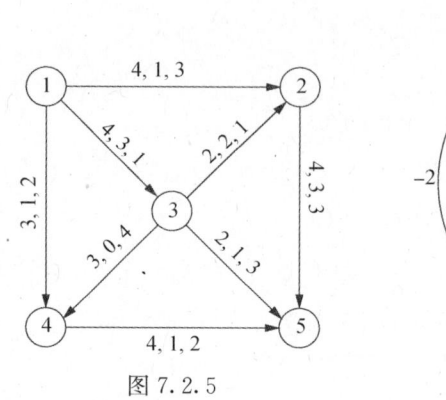

图 7.2.5

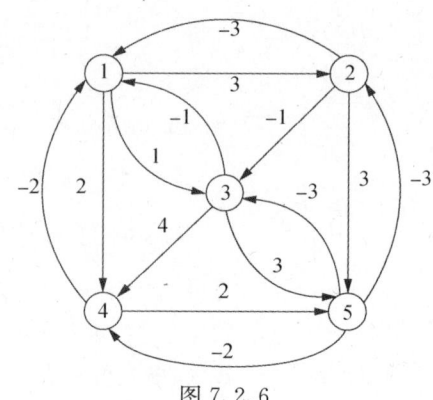

图 7.2.6

解 因为在 $(①,②)$ 边上,$0<x_{12}<f_{12}$,所以由定义 7.2.2 知,$(①,②)$ 与 $(②,①)$ 都是调费图的边,权值分别为 $d_{12}=3,d_{21}=-3$;同理,$(①,③)$ 与 $(③,①)$ 都是调费图的边,权值分别为 $d_{13}=1,d_{31}=-1$;$(①,④)$ 与 $(④,①)$ 都是调费图的边,权值分别为 $d_{14}=2,d_{41}=-2$;$(②,⑤)$ 与 $(⑤,②)$ 都是调费图的边,权值分别为 $d_{25}=3,d_{52}=-3$;$(③,⑤)$ 与 $(⑤,③)$ 都是调费图的边,权值分别为 $d_{35}=3,d_{53}=-3$;$(④,⑤)$ 与 $(⑤,④)$ 都是调费图的边,权值分别为 $d_{45}=2,d_{54}=-2$.

因为,在 $(③,②)$ 上,$x_{32}=f_{32}$,所以由定义 7.2.2 知,$(②,③)$ 是调费图的边,权值为 $d_{23}=-1$,但是 $(③,②)$ 不是调费图的边;在 $(③,④)$ 上,$x_{34}=0$,所以由定义 7.2.2 知,$(③,④)$ 是调费图的边,权值为 $d_{34}=4$,但 $(④,③)$ 不是调费图的边. 因此,图 7.2.5 的调费图见图 7.2.6.

定理 7.2.1 如果有向网络 $G(V,E)$ 的调费图中含有负回路,则网络 $G(V,E)$ 中必存在流量不变费用更少的可行流.

证 设 E_0 是 $G(V,E)$ 的调费图中的负回路. 由定义 7.2.2 知,任取 $(v_i,v_j)\in E_0$,若 $(v_i,v_j)\in E_0$ 上的权值 $d_{ij}>0$,则 $x_{ij}<f_{ij},s_{ij}=d_{ij}$;若 $(v_i,v_j)\in E_0$ 上的权值 $d_{ij}<0$,则 $x_{ji}>0,s_{ji}=-d_{ij}$. 令

$$E_0^+=\{(v_i,v_j)\mid d_{ij}>0,(v_i,v_j)\in E_0\},\quad E_0^-=\{(v_j,v_i)\mid d_{ij}<0,(v_i,v_j)\in E_0\}$$

则 $E_0^+\cap E_0^-=\varnothing$(空集),由定义 7.1.2 知,$E_0^+\cup E_0^-$ 是 $G(V,E)$ 中的一个圈上的所有边构成的集合. 取

$$\delta_1=\min\{f_{ij}-x_{ij}\mid (v_i,v_j)\in E_0^+\},\quad \delta_2=\min\{x_{ij}\mid (v_j,v_i)\in E_0^-\},\quad \delta=\min\{\delta_1,\delta_2\}$$

按下面方法调整 $E_0^+\cup E_0^-$ 中各边的流量:

$$x_{ij}\Leftarrow\begin{cases}x_{ij}+\delta,&\text{边}(v_i,v_j)\in E_0^+\\ x_{ij}-\delta,&\text{边}(v_j,v_i)\in E_0^-\end{cases}$$

则 $\{x_{ij}\mid (v_i,v_j)\in E\}$ 依然是 $G(V,E)$ 中的可行流,而且大小不变(证明方法与定理 7.1.2 的证明相同). 改变后可行流的费用与改变前可行流的费用差为

$$\sum_{(v_i,v_j)\in E_0^+} s_{ij}(x_{ij}+\delta) + \sum_{(v_i,v_j)\in E_0^-} s_{ij}(x_{ij}-\delta) - \sum_{(v_i,v_j)\in E_0^+} s_{ij}x_{ij} - \sum_{(v_i,v_j)\in E_0^-} s_{ij}x_{ij}$$
$$= \delta(\sum_{(v_i,v_j)\in E_0^+} s_{ij} - \sum_{(v_i,v_j)\in E_0^-} s_{ij})$$
$$= \delta \sum_{(v_i,v_j)\in E_0} d_{ij} < 0$$

所以,变换后的可行流大小不变,但费用降低.

定理 7.2.2 网络 $G(V,E)$ 中的可行流为最小费用流的充分必要条件是,$G(V,E)$ 的调费图中不存在负回路.

这个定理的必要性很容易用反证法证明,但是,充分性的证明却比较复杂,这里不再给出.

定理 7.2.1 和定理 7.2.2 提供了一种寻找最小费用流的方法,其过程如下:

(1) 根据 $G(V,E)$ 中 $f_{ij}, x_{ij}, s_{ij}(1 \leqslant i,j \leqslant n)$,画出 $G(V,E)$ 的调费图及其各边上的权值.

(2) 寻找调费图中的负回路. 如果调费图中不存在负回路,则当前的可行流为最小费用流;否则转到(3).

(3) 按负回路的指向,调整 $G(V,E)$ 中对应的圈上各边的流量. 转到(2).

例 7.2.2 试求图 7.2.5 的最小费用流.

解 从图 7.2.5 的调费图(图 7.2.6)可以看出,①→④→⑤→②→①是一个负回路,沿这条负回路的可调量为 1,调整后,网络上的流量分布见图 7.2.7.

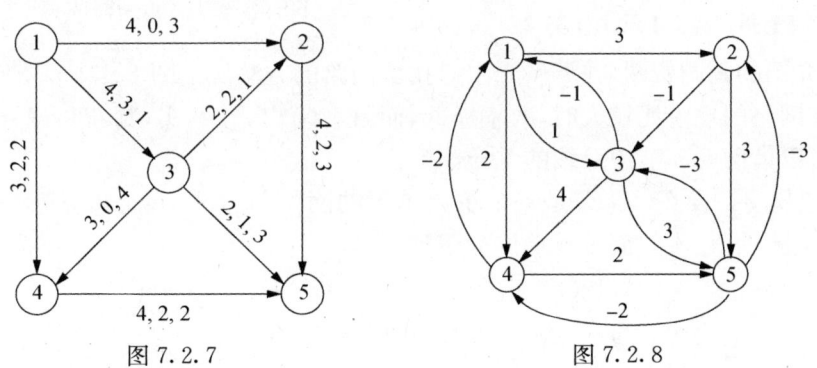

图 7.2.7   图 7.2.8

图 7.2.7 的调费图见图 7.2.8. 从图 7.2.8 可以看出,②→③→⑤→②是一个负回路,在这条负回路上,可调量为 1,调整后,网络的流量分布见图 7.2.9.

图 7.2.9 的调费图见图 7.2.10. 从图 7.2.10 可以看出,①→④→⑤→②→③→①是一个负回路. 在这条负回路上,可调量为 1,调整后的流量分布见图 7.2.11.

图 7.2.11 的调费图见图 7.2.12. 由于图 7.2.12 不存在负回路,所以,图 7.2.11 中的可行流,便是最小费用流.

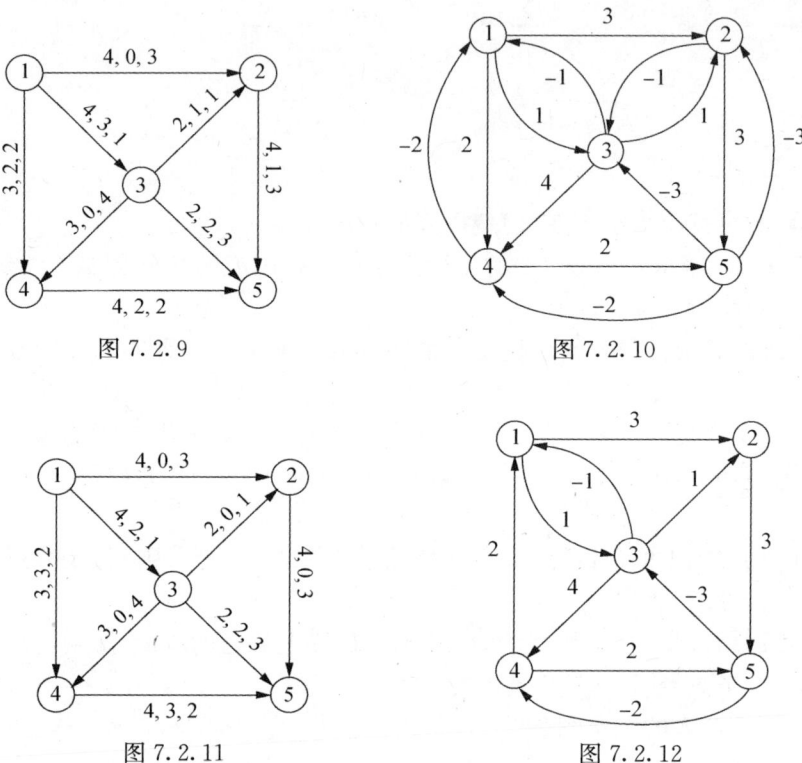

图 7.2.9

图 7.2.10

图 7.2.11

图 7.2.12

三、最小费用流问题的算法

上面介绍的画调费图,在调费图中寻找负回路的方法属于图上作业法,无统一的规律可循,在网络的规模比较大时,效率极低,而且容易出错.其实,判断和搜寻网络中的负回路,可以借助 5.3 节中介绍的 Floyd 算法.

定义 7.2.3 设 $G(V,E)$ 是一个单源单汇的网络,f_{ij}, x_{ij}, s_{ij} 分别是边 $(v_i,v_j) \in E$ 上的流量上限、可行流的流量及单位费用. 如果取

$$d_{ij} = \begin{cases} s_{ij}, & x_{ij} < f_{ij}, (v_i, v_j) \in E \\ -s_{ij}, & x_{ji} > 0, (v_j, v_i) \in E \\ 0, & i = j \\ +\infty, & \text{否则} \end{cases} \quad (i, j = 1, 2, \cdots, n)$$

则称矩阵 $(d_{ij})_{n \times n}$ 为 $G(V,E)$ 的**调费矩阵**.

定理 7.2.3 图 $G(V,E)$ 的调费图中存在负回路的充分必要条件是,对 $G(V,E)$ 的调费矩阵 $(d_{ij})_{n \times n}$ 使用 Floyd 算法,在迭代过程中出现某个 $d_{kk} < 0$.

证 必要性. 因为,调费矩阵 $(d_{ij})_{n \times n}$ 中的元素 d_{ij} 表示调费图中节点 v_i 不经过其他节点到达节点 v_j 的距离,所以,当图 $G(V,E)$ 的调费图中存在负回路时,意味着调费图中存在某一个节点经过其他一些节点再回到这个节点的路径长度小于 0,即存在着某

一个节点到其自身的最短路的长度小于 0,因此,对调费矩阵 $(d_{ij})_{n\times n}$ 使用求最短路的 Floyd 算法,必然在迭代过程中出现某个 $d_{kk}<0$.

充分性. 因为,对 $G(V,E)$ 的调费矩阵 $(d_{ij})_{n\times n}$ 使用 Floyd 算法,在迭代过程中出现某个 $d_{kk}<0$ 时,由 Floyd 算法原理和路径指针 $(p_{ij})_{n\times n}$ 知,在路径

$$k \to p_{kk} \triangleq k_1 \to p_{k_1 k} \triangleq k_2 \to \cdots \to p_{k_m k} = k$$

上,$d_{kk_1}+d_{k_1k_2}+\cdots+d_{k_m k}<0$,其中 $d_{kk_1},d_{k_1k_2},\cdots,d_{k_m k}$ 都是调费矩阵 $(d_{ij})_{n\times n}$ 中的元素. 所以,$k \to p_{kk} \triangleq k_1 \to p_{k_1 k} \triangleq k_2 \to \cdots \to p_{k_m k} = k$ 是调费图中的负回路.

推论 7.2.1 图 $G(V,E)$ 中的可行流是最小费用流的充分必要条件是,对 $G(V,E)$ 的调费矩阵 $(d_{ij})_{n\times n}$ 使用 Floyd 算法后,$d_{ii}=0(i=1,2,\cdots,n)$.

依据定理 7.2.3 及推论 7.2.1,求最小费用流可以不绘制调费图,而通过构造调费矩阵,再借助 Floyd 算法来实现,这种方法易于编制成计算机程序.

最小费用流算法的程序步骤:

1° 输入 $f_{ij},x_{ij},s_{ij}(i,j=1,2,\cdots,n)$.

2° $d_{ij} \Leftarrow \begin{cases} s_{ij}, & x_{ij}<f_{ij},(v_i,v_j)\in E \\ -s_{ij}, & x_{ji}>0,(v_j,v_i)\in E \\ 0, & i=j \\ +\infty, & 否则 \end{cases}$ $(i,j=1,2,\cdots,n)$.

$p_{ij} \Leftarrow j(i,j=1,2,\cdots,n)$.

3° $i \Leftarrow 1, j \Leftarrow 1, k \Leftarrow 1$.

4° $\mu \Leftarrow d_{ik}+d_{kj}$.

若 $\mu<d_{ij}$,则 $d_{ij} \Leftarrow \mu$,$p_{ij} \Leftarrow p_{ik}$ 转到 5°;否则 $(\mu \geq d_{ij})$ 直接转到 5°.

5° 若 $j<n$,则 $j \Leftarrow j+1$ 转到 4°;否则 $(j=n)$ 转到 6°.

6° 若 $i<n$,则 $i \Leftarrow i+1, j \Leftarrow 1$ 转到 4°;否则 $(i=n)$ 转到 7°.

7° 求 $\min\{d_{ii}\mid 1\leq i\leq n\} \triangleq \lambda$.

若 $\lambda=0$,则转到 8°;否则 $(\lambda<0)$,$\alpha \Leftarrow \min\{i\mid d_{ii}=\lambda,1\leq i\leq n\}$,$\alpha_0 \Leftarrow \alpha, \delta \Leftarrow +\infty$,转到 9°.

8° 若 $k<n$,则 $k \Leftarrow k+1, j \Leftarrow 1, i \Leftarrow 1$ 转到 4°;否则 $(k=n)$ 的最小费用流:$\{x_{ij}\mid (v_i,v_j)\in E\}$,停.

9° $\beta \Leftarrow p_{\alpha \alpha_0}$.

若 $x_{\alpha\beta}<f_{\alpha\beta}$,则 $\delta \Leftarrow \min\{\delta,f_{\alpha\beta}-x_{\alpha\beta}\}$,否则 $(x_{\beta\alpha}>0), \delta \Leftarrow \min\{\delta,x_{\beta\alpha}\}$.

10° 若 $\beta\neq\alpha_0$,则 $\alpha \Leftarrow \beta$,转到 9°;否则 $(\beta=\alpha_0), \alpha \Leftarrow \alpha_0$,转到 11°.

11° $\beta \Leftarrow p_{\alpha\alpha_0}$.

若 $x_{\alpha\beta}<f_{\alpha\beta}$,则 $x_{\alpha\beta} \Leftarrow x_{\alpha\beta}+\delta$;否则 $(x_{\beta\alpha}>0), x_{\beta\alpha} \Leftarrow x_{\beta\alpha}-\delta$.

12° 若 $\beta\neq\alpha_0$,则 $\alpha \Leftarrow \beta$,转到 11°;否则 $(\beta=\alpha_0)$,转到 2°.

例 7.2.3 试用上面给出的最小费用流算法求图 7.2.5 的最小费用流.

解 按步骤 $2°$ 构建矩阵

$$(d_{ij}/p_{ij})_{5\times 5} = \begin{bmatrix} 0/1 & 3/2 & 1/3 & 2/4 & \infty/5 \\ -3/1 & 0/2 & -1/3 & \infty/4 & 3/5 \\ -1/1 & \infty/2 & 0/3 & 4/4 & 3/5 \\ -2/1 & \infty/2 & \infty/3 & 0/4 & 2/5 \\ \infty/1 & -3/2 & -3/3 & -2/4 & 0/5 \end{bmatrix}$$

在 $k=1$、$k=2$ 时,按照步骤 $4°\sim$步骤 $6°$ 运算,得到的都是 $d_{ii}=0(i=1,2,\cdots,5)$. 而当 $k=3$ 时,按照步骤 $4°\sim$步骤 $6°$ 运算,得

$$(d_{ij}/p_{ij})_{5\times 5} = \begin{bmatrix} 0/1 & 3/2 & 1/3 & 2/4 & 4/3 \\ -3/1 & 0/2 & -2/1 & -1/1 & 1/1 \\ -1/1 & 2/1 & 0/3 & 1/1 & 3/5 \\ -2/1 & 1/1 & -1/1 & 0/4 & 2/5 \\ -6/2 & -3/2 & -5/2 & -4/2 & -2/2 \end{bmatrix}$$

此时 $d_{55}=-2$,表明存在负回路 ⑤→②→①→③→⑤,按照步骤 $9°\sim$步骤 $12°$ 进行调整,$x_{25}\Leftarrow x_{25}-1=2, x_{12}\Leftarrow x_{12}-1=0, x_{13}\Leftarrow x_{13}+1=4, x_{35}\Leftarrow x_{35}+1=2$,得到新的可行流,再转到步骤 $2°$.

$$(d_{ij}/p_{ij})_{5\times 5} = \begin{bmatrix} 0/1 & 3/2 & \infty/3 & 2/4 & \infty/5 \\ \infty/1 & 0/2 & -1/3 & \infty/4 & 3/5 \\ -1/1 & \infty/2 & 0/3 & 4/4 & \infty/5 \\ -2/1 & \infty/2 & \infty/3 & 0/4 & 2/5 \\ \infty/1 & -3/2 & -3/3 & -2/4 & 0/5 \end{bmatrix}$$

在 $k=1$、$k=2$、$k=3$ 时,按照步骤 $4°\sim$步骤 $6°$ 运算,得到的都是 $d_{ii}=0(i=1,2,\cdots,5)$. 而当 $k=4$ 时,按照步骤 $4°\sim$步骤 $6°$ 运算,得

$$(d_{ij}/p_{ij})_{5\times 5} = \begin{bmatrix} 0/1 & 3/2 & 2/2 & 2/4 & 4/4 \\ -2/3 & 0/2 & -1/3 & 0/3 & 2/3 \\ -1/1 & 2/1 & 0/3 & 1/1 & 3/1 \\ -2/1 & 1/1 & 0/1 & 0/4 & 2/5 \\ -5/2 & -3/2 & -4/2 & -3/2 & -1/2 \end{bmatrix}$$

此时 $d_{55}=-1$,表明存在负回路 ⑤→②→③→①→④→⑤,按照步骤 $9°\sim$步骤 $12°$ 进行调整:$x_{25}\Leftarrow x_{25}-2=0, x_{32}\Leftarrow x_{32}-2=0, x_{13}\Leftarrow x_{13}-2=2, x_{14}\Leftarrow x_{14}+2=3, x_{45}\Leftarrow x_{45}+2=3$ 得到新的可行流,再转到步骤 $2°$.

$$(d_{ij}/p_{ij})_{5\times 5} = \begin{bmatrix} 0/1 & 3/2 & 1/3 & \infty/4 & \infty/5 \\ \infty/1 & 0/2 & \infty/3 & \infty/4 & 3/5 \\ -1/1 & 1/2 & 0/3 & 4/4 & \infty/5 \\ -2/1 & \infty/2 & \infty/3 & 0/4 & 2/5 \\ \infty/1 & \infty/2 & -3/3 & -2/4 & 0/5 \end{bmatrix}$$

从 $k=1$ 一直到 $k=5$ 时,按照步骤 $4°$~步骤 $6°$ 运算,最终得到的是

$$(d_{ij}/p_{ij})_{5\times 5}=\begin{pmatrix} 0/1 & 2/3 & 1/3 & 3/3 & 5/3 \\ -1/5 & 0/2 & 0/5 & 1/5 & 3/5 \\ -1/1 & 1/2 & 0/3 & 2/2 & 4/2 \\ -2/1 & 0/1 & -1/1 & 0/4 & 2/5 \\ -4/3 & -2/3 & -3/3 & -2/4 & 0/5 \end{pmatrix}$$

此时,依然是 $d_{ii}=0(i=1,2,\cdots,5)$,由步骤 $7°$ 和步骤 $8°$ 知,此时的可行流

$x_{12}=0$, $x_{13}=2$, $x_{14}=3$, $x_{25}=0$, $x_{32}=0$, $x_{34}=0$, $x_{35}=2$, $x_{45}=3$
便是网络的最小费用流.

上述介绍的构造调费矩阵的方法,以及对调费矩阵使用 Floyd 算法寻找负回路的方法,是一个非常值得推广应用的好方法. 它将在第 8 章(运输问题)和第 9 章(分配问题)中再次得到应用.

习 题 7

1. 图 7.1 和图 7.2 所示的网络中,每条边上的数值均表示该有向边的流量上限,试用割集法求各网络的源点能够流向汇点的最大流.

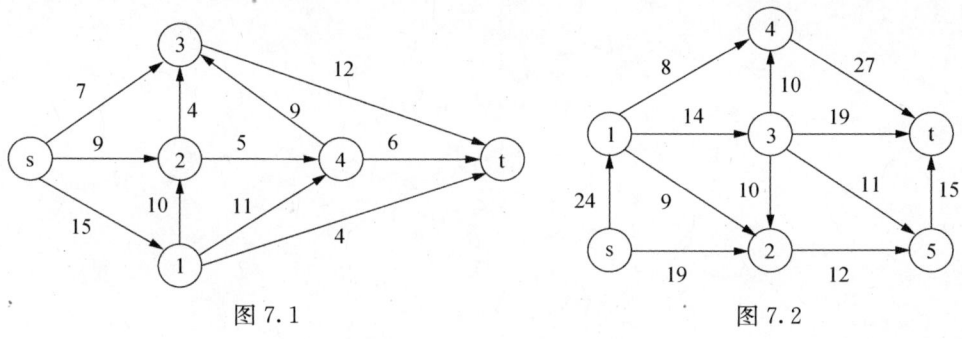

图 7.1　　　　图 7.2

2. 如果图 7.1 所示的网络中,已给出了可行流,可行流在各边上的流量标在括号中,见图 7.3. 试在已知的可行流下,用 Ford-Fulkersen 算法求该网络的最大流.

3. 试用 Ford-Fulkersen 算法求图 7.1 和图 7.2 所示网络的最大流.

4. 试用 Ford-Fulkersen 算法求图 7.4 所示无向网络的最大流.

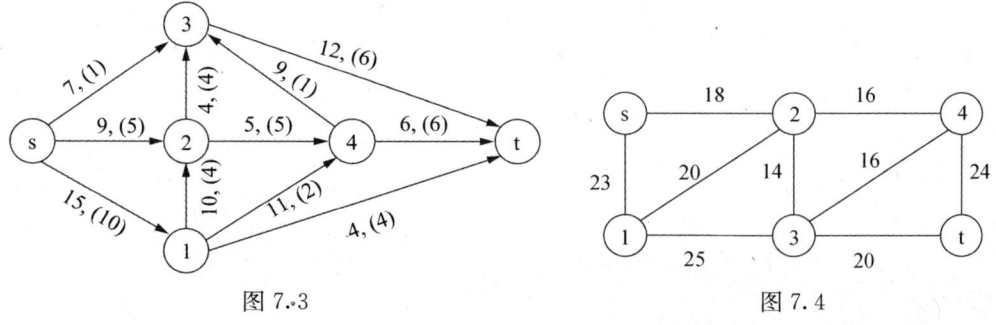

图 7.3　　　　图 7.4

5. 图 7.5 和图 7.6 所示的网络中,每条有向边上标出的三个权值依次为该边的流量上限、可行流在该边上的流量、单位流量经过该边的费用.试保持网络流量不变的情况下,求网络的最小费用流.

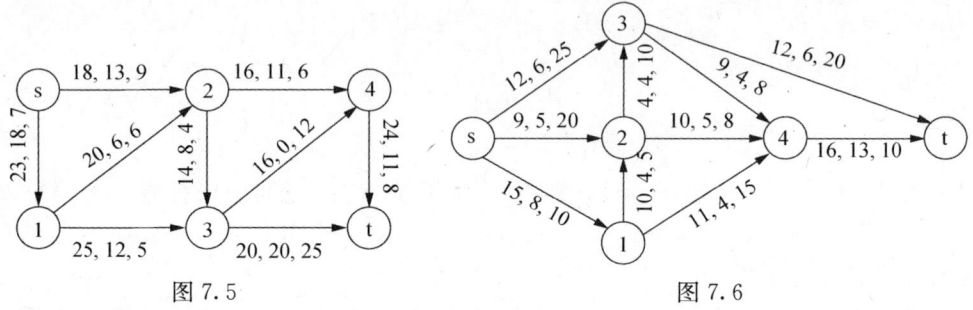

图 7.5　　　　　　　　　　图 7.6

6. 图 7.7 所示的网络中,每条边都给定了可通过的流量上限(前一个数值)和单位流量通过该边的费用(后一个数值).试求该网络最大流的最小费用流.

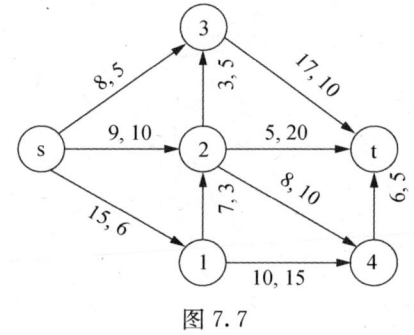

图 7.7

第8章

运 输 问 题

运输问题是一类特殊的线性规划问题,求解它不提倡用第 1 章和第 2 章介绍的方法,可以根据其结构特点,构造出更加方便有效的求解方法.本章将系统地介绍一些运输问题的特点和性质,以及一些求解运输问题的方法.

8.1 运输问题及其特征

一、运输问题的数学模型

运筹学中的运输问题,是对现实中的运输问题的高度概括和简化,见表 8.1.1.

表 8.1.1

单位运费＼收货点 发货点	B_1	B_2	$\cdots$	B_n	发货量
A_1	c_{11}	c_{12}	$\cdots$	c_{1n}	a_1
A_2	c_{21}	c_{22}	$\cdots$	c_{2n}	a_2
$\vdots$	$\vdots$	$\vdots$		$\vdots$	$\vdots$
A_m	c_{m1}	c_{m2}	$\cdots$	c_{mn}	a_m
收货量	b_1	b_2	$\cdots$	b_n	

要求按照供需现状,最大限度地将各发货点的货物运往各收货点.研究的问题是,如何配置各发货点到各收货点的货物量,才能够使总的货物运费最少?

这样的运输问题,分为两种情况.一是 $\sum_{i=1}^{m}a_i = \sum_{j=1}^{n}b_j$,称这种运输问题为**平衡运输问题**;二是 $\sum_{i=1}^{m}a_i \neq \sum_{j=1}^{n}b_j$ 时,称这种运输问题为**不平衡运输问题**.

设第 i 个发货点向第 j 个收货点运送的货物量为 $x_{ij}(i=1,2,\cdots,m;j=1,2,\cdots,n)$,则 $\sum_{i=1}^{m}a_i = \sum_{j=1}^{n}b_j$ 时的平衡运输问题的数学模型为

$$\min \sum_{i=1}^{m}\sum_{j=1}^{n} c_{ij}x_{ij}$$

$$\text{s. t.} \begin{cases} \sum_{j=1}^{n} x_{ij} = a_i & (i=1,2,\cdots,m) \\ \sum_{i=1}^{m} x_{ij} = b_j & (j=1,2,\cdots,n) \\ x_{ij} \geqslant 0 & (i=1,2,\cdots,m; j=1,2,\cdots,n) \end{cases} \quad (8.1.1)$$

$\sum_{i=1}^{m} a_i > \sum_{j=1}^{n} b_j$ 时的不平衡运输问题的数学模型为

$$\min \sum_{i=1}^{m}\sum_{j=1}^{n} c_{ij}x_{ij}$$

$$\text{s. t.} \begin{cases} \sum_{j=1}^{n} x_{ij} \leqslant a_i & (i=1,2,\cdots,m) \\ \sum_{i=1}^{m} x_{ij} = b_j & (j=1,2,\cdots,n) \\ x_{ij} \geqslant 0 & (i=1,2,\cdots,m; j=1,2,\cdots,n) \end{cases} \quad (8.1.2)$$

$\sum_{i=1}^{m} a_i < \sum_{j=1}^{n} b_j$ 时的不平衡运输问题的数学模型为

$$\min \sum_{i=1}^{m}\sum_{j=1}^{n} c_{ij}x_{ij}$$

$$\text{s. t.} \begin{cases} \sum_{j=1}^{n} x_{ij} = a_i & (i=1,2,\cdots,m) \\ \sum_{i=1}^{m} x_{ij} \leqslant b_j & (j=1,2,\cdots,n) \\ x_{ij} \geqslant 0 & (i=1,2,\cdots,m; j=1,2,\cdots,n) \end{cases} \quad (8.1.3)$$

从上述模型不难看出,平衡运输问题和不平衡运输问题都是线性规划问题,按理说都可以用第 1 章和第 2 章介绍的线型规划的算法来求解,但是,尝试一下便会发现,这样做是很不方便的. 其实,运输问题有其自身的特点,充分利用运输问题的特点,可以使求解变得相对简单. 同一般线性规划一样,不平衡运输问题可以转化成平衡运输问题进行求解,因此,研究平衡运输问题的特征,寻找平衡运输问题的解法,是解决各种运输问题的关键.

二、运输问题的特征

定理 8.1.1 平衡运输问题(8.1.1)的可行域不空,最优解一定存在.

证 设 $\sum_{i=1}^{m} a_i = \sum_{j=1}^{n} b_j = D$,下面证明 $x_{ij} = \dfrac{a_i b_j}{D}(i=1,2,\cdots,m; j=1,2,\cdots,n)$ 是 (8.1.1)的可行解.

显然,$x_{ij} = \dfrac{a_i b_j}{D} > 0 (i=1,2,\cdots,m; j=1,2,\cdots,n)$,而且

$$\sum_{j=1}^{n} x_{ij} = \sum_{j=1}^{n} \frac{a_i b_j}{D} = \frac{a_i}{D} \sum_{j=1}^{n} b_j = a_i \quad (i=1,2,\cdots,m)$$

$$\sum_{i=1}^{m} x_{ij} = \sum_{i=1}^{m} \frac{a_i b_j}{D} = \frac{b_j}{D} \sum_{i=1}^{m} a_i = b_j \quad (j=1,2,\cdots,n)$$

所以,$x_{ij} = \frac{a_i b_j}{D}(i=1,2,\cdots,m;j=1,2,\cdots,n)$ 是(8.1.1)的可行解.

又因为,$c_{ij} \geq 0(i=1,2,\cdots,m;j=1,2,\cdots,n)$,所以,在可行域内 $\sum_{i=1}^{m}\sum_{j=1}^{n} c_{ij} x_{ij} \geq 0$,因此,目标函数 $\sum_{i=1}^{m}\sum_{j=1}^{n} c_{ij} x_{ij}$ 在可行域内有下界,(8.1.1)最优解一定存在.

定理 8.1.2 平衡运输问题(8.1.1)中,约束条件(线性方程组)的增广矩阵的秩和系数矩阵的秩相等,为 $n+m-1$.

证 根据线性代数原理,证明这样的问题,可以先将约束条件的增广矩阵初等行变换成阶梯形,成为阶梯形后,增广矩阵中元素不全为零的行数便是增广矩阵的秩,系数矩阵中元素不全为零的行数便是系数矩阵的秩.因此,先列出平衡运输问题(8.1.1)中,约束条件的增广矩阵,然后按上述方法进行初等行变换,具体过程如下:

$$\begin{array}{c} \begin{matrix} x_{11} & x_{12} & \cdots & x_{1n} & x_{21} & x_{22} & \cdots & x_{2n} & \cdots & x_{m1} & x_{m2} & \cdots & x_{mn} \end{matrix} \\ \left[\begin{array}{ccccccccccccc|c} 1 & 1 & \cdots & 1 & & & & & & & & & & a_1 \\ & & & & 1 & 1 & \cdots & 1 & & & & & & a_2 \\ & & & & & & & & \ddots & & & & & \vdots \\ & & & & & & & & & 1 & 1 & \cdots & 1 & a_m \\ 1 & & & & 1 & & & & & 1 & & & & b_1 \\ & 1 & & & & 1 & & & & & 1 & & & b_2 \\ & & \ddots & & & & \ddots & & & & & \ddots & & \vdots \\ & & & 1 & & & & 1 & & & & & 1 & b_n \end{array}\right] \end{array}$$

将第 2 行、第 3 行……第 m 行加到第 1 行上,然后再减去第 $m+1$ 行、第 $m+2$ 行……第 $m+n$ 行,则得到下列增广矩阵:

$$\begin{array}{c} \begin{matrix} x_{11} & x_{12} & \cdots & x_{1n} & x_{21} & x_{22} & \cdots & x_{2n} & \cdots & x_{m1} & x_{m2} & \cdots & x_{mn} \end{matrix} \\ \left[\begin{array}{ccccccccccccc|c} 0 & 0 & \cdots & 0 & 0 & 0 & \cdots & 0 & \cdots & 0 & 0 & \cdots & 0 & 0 \\ & & & & 1 & 1 & \cdots & 1 & & & & & & a_2 \\ & & & & & & & & \ddots & & & & & \vdots \\ & & & & & & & & & 1 & 1 & \cdots & 1 & a_m \\ 1 & & & & 1 & & & & & 1 & & & & b_1 \\ & 1 & & & & 1 & & & & & 1 & & & b_2 \\ & & \ddots & & & & \ddots & & & & & \ddots & & \vdots \\ & & & 1 & & & & 1 & & & & & 1 & b_n \end{array}\right] \end{array}$$

再作初等行变换:将第 1 行元素调到第 $m+n$ 行上,将元素 $a_2,a_3,\cdots,a_m$ 所在的行与元素 $b_1,b_2,\cdots,b_n$ 所在的行进行对调,便得到下列阶梯形矩阵:

$$
\begin{array}{c}
\begin{matrix} x_{11} & x_{12} & \cdots & x_{1n} & x_{21} & x_{22} & \cdots & x_{2n} & \cdots & x_{m1} & x_{m2} & \cdots & x_{mn} \end{matrix} \\
\left[\begin{array}{ccccccccccccc|c}
1 & & & & 1 & & & & & 1 & & & & b_1 \\
& 1 & & & & 1 & & & & & 1 & & & b_2 \\
& & \ddots & & & & \ddots & & & & & \ddots & & \vdots \\
& & & 1 & & & & 1 & & & & & 1 & b_n \\
& & & & 1 & 1 & \cdots & 1 & & & & & & a_2 \\
& & & & & & \ddots & & & & & & & \vdots \\
& & & & & & & & & 1 & 1 & \cdots & 1 & a_m \\
0 & 0 & \cdots & 0 & 0 & 0 & \cdots & 0 & \cdots & 0 & 0 & \cdots & 0 & 0
\end{array}\right]
\end{array}
$$

由此可知,平衡运输问题(8.1.1)中,线性约束的增广矩阵的秩等于系数矩阵的秩,且秩为 $m+n-1$。

定理 8.1.2 揭示,平衡运输问题(8.1.1)的 $m+n$ 个线性约束中,线性无关的约束只有 $m+n-1$ 个,从上述证明过程看出,可以去掉 $m+n$ 个约束中的任意一个。

推论 8.1.1 平衡运输问题(8.1.1)的基可行解中,有 $m+n-1$ 个基变量,$mn-m-n+1$ 个非基变量。

定理 8.1.3 给不平衡运输问题(8.1.2)补充

$$b_{n+1}=\sum_{i=1}^{m}a_i-\sum_{j=1}^{n}b_j,\quad c_{i,n+1}=0\quad(i=1,2,\cdots,m)$$

得到下面平衡运输问题,

$$\min\sum_{i=1}^{m}\sum_{j=1}^{n+1}c_{ij}x_{ij}$$

$$\text{s.t.}\begin{cases}\sum_{j=1}^{n+1}x_{ij}=a_i & (i=1,2,\cdots,m)\\ \sum_{i=1}^{m}x_{ij}=b_j & (j=1,2,\cdots,n+1)\\ x_{ij}\geqslant 0 & (i=1,2,\cdots,m;j=1,2,\cdots,n+1)\end{cases} \quad (8.1.4)$$

若 $x_{ij}(i=1,2,\cdots,m;j=1,2,\cdots,n+1)$ 是平衡运输问题(8.1.4)的最优解,则 $x_{ij}(i=1,2,\cdots,m;j=1,2,\cdots,n)$ 一定是不平衡运输问题(8.1.2)的最优解。

证 若 $x_{ij}(i=1,2,\cdots,m;j=1,2,\cdots,n+1)$ 是(8.1.4)的最优解,则

$$\sum_{j=1}^{n+1}x_{ij}=a_i \quad (i=1,2,\cdots,m)$$

$$\sum_{i=1}^{m}x_{ij}=b_j \quad (j=1,2,\cdots,n+1)$$

$$x_{ij}\geqslant 0 \quad (i=1,2,\cdots,m;j=1,2,\cdots,n+1)$$

所以，
$$\sum_{j=1}^n x_{ij} \leqslant a_i \quad (i=1,2,\cdots,m)$$
$$\sum_{i=1}^m x_{ij} = b_j \quad (j=1,2,\cdots,n)$$
$$x_{ij} \geqslant 0 \quad (i=1,2,\cdots,m;j=1,2,\cdots,n)$$

即 $x_{ij}(i=1,2,\cdots,m;j=1,2,\cdots,n)$ 一定是(8.1.2)的可行解. 下面用反证法证明它还是(8.1.2)的最优解.

假设 $x_{ij}(i=1,2,\cdots,m;j=1,2,\cdots,n)$ 不是(8.1.2)的最优解，则必存在(8.1.2)的一个可行解 $\bar{x}_{ij}(i=1,2,\cdots,m;j=1,2,\cdots,n)$，使得

$$\sum_{i=1}^m \sum_{j=1}^n c_{ij} \bar{x}_{ij} < \sum_{i=1}^m \sum_{j=1}^n c_{ij} x_{ij} \tag{8.1.5}$$

$$\sum_{j=1}^n \bar{x}_{ij} \leqslant a_i \quad (i=1,2,\cdots,m) \tag{8.1.6}$$

$$\sum_{i=1}^m \bar{x}_{ij} = b_j \quad (j=1,2,\cdots,n) \tag{8.1.7}$$

$$\bar{x}_{ij} \geqslant 0 \quad (i=1,2,\cdots,m;j=1,2,\cdots,n)$$

令 $b_{n+1} = \sum_{i=1}^m a_i - \sum_{j=1}^n b_j, c_{i,n+1} = 0 (i=1,2,\cdots,m)$，则由(8.1.5)得

$$\sum_{i=1}^m \sum_{j=1}^{n+1} c_{ij} \bar{x}_{ij} = \sum_{i=1}^m \sum_{j=1}^n c_{ij} \bar{x}_{ij} < \sum_{i=1}^m \sum_{j=1}^n c_{ij} x_{ij} = \sum_{i=1}^m \sum_{j=1}^n c_{ij} x_{ij}$$

取 $\bar{x}_{i,n+1} = a_i - \sum_{j=1}^n \bar{x}_{ij}$，则 $\bar{x}_{i,n+1} \geqslant 0$，而且由(8.1.6)得

$$\sum_{j=1}^{n+1} \bar{x}_{ij} = \sum_{j=1}^n \bar{x}_{ij} + \bar{x}_{i,n+1} = a_i \quad (i=1,2,\cdots,m)$$

又根据(8.1.7)推出，$\bar{x}_{ij}(i=1,2,\cdots,m;j=1,2,\cdots,n+1)$ 也是(8.1.4)的可行解，其对应的目标值比 $x_{ij}(i=1,2,\cdots,m;j=1,2,\cdots,n+1)$ 对应的目标值更小，与假设矛盾. 所以，定理 8.1.3 结论成立.

定理 8.1.4 给不平衡运输问题(8.1.3)补充

$$a_{m+1} = \sum_{j=1}^n b_j - \sum_{i=1}^m a_i, c_{m+1,j} = 0 \quad (j=1,2,\cdots,n),$$

得到下面平衡运输问题，

$$\min \sum_{i=1}^{m+1} \sum_{j=1}^{n} c_{ij} x_{ij}$$

$$\text{s.t.} \begin{cases} \sum_{j=1}^{n} x_{ij} = a_i & (i=1,2,\cdots,m+1) \\ \sum_{i=1}^{m+1} x_{ij} = b_j & (j=1,2,\cdots,n) \\ x_{ij} \geqslant 0 & (i=1,2,\cdots,m+1; j=1,2,\cdots,n) \end{cases} \quad (8.1.8)$$

若 $x_{ij}(i=1,2,\cdots,m;j=1,2,\cdots,n+1)$ 是模型(8.1.8)的最优解,则 $x_{ij}(i=1,2,\cdots,m;j=1,2,\cdots,n)$ 一定是模型(8.1.3)的最优解.

证 与定理 8.1.3 的证明完全类似,略.

定理 8.1.3 和定理 8.1.4 揭示,不平衡运输问题都可以转化成平衡运输问题求解.

8.2 运输问题的解法一(表上回路法)

一、平衡运输问题的基可行解获取方法

由于运输问题属于线性规划问题,因此,运输问题的最优解一定会出现在它的基可行解中. 求运输问题的基可行解比求一般线性规划的基可行解要容易得多,而且有多种不同的方法,这里只介绍两种最常用的方法,一种是**左上角法**(又称西北角法),另一种是**最小元素法**.

定义 8.2.1 设 $(c_{ij})_{m \times n}$ 是平衡运输问题的费用矩阵,若给出了第 i 个发货点向第 j 个收货点运送的物资量 $x_{ij}(1 \leqslant i \leqslant m, 1 \leqslant j \leqslant n)$,则称 c_{ij} 为**标定系数**,否则称 c_{ij} 为**未标定系数**.

1. 左上角法

给平衡运输问题中的变量 $x_{ij}(i=1,2,\cdots,m;j=1,2,\cdots,n)$ 按照下列方法依次赋值:

(1) 如果费用矩阵 $(c_{ij})_{m \times n}$ 不存在未标定系数,则已得到基可行解,停;否则找出左上角未标定系数 c_{st},转到(2).

(2) $x_{st} \Leftarrow \min\{a_s, b_t\}, a_s \Leftarrow a_s - x_{st}, b_t \Leftarrow b_t - x_{st}$.

(3) 若 $a_s = 0$,则针对每一个未标定系数 $c_{sj}, x_{sj} \Leftarrow 0$,转到(1);否则 $(a_s > 0)$,针对每一个未标定系数 $c_{it}, x_{it} \Leftarrow 0$,转到(1).

注释 (i) 有"左上角法"自然有"右上角法",方法和作用是类似的.

(ii) 步骤(3)也可以换成"若 $b_t = 0$,则针对每一个未标定系数 $c_{it}, x_{it} \Leftarrow 0$,转到(1);否则 $(b_t > 0)$,针对每一个未标定系数 $c_{sj}, x_{sj} \Leftarrow 0$,转到(1)".

(iii) $a_s = b_t = 0$ 时,(2)与(ii)两种标记方法,只能任选一种,否则会丢失基变量.

定理 8.2.1 按照左上角法得到的 $x_{ij}(i=1,2,\cdots,m;j=1,2,\cdots,n)$,一定是平衡运输问题的基可行解.

证 显然,按左上角法获得的 $x_{ij}(i=1,2,\cdots,m;j=1,2,\cdots,n)$ 是(8.1.1)的可行

解.因此,下面只证明该可行解中至多只有 $n+m-1$ 个 $x_{ij}>0(1\leqslant i\leqslant m,1\leqslant j\leqslant n)$.

由于按左上角法赋值,只有对应于左上角的元素 x_{st} 才可能被赋予大于零的值,而且给 x_{st} 赋值后,必有一个 a_s 或 b_t 变为零,又因为 $\{a_i|i=1,2,\cdots,m\}$ 与 $\{b_j|j=1,2,\cdots,n\}$ 中共 $m+n$ 个元素,所以,第 $n+m-2$ 次给左上角元素对应的 x_{ij} 赋值后,$\{a_i|i=1,2,\cdots,m\}$ 与 $\{b_j|j=1,2,\cdots,n\}$ 中,至多还剩 2 个元素大于零,根据 $\sum_{i=1}^{m}a_i=\sum_{j=1}^{n}b_j$ 知,这 2 个元素必然分属于 $\{a_i|i=1,2,\cdots,m\}$ 与 $\{b_j|j=1,2,\cdots,n\}$,而且值相等,因此,第 $n+m-1$ 次给左上角元素对应的 x_{ij} 赋值后,$\{a_i|i=1,2,\cdots,m\}$ 与 $\{b_j|j=1,2,\cdots,n\}$ 的元素便全为零了.因此,$x_{ij}(i=1,2,\cdots,m;j=1,2,\cdots,n)$ 至多只有 $n+m-1$ 个 $x_{ij}>0(1\leqslant i\leqslant m,1\leqslant j\leqslant n)$,由定义 1.2.1 知,$x_{ij}(i=1,2,\cdots,m;j=1,2,\cdots,n)$ 是(8.1.1)的基可行解.

推论 8.2.1 如果用左上角法获取平衡运输问题的基可行解,则左上角处取值的变量为基可行解中的基变量;不在左上角处取值的变量为基可行解中的非基变量.

例 8.2.1 试用左上角法找出表 8.2.1 所示的平衡运输问题的基可行解.

表 8.2.1

单位运费 \ 收货点 发货点	B_1	B_2	B_3	B_4	B_5	发货量
A_1	12	17	23	15	19	36
A_2	21	25	18	16	32	22
A_3	16	18	22	19	27	14
A_4	18	32	14	24	20	28
收量	16	25	15	20	24	=

解 因为,当前未标记的左上角元素为 $c_{11}=12$,所以
$$x_{11}\Leftarrow\min\{a_1,b_1\}=\min\{36,16\}=16,a_1\Leftarrow a_1-x_{11}=20,b_1\Leftarrow b_1-x_{11}=0.$$
这时 $b_1=0$,所以 $x_{i1}\Leftarrow 0(i=2,3,4)$.为了便于以后应用,将 x_{ij} 的取值写在 c_{ij} 的右上角,当 c_{ij} 为左上角元素时,将 x_{ij} 取的值加上括号"()".有了这样的表示,不论基变量是否取 0,只要是括号"()"内的数,都是基变量的系数.

这时,当前未标记的左上角元素为 $c_{12}=17$,所以
$$x_{12}\Leftarrow\min\{a_1,b_2\}=\min\{20,25\}=20,\quad a_1\Leftarrow a_1-x_{12}=0,\quad b_2\Leftarrow b_2-x_{12}=5$$
这时 $a_1=0$,所以 $x_{1j}\Leftarrow 0(i=3,4,5)$;

照此方法不断地进行下去……最后一个左上角元素为 $c_{45}=20$,所以
$$x_{45}\Leftarrow\min\{a_4,b_5\}=\min\{24,24\}=24,\quad a_4\Leftarrow a_4-x_{45}=0,\quad b_5\Leftarrow b_5-x_{45}=0$$
便得到基可行解:
$x_{11}=16,x_{12}=20,x_{22}=2,x_{23}=15,x_{24}=2,x_{34}=14,x_{44}=4,x_{45}=24$,其他 $x_{ij}=0$
见表 8.2.2.该基可行解对应的总运费为 1801.

表 8.2.2

单位运费＼收货点 发货点	B_1	B_2	B_3	B_4	B_5	发量	余量
A_1	$12^{(16)}$	$17^{(20)}$	23^0	15^0	19^0	36	20,0
A_2	21^0	$25^{(5)}$	$18^{(15)}$	$16^{(2)}$	32^0	22	17,2,0
A_3	16^0	18^0	22^0	$19^{(14)}$	27^0	14	0
A_4	18^0	32^0	14^0	$24^{(4)}$	$20^{(24)}$	28	24,0
收量	16	25	15	20	24		
余量	0	5 0	0	18 4 0	0		

2. 最小元素法

给平衡运输问题中的变量 $x_{ij}(i=1,2,\cdots,m;j=1,2,\cdots,n)$ 按照下列方法依次赋值：

(1) 如果费用矩阵 $(c_{ij})_{m\times n}$ 中不存在未标定系数，则已得到基可行解，停；否则找出值最小的未标定系数 c_{st}，转到(2).

(2) $x_{st} \Leftarrow \min\{a_s, b_t\}, a_s \Leftarrow a_s - x_{st}, b_t \Leftarrow b_t - x_{st}$.

(3) 若 $a_s = 0$，则针对每一个未标定系数 $c_{sj}, x_{sj} \Leftarrow 0$，转到(1)；否则 ($a_s > 0$)，针对每一个未标定系数 $c_{it}, x_{it} \Leftarrow 0$，转到(1).

定理 8.2.2 按最小元素法给出的 $x_{ij}(i=1,2,\cdots,m;j=1,2,\cdots,n)$，一定是平衡运输问题的基可行解.

证 与定理 8.2.1 的证明完全类似.

推论 8.2.2 如果用最小元素法获取平衡运输问题的基可行解，则在最小元素位置取值的变量为基可行解中的基变量；不在最小元素位置取值的变量为基可行解中的非基变量.

例 8.2.2 试用最小元素法找出表 8.2.1 所示的平衡运输问题的基可行解.

解 因为，当前未标记的最小元素为 $c_{11}=12$，所以

$$x_{11} \Leftarrow \min\{a_1, b_1\} = \min\{36, 16\} = 16, a_1 \Leftarrow a_1 - x_{11} = 20, b_1 \Leftarrow b_1 - x_{11} = 0.$$

这时 $b_1=0$，所以 $x_{i1} \Leftarrow 0 (i=2,3,4)$. 同样是为了方便以后的应用，将 x_{ij} 的取值写在 c_{ij} 的右上角，当 c_{ij} 为最小元素时，再给 x_{ij} 的取值加上括号"()". 有了这样的表示，不论基变量是否取 0，只要是括号"()"内的数，都是基变量的系数.

这时，当前未标记的最小元素为 $c_{43}=14$，所以

$$x_{43} \Leftarrow \min\{a_4, b_3\} = \min\{28, 15\} = 15, \quad a_4 \Leftarrow a_4 - x_{43} = 13, \quad b_3 \Leftarrow b_3 - x_{43} = 0$$

这时 $b_3=0$，所以 $x_{i3} \Leftarrow 0 (i=1,2,3)$.

8.2 运输问题的解法一(表上回路法)

照此方法不断地进行下去……最后一个最小元素为 $c_{25}=32$,所以

$$x_{25} \Leftarrow \min\{a_2, b_5\} = \min\{11, 11\} = 11, \quad a_2 \Leftarrow a_2 - x_{25} = 0, \quad b_5 \Leftarrow b_5 - x_{25} = 0$$

便得到基可行解:

$$x_{11}=16, x_{14}=20, x_{22}=11, x_{25}=11, x_{32}=14, x_{43}=15, x_{45}=13, \text{其他 } x_{ij}=0$$

见表 8.2.3. 该基可行解对应的总运费为 1841.

表 8.2.3

单位运费 \ 收货点 \ 发货点	B_1	B_2	B_3	B_4	B_5	发量	余量
A_1	$12^{(16)}$	17^0	23^0	$15^{(20)}$	19^0	36	20,0
A_2	21^0	$25^{(11)}$	18^0	$16^{(0)}$	$32^{(11)}$	22	11,0
A_3	16^0	$18^{(14)}$	22^0	19^0	27^0	14	0
A_4	18^0	32^0	$14^{(15)}$	24^0	$20^{(13)}$	28	13,0
收量	16	25	15	20	24		
余量	0	11 0	0	0	11 0		

二、平衡运输问题的最优解获取方法

由于平衡运输问题属于线性规划问题,而且获取基可行解很方便,所以自然会想到的是,能否像单纯形法求解线性规划问题那样,按一定的规则,不断地将一个基可行解变换到另一个使目标函数值更小的基可行解上,直到获得最优解为止. 弄清运输问题的基可行解中基变量与非基变量之间的关系,就可以实现这样的目的.

定理 8.2.3 设 $x_{ij}(i=1,2,\cdots,m;j=1,2,\cdots,n)$ 是平衡运输问题(8.1.1)的基可行解. 如果 $x_{i_1 j_1}$ 为非基变量,而 $x_{i_2 j_1}, x_{i_2 j_2}, x_{i_3 j_2}, \cdots, x_{i_1 j_r}$ 都是基变量,则采用变换

$$x_{i_1 j_1} \Leftarrow x_{i_1 j_1} + \delta, \quad x_{i_2 j_1} \Leftarrow x_{i_2 j_1} - \delta$$
$$x_{i_2 j_2} \Leftarrow x_{i_2 j_2} + \delta, \quad x_{i_3 j_2} \Leftarrow x_{i_3 j_2} - \delta$$
$$\cdots\cdots$$
$$x_{i_r j_r} \Leftarrow x_{i_r j_r} + \delta, \quad x_{i_1 j_r} \Leftarrow x_{i_1 j_r} - \delta$$

其中 $\delta = \min\{x_{i_2 j_1}, x_{i_3 j_2}, \cdots, x_{i_1 j_r}\}$. 得到的 $x_{ij}(i=1,2,\cdots,m;j=1,2,\cdots,n)$ 依然是(8.1.1)的基可行解,特别是当 $\delta > 0, c_{i_1 j_1} - c_{i_2 j_1} + c_{i_2 j_2} - c_{i_3 j_2} + \cdots + c_{i_r j_r} - c_{i_1 j_r} < 0$ 时,变化后的基可行解对应的目标函数值,比变化前的基可行解对应目标函数值要小.

证 显然,变换后 $x_{ij}(i=1,2,\cdots,m;j=1,2,\cdots,n)$ 依然满足(8.1.1)的约束条件. 因为 $\delta = \min\{x_{i_2 j_1}, x_{i_3 j_2}, \cdots, x_{i_1 j_r}\}$,所以 $\delta = 0$ 时, $x_{ij}(i=1,2,\cdots,m;j=1,2,\cdots,n)$ 不变, $\delta > 0$ 时,变换后 $x_{i_2 j_1}, x_{i_3 j_2}, \cdots, x_{i_1 j_r}$ 中必有一个变为 0, $x_{i_1 j_1}$ 则由 0 变为 δ,所以变换后, $x_{ij}(i=1,2,\cdots,m;j=1,2,\cdots,n)$ 依然是基可行解. 如果将变换后的基可行解记作

$$x_{ij}^1 \quad (i=1,2,\cdots,m; j=1,2,\cdots,n)$$

则在 $\delta>0, c_{i_1j_1}-c_{i_2j_1}+c_{i_2j_2}-c_{i_3j_2}+\cdots+c_{i_rj_r}-c_{i_1j_r}<0$ 时,

$$\sum_{i=1}^m\sum_{j=1}^n c_{ij}x_{ij}^1 - \sum_{i=1}^m\sum_{j=1}^n c_{ij}x_{ij} = \sum_{i=1}^m\sum_{j=1}^n c_{ij}(x_{ij}^1-x_{ij})$$
$$= c_{i_1j_1}\delta + c_{i_2j_1}(-\delta) + c_{i_2j_2}\delta + c_{i_3j_2}(-\delta) + \cdots + c_{i_rj_r}\delta + c_{i_1j_r}(-\delta)$$
$$= \delta(c_{i_1j_1}-c_{i_2j_1}+c_{i_2j_2}-c_{i_3j_2}+\cdots+c_{i_rj_r}-c_{i_1j_r})<0$$

所以,变化后基可行解对应的目标函数值,比变化前基可行解对应目标函数值要小.

定理 8.2.4 设 $x_{ij}(i=1,2,\cdots,m; j=1,2,\cdots,n)$ 是平衡运输问题(8.1.1)的基可行解,并引入记号

$$y_{ij} = \begin{cases} 1, & x_{ij} \text{为基变量} \\ 0, & \text{否则} \end{cases} \quad (i=1,2,\cdots,m; j=1,2,\cdots,n)$$

则对于每一个非基变量 $x_{i_1j_1}$,必存在唯一的一组有序的基变量

$$x_{i_2j_1}, \quad x_{i_2j_2}, \quad x_{i_3j_2}, \quad \cdots, \quad x_{i_rj_r}, \quad x_{i_1j_r}$$

满足条件:$y_{i_2j_1} = y_{i_2j_2} = y_{i_3j_2} = \cdots = y_{i_rj_r} = y_{i_1j_r} = 1$.

证 (略).

定理 8.2.3 和定理 8.2.4 揭示,平衡运输问题的基可行解中,每一个非基变量一定可以和一些基变量在表上形成回路,而且,这样的回路是唯一的.

根据非基变量 $x_{i_1j_1}$ 与基变量 $x_{i_2j_1}, x_{i_2j_2}, x_{i_3j_2}, \cdots, x_{i_rj_r}, x_{i_1j_r}$ 的关系,可以按照下列方法寻找每一个非基变量所处的回路:

在矩阵 $(c_{ij})_{m\times n}$ 的排布中,从一个非基变量的系数位置出发,沿水平线(向左或向右)或纵垂线(向上或向下)行进,行进到基变量的系数位置时,才可以改变方向(也可以不改变方向,而跨过若干个基变量的系数位置,到某个基变量的系数位置后,再改变方向),如此行进,直到回到最初的非基变量的系数位置为止.

例 8.2.3 已知例 8.2.1 的一个基可行解,见表 8.2.4,试分别找出该基可行解中非基变量 $x_{13}, x_{14}, x_{21}, x_{34}$ 所处的闭合回路.

表 8.2.4

单位运费\收货点 发货点	B_1	B_2	B_3	B_4	B_5	发量
A_1	12(16)	17(11)	23 0	15 0	19(9)	36
A_2	21 0	25 0	18(2)	16(20)	32 0	22
A_3	16 0	18(14)	22 0	19 0	27 0	14
A_4	18 0	32 0	14(13)	24 0	20(15)	28
收量	16	25	15	20	24	

解 非基变量 x_{13} 所处的闭合回路为 $c_{13} \to c_{15} \to c_{45} \to c_{43} \to c_{13}$；

非基变量 x_{14} 所处的闭合回路为 $c_{14} \to c_{15} \to c_{45} \to c_{43} \to c_{23} \to c_{24} \to c_{14}$；

非基变量 x_{21} 所处的闭合回路为 $c_{21} \to c_{23} \to c_{43} \to c_{45} \to c_{15} \to c_{11} \to c_{21}$；

非基变量 x_{34} 所处的闭合回路为

$$c_{34} \to c_{32} \to c_{12} \to c_{15} \to c_{45} \to c_{43} \to c_{23} \to c_{24} \to c_{34}$$

这个回路比较复杂, 见表 8.2.4.

定义 8.2.2 设非基变量 $x_{i_1 j_1}$ 与一组有序的基变量 $x_{i_2 j_1}, x_{i_2 j_2}, x_{i_3 j_2}, \cdots, x_{i_r j_r}, x_{i_1 j_r}$ 构成一个闭合回路, 则称 $r = c_{i_1 j_1} - c_{i_2 j_1} + c_{i_2 j_2} - c_{i_3 j_2} + \cdots + c_{i_r j_r} - c_{i_1 j_r}$ 为非基变量 $x_{i_1 j_1}$ 的**检验数**, $\delta = \min\{x_{i_2 j_1}, x_{i_3 j_2}, \cdots, x_{i_1 j_r}\}$ 为非基变量 $x_{i_1 j_1}$ 的**调整量**.

定理 8.2.5 设 $x_{ij} (i=1,2,\cdots,m; j=1,2,\cdots,n)$ 是平衡运输问题 (8.1.1) 的基可行解, 则该基可行解是 (8.1.1) 的最优解的充分必要条件是, 基可行解中的每一个非基变量的检验数都大于或等于 0.

证 (略).

由定理 8.2.3 知, 如果在某个闭合回路上, 检验数 $r<0$, 调整量 $\delta>0$, 则在这个闭合回路上, 按定理 8.2.3 揭示的方法改变每一个变量的取值, 可以从一个基可行解变换到另一个目标函数值更小的基可行解上. 由定理 8.2.5 知, 只要基可行解中有一个非基变量的检验数小于 0, 则基可行解便不是最优解. 因此, 可以按下列步骤获取平衡运输问题的最优解:

(1) 用左上角法或最小元素法选一个初始基可行解.

(2) 依次寻找各个非基变量所在的闭合回路, 并计算该非基变量的检验数 r 和调整量 δ.

(3) 如果 $r<0$, 则在回路上从非基变量开始算起, 给每一个处于奇数位置的变量加上 δ, 给每一个处于偶数位置上的变量减去 δ, 然后转到 (2); 否则 ($r \geq 0$) 直接转到 (4).

(4) 如果基可行解中的每一个非基变量对应的检验数 $r \geq 0$, 则运算结束, 这时的基可行解为最优解; 否则转到 (2).

上述步骤 (2) 至 (4) 的运算方法, 称为求解平衡运输问题的**表上回路法**, 有时也将上述整个算法过程称为表上回路法.

例 8.2.4 试用表上回路法求解表 8.2.5 所示的运输问题的最优解.

表 8.2.5

单位运费＼收货点＼发货点	B_1	B_2	B_3	B_4	发量
A_1	12	15	9	11	15
A_2	8	12	11	6	24
A_3	14	16	10	7	21
收量	10	21	15	14	=

解 这是一个平衡运输问题,先用最小元素法,求一个初始基可行解,结果见表 8.2.6.

表 8.2.6

单位运费\\收货点\\发货点	B_1	B_2	B_3	B_4	发量
A_1	12^0	15^0	$9^{(15)}$	11^0	15
A_2	$8^{(10)}$	$12^{(0)}$	11^0	$6^{(14)}$	24
A_3	14^0	$16^{(21)}$	$10^{(0)}$	7^0	21
收量	10	21	15	14	=

此时,在非基变量 x_{11} 所处的闭合回路 $c_{11} \to c_{13} \to c_{33} \to c_{32} \to c_{22} \to c_{21} - c_{11}$ 上,
$$r = c_{11} - c_{13} + c_{33} - c_{32} + c_{22} - c_{21} = 1 > 0$$
在非基变量 x_{12} 所处的闭合回路 $c_{12} \to c_{13} \to c_{33} \to c_{32} \to c_{12}$ 上,
$$r = c_{12} - c_{13} + c_{33} - c_{32} = 0$$
在非基变量 x_{14} 所处的闭合回路 $c_{14} \to c_{24} \to c_{22} \to c_{32} \to c_{33} \to c_{13} \to c_{14}$ 上,
$$r = c_{14} - c_{24} + c_{22} - c_{32} + c_{33} - c_{13} = 2 > 0$$
在非基变量 x_{23} 所处的闭合回路 $c_{23} \to c_{33} \to c_{32} \to c_{22} \to c_{23}$ 上,
$$r = c_{23} - c_{33} + c_{32} - c_{22} = 5 > 0$$
在非基变量 x_{31} 所处的闭合回路 $c_{31} \to c_{32} \to c_{22} \to c_{21} \to c_{31}$ 上,
$$r = c_{31} - c_{32} + c_{22} - c_{21} = 2 > 0$$
在非基变量 x_{34} 所处的闭合回路 $c_{34} \to c_{24} \to c_{22} \to c_{32} \to c_{34}$ 上,
$$r = c_{34} - c_{24} + c_{22} - c_{32} = -3 < 0, \quad \delta = \min\{x_{24}, x_{32}\} = 14$$

所以,按下列方法调整回路上各变量的取值:
$$x_{34} \leftarrow x_{34} + \delta = 14, \quad x_{24} \leftarrow x_{24} - \delta = 0, \quad x_{22} \leftarrow x_{22} + \delta = 14, \quad x_{32} \leftarrow x_{32} - \delta = 7$$

目标函数值变小,x_{34} 由非基变量变为基变量,x_{24} 由基变量变为非基变量,见表 8.2.7.

表 8.2.7

单位运费\\收货点\\发货点	B_1	B_2	B_3	B_4	发量
A_1	12^0	15^0	$9^{(15)}$	11^0	15
A_2	$8^{(10)}$	$12^{(14)}$	11^0	6^0	24
A_3	14^0	$16^{(7)}$	$10^{(0)}$	$7^{(14)}$	21
收量	10	21	15	14	=

8.2 运输问题的解法一(表上回路法)

此时,在非基变量 x_{11} 所处的闭合回路 $c_{11} \to c_{13} \to c_{33} \to c_{32} \to c_{22} \to c_{21} \to c_{11}$ 上,
$$r = c_{11} - c_{13} + c_{33} - c_{32} + c_{22} - c_{21} = 1 > 0$$

在非基变量 x_{12} 所处的闭合回路 $c_{12} \to c_{13} \to c_{33} \to c_{32} \to c_{12}$ 上,
$$r = c_{12} - c_{13} + c_{33} - c_{32} = 0$$

在非基变量 x_{14} 所处的闭合回路 $c_{14} \to c_{34} \to c_{33} \to c_{13} \to c_{14}$ 上,
$$r = c_{14} - c_{34} + c_{33} - c_{13} = 5 > 0$$

在非基变量 x_{23} 所处的闭合回路 $c_{23} \to c_{33} \to c_{32} \to c_{22} \to c_{23}$ 上,
$$r = c_{23} - c_{33} + c_{32} - c_{22} = 5 > 0$$

在非基变量 x_{24} 所处的闭合回路 $c_{24} \to c_{34} \to c_{32} \to c_{22} \to c_{24}$ 上,
$$r = c_{24} - c_{34} + c_{32} - c_{22} = 3 > 0$$

在非基变量 x_{31} 所处的闭合回路 $c_{31} \to c_{32} \to c_{22} \to c_{21} \to c_{31}$ 上,
$$r = c_{31} - c_{32} + c_{22} - c_{21} = 2 > 0$$

由此知,表 8.2.7 中所有非基变量的检验数都大于或等于 0,根据定理 8.2.5,表 8.2.7 中的基可行解

$$x_{13} = 15, \quad x_{21} = 10, \quad x_{22} = 14, \quad x_{32} = 7, \quad x_{34} = 14, \quad 其他 x_{ij} = 0$$

是该运输问题的最优解.

注释 不论是用左上角法,还是用最小元素法,在获取运输问题的初始基可行解的过程中,常会遇到给两组变量赋 0 值时,先后次序可以自由选择的情况.选择不同的先后次序,会得到不同的基可行解,也会影响后续的计算过程.例如,例 8.2.3 用最小元素法也可以获得表 8.2.8 所示的初始基可行解,还可以获得表 8.2.9 所示的初始基可行解.

虽然,在这两个初始基可行解的基础上都可以用表上回路法求解,但迭代次数会有一定的差异.作为练习,针对表 8.2.9 给出的基可行解,试试闭合回路法.

表 8.2.8

单位运费\\收货点\\发货点	B_1	B_2	B_3	B_4	发量
A_1	12^0	$15^{(0)}$	$9^{(15)}$	11^0	15
A_2	$8^{(10)}$	$12^{(0)}$	11^0	$6^{(14)}$	24
A_3	14^0	$16^{(21)}$	10^0	7^0	21
收量	10	21	15	14	=

表 8.2.9

单位运费\\收货点\\发货点	B_1	B_2	B_3	B_4	发量
A_1	12^{0}	15^{0}	$9^{(15)}$	11^{0}	15
A_2	$8^{(10)}$	12^{0}	11^{0}	$6^{(14)}$	24
A_3	$14^{(0)}$	$16^{(21)}$	$10^{(0)}$	7^{0}	21
收量	10	21	15	14	=

三、不平衡运输问题的解法

对于不平衡运输问题,可以按照定理 8.1.3 或定理 8.1.4,引入虚拟发货点或虚拟收货点,以及一些单位运费为 0 的系数,将不平衡运输问题转化成平衡运输问题,既可用上述方法求解.

例 8.2.5 求解表 8.2.10 所示的运输问题的最优解.

表 8.2.10

单位运费\\收货点\\发货点	B_1	B_2	B_3	B_4	发量
A_1	27	14	31	18	70
A_2	20	17	42	23	50
A_3	19	25	30	16	80
收量	30	20	40	60	=

解 由于这个运输问题的总的发出量为 200,大于总的接收量 150,所以,这是一个供大于求的不平衡运输问题. 为此,虚拟一个收点 B_5,其接收量为 50,并且设备发点到收点 B_5 的单位运费都是 0,从而将表 8.2.10 所示的运输问题转化成一个平衡运输问题,见表 8.2.11.

表 8.2.11

单位运费\\收货点\\发货点	B_1	B_2	B_3	B_4	B_5	发量
A_1	27	14	31	18	0	70
A_2	20	17	42	23	0	50
A_3	19	25	30	16	0	80
收量	30	20	40	60	50	=

先用最小元素法获取一个初始基可行解,见表 8.2.12.

8.2 运输问题的解法一(表上回路法)

表 8.2.12

单位运费 发货点	收货点	B_1	B_2	B_3	B_4	B_5	发量	余量
A_1		27^0	$14^{(20)}$	31^0	18^0	$0^{(50)}$	70	20,0
A_2		$20^{(10)}$	$17^{(0)}$	$42^{(40)}$	23^0	0^0	50	40,0
A_3		$19^{(20)}$	25^0	30^0	$16^{(60)}$	0^0	80	20,0
收量		30	20	40	60	50	=	
余量		10 0	0	0	0	0		

此时,在非基变量 x_{11} 所处的闭合回路 $c_{11} \rightarrow c_{12} \rightarrow c_{22} \rightarrow c_{21} \rightarrow c_{11}$ 上,

$$r = c_{11} - c_{12} + c_{22} - c_{21} = 10 > 0$$

在非基变量 x_{13} 所处的闭合回路 $c_{13} \rightarrow c_{23} \rightarrow c_{22} \rightarrow c_{12} \rightarrow c_{13}$ 上,

$$c_{13} - c_{23} + c_{22} - c_{12} = -8 < 0, \quad \delta = \min\{x_{23}, x_{12}\} = 20 > 0$$

所以,按下列方法调整回路上各变量的取值:

$$x_{13} \Leftarrow x_{13} + \delta = 20, \quad x_{23} \Leftarrow x_{23} - \delta = 20, \quad x_{22} \Leftarrow x_{22} + \delta = 20, \quad x_{12} \Leftarrow x_{12} - \delta = 0$$

这时 x_{13} 由非基变量变为基变量,x_{12} 由基变量变为非基变量,见表 8.2.13.

表 8.2.13

单位运费 发货点	收货点	B_1	B_2	B_3	B_4	B_5	发量
A_1		27^0	14^0	$31^{(20)}$	18^0	$0^{(50)}$	70
A_2		$20^{(10)}$	$17^{(20)}$	$42^{(20)}$	23^0	0^0	50
A_3		$19^{(20)}$	25^0	30^0	$16^{(60)}$	0^0	80
收量		30	20	40	60	50	=

此时,在非基变量 x_{11} 所处的闭合回路 $c_{11} \rightarrow c_{13} \rightarrow c_{23} \rightarrow c_{21} \rightarrow c_{11}$ 上,

$$r = c_{11} - c_{13} + c_{23} - c_{21} = 18 > 0$$

在非基变量 x_{12} 所处的闭合回路 $c_{12} \rightarrow c_{13} \rightarrow c_{23} \rightarrow c_{22} \rightarrow c_{12}$ 上,

$$r = c_{12} - c_{13} + c_{23} - c_{22} = 8 > 0$$

在非基变量 x_{14} 所处的闭合回路 $c_{14} \rightarrow c_{34} \rightarrow c_{31} \rightarrow c_{21} \rightarrow c_{23} \rightarrow c_{13} \rightarrow c_{14}$ 上,

$$r = c_{14} - c_{34} + c_{31} - c_{21} + c_{23} - c_{13} = 12 > 0$$

在非基变量 x_{24} 所处的闭合回路 $c_{24} \rightarrow c_{34} \rightarrow c_{31} \rightarrow c_{21} \rightarrow c_{24}$ 上,

$$r = c_{24} - c_{34} + c_{31} - c_{21} = 6 > 0$$

在非基变量 x_{25} 所处的闭合回路 $c_{25} \rightarrow c_{15} \rightarrow c_{13} \rightarrow c_{23} \rightarrow c_{25}$ 上,

$$c_{25} - c_{15} + c_{13} - c_{23} = -11 < 0, \quad \delta = \min\{x_{15}, x_{23}\} = 20 > 0$$

所以,按下列方法调整回路上各变量的取值:

$x_{25} \Leftarrow x_{25}+\delta=20$, $x_{15} \Leftarrow x_{15}-\delta=30$, $x_{13} \Leftarrow x_{13}+\delta=40$, $x_{23} \Leftarrow x_{23}-\delta=0$

这时 x_{25} 由非基变量变为基变量，x_{15} 由基变量变为非基变量，见表 8.2.14。

表 8.2.14

单位运费＼收货点 发货点	B_1	B_2	B_3	B_4	B_5	发量
A_1	27^0	14^0	$31^{(40)}$	18^0	$0^{(30)}$	70
A_2	$20^{(10)}$	$17^{(20)}$	42^0	23^0	$0^{(20)}$	50
A_3	$19^{(20)}$	25^0	30^0	$16^{(60)}$	0^0	80
收量	30	20	40	60	50	=

此时，在非基变量 x_{11} 所处的闭合回路 $c_{11} \to c_{15} \to c_{25} \to c_{21} \to c_{11}$ 上，

$$r=c_{11}-c_{15}+c_{25}-c_{21}=7>0$$

在非基变量 x_{12} 所处的闭合回路 $c_{12} \to c_{15} \to c_{25} \to c_{22} \to c_{12}$ 上，

$$r=c_{12}-c_{15}+c_{25}-c_{22}=-3<0, \quad \delta=\min\{x_{15},x_{22}\}=20>0$$

所以，按下列方法调整回路上各变量的取值：

$x_{12} \Leftarrow x_{12}+\delta=20$, $x_{15} \Leftarrow x_{15}-\delta=10$, $x_{25} \Leftarrow x_{25}+\delta=40$, $x_{22} \Leftarrow x_{22}-\delta=0$

这时 x_{12} 由非基变量变为基变量，x_{22} 由基变量变为非基变量，见表 8.2.15。

表 8.2.15

单位运费＼收货点 发货点	B_1	B_2	B_3	B_4	B_5	发量
A_1	27^0	$14^{(20)}$	$31^{(40)}$	18^0	$0^{(10)}$	70
A_2	$20^{(10)}$	17^0	42^0	23^0	$0^{(40)}$	50
A_3	$19^{(20)}$	25^0	30^0	$16^{(60)}$	0^0	80
收量	30	20	40	60	50	=

此时，在非基变量 x_{11} 所处的闭合回路 $c_{11} \to c_{15} \to c_{25} \to c_{21} \to c_{11}$ 上，

$$r=c_{11}-c_{15}+c_{25}-c_{21}=7>0$$

在非基变量 x_{14} 所处的闭合回路 $c_{14} \to c_{15} \to c_{25} \to c_{21} \to c_{31} \to c_{34} \to c_{14}$ 上，

$$r=c_{14}-c_{15}+c_{25}-c_{21}+c_{31}-c_{34}=1>0$$

在非基变量 x_{22} 所处的闭合回路 $c_{22} \to c_{25} \to c_{15} \to c_{12} \to c_{22}$ 上，

$$r=c_{22}-c_{25}+c_{15}-c_{12}=3>0$$

在非基变量 x_{23} 所处的闭合回路 $c_{23} \to c_{25} \to c_{15} \to c_{13} \to c_{23}$ 上，

$$r=c_{23}-c_{25}+c_{15}-c_{13}=11>0$$

在非基变量 x_{24} 所处的闭合回路 $c_{24} \to c_{34} \to c_{31} \to c_{21} \to c_{24}$ 上，

$$r = c_{24} - c_{34} + c_{31} - c_{21} = 6 > 0$$

在非基变量 x_{32} 所处的闭合回路 $c_{32} \to c_{12} \to c_{15} \to c_{25} \to c_{21} \to c_{31} \to c_{32}$ 上,
$$r = c_{32} - c_{12} + c_{15} - c_{25} + c_{21} - c_{31} = 12 > 0$$

在非基变量 x_{33} 所处的闭合回路 $c_{33} \to c_{13} \to c_{15} \to c_{25} \to c_{21} \to c_{31} \to c_{33}$ 上,
$$r = c_{33} - c_{13} + c_{15} - c_{25} + c_{21} - c_{31} = 0$$

在非变量 x_{35} 所处的闭合回路 $c_{35} \to c_{25} \to c_{21} \to c_{31} \to c_{35}$ 上,
$$r = c_{35} - c_{25} + c_{21} - c_{31} = 1 > 0$$

由此知,每一个非基变量的检验数都非负,根据定理 8.2.5,表 8.2.15 中的基可行解:

$x_{12} = 20$, $x_{13} = 40$, $x_{15} = 10$, $x_{21} = 10$, $x_{25} = 40$, $x_{31} = 20$, $x_{34} = 60$, 其他 $x_{ij} = 0$

是加入虚拟收点 B_5 后的平衡运输问题的最优解. 因此原不平衡运输问题的最优解为

$x_{12} = 20$, $x_{13} = 40$, $x_{21} = 10$, $x_{31} = 20$, $x_{34} = 60$, 其他 $x_{ij} = 0$

8.3 运输问题的解法二(仿最小费用流算法)

一、运输问题与最小费用流问题的关系

8.2 节中介绍的求解运输问题的表上回路法,一般仅用于收发点较少的运输问题,而不适合收发点较多的运输问题,原因是,表上回路法不易转化成计算机程序.因此,其实用性受到了极大的限制.本节要介绍一种可以编制成计算机程序的运输问题算法.

如果把平衡运输问题(8.1.1)中的发货点依次记成 $1 \sim m$,收货点依次记成 $m+1 \sim m+n$,则模型(8.1.1)便成为

$$\min \sum_{i=1}^{m} \sum_{j=m+1}^{m+n} c_{ij} x_{ij}$$

$$\text{s. t.} \begin{cases} \sum_{j=m+1}^{m+n} x_{kj} = a_k & (k = 1, 2, \cdots, m) \\ \sum_{i=1}^{m} x_{ik} = b_k & (k = m+1, m+2, \cdots, m+n) \\ x_{ij} \geqslant 0 & (i = 1, 2, \cdots, m; j = m+1, m+2, \cdots, m+n) \end{cases} \quad (8.3.1)$$

如果把平衡运输问题(8.3.1)中的所有发货点和收货点都视为网络的节点,再引入一个源点 s 和一个汇点 t,便可构成图 8.3.1 所示的单源单汇的有向网络.

其中,有向边 (s,i) 上的流量上限 $f_{si} = a_i (i = 1,2,\cdots,m)$ 为发货点 i 可发出的货物量,单位流量费用为 $c_{si} = 0 (i = 1,2,\cdots,m)$;有向边 (j,t) 上的流量上限 $f_{jt} = b_j (j = m+1, m+2, \cdots, m+n)$ 为收货点 j 要接收的货物量,单位流量费用为 $c_{jt} = 0 (j = m+1, m+2, \cdots, m+n)$;有向边 (i,j) 上的流量上限 $f_{ij} = \min\{a_i, b_j\} (i = 1,2,\cdots,n; j = m+1, m+2, \cdots, m+n)$,单位流量费用 $c_{ij} (i = 1,2,\cdots,n; j = m+1, m+2, \cdots, m+n)$ 为发货点 i 到收货点 j 的单位运费. 这样,平衡运输问题(8.3.1)也可以用流量为 $\sum_{i=1}^{m} x_{si} = \sum_{i=1}^{m} a_i =$

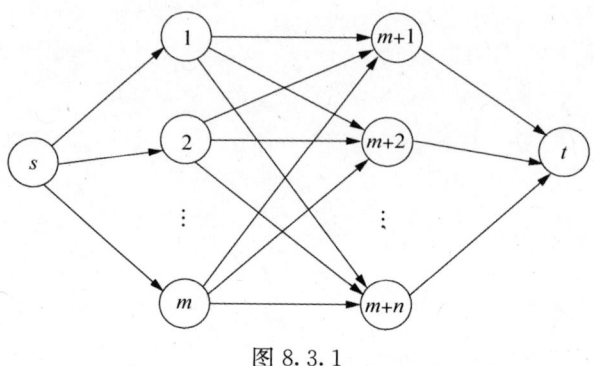

图 8.3.1

$\sum_{j=m+1}^{m+n} x_{jt} = \sum_{j=m+1}^{m+n} b_j$（即最大流）的最小费用流问题的数学模型来表示，见模型(8.3.2).

$$\min \sum_{i=1}^{m} \sum_{j=m+1}^{m+n} c_{ij} x_{ij}$$

$$\text{s.t.} \begin{cases} x_{si} = a_i \quad (i=1,2,\cdots,m) \\ x_{jt} = b_j \quad (j=m+1,m+2,\cdots,m+n) \\ x_{sk} - \sum_{j=m+1}^{m+n} x_{kj} = 0 \quad (k=1,2,\cdots,m) \\ \sum_{i=1}^{m} x_{ik} - x_{kt} = 0 \quad (k=m+1,m+2,\cdots,m+n) \\ x_{ij} \leqslant \min\{a_i, b_j\} \quad (i=1,2,\cdots,m; j=m+1,m+2,\cdots,m+n) \\ x_{si}, x_{ij}, x_{jt} \geqslant 0 \quad (i=1,2,\cdots,m; j=m+1,m+2,\cdots,m+n) \end{cases} \quad (8.3.2)$$

定理 8.3.1 在 $\sum_{i=1}^{m} a_i = \sum_{j=m+1}^{m+n} b_j$ 情况下，模型(8.3.1)与模型(8.3.2)等价.

证 因为模型(8.3.2)中的约束条件

$$x_{si} = a_i (i=1,2,\cdots,m) \quad \text{和} \quad x_{sk} - \sum_{j=m+1}^{m+n} x_{kj} = 0 (k=1,2,\cdots,m)$$

与模型(8.3.1)中的约束条件 $\sum_{j=m+1}^{m+n} x_{kj} = a_k (k=1,2,\cdots,m)$ 等价；模型(8.3.2)中的约束条件

$$x_{jt} = b_j (j=m+1,m+2,\cdots,m+n)$$

和

$$\sum_{i=1}^{m} x_{ik} - x_{kt} = 0 (k=m+1,m+2,\cdots,m+n)$$

与模型(8.3.1)中的约束条件 $\sum_{i=1}^{m} x_{ik} = b_k (k=m+1,m+2,\cdots,m+n)$ 等价. 又两模型目标函数相同，所以，模型(8.3.2)与模型(8.3.1)等价.

二、运输问题的仿最小费用流算法

根据定理 8.3.1,求解平衡运输问题,等价于求解图 8.3.1 所示网络的最小费用流问题,因此,可以用求解最小费用流的算法求解平衡运输问题,为便于区别,称这种求解平衡运输问题的算法为**仿最小费用流算法**,其具体步骤如下:

1° 输入:发货点的发货量 $a_i(i=1,2,\cdots,m)$;

收货点的收货量 $b_j(j=m+1,m+2,\cdots,m+n)$;

单位运费 $c_{ij}(i=1,2,\cdots,m;j=m+1,m+2,\cdots,m+n)$;

流量上限 $f_{ij}\Leftarrow\min\{a_i,b_j\}(i=1,2,\cdots,m;j=m+1,m+2,\cdots,m+n)$.

2° 用最小元素法获取初始可行运输方案(见 8.2 节,这里不再给出)

$$x_{ij} \quad (i=1,2,\cdots,m;j=m+1,m+2,\cdots,m+n)$$

3° 构造调费矩阵

$d_{ij}\Leftarrow+\infty(i,j=1,2,\cdots,m),d_{ij}\Leftarrow+\infty(i,j=m+1,m+2,\cdots,m+n)$,

$$d_{ij}\Leftarrow\begin{cases}c_{ij}, & x_{ij}<f_{ij}\\+\infty, & x_{ij}=f_{ij}\end{cases}\quad(i=1,2,\cdots,m;j=m+1,m+2,\cdots,m+n),$$

$$d_{ij}\Leftarrow\begin{cases}-c_{ij}, & x_{ij}>0\\+\infty, & x_{ij}=0\end{cases}\quad(i=m+1,m+2,\cdots,m+n;j=1,2,\cdots,m),$$

指针矩阵 $p_{ij}\Leftarrow j(i,j=1,2,\cdots,m+n)$.

4° $i\Leftarrow 1,j\Leftarrow 1,k\Leftarrow 1$.

5° $\mu\Leftarrow d_{ik}+d_{kj}$.

若 $\mu<d_{ij}$,则 $d_{ij}\Leftarrow\mu,p_{ij}\Leftarrow p_{ik}$ 转到 6°;否则($\mu\geqslant d_{ij}$)直接转到 6°.

6° 若 $j<n$,则 $j\Leftarrow j+1$ 转到 5°;否则($j=n$)转到 7°.

7° 若 $i<n$,则 $i\Leftarrow i+1,j\Leftarrow 1$ 转到 5°;否则($i=n$)转到 8°.

8° 求 $\min\{d_{ii}|1\leqslant i\leqslant n\}\triangleq\lambda$

若 $\lambda\geqslant 0$,则转到 13°;否则($\lambda<0$),$\alpha\Leftarrow\min\{i|d_{ii}=\lambda,1\leqslant i\leqslant n\},\alpha_0\Leftarrow\alpha,\delta\Leftarrow+\infty$,转到 9°.

9° $\beta\Leftarrow p_{\alpha\alpha_0}$.

若 $x_{\alpha\beta}<f_{\alpha\beta}$,则 $\delta\Leftarrow\min\{\delta,f_{\alpha\beta}-x_{\alpha\beta}\}$,否则($x_{\beta\alpha}>0$),$\delta\Leftarrow\min\{\delta,x_{\beta\alpha}\}$.

10° 若 $\beta\neq\alpha_0$,则 $\beta\Leftarrow\alpha$,转到 9°;否则($\beta=\alpha_0$),$\alpha\Leftarrow\alpha_0$,转到 11°.

11° $\beta\Leftarrow p_{\alpha\alpha_0}$.

若 $x_{\alpha\beta}<f_{\alpha\beta}$,则 $x_{\alpha\beta}\Leftarrow x_{\alpha\beta}+\delta$;否则($x_{\beta\alpha}>0$),$x_{\beta\alpha}\Leftarrow x_{\beta\alpha}-\delta$.

12° 若 $\beta\neq\alpha_0$,则 $\beta\Leftarrow\alpha$,转到 11°;否则($\beta=\alpha_0$),转到 3°.

13° 若 $k<n$,则 $k\Leftarrow k+1,j\Leftarrow 1,i\Leftarrow 1$ 转到 5°;否则($k=n$)得最优运输方案:

$$x_{ij}(i=1,2,\cdots,m;j=m+1,m+2,\cdots,m+n),停.$$

算法注释 从以上运输问题分析和算法构建可以看出,运输问题其实是网络最小费用流问题的一种特例,两者的算法并无本质区别。另外,用仿最小费用流算法求解运输问题时,并不需要绘制图 8.3.1 所示的网络图,调费矩阵可以直接由运输问题的已知数据获得.

例 8.3.1 试用仿最小费用流算法求解表 8.3.1 所示的运输问题的最优解.

表 8.3.1

单位运费＼收货点＼发货点	$B_1=v_4$	$B_2=v_5$	$B_3=v_6$	$B_4=v_7$	发量
$A_1=v_1$	12^0	15^0	9^{15}	11^0	15
$A_2=v_2$	8^{10}	12^0	11^0	6^{14}	24
$A_3=v_3$	14^0	16^{21}	10^0	7^0	21
收量	10	21	15	14	=

解 先给发货点和收货点重新标记,再用最小元素法求一个初始可行运输方案,结果标在单位费用的右上角,见表 8.3.1. 按照算法步骤 3° 构造调费矩阵

$$(d_{ij}/p_{ij})_{7\times 7} = \begin{pmatrix} +\infty/1 & +\infty/2 & +\infty/3 & 12/4 & 15/5 & +\infty/6 & 11/7 \\ +\infty/1 & +\infty/2 & +\infty/3 & +\infty/4 & 12/5 & 11/6 & +\infty/7 \\ +\infty/1 & +\infty/2 & +\infty/3 & 14/4 & +\infty/5 & 10/6 & 7/7 \\ +\infty/1 & -8/2 & +\infty/3 & +\infty/4 & +\infty/5 & +\infty/6 & +\infty/7 \\ +\infty/1 & +\infty/2 & -16/3 & +\infty/4 & +\infty/5 & +\infty/6 & +\infty/7 \\ -9/1 & +\infty/2 & +\infty/3 & +\infty/4 & +\infty/5 & +\infty/6 & +\infty/7 \\ +\infty/1 & -6/2 & +\infty/3 & +\infty/4 & +\infty/5 & +\infty/6 & +\infty/7 \end{pmatrix}$$

在步骤 5°～步骤 8° 和步骤 13° 的运算过程中,当 $k=1,2,3,4$ 时,$\lambda \geqslant 0$;当 $k=5$ 时,$\lambda = d_{77} - 3 < 0$,此时对应的矩阵如下:

$$(d_{ij}/p_{ij})_{7\times 7} = \begin{pmatrix} +\infty/1 & 4/4 & -1/5 & 12/4 & 15/5 & 9/5 & 6/5 \\ +\infty/1 & 2/5 & -4/5 & 10/5 & 12/5 & 6/5 & 3/5 \\ +\infty/1 & 6/4 & 2/4 & 14/4 & 18/4 & 10/6 & 7/7 \\ +\infty/1 & -8/2 & -12/2 & 2/2 & 4/2 & -2/2 & -5/2 \\ +\infty/1 & -10/3 & -16/3 & -2/3 & 2/3 & -6/3 & -9/3 \\ -9/1 & -5/1 & -10/1 & 3/1 & 6/1 & 0/1 & -3/1 \\ +\infty/1 & -6/2 & -10/2 & 4/2 & 6/2 & 0/2 & -3/2 \end{pmatrix}$$

由指针矩阵 $(p_{ij})_{7\times 7}$ 知,负回路为 $v_7 \to v_2 \to v_5 \to v_3 \to v_7$,按照步骤 9° 和 10° 找出调整量 $\delta = 14$,按照步骤 11° 和步骤 12° 调整:

$x_{27} \leftarrow x_{27} - \delta = 0$, $x_{25} \leftarrow x_{25} + \delta = 14$, $x_{35} \leftarrow x_{35} - \delta = 7$, $x_{37} \leftarrow x_{37} + \delta = 14$

调整后的可行运输方案见表 8.3.2.

8.3 运输问题的解法二(仿最小费用流算法)

表 8.3.2

单位运费＼收货点＼发货点	$B_1=v_4$	$B_2=v_5$	$B_3=v_6$	$B_4=v_7$	发量
$A_1=v_1$	12^0	15^0	9^{15}	11^0	15
$A_2=v_2$	8^{10}	12^{14}	11^0	6^0	24
$A_3=v_3$	14^0	16^7	10^0	7^{14}	21
收量	10	21	15	14	=

这时,重新回到步骤 3°,构造调费矩阵

$$(d_{ij}/p_{ij})_{7\times7} = \begin{pmatrix} +\infty/1 & +\infty/2 & +\infty/3 & 12/4 & 15/5 & +\infty/6 & 11/7 \\ +\infty/1 & +\infty/2 & +\infty/3 & +\infty/4 & 12/5 & 11/6 & 6/7 \\ +\infty/1 & +\infty/2 & +\infty/3 & 14/4 & 16/5 & 10/6 & +\infty/7 \\ +\infty/1 & -8/2 & +\infty/3 & +\infty/4 & +\infty/5 & +\infty/6 & +\infty/7 \\ +\infty/1 & -12/2 & -16/3 & +\infty/4 & +\infty/5 & +\infty/6 & +\infty/7 \\ -9/1 & +\infty/2 & +\infty/3 & +\infty/4 & +\infty/5 & +\infty/6 & +\infty/7 \\ +\infty/1 & +\infty/2 & -7/3 & +\infty/4 & +\infty/5 & +\infty/6 & +\infty/7 \end{pmatrix}$$

在步骤 5°~步骤 8°和步骤 13°的运算过程中,从 $k=1$ 开始运算,一直到 $k=7$ 时,

$$(d_{ij}/p_{ij})_{7\times7} = \begin{pmatrix} 0/5 & 3/5 & -1/5 & 12/4 & 15/5 & 9/5 & 9/5 \\ -3/5 & 0/5 & -4/5 & 9/5 & 12/5 & 6/5 & 6/7 \\ 1/6 & 4/5 & 0/5 & 13/6 & 16/5 & 10/6 & 10/5 \\ -11/2 & -8/2 & -12/2 & 1/2 & 4/2 & -2/2 & -2/2 \\ -15/3 & -12/2 & -16/3 & -3/3 & 0/2 & -6/3 & -6/2 \\ -9/1 & -6/1 & -10/1 & 3/1 & 6/1 & 0/1 & 0/1 \\ -6/3 & -3/3 & -7/3 & 6/3 & 9/3 & 3/3 & 3/3 \end{pmatrix}$$

在此过程中,始终 $\lambda \geqslant 0$. 因此,按步骤 13°知,表 8.3.2 中标记的运输方案为最优运输方案.

例 8.3.2 试用仿最小费用流算法求解表 8.3.3 所示的运输问题的最优解.

表 8.3.3

单位运费＼收货点＼发货点	B_1	B_2	B_3	B_4	B_5	发量
A_1	6	9	6	4	7	25
A_2	5	2	7	4	9	12
A_3	8	3	3	9	8	23
收量	15	10	6	9	12	

解 这是一个供大于求的不平衡运输问题,先增加一个虚拟收点 B_6,其接收量为 8,再令各发点到收点 B_6 的单位运费为 0,从而得到一个平衡运输问题,见表 8.3.4.

表 8.3.4

单位运费 发货点	$B_1=v_4$	$B_2=v_5$	$B_3=v_6$	$B_4=v_7$	$B_5=v_8$	$B_6=v_9$	发量
$A_1=v_1$	6^8	9	6	4^9	7	0^8	25
$A_2=v_2$	5^2	2^{10}	7	4	9	0	12
$A_3=v_3$	8^5	3	3^6	9	8^{12}	0	23
收量	15	10	6	9	12	8	

给发货点和收货点重新标记,再用最小元素法求一个初始可行运输方案,结果标在单位费用的右上角,见表 8.3.4.

按照算法步骤 3° 构造调费矩阵

$$(d_{ij}/p_{ij})_{9\times 9} = \begin{pmatrix} +\infty/1 & +\infty/2 & +\infty/3 & 6/4 & 9/5 & 6/6 & +\infty/7 & 7/8 & +\infty/9 \\ +\infty/1 & +\infty/2 & +\infty/3 & 5/4 & +\infty/5 & 7/6 & 4/7 & 9/8 & 0/9 \\ +\infty/1 & +\infty/2 & +\infty/3 & 8/4 & 3/5 & +\infty/6 & 9/7 & +\infty/8 & 0/9 \\ -6/1 & -5/2 & -8/3 & +\infty/4 & +\infty/5 & +\infty/6 & +\infty/7 & +\infty/8 & +\infty/9 \\ +\infty/1 & -2/2 & +\infty/3 & +\infty/4 & +\infty/5 & +\infty/6 & +\infty/7 & +\infty/8 & +\infty/9 \\ +\infty/1 & +\infty/2 & -3/3 & +\infty/4 & +\infty/5 & +\infty/6 & +\infty/7 & +\infty/8 & +\infty/9 \\ -4/1 & +\infty/2 & +\infty/3 & +\infty/4 & +\infty/5 & +\infty/6 & +\infty/7 & +\infty/8 & +\infty/9 \\ +\infty/1 & +\infty/2 & -8/3 & +\infty/4 & +\infty/5 & +\infty/6 & +\infty/7 & +\infty/8 & +\infty/9 \\ 0/1 & +\infty/2 & +\infty/3 & +\infty/4 & +\infty/5 & +\infty/6 & +\infty/7 & +\infty/8 & +\infty/9 \end{pmatrix}$$

在步骤 5°~步骤 8° 和步骤 13° 的运算过程中,当 $k=1,2,3$ 时,$\lambda \geqslant 0$;当 $k=4$ 时,$\lambda = d_{55}-2<0$,此时对应的矩阵如下:

$$(d_{ij}/p_{ij})_{9\times 9} = \begin{pmatrix} 0/4 & 1/4 & -2/4 & 6/4 & 1/4 & 6/6 & 5/4 & 7/8 & -2/4 \\ -1/4 & 0/4 & -3/4 & 5/4 & 0/4 & 5/4 & 4/7 & 6/6 & -3/4 \\ 2/4 & 3/3 & 0/4 & 8/4 & 3/5 & 8/4 & 7/4 & 9/4 & 0/9 \\ -6/1 & -5/2 & -8/3 & 0/1 & -5/3 & 0/1 & -1/2 & 1/1 & -8/3 \\ -3/2 & -2/2 & -5/2 & 3/2 & -2/2 & 3/2 & 2/2 & 4/2 & -5/2 \\ -1/3 & 0/3 & -3/3 & 5/3 & 0/3 & 5/3 & 4/3 & 6/3 & -3/3 \\ -4/1 & -3/1 & -6/1 & 2/1 & -3/2 & 2/1 & 1/1 & 3/1 & -6/1 \\ -6/3 & -5/3 & -8/3 & 0/3 & -5/3 & 0/3 & -1/3 & 1/3 & -8/3 \\ 0/1 & 1/1 & -2/1 & 6/1 & 1/1 & 6/1 & 5/1 & 7/1 & -2/1 \end{pmatrix}$$

由指针矩阵知,负回路为 $v_5 \to v_2 \to v_4 \to v_3 \to v_5$,按照步骤 9° 和 10° 找出调整量 $\delta=5$,

8.3 运输问题的解法二(仿最小费用流算法)

按照步骤 11°和步骤 12°调整(得到新的运输方案见表 8.3.5):
$$x_{25} \leftarrow x_{25} - \delta = 5, \quad x_{24} \leftarrow x_{24} + \delta = 7, \quad x_{34} \leftarrow x_{34} - \delta = 0, \quad x_{35} \leftarrow x_{35} + \delta = 5$$

表 8.3.5

单位运费 \ 收货点 发货点	$B_1 = v_4$	$B_2 = v_5$	$B_3 = v_6$	$B_4 = v_7$	$B_5 = v_8$	$B_6 = v_9$	发量
$A_1 = v_1$	6^8	9	6	4^9	7	0^8	25
$A_2 = v_2$	5^7	2^5	7	4	9	0	12
$A_3 = v_3$	8	3^5	3^6	9	8^{12}	0	23
收量	15	10	6	9	12	8	=

这时,回到步骤 3°构造调费矩阵,再按照步骤 5°至 8°运算($k \leqslant 4$ 时,$\lambda \geqslant 0$)至 $k=5$,

$$(d_{ij}/p_{ij})_{9\times 9} = \begin{pmatrix} +\infty/1 & +\infty/2 & +\infty/3 & 6/4 & 9/5 & 6/6 & +\infty/7 & 7/8 & +\infty/9 \\ +\infty/1 & +\infty/2 & +\infty/3 & 5/4 & 2/5 & 7/6 & 4/7 & 9/8 & 0/9 \\ +\infty/1 & +\infty/2 & +\infty/3 & 8/4 & 3/5 & +\infty/6 & 9/7 & +\infty/8 & 0/9 \\ -6/1 & -5/2 & +\infty/3 & +\infty/4 & +\infty/5 & +\infty/6 & +\infty/7 & +\infty/8 & +\infty/9 \\ +\infty/1 & -2/2 & -3/3 & +\infty/4 & +\infty/5 & +\infty/6 & +\infty/7 & +\infty/8 & +\infty/9 \\ +\infty/1 & +\infty/2 & -3/3 & +\infty/4 & +\infty/5 & +\infty/6 & +\infty/7 & +\infty/8 & +\infty/9 \\ -4/1 & +\infty/2 & +\infty/3 & +\infty/4 & +\infty/5 & +\infty/6 & +\infty/7 & +\infty/8 & +\infty/9 \\ +\infty/1 & +\infty/2 & -8/3 & +\infty/4 & +\infty/5 & +\infty/6 & +\infty/7 & +\infty/8 & +\infty/9 \\ 0/1 & +\infty/2 & +\infty/3 & +\infty/4 & +\infty/5 & +\infty/6 & +\infty/7 & +\infty/8 & +\infty/9 \end{pmatrix}$$

$$(d_{ij}/p_{ij})_{9\times 9} = \begin{pmatrix} 0/4 & 1/4 & 0/4 & 6/4 & 3/4 & 6/6 & 5/4 & 7/8 & 0/4 \\ -1/4 & 0/4 & -1/5 & 5/4 & 2/5 & 5/4 & 4/7 & 6/4 & -1/5 \\ 0/5 & 1/5 & 0/5 & 6/5 & 3/5 & 6/5 & 5/5 & 7/5 & 0/9 \\ -6/1 & -5/2 & -6/2 & 0/1 & -3/2 & 0/1 & -1/2 & 1/1 & -6/1 \\ -3/2 & -2/2 & -3/3 & 3/2 & 0/2 & 3/2 & 2/2 & 4/2 & -3/3 \\ -3/3 & -2/3 & -3/3 & 3/3 & 0/3 & 3/3 & 2/3 & 4/3 & -3/3 \\ -4/1 & -3/1 & -4/1 & 2/1 & -1/1 & 2/1 & 1/1 & 3/1 & -4/1 \\ -8/3 & -7/3 & -8/3 & -2/3 & -5/3 & -2/3 & -3/3 & -1/3 & -8/3 \\ 0/1 & 1/1 & 0/1 & 6/1 & 3/1 & 6/1 & 5/1 & 7/1 & 0/1 \end{pmatrix}$$

此时,$\lambda = d_{88} = -1 < 0$. 由指针矩阵知,负回路为 $v_8 \to v_3 \to v_5 \to v_2 \to v_4 \to v_1 \to v_8$,按照步骤 9°和 10°找出调整量 $\delta = 5$,按照步骤 11°和步骤 12°调整(得到新运输方案见表 8.3.6):

$$x_{38} \leftarrow x_{38} - \delta = 7, \quad x_{35} \leftarrow x_{35} + \delta = 10, \quad x_{25} \leftarrow x_{25} - \delta = 0$$
$$x_{24} \leftarrow x_{24} + \delta = 12, \quad x_{14} \leftarrow x_{14} - \delta = 3, \quad x_{18} \leftarrow x_{18} + \delta = 5$$

表 8.3.6

单位运费＼收货点＼发货点	$B_1=v_4$	$B_2=v_5$	$B_3=v_6$	$B_4=v_7$	$B_5=v_8$	$B_6=v_9$	发量
$A_1=v_1$	6^3	9	6	4^9	7^5	0^8	25
$A_2=v_2$	5^{12}	2	7	4	9	0	12
$A_3=v_3$	8	3^{10}	3^6	9	8^7	0	23
收量	15	10	6	9	12	8	

这时,回到步骤 3°构造调费矩阵,按照步骤 5°～步骤 8°运算($k\leqslant 7$ 时,$\lambda \geqslant 0$)至 $k=8$,

$$(d_{ij})_{9\times 9} = \begin{pmatrix} +\infty/1 & +\infty/2 & +\infty/3 & 6/4 & 9/5 & 6/6 & +\infty/7 & 7/8 & +\infty/9 \\ +\infty/1 & +\infty/2 & +\infty/3 & 5/4 & 2/5 & 7/6 & 4/7 & 9/8 & 0/9 \\ +\infty/1 & +\infty/2 & +\infty/3 & 8/4 & +\infty/5 & +\infty/6 & 9/7 & 8/8 & 0/9 \\ -6/1 & -5/2 & +\infty/3 & +\infty/4 & +\infty/5 & +\infty/6 & +\infty/7 & +\infty/8 & +\infty/9 \\ +\infty/1 & +\infty/2 & -3/3 & +\infty/4 & +\infty/5 & +\infty/6 & +\infty/7 & +\infty/8 & +\infty/9 \\ +\infty/1 & +\infty/2 & -3/3 & +\infty/4 & +\infty/5 & +\infty/6 & +\infty/7 & +\infty/8 & +\infty/9 \\ -4/1 & +\infty/2 & +\infty/3 & +\infty/4 & +\infty/5 & +\infty/6 & +\infty/7 & +\infty/8 & +\infty/9 \\ -7/1 & +\infty/2 & -8/3 & +\infty/4 & +\infty/5 & +\infty/6 & +\infty/7 & +\infty/8 & +\infty/9 \\ 0/1 & +\infty/2 & +\infty/3 & +\infty/4 & +\infty/5 & +\infty/6 & +\infty/7 & +\infty/8 & +\infty/9 \end{pmatrix}$$

$$(d_{ij}/p_{ij})_{9\times 9} = \begin{pmatrix} 0/4 & 1/4 & -1/4 & 6/4 & 2/4 & 6/6 & 5/4 & 7/8 & -1/4 \\ -1/4 & 0/4 & -1/5 & 5/4 & 2/5 & 6/7 & 4/7 & 7/5 & -1/5 \\ 1/8 & 2/8 & 0/8 & 7/8 & 4/8 & 7/8 & 7/4 & 8/8 & 0/9 \\ -6/1 & -5/2 & -6/2 & 0/2 & -3/2 & 1/2 & -1/2 & 2/2 & -6/2 \\ -2/3 & -1/3 & -3/3 & 4/3 & 1/3 & 4/3 & 4/3 & 5/3 & -3/3 \\ -2/3 & -1/3 & -3/3 & 4/3 & 1/3 & 4/3 & 4/3 & 5/3 & -3/3 \\ -4/1 & -3/1 & -5/1 & 2/1 & -1/1 & 2/1 & 1/1 & 3/1 & -5/1 \\ -7/1 & -6/1 & -8/3 & -1/1 & -4/1 & -1/1 & 0/1 & 0/1 & -8/3 \\ 0/1 & 1/1 & -1/1 & 6/1 & 3/1 & 6/1 & 5/1 & 7/1 & -1/1 \end{pmatrix}$$

此时 $\lambda = d_{99} = -1 < 0$. 由指针矩阵 $(p_{ij})_{9\times 9}$ 知,负回路为 $v_9 \to v_1 \to v_4 \to v_2 \to v_5 \to v_3 \to v_9$,按照步骤 9°和步骤 10°找出调整量 $\delta = 8$,按照步骤 11°和步骤 12°调整(得到新的运输方案见表 8.3.7):

$$x_{19} \Leftarrow x_{19} - \delta = 0, \quad x_{14} \Leftarrow x_{14} + \delta = 11, \quad x_{24} \Leftarrow x_{24} - \delta = 4, \quad x_{25} \Leftarrow x_{25} + \delta = 8$$
$$x_{35} \Leftarrow x_{35} - 8 = 2, \quad x_{39} \Leftarrow x_{39} + 8 = 8$$

8.3 运输问题的解法二(仿最小费用流算法)

表 8.3.7

单位运费\\收货点 发货点	$B_1=v_4$	$B_2=v_5$	$B_3=v_6$	$B_4=v_7$	$B_5=v_8$	$B_6=v_9$	发量
$A_1=v_1$	6^{11}	9	6	4^9	7^5	0	25
$A_2=v_2$	5^4	2^8	7	4	9	0	12
$A_3=v_3$	8	3^2	3^6	9	8^7	0^8	23
收量	15	10	6	9	12	8	=

这时,回到步骤 $3°$ 构造调费矩阵,按照步骤 $5°\sim$ 步骤 $8°$ 运算至 $k=5$ 时,

$$(d_{ij}/p_{ij})_{9\times 9}=\begin{pmatrix} +\infty/1 & +\infty/2 & +\infty/3 & 6/4 & 9/5 & 6/6 & +\infty/7 & 7/8 & 0/9 \\ +\infty/1 & +\infty/2 & +\infty/3 & 5/4 & 2/5 & 7/6 & 4/7 & 9/8 & 0/9 \\ +\infty/1 & +\infty/2 & +\infty/3 & 8/4 & 3/5 & +\infty/6 & 9/7 & 8/8 & +\infty/9 \\ -6/1 & -5/2 & +\infty/3 & +\infty/4 & +\infty/5 & +\infty/6 & +\infty/7 & +\infty/8 & +\infty/9 \\ +\infty/1 & -2/2 & -3/3 & +\infty/4 & +\infty/5 & +\infty/6 & +\infty/7 & +\infty/8 & +\infty/9 \\ -4/1 & +\infty/2 & +\infty/3 & +\infty/4 & +\infty/5 & +\infty/6 & +\infty/7 & +\infty/8 & +\infty/9 \\ -7/1 & +\infty/2 & -8/3 & +\infty/4 & +\infty/5 & +\infty/6 & +\infty/7 & +\infty/8 & +\infty/9 \\ +\infty/1 & +\infty/2 & 0/3 & +\infty/4 & +\infty/5 & +\infty/6 & +\infty/7 & +\infty/8 & +\infty/9 \end{pmatrix}$$

$$(d_{ij}/p_{ij})_{9\times 9}=\begin{pmatrix} 0/4 & 1/4 & 0/4 & 6/4 & 3/4 & 6/6 & 5/4 & 7/8 & 0/9 \\ -1/4 & 0/4 & -1/5 & 5/4 & 2/5 & 5/4 & 4/7 & 6/4 & -1/4 \\ 0/5 & 1/5 & 0/5 & 6/5 & 3/5 & 6/5 & 5/5 & 7/5 & 0/5 \\ -6/1 & -5/2 & -6/2 & 0/1 & -3/2 & 0/1 & -1/2 & 1/1 & -6/1 \\ -3/2 & -2/2 & -3/3 & 3/2 & 0/2 & 3/2 & 2/2 & 4/2 & -3/2 \\ -3/3 & -2/3 & -3/3 & 3/3 & 0/3 & 3/3 & 2/3 & 4/3 & -3/3 \\ -4/1 & -3/1 & -4/1 & 2/1 & -1/1 & 2/1 & 1/1 & 3/1 & -4/1 \\ -8/3 & -7/3 & -8/3 & -2/3 & -5/3 & -2/3 & -3/3 & -1/3 & -8/3 \\ 0/3 & 1/3 & 0/3 & 6/3 & 3/3 & 6/3 & 5/3 & 7/3 & 0/3 \end{pmatrix}$$

此时,$\lambda=d_{88}=-1<0$. 由指针矩阵知,负回路为 $v_8\to v_3\to v_5\to v_2\to v_4\to v_1\to v_8$,按照步骤 $9°$ 和 $10°$ 找出调整量 $\delta=7$,按照步骤 $11°$ 和 $12°$ 调整(得到新的运输方案见表 8.3.8):

$x_{38}\Leftarrow x_{38}-\delta=0$, $\quad x_{35}\Leftarrow x_{35}+\delta=9$, $\quad x_{25}\Leftarrow x_{25}-\delta=1$, $\quad x_{24}\Leftarrow x_{24}+\delta=11$,

$x_{14}\Leftarrow x_{14}-\delta=4$, $\quad x_{18}\Leftarrow x_{18}+\delta=12$.

表 8.3.8

单位运费　　收货点　　发货点	$B_1=v_4$	$B_2=v_5$	$B_3=v_6$	$B_4=v_7$	$B_5=v_8$	$B_6=v_9$	发量
$A_1=v_1$	6^4	9	6	4^9	7^{12}	0	25
$A_2=v_2$	5^{11}	2^1	7	4	9	0	12
$A_3=v_3$	8	3^9	3^6	9	8	0^8	23
收量	15	10	6	9	12	8	=

这时回到步骤 3°构造调费矩阵,再按照步骤 5°~步骤 8°运算 $k=9$ 时,

$$(d_{ij}/p_{ij})_{9\times 9}=\begin{pmatrix} +\infty/1 & +\infty/2 & +\infty/3 & 6/4 & 9/5 & 6/6 & +\infty/7 & +\infty/8 & 0/9 \\ +\infty/1 & +\infty/2 & +\infty/3 & 5/4 & 2/5 & 7/6 & 4/7 & 9/8 & 0/9 \\ +\infty/1 & +\infty/2 & +\infty/3 & 8/4 & 3/5 & +\infty/6 & 9/7 & 8/8 & +\infty/9 \\ -6/1 & -5/2 & +\infty/3 & +\infty/4 & +\infty/5 & +\infty/6 & +\infty/7 & +\infty/8 & +\infty/9 \\ +\infty/1 & -2/2 & -3/3 & +\infty/4 & +\infty/5 & +\infty/6 & +\infty/7 & +\infty/8 & +\infty/9 \\ +\infty/1 & +\infty/2 & -3/3 & +\infty/4 & +\infty/5 & +\infty/6 & +\infty/7 & +\infty/8 & +\infty/9 \\ -4/1 & +\infty/2 & +\infty/3 & +\infty/4 & +\infty/5 & +\infty/6 & +\infty/7 & +\infty/8 & +\infty/9 \\ -7/1 & +\infty/2 & +\infty/3 & +\infty/4 & +\infty/5 & +\infty/6 & +\infty/7 & +\infty/8 & +\infty/9 \\ +\infty/1 & +\infty/2 & 0/3 & +\infty/4 & +\infty/5 & +\infty/6 & +\infty/7 & +\infty/8 & +\infty/9 \end{pmatrix}$$

$$(d_{ij}/p_{ij})_{9\times 9}=\begin{pmatrix} 0/4 & 1/4 & 0/4 & 6/4 & 3/4 & 6/6 & 5/4 & 8/4 & 0/9 \\ -1/5 & 0/4 & -1/5 & 5/4 & 2/5 & 5/4 & 4/7 & 7/5 & -1/4 \\ 0/5 & 1/5 & 0/5 & 6/5 & 3/5 & 6/5 & 5/5 & 8/8 & 0/5 \\ -6/1 & -5/2 & -6/2 & 0/1 & -3/2 & 0/1 & -1/2 & 2/2 & -6/1 \\ -3/2 & -2/2 & -3/3 & 3/2 & 0/2 & 3/2 & 2/2 & 5/2 & -3/2 \\ -3/3 & -2/3 & -3/3 & 3/3 & 0/3 & 3/3 & 2/3 & 5/3 & -3/3 \\ -4/1 & -3/1 & -4/1 & 2/1 & -1/1 & 2/1 & 1/1 & 4/1 & -4/1 \\ -7/1 & -6/1 & -7/1 & -1/1 & -4/1 & -1/1 & -2/1 & 1/1 & -7/1 \\ 0/3 & 1/3 & 0/3 & 6/3 & 3/3 & 6/3 & 5/3 & 8/3 & 0/3 \end{pmatrix}$$

在此过程中,始终 $\lambda \geqslant 0$. 因此,由步骤 13°知,表 8.3.8 中标记的运输方案为最优运输方案.

8.4 运输问题的解法三(平衡负回路算法)

一、运输问题的检测矩阵与位置矩阵

表上回路法和仿最小费用流算法,都是从一个可行运输方案出发,通过各自的方法寻找总费用更低的可行运输方案,找到了就取代原先的可行运输方案,再重复这样的过程,直到不存在总费用更低的可行运输方案为止. 如果把可行运输方案对应地标在单位运费表中(8.2 节和 8.3 节中给出的表示方法),则会发现,不论是表上回路法,还是仿最小费用流算法,实质上都是在数据表中寻找和判断:给哪些大于 0 的变量取值减去一

个相同的值,再加到同列(行)上哪个变量上,可以保证同行(列)变量之和不变,而总费用值变小.因此,可以直接从这个角度来研究平衡运输问题的解法.

定义 8.4.1 设 $x_{ij}(i=1,2,\cdots,m;j=1,2,\cdots,n)$ 是平衡运输问题的一个可行解,如果

$$d_{ik}=\min\{c_{kj}-c_{ij}\,|\,x_{ij}>0,1\leqslant j\leqslant n\} \quad (i,k=1,2,\cdots,m)$$
$$r_{ik}=\min\{j\,|\,c_{kj}-c_{ij}=d_{ik},x_{ij}>0,1\leqslant j\leqslant n\} \quad (i,k=1,2,\cdots,m)$$

则称 $(d_{ij})_{m\times m}$ 为该可行解对应的**行检测矩阵**,称 $(r_{ij})_{m\times m}$ 为对应的**列位置矩阵**.

如果

$$d_{jk}=\min\{c_{ik}-c_{ij}\,|\,x_{ij}>0,1\leqslant i\leqslant m\} \quad (j,k=1,2,\cdots,n)$$
$$r_{jk}=\min\{i\,|\,c_{ik}-c_{ij}=d_{jk},x_{ij}>0,1\leqslant i\leqslant m\} \quad (j,k=1,2,\cdots,n)$$

则称 $(d_{ij})_{n\times n}$ 为该可行解对应的**列检测矩阵**,称 $(r_{ij})_{n\times n}$ 为对应的**行位置矩阵**.

注释 行、列检测矩阵统称为**检测矩阵**;行、列位置矩阵统称为**位置矩阵**.

定理 8.4.1 平衡运输问题的(8.1.1)的可行解 $x_{ij}(i=1,2,\cdots,m;j=1,2,\cdots,n)$ 是其最优解的充分必要条件是,对其检测矩阵 $(d_{ij})_{m\times m}$(或$(d_{ij})_{n\times n}$)使用 Floyd 算法后,$d_{ii}=0(i=1,2,\cdots,m$ 或 $n)$.

该定理的证明过程比较复杂,这里就不再给出了.

二、运输问题的平衡负回路算法

根据定理 8.4.1,在已知平衡运输问题的一个可行解的情况下,可以依据可行解构造一个检测矩阵,再用 Floyd 算法判断检测矩阵的对角线上是否存在小于 0 的的元素,如果存在,沿回路将当前的可行解转换到另一个费用更低的可行解上,不断重复上述过程,直到不存在总费用更低的可行解为止.为便于论述,将这种求解平衡运输问题的算法称为**平衡负回路算法**.

平衡负回路算法的具体步骤如下:

1° 输入费用矩阵 $(c_{ij})_{m\times n}$,发量 $a_i(i=1,2,\cdots,m)$,收量 $b_j(j=1,2,\cdots,n)$.

2° 用最小元素法获取初始可行运输方案(见 4.2 节,这里不再给出)
$$x_{ij}(i=1,2,\cdots,m;j=1,2,\cdots,n)$$

3° 构造检测矩阵,引入位置矩阵和指针矩阵:
$$d_{ik}\leftarrow\min\{c_{kj}-c_{ij}\,|\,x_{ij}>0,1\leqslant j\leqslant n\} \quad (i,k=1,2,\cdots,m)$$
$$r(i,k)\leftarrow\min\{j\,|\,c_{kj}-c_{ij}=d_{ik},x_{ij}>0,1\leqslant j\leqslant n\} \quad (i,k=1,2,\cdots,m)$$
$$p_{ik}\leftarrow k \quad (i,k=1,2,\cdots,m)$$

4° 用 Floyd 算法寻找负回路:
$$i\leftarrow 1,j\leftarrow 1,k\leftarrow 1.$$

5° $\mu\leftarrow d_{ik}+d_{kj}$.

若 $\mu<d_{ij}$,则 $d_{ij}\leftarrow\mu,p_{ij}\leftarrow p_{ik}$ 转到 6°;否则 $(\mu\geqslant d_{ij})$ 直接转到 6°.

6° 若 $j<n$,则 $j\leftarrow j+1$ 转到 5°;否则 $(j=n)$ 转到 7°.

7° 若 $i<n$，则 $i\Leftarrow i+1, j\Leftarrow 1$ 转到 5°；否则 $(i=n)$ 转到 8°.

8° 求 $\min\{d_{ii}|1\leqslant i\leqslant n\}\triangleq\lambda$.

若 $\lambda<0$，则 $\alpha\Leftarrow\min\{i|d_{ii}=\lambda, 1\leqslant i\leqslant n\}, \alpha_0\Leftarrow\alpha, \delta\Leftarrow+\infty$，转到 9°；否则 $(\lambda=0)$ 转到 13°.

9° 寻找负回路的最大可调量

$$\beta\Leftarrow p_{\alpha_0}, \quad \delta\Leftarrow\min\{\delta, x_{\alpha,r(\alpha,\beta)}\}$$

10° 若 $\beta\neq\alpha_0$，则 $\alpha\Leftarrow\beta$，转到 9°；否则 $(\beta=\alpha_0), \alpha\Leftarrow\alpha_0$ 转到 11°.

11° 沿负回路调整节点间的运量

$$\beta\Leftarrow p_{\alpha_0}, \quad x_{\alpha,r(\alpha,\beta)}\Leftarrow x_{\alpha,r(\alpha,\beta)}-\delta, \quad x_{\beta,r(\alpha,\beta)}\Leftarrow x_{\beta,r(\alpha,\beta)}+\delta$$

12° 若 $\beta\neq\alpha_0$，则 $\alpha\Leftarrow\beta$ 转到 11°；否则 $(\beta=\alpha_0)$ 转到 3°.

13° 若 $k<n$，则 $k\Leftarrow k+1, j\Leftarrow 1, i\Leftarrow 1$ 转到 5°；否则 $(k=n)$ 得最优运输方案：$x_{ij}(i=1,2,\cdots,m; j=1,2,\cdots,n)$，停.

算法注释 平衡负回路算法中用到的检测矩阵，比仿最小费用流算法中用到的调费矩阵，规模要小得多，因此计算效率要高得多.

例 8.4.1 已知某运输问题如表 8.4.1 所示，试用平衡负回路算法求最优解.

表 8.4.1

单位运费\收货点\发货点	B_1	B_2	B_3	B_4	B_5	B_6	B_7	B_8	发量
A_1	6	7	11	14	4	10	21	16	10
A_2	5	20	8	6	7	5	17	23	14
A_3	12	5	14	11	9	11	9	6	16
A_4	11	4	10	15	5	13	21	15	10
收量	8	6	4	9	10	6	4	3	=

解 先用最小元素法求一个初始可行运输方案：$x_{ij}(i=1,2,\cdots,m; j=1,2,\cdots,n)$. 由于不用区分基变量是否取 0，所以，当 $x_{ij}>0$ 时，将其标在单位费用 c_{ij} 的右上角，c_{ij} 的右上角无标记时，表示 $x_{ij}=0$，见表 8.4.2.

表 8.4.2

单位运费\收货点\发货点	B_1	B_2	B_3	B_4	B_5	B_6	B_7	B_8	发量
A_1	6	7	11	14	4^{10}	10	21	16	10
A_2	5^8	20	8	6	7	5^6	17	23	14
A_3	12	5	14	11^9	9	11	9^4	6^3	16
A_4	11	4^6	10^4	15	5	13	21	15	10
收量	8	6	4	9	10	6	4	3	=

8.4 运输问题的解法三(平衡负回路算法)

按照平衡负回路算法步骤 $3°$,构造检测矩阵 $(d_{ij})_{4\times 4}$,引入位置矩阵 $(r_{ij})_{4\times 4}$ 和指针矩阵 $(p_{ij})_{4\times 4}$,为方便运算,将 $(d_{ij})_{4\times 4}$ 和 $(p_{ij})_{4\times 4}$ 用 $(d_{ij}/p_{ij})_{4\times 4}$ 形式给出.

$$(d_{ij}/p_{ij})_{4\times 4} = \begin{pmatrix} 0/1 & 3/2 & 5/3 & 1/4 \\ 1/1 & 0/2 & 6/3 & 6/4 \\ 3/1 & -5/2 & 0/3 & 4/4 \\ 1/1 & -2/2 & 1/3 & 0/4 \end{pmatrix}, \quad (r_{ij})_{4\times 4} = \begin{pmatrix} 5 & 5 & 5 & 5 \\ 1 & 1 & 6 & 1 \\ 4 & 4 & 4 & 4 \\ 3 & 3 & 2 & 2 \end{pmatrix}$$

按照步骤 $5°$~步骤 $7°$ 和步骤 $13°$ 运算至 $k=3$ 时,

$$(d_{ij}/p_{ij})_{4\times 4} = \begin{pmatrix} 0/1 & 0/3 & 5/3 & 1/4 \\ 1/1 & 0/2 & 6/3 & 2/1 \\ -4/2 & -5/2 & 0/3 & -3/2 \\ -3/3 & -4/3 & 1/3 & -2/3 \end{pmatrix}$$

这时 $\lambda=d_{44}=-2$,由指针矩阵知,负回路为 $v_4\to v_3\to v_2\to v_1\to v_4$,由位置矩阵知,$v_4\to v_3$ 位于第 2 列,$v_3\to v_2$ 位于第 4 列,$v_2\to v_1$ 位于第 1 列,$v_1\to v_4$ 位于第 5 列. 按照步骤 $9°$ 和步骤 $10°$ 找出调整量 $\delta=6$,按照步骤 $11°$ 和步骤 $12°$ 调整:

$x_{42}\Leftarrow x_{42}-6=0, \quad x_{32}\Leftarrow x_{32}+6=6, \quad x_{34}\Leftarrow x_{34}-6=3, \quad x_{24}\Leftarrow x_{24}+6=6$

$x_{21}\Leftarrow x_{21}-6=2, \quad x_{11}\Leftarrow x_{11}+6=6, \quad x_{15}\Leftarrow x_{15}-6=4, \quad x_{45}\Leftarrow x_{45}+6=6$

得到新的运输方案见表 8.4.3.

表 8.4.3

单位运费\收货点 发货点	B_1	B_2	B_3	B_4	B_5	B_6	B_7	B_8	发量
A_1	6[6]	7	11	14	4[4]	10	21	16	10
A_2	5[2]	20	8	6[6]	7	5[6]	17	23	14
A_3	12	5[6]	14	11[3]	9	11	9[4]	6[3]	16
A_4	11	4	10[4]	15	5[6]	13	21	15	10
收量	8	6	4	9	10	6	4	3	=

这时,回到步骤 $3°$,重新构造检测矩阵,同时引入新的位置矩阵和指针矩阵:

$$(d_{ij}/p_{ij})_{4\times 4} = \begin{pmatrix} 0/1 & -1/2 & 5/3 & 1/4 \\ 1/1 & 0/2 & 5/3 & 6/4 \\ 2/1 & -5/2 & 0/3 & -1/4 \\ -1/1 & -2/2 & 4/3 & 0/4 \end{pmatrix}, \quad (r_{ij})_{4\times 4} = \begin{pmatrix} 1 & 1 & 5 & 5 \\ 1 & 1 & 4 & 1 \\ 2 & 4 & 2 & 2 \\ 5 & 3 & 3 & 3 \end{pmatrix}$$

按照步骤 $5°$~步骤 $7°$ 和步骤 $13°$ 一直运算到 $k=4$ 时,

$$(d_{ij}/p_{ij})_{4\times 4} = \begin{pmatrix} 0/1 & -1/2 & 4/2 & 1/4 \\ 1/1 & 0/2 & 5/3 & 2/1 \\ -4/2 & -5/2 & 0/3 & -3/2 \\ -1/1 & -2/2 & 3/2 & 0/4 \end{pmatrix}$$

$k=3$ 和 $k=4$ 时,$(d_{ij}/p_{ij})_{4\times 4}$ 都不变.

在此过程中,始终 $\lambda=0$. 因此,由步骤 13° 知,表 8.4.3 中标出的可行解

$$x_{11}=6, \quad x_{15}=4, \quad x_{21}=2, \quad x_{24}=6, \quad x_{26}=6, \quad x_{32}=6, \quad x_{34}=3$$
$$x_{37}=4, \quad x_{38}=3 \quad x_{43}=4, \quad x_{45}=6, \quad 其他 x_{ij}=0$$

是该运输问题的最优解.

上述用平衡负回路算法求解例 8.4.1,是用 Floyd 算法在 4 阶检测矩阵上寻找负回路;如果用仿最小费用流算法求解例 8.4.1,则要用 Floyd 算法在 12 阶调费矩阵上寻找负回路.

例 8.4.2 试用平衡负回路算法求解例 8.3.2 给出的不平衡运输问题.

解 引入虚拟收点 B_6,令其接收量为 8,各发点到收点 B_6 的单位运费为 0,见表 8.4.4.

表 8.4.4

单位运费\收货点 发货点	B_1	B_2	B_3	B_4	B_5	B_6	发量
A_1	6^8	9	6	4^9	7	0^8	25
A_2	5^2	2^{10}	7	4	9	0	12
A_3	8^5	3	3^6	9	8^{12}	0	23
收量	15	10	6	9	12	8	

用最小元素法选一个初始可行运输方案,见表 8.4.4.

按照平衡负回路算法步骤 3° 构造矩阵

$$(d_{ij}/p_{ij})_{3\times 3}=\begin{pmatrix} 0/1 & -1/2 & 0/3 \\ 1/1 & 0/2 & 1/3 \\ -2/1 & -3/2 & 0/3 \end{pmatrix}, \quad (r_{ij})_{3\times 3}=\begin{pmatrix} 1 & 1 & 6 \\ 1 & 1 & 2 \\ 1 & 1 & 1 \end{pmatrix}$$

按照步骤 5°～步骤 7° 和步骤 13° 运算至 $k=1$ 时,

$$(d_{ij}/p_{ij})_{3\times 3}=\begin{pmatrix} 0/1 & -1/2 & 0/3 \\ 1/1 & 0/2 & 1/3 \\ -2/1 & -3/2 & -2/1 \end{pmatrix}$$

由步骤 8° 得 $\lambda=d_{33}=-2<0$,由指针矩阵知负回路为:$v_3 \to v_1 \to v_3$,由位置矩阵知 $v_3 \to v_1$ 在第 1 列;$v_1 \to v_3$ 在第 6 列. 按照步骤 9° 和步骤 10° 找出调整量 $\delta=5$,按照步骤 11° 和步骤 12° 调整:

$$x_{31} \leftarrow x_{31}-\delta=0, \quad x_{11} \leftarrow x_{11}+\delta=13, \quad x_{16} \leftarrow x_{16}-\delta=3, \quad x_{36} \leftarrow x_{36}+\delta=5$$

得到新的运输方案见表 8.4.5.

8.4 运输问题的解法三(平衡负回路算法)

表 8.4.5

单位运费＼收货点 发货点	B_1	B_2	B_3	B_4	B_5	B_6	发量
A_1	6^{13}	9	6	4^9	7	0^3	25
A_2	5^2	2^{10}	7	4	9	0	12
A_3	8	3	3^6	9	8^{12}	0^5	23
收量	15	10	6	9	12	8	

按照平衡负回路算法步骤 3° 构造矩阵

$$(d_{ij}/p_{ij})_{3\times 3} = \begin{pmatrix} 0/1 & -1/2 & 0/3 \\ 1/1 & 0/2 & 1/3 \\ -1/1 & 0/2 & 0/3 \end{pmatrix}, \quad (r_{ij})_{3\times 3} = \begin{pmatrix} 1 & 1 & 6 \\ 1 & 1 & 2 \\ 5 & 6 & 3 \end{pmatrix}$$

按照步骤 5°～步骤 7° 和步骤 13° 运算至 $k=1$ 时,

$$(d_{ij}/p_{ij})_{3\times 3} = \begin{pmatrix} 0/1 & -1/2 & 0/3 \\ 1/1 & 0/2 & 1/3 \\ -1/1 & -2/1 & -1/1 \end{pmatrix}$$

由步骤 8° 得 $\lambda = d_{33} = -1 < 0$, 由指针矩阵知负回路为: $v_3 \to v_1 \to v_3$, 由位置矩阵知 $v_3 \to v_1$ 在第 5 列; $v_1 \to v_3$ 在第 6 列. 按照步骤 9° 和步骤 10° 找出调整量 $\delta = 3$, 按照步骤 11° 和步骤 12° 调整:

$x_{35} \leftarrow x_{35} - \delta = 9$, $x_{15} \leftarrow x_{15} + \delta = 3$, $x_{16} \leftarrow x_{16} - \delta = 0$, $x_{36} \leftarrow x_{36} + \delta = 8$

得到新的运输方案见表 8.4.6.

表 8.4.6

单位运费＼收货点 发货点	B_1	B_2	B_3	B_4	B_5	B_6	发量
A_1	6^{13}	9	6	4^9	7^3	0	25
A_2	5^2	2^{10}	7	4	9	0	12
A_3	8	3	3^6	9	8^9	0^8	23
收量	15	10	6	9	12	8	

按照平衡负回路算法步骤 3° 构造矩阵

$$(d_{ij}/p_{ij})_{3\times 3} = \begin{pmatrix} 0/1 & -1/2 & 1/3 \\ 1/1 & 0/2 & 1/3 \\ -1/1 & 0/2 & 0/3 \end{pmatrix}, \quad (r_{ij})_{3\times 3} = \begin{pmatrix} 1 & 1 & 5 \\ 1 & 1 & 2 \\ 5 & 6 & 3 \end{pmatrix}$$

按照步骤 5°～步骤 7° 和步骤 13° 运算至 $k=2$ 时,

$$(d_{ij}/p_{ij})_{3\times3} = \begin{pmatrix} 0/1 & -1/2 & 0/2 \\ 1/1 & 0/2 & 1/3 \\ -1/1 & -2/1 & -1/1 \end{pmatrix}$$

由步骤 8°得 $\lambda = d_{33} = -1 < 0$,由指针矩阵知负回路为:$v_3 \to v_1 \to v_2 \to v_3$,由位置矩阵知 $v_3 \to v_1$ 在第 5 列,$v_1 \to v_2$ 在第 1 列,$v_2 \to v_3$ 在第 2 列.按照步骤 9°和步骤 10°找出调整量 $\delta = 9$,按照步骤 11°和步骤 12°调整:

$$x_{35} \Leftarrow x_{35} - \delta = 0, \quad x_{15} \Leftarrow x_{15} + \delta = 12, \quad x_{11} \Leftarrow x_{11} - \delta = 4$$
$$x_{21} \Leftarrow x_{21} + \delta = 11, \quad x_{22} \Leftarrow x_{22} - \delta = 1, \quad x_{32} \Leftarrow x_{32} + \delta = 9$$

得到新的运输方案见表 8.4.7.

表 8.4.7

单位运费 发货点 \ 收货点	B_1	B_2	B_3	B_4	B_5	B_6	发量
A_1	6^4	9	6	4^9	7^{12}	0	25
A_2	5^{11}	2^1	7	4	9	0	12
A_3	8	3^9	3^6	9	8	0^8	23
收量	15	10	6	9	12	8	

按照平衡负回路算法步骤 3°构造矩阵

$$(d_{ij}/p_{ij})_{3\times3} = \begin{pmatrix} 0/1 & -1/2 & 1/3 \\ 1/1 & 0/2 & 1/3 \\ 0/1 & -1/2 & 0/3 \end{pmatrix}, \quad (r_{ij})_{3\times3} = \begin{pmatrix} 1 & 1 & 5 \\ 1 & 1 & 2 \\ 6 & 2 & 2 \end{pmatrix}$$

按照步骤 5°~步骤 7°运算至 $k = 3$ 时,

$$(d_{ij}/p_{ij})_{3\times3} = \begin{pmatrix} 0/1 & -1/2 & 0/2 \\ 1/1 & 0/2 & 1/3 \\ 0/1 & -1/2 & 0/3 \end{pmatrix}$$

由于在步骤 8°中 $\lambda \equiv 0$,所以,由步骤 13°知,表 8.4.7 中标出的运输方案:

$x_{11} = 4$, $x_{14} = 9$, $x_{15} = 12$, $x_{21} = 11$, $x_{22} = 1$, $x_{32} = 9$, $x_{33} = 6$, $x_{37} = 4$, 其他 $x_{ij} = 0$ 为最优运输方案.

上述用平衡负回路算法求解例 8.4.2,是用 Floyd 算法在 3 阶检测矩阵上寻找负回路;在例 8.3.2 中用仿最小费用流算法求解它,则要用 Floyd 算法在 9 阶调费矩阵上寻找负回路.

习 题 8

1. 试分别用左上角法和最小元素法,给出表 8.1 所示的平衡运输问题的基可行解.

习题 8

表 8.1

单位运费\收货点\发货点	B_1	B_2	B_3	B_4	发量
A_1	13	10	9	11	18
A_2	8	24	11	7	27
A_3	12	12	10	6	15
收量	12	16	15	17	=

2. 试分别用左上角法和最小元素法，给出表 8.2 所示的平衡运输问题的基可行解.

表 8.2

单位运费\收货点\发货点	B_1	B_2	B_3	B_4	B_5	发量
A_1	12	17	23	15	19	36
A_2	21	25	18	16	32	22
A_3	16	18	22	19	27	14
A_4	18	32	14	24	20	28
收量	16	25	15	20	24	=

3. 试用表上回路法求解题 1 给出的运输问题的最优解.
4. 试用表上回路法求解题 2 给出的运输问题的最优解.
5. 试用表上回路法求解表 8.3 所示的不平衡运输问题的最优解.

表 8.3

单位运费\收货点\发货点	B_1	B_2	B_3	B_4	发量
A_1	23	10	14	11	45
A_2	18	24	31	12	60
A_3	34	16	27	20	55
收量	25	40	35	45	≠

6. 试用表上回路法求解表 8.4 所示的不平衡运输问题的最优解.

表 8.4

单位运费\\收货点 发货点	B_1	B_2	B_3	B_4	发量
A_1	23	10	14	11	35
A_2	18	24	31	12	50
A_3	34	16	27	20	40
收量	25	40	35	45	$\neq$

7. 试用仿最小费用流算法求解表 8.1 所示的运输问题的最优运输方案.
8. 试用仿最小费用流算法求解表 8.3 所示的运输问题的最优解.
9. 试用平衡负回路算法求解表 8.3 所示的运输问题的最优解.
10. 试用平衡负回路算法求解表 8.5 所示的运输问题的最优解.

表 8.5

单位运费\\收货点 发货点	B_1	B_2	B_3	B_4	B_5	B_6	B_7	发量
A_1	11	15	9	11	16	12	14	28
A_2	8	16	11	7	15	19	21	17
A_3	13	18	10	6	18	14	19	35
收量	10	12	8	8	10	14	18	$=$

第 9 章

分 配 问 题

分配问题又称指派问题,是一类特殊的 0-1 整数规划问题,也是一类特殊的运输问题.但是,求解分配问题,绝不能用第 4 章介绍的隐枚举法,也不宜用第 8 章介绍的表上回路法和仿最小费用流算法.本章将系统地介绍一些分配问题的特点和性质,以及一些求解分配问题的简便有效算法.

9.1 分配问题及其特征

一、分配问题及其数学模型

分配问题一般描述为:要安排 m 个人去完成 n 项工作,规定要第 i 人承担 a_i 项工作,但每项工作只能由一人承担. 已知第 i 人完成第 j 项工作需用时 t_{ij},见表 9.1.1. 现要研究的问题是:如何把这 n 项工作分配给这 m 个人,才能使完成所有工作的总用时最少?

表 9.1.1

用时＼工作 人	B_1	B_2	$\cdots$	B_n	承担的工作数
A_1	t_{11}	t_{12}	$\cdots$	t_{1n}	a_1
A_2	t_{21}	t_{22}	$\cdots$	t_{2n}	a_2
$\vdots$	$\vdots$	$\vdots$	$\vdots$	$\vdots$	$\vdots$
A_m	t_{m1}	t_{m2}	$\cdots$	t_{mn}	a_m

如果 $\sum_{i=1}^{m} a_i = n$,称这样的分配问题为**平衡分配问题**;如果 $\sum_{i=1}^{m} a_i < n$ 或 $\sum_{i=1}^{m} a_i > n$,则这样的分配问题为**不平衡分配问题**;如果 $a_i = 1 (i=1,2,\cdots,m)$,且 $m=n$,则称这样的分配问题为**典则分配问题**.

如果引入变量

$$x_{ij} = \begin{cases} 1, & \text{分配第 } i \text{ 人承担第 } j \text{ 项工作} \\ 0, & \text{否则} \end{cases} \quad (i=1,2,\cdots,m; j=1,2,\cdots,n)$$

则**平衡分配问题**的数学模型为

$$\min \sum_{i=1}^{m}\sum_{j=1}^{n}t_{ij}x_{ij}$$

$$\text{s. t.}\begin{cases}\sum_{j=1}^{n}x_{ij}=a_i & (i=1,2,\cdots,m)\\ \sum_{i=1}^{m}x_{ij}=1 & (j=1,2,\cdots,n)\\ x_{ij}\in\{0,1\} & (i=1,2,\cdots,m;j=1,2,\cdots,n)\end{cases} \quad (9.1.1)$$

$\sum_{i=1}^{m}a_i < n$ 时的**不平衡分配问题**的数学模型为

$$\min \sum_{i=1}^{m}\sum_{j=1}^{n}t_{ij}x_{ij}$$

$$\text{s. t.}\begin{cases}\sum_{j=1}^{n}x_{ij}=a_i & (i=1,2,\cdots,m)\\ \sum_{i=1}^{m}x_{ij}\leqslant 1 & (j=1,2,\cdots,n)\\ x_{ij}\in\{0,1\} & (i=1,2,\cdots,m;j=1,2,\cdots,n)\end{cases} \quad (9.1.2)$$

$\sum_{i=1}^{m}a_i > n$ 时的**不平衡分配问题**的数学模型为

$$\min \sum_{i=1}^{m}\sum_{j=1}^{n}t_{ij}x_{ij}$$

$$\text{s. t.}\begin{cases}\sum_{j=1}^{n}x_{ij}\leqslant a_i & (i=1,2,\cdots,m)\\ \sum_{i=1}^{m}x_{ij}=1 & (j=1,2,\cdots,n)\\ x_{ij}\in\{0,1\} & (i=1,2,\cdots,m;j=1,2,\cdots,n)\end{cases} \quad (9.1.3)$$

典则分配问题的数学模型为

$$\min \sum_{i=1}^{n}\sum_{j=1}^{n}t_{ij}x_{ij}$$

$$\text{s. t.}\begin{cases}\sum_{j=1}^{n}x_{ij}=1 & (i=1,2,\cdots,n)\\ \sum_{i=1}^{n}x_{ij}=1 & (j=1,2,\cdots,n)\\ x_{ij}\in\{0,1\} & (i,j=1,2,\cdots,n)\end{cases} \quad (9.1.4)$$

对比数学模型,不难看出,分配问题与运输问题的差别仅仅是,分配问题中的变量限于$\{0,1\}$内取值,而运输问题中的变量可以在$[0,+\infty)$内取值.因此,分配问题其实就是运输问题的特殊情况.但是,如果用求解运输问题的表上回路法求解分配问题,则取

0 的基变量很多,会大大增加非基变量的判断环节,从而影响运算效率. 用求解运输问题的仿最小费用流算法,效率也不高. 其实,分配问题有其自身的特点,充分利用分配问题的特点,可以获得更有效的解法.

二、几种分配问题之间的关系

定理 9.1.1 对于不平衡分配问题(9.1.2),如果令

$$a_{m+1} = n - \sum_{i=1}^{m} a_i, \quad t_{m+1,j} = 0 \quad (j=1,2,\cdots,n)$$

便得到下面平衡分配问题:

$$\min \sum_{i=1}^{m+1} \sum_{j=1}^{n} t_{ij} x_{ij}$$

$$\text{s.t.} \begin{cases} \sum_{j=1}^{n} x_{ij} = a_i & (i=1,2,\cdots,m+1) \\ \sum_{i=1}^{m+1} x_{ij} = 1 & (j=1,2,\cdots,n) \\ x_{ij} \in \{0,1\} & (i=1,2,\cdots,m+1; j=1,2,\cdots,n) \end{cases} \quad (9.1.5)$$

若 $x_{ij}(i=1,2,\cdots,m+1; j=1,2,\cdots,n)$ 是平衡分配问题(9.1.5)的最优解,则 $x_{ij}(i=1,2,\cdots,m; j=1,2,\cdots,n)$ 一定是不平衡分配问题(9.1.2)的最优解.

证 仿定理 8.1.3 的证明过程,略.

定理 9.1.2 对于不平衡分配问题(9.1.3),如果令

$$N = \sum_{i=1}^{m} a_i - n, \quad t_{i,n+j} = 0 \quad (i=1,2,\cdots,m; j=1,2,\cdots,N)$$

便得到下面平衡分配问题,

$$\min \sum_{i=1}^{m} \sum_{j=1}^{n+N} t_{ij} x_{ij}$$

$$\text{s.t.} \begin{cases} \sum_{j=1}^{n+N} x_{ij} = a_i & (i=1,2,\cdots,m) \\ \sum_{i=1}^{m} x_{ij} = 1 & (j=1,2,\cdots,n+N) \\ x_{ij} \in \{0,1\} & (i=1,2,\cdots,m; j=1,2,\cdots,n+N) \end{cases} \quad (9.1.6)$$

若 $x_{ij}(i=1,2,\cdots,m; j=1,2,\cdots,n+N)$ 是平衡分配问题(9.1.6)的最优解,则 $x_{ij}(i=1,2,\cdots,m; j=1,2,\cdots,n)$ 一定是不平衡分配问题(9.1.3)的最优解.

证 类似于定理 8.1.3 的证明,略.

由定理 9.1.1 和定理 9.1.2 可知,如果解决了平衡分配问题(9.1.1)的解法,则不平衡分配问题(9.1.2)和(9.1.3)的解法便迎刃而解.

定理 9.1.3 对于平衡分配问题(9.1.1),如果令

$$c_{kj} = t_{1j} \quad (k=1,2,\cdots,a_i; j=1,2,\cdots,n)$$

$$c_{kj}=t_{2j} \quad (k=a_1+1, a_1+2, \cdots, a_1+a_2; j=1,2,\cdots,n)$$

……

$$c_{kj}=t_{mj} \quad (k=\sum_{i=1}^{m-1}a_i+1, \sum_{i=1}^{m-1}a_i+2, \cdots, \sum_{i=1}^{m}a_i=n; j=1,2,\cdots,n)$$

则得到下列典则分配问题：

$$\min \sum_{i=1}^{n}\sum_{j=1}^{n}c_{ij}x_{ij}$$

$$\text{s.t.} \begin{cases} \sum_{j=1}^{n}x_{ij}=1 & (i=1,2,\cdots,n) \\ \sum_{i=1}^{n}x_{ij}=1 & (j=1,2,\cdots,n) \\ x_{ij} \in \{0,1\} & (i,j=1,2,\cdots,n) \end{cases} \quad (9.1.7)$$

若 $x_{ij}(i=1,2,\cdots,n; j=1,2,\cdots,n)$ 是典则分配问题(9.1.7)的最优解，则令 $a_0=0$，

$$y_{ij} \Leftarrow \max\{x_{a_{i-1}+k} | 1 \leqslant k \leqslant a_i\} \quad (i=1,2,\cdots,m; j=1,2,\cdots,n)$$

那么，$x_{ij}(i=1,2,\cdots,m; j=1,2,\cdots,n)$ 一定是平衡分配问题(9.1.1)的最优解.

这个定理是显然的，证明略.

由定理 9.1.3 可知，如果解决了典则分配问题(9.1.4)的解法，便解决了平衡分配问题(9.1.1)的解法. 根据以上的逻辑，可以把构建分配问题的解法，重点放在构建典则分配问题的解法上，解决了典则分配问题的解法，其他分配问题的解法便迎刃而解了.

三、典则分配问题的性质

观察典则分配问题的目标函数的系数构成的矩阵

$$(t_{ij})_{n \times n} = \begin{bmatrix} t_{11} & t_{12} & \cdots & t_{1n} \\ t_{21} & t_{22} & \cdots & t_{2n} \\ \vdots & \vdots & & \vdots \\ t_{n1} & t_{n2} & \cdots & t_{nn} \end{bmatrix} \quad (9.1.8)$$

不难发现，分配问题其实就是要在矩阵 $(t_{ij})_{n \times n}$ 中，寻找出既不同行又不同列，而且和值最小的 n 个元素，这 n 个元素对应的人与工作，便是最优分配方案.

定理 9.1.4 给矩阵 $(t_{ij})_{n \times n}$ 第 k 行(或第 k 列)的每一个元素加上(或减去)一个相同的常数，不改变对应的分配问题的最优解.

证 因为(9.1.1)的约束条件中不含 $t_{ij}(i,j=1,2,\cdots,n)$，所以，将 $t_{kj}(j=1,2,\cdots,n)$ 换成 $t_{kj} \pm \delta(j=1,2,\cdots,n)$ 后，不改变(9.1.1)中的约束条件，只是目标函数变为

$$\sum_{\substack{i=1 \\ i \neq k}}^{n}\sum_{j=1}^{n}t_{ij}x_{ij} + \sum_{j=1}^{n}(t_{kj} \pm \delta)x_{kj} = \sum_{i=1}^{n}\sum_{j=1}^{n}t_{ij}x_{ij} \pm \delta\sum_{j=1}^{n}x_{kj}$$

由约束条件知 $\sum_{j=1}^{n}x_{kj}=1$，所以，$\sum_{\substack{i=1 \\ i \neq k}}^{n}\sum_{j=1}^{n}t_{ij}x_{ij} + \sum_{j=1}^{n}(t_{kj} \pm \delta)x_{kj} = \sum_{i=1}^{n}\sum_{j=1}^{n}t_{ij}x_{ij} \pm \delta$. 因此，

将元素 $t_{kj}(j=1,2,\cdots,n)$ 换成 $t_{kj}\pm\delta(j=1,2,\cdots,n)$,只是典则分配问题的最优值改变了 δ,但最优解不变.

关于将 $t_{ik}(i=1,2,\cdots,n)$ 换成 $t_{ik}\pm\delta(i=1,2,\cdots,n)$ 的证明,完全类似,不再给出.

推论 9.1.1 如果用 α 条水平直线和 β 条铅垂直线分别盖住矩阵 $(t_{ij})_{n\times n}$ 中 α 行和 β 列上的元素 $(\alpha,\beta<n)$,然后给矩阵中每一个未被覆盖的元素减去 δ,每一个被交叉覆盖的元素加上 δ,则得到的新的矩阵对应的分配问题,与原矩阵对应的分配问题最优解相同.

利用定理 9.1.4 及推论 9.1.1,可以将矩阵 (9.1.8) 中一些行和列上最小的元素变为 0,从而将寻找既不同行又不同列,而且和值最小的 n 个元素,转化成寻找既不同行又不同列的 n 个 0 元素.利用这一特点,便可以获得求解典则分配问题的一种著名的算法——匈牙利法.

9.2 分配问题的解法一(匈牙利算法)

一、典则分配问题的解法

要利用定理 9.1.4 及推论 9.1.1 求解典则分配问题,有三个问题有要解决.一是利用定理 9.1.4 及推论 9.1.1,是否一定能使矩阵中生成 n 个既不同行又不同列的 0 元素;二是如何得知矩阵中是否存在 n 个既不同行又不同列的 0 元素;三是如果存在 n 个既不同行又不同列的 0 元素,如何找出它们的位置.对此,有下面的定理.

定理 9.2.1 设矩阵 $(c_{ij})_{n\times n}$ 中有 0 元素.在矩阵 $(c_{ij})_{n\times n}$ 的所有行和列中,如果某一行(列)上 0 元素最少,则将该行(列)上任一个 0 元素所处的列(行)用直线覆盖,再在未被覆盖的元素构成的矩阵上,重复上述的做法,直到 $(c_{ij})_{n\times n}$ 中所有 0 元素被覆盖完为止,则覆盖 0 元素所用的直线数等于矩阵 $(c_{ij})_{n\times n}$ 中既不同行又不同列的 0 元素的个数.

证 (略).

例 9.2.1 将下列矩阵每一行减去该行上的最小元素,每一列上减去该列上的最小元素.然后用直线覆盖的方法判断矩阵中有几个既不同行又不同列的 0 元素.

$$\begin{bmatrix} 8 & 4 & 9 & 4 & 12 \\ 7 & 8 & 5 & 9 & 5 \\ 10 & 9 & 7 & 10 & 11 \\ 16 & 13 & 9 & 17 & 12 \\ 12 & 8 & 6 & 8 & 9 \end{bmatrix}$$

解 每一行减去该行上的最小元素后得矩阵 A,A 中每一列再减去该列上的最小元素得矩阵 B 如下:

$$A=\begin{pmatrix} 4 & 0 & 5 & 0 & 8 \\ 2 & 3 & 0 & 4 & 0 \\ 3 & 2 & 0 & 3 & 4 \\ 7 & 4 & 0 & 8 & 3 \\ 6 & 2 & 0 & 2 & 3 \end{pmatrix}, \qquad B=\begin{pmatrix} 2 & 0 & 5 & 0 & 8 \\ 0 & 3 & 0 & 4 & 0 \\ 1 & 2 & 0 & 3 & 4 \\ 5 & 4 & 0 & 8 & 3 \\ 4 & 2 & 0 & 2 & 3 \end{pmatrix}\begin{matrix}③\\②\\{}\\{}\\{}\end{matrix}$$

$$①$$

矩阵 B 中,第 3 行、第 4 行、第 5 行、第 1 列、第 2 列上 0 元素最少(只有一个),可以任选其中之一,如选第 3 行,将第 3 行上 0 元素所处的列用直线覆盖;在未被直线覆盖的元素构成的矩阵中,含有 0 元素,且 0 元素最少的是第 1 列、第 2 列、第 4 列、第 5 列,可以任选其中之一,如选第 1 列,将第 1 列上的 0 元素所在的行用直线覆盖;在未被直线覆盖的元素构成的矩阵中,含有 0 元素,且 0 元素最少的是第 2 列、第 4 列,可以任选其中之一,如选第 2 列,将第 2 列上的 0 元素所在的行用直线覆盖,这时矩阵 B 中,所有 0 元素都被直线覆盖了(见矩阵 B 上的覆盖结果),共用直线 3 条,所以矩阵 B 中有 3 个既不同行又不同列的 0 元素.

定理 9.2.2 设矩阵 C 中含有 0 元素,按照定理 9.2.1 中的方法,用直线将矩阵 C 中的 0 元素全部覆盖. 如果矩阵 C 中,未被直线覆盖的元素 c_{st} 最小,给所有未被直线覆盖的元素减去 c_{st},给被两条直线覆盖的元素加上 c_{st},则前后两个矩阵对应的分配问题最优解相同.

证 设矩阵 C 中,被直线覆盖的行标集合为 $E=\{i_u | u=1,2,\cdots,a\}$,被直线覆盖的列标集合为 $F=\{j_v | v=1,2,\cdots,b\}$,$\overline{E}=\{1,2,\cdots,n\}\setminus E$,$\overline{F}=\{1,2,\cdots,n\}\setminus F$,则按定理中的方法减去最小元素 c_{st} 后,得到的新矩阵对应的分配问题的目标函数为

$$\sum_{i=1}^{n}\sum_{j=1}^{n}c_{ij}x_{ij}+c_{st}\sum_{i\in E}\sum_{j\in F}x_{ij}-c_{st}\sum_{i\in \overline{E}}\sum_{j\in \overline{F}}x_{ij}$$
$$=\sum_{i=1}^{n}\sum_{j=1}^{n}c_{ij}x_{ij}+c_{st}\sum_{i\in E}\sum_{j=1}^{n}x_{ij}-c_{st}\sum_{i\in E}\sum_{j\in \overline{F}}x_{ij}-c_{st}\sum_{i\in \overline{E}}\sum_{j\in \overline{F}}x_{ij}$$
$$=\sum_{i=1}^{n}\sum_{j=1}^{n}c_{ij}x_{ij}+c_{st}\sum_{i\in E}\sum_{j=1}^{n}x_{ij}-c_{st}\sum_{i=1}^{n}\sum_{j\in \overline{F}}x_{ij}$$
$$=\sum_{i=1}^{n}\sum_{j=1}^{n}c_{ij}x_{ij}+c_{st}\sum_{i\in E}1-c_{st}\sum_{j\in \overline{F}}1$$
$$=\sum_{i=1}^{n}\sum_{j=1}^{n}c_{ij}x_{ij}+c_{st}(a+b-n)$$

这表明,按定理所给方法,减去最小元素后,前后两个矩阵对应的分配问题的目标函数仅仅相差一个常数 $c_{st}(a+b-n)$. 又因为分配问题的约束条件中不含 $c_{ij}(1\leqslant i\leqslant n)$,所以,前后两个矩阵对应的分配问题只是最优值相差一个常数 $c_{st}(a+b-n)$,但是最优解相同.

定理 9.2.3 如果 n 阶矩阵中存在 n 个既不同行又不同列的 0 元素,则这 n 个既

不同行又不同列的 0 元素对应的分配方案,一定是最优分配方案.

证 由典则分配问题的数学模型知,这个结论是显然的.

定理 9.2.1 揭示了一种判断 n 阶矩阵中存在多少个既不同行又不同列的 0 元素的方法;定理 9.2.2 揭示了一种保持最优解不变的前提下,如何增加矩阵中的 0 元素的方法;定理 9.2.3 则给出了 n 个既不同行又不同列的 0 元素与分配问题的最优解的对应关系. 这三个定理构成了求解典则分配问题的方法,称为**匈牙利法**.

例 9.2.2 试用匈牙利法,增加上述矩阵 B 中的 0 元素,直到出现 5 个既不同行又不同列的 0 元素时为止.

解 矩阵 B 中,由于未被直线覆盖的元素中,$c_{31}=1$ 最小,所以给未被直线覆盖的元素减去 1,给被直线覆盖两次的元素加上 1,得到矩阵 C.

$$C=\begin{pmatrix} 2 & 0 & 6 & 6 & 8 \\ 0 & 3 & 1 & 4 & 0 \\ 0 & 1 & 0 & 2 & 3 \\ 4 & 3 & 0 & 7 & 2 \\ 3 & 1 & 0 & 1 & 2 \end{pmatrix}, \quad D=\begin{pmatrix} 3 & 0 & 7 & 0 & 9 \\ 0 & 2 & 1 & 3 & 0 \\ 0 & 0 & 0 & 1 & 3 \\ 4 & 2 & 0 & 6 & 2 \\ 3 & 0 & 0 & 0 & 2 \end{pmatrix}$$

按定理 9.2.1 揭示的方法,用直线覆盖矩阵 C 中的 0 元素,只用了 4 条;这时,由于未被直线覆盖的最小元素是 1,所以给未被直线覆盖的元素减去 1,给被直线覆盖两次的元素加上 1,得到矩阵 D.

由于按定理 9.2.1 揭示的方法,用直线覆盖矩阵 D 中的 0 元素,需要直线数为 5,等于矩阵 D 的阶数,所以矩阵 D 中存在着 5 个既不同行又不同列的 0 元素.

下面的问题是如何从矩阵 D 的所有 0 元素中找出这 5 个既不同行又不同列的 0 元素,方法如下:记

$$D=\begin{pmatrix} d_{11} & d_{12} & d_{13} & d_{14} & d_{15} \\ d_{21} & d_{22} & d_{23} & d_{24} & d_{25} \\ d_{31} & d_{32} & d_{33} & d_{34} & d_{35} \\ d_{41} & d_{42} & d_{43} & d_{44} & d_{45} \\ d_{51} & d_{52} & d_{53} & d_{54} & d_{55} \end{pmatrix}=\begin{pmatrix} 3 & 0 & 7 & 0 & 9 \\ 0 & 2 & 1 & 3 & 0 \\ 0 & 0 & 0 & 1 & 3 \\ 4 & 2 & 0 & 6 & 2 \\ 3 & 0 & 0 & 0 & 2 \end{pmatrix}$$

按照既不同行又不同列的特点,选取 0 元素最少的行或列,仿照行列式按行(列)展开的法则,逐步缩小存在着 5 个既不同行又不同列的 0 元素范围. 矩阵 D 的第 4 行只有一个 0 元素 d_{43},所以,5 个既不同行又不同列的 0 元素必在

$$D_1=d_{43}\begin{pmatrix} d_{11} & d_{12} & d_{14} & d_{15} \\ d_{21} & d_{22} & d_{24} & d_{25} \\ d_{31} & d_{32} & d_{34} & d_{35} \\ d_{51} & d_{52} & d_{54} & d_{55} \end{pmatrix}=d_{43}\begin{pmatrix} 3 & 0 & 0 & 9 \\ 0 & 2 & 3 & 0 \\ 0 & 0 & 1 & 3 \\ 3 & 0 & 0 & 2 \end{pmatrix}$$

中,矩阵 D_1 的第 4 列只有一个 0 元素 d_{25},所以,5 个既不同行又不同列的 0 元素必在

$$D_2 = d_{43}d_{25}\begin{pmatrix} d_{11} & d_{12} & d_{14} \\ d_{31} & d_{32} & d_{34} \\ d_{51} & d_{52} & d_{54} \end{pmatrix} = d_{43}d_{25}\begin{pmatrix} 3 & 0 & 0 \\ 0 & 0 & 1 \\ 3 & 0 & 0 \end{pmatrix}$$

中,矩阵 D_2 的第 1 列只有一个 0 元素 d_{31},所以,5 个既不同行又不同列的 0 元素必在

$$D_3 = d_{43}d_{25}d_{31}\begin{pmatrix} d_{12} & d_{14} \\ d_{52} & d_{54} \end{pmatrix} = d_{43}d_{25}d_{31}\begin{pmatrix} 0 & 0 \\ 0 & 0 \end{pmatrix}$$

中. 因为 $d_{12}, d_{14}, d_{52}, d_{54}$ 都是 0 元素,所以,5 个既不同行又不同列的 0 元素有两组.

$$d_{43}, d_{25}, d_{31}, d_{12}, d_{54} \text{ 或 } d_{43}, d_{25}, d_{31}, d_{52}, d_{14}$$

如果例 9.2.1 中的矩阵是某个典则分配问题的目标函数的系数矩阵,则该典则分配问题的最优分配方案便有两种,见表 9.2.1.

表 9.2.1

方案	第一项工作	第二项工作	第三项工作	第四项工作	第五项工作
第一种	第 3 个人	第 1 个人	第 4 个人	第 5 个人	第 2 个人
第二种	第 3 个人	第 5 个人	第 4 个人	第 1 个人	第 2 个人

总结上述过程,可将求解典则分配问题的匈牙利法归纳如下:

(1)在典则分配问题的系数矩阵中,每一行都减去该行上的最小元素,再在新的矩阵中每一列都减去该列上的最小元素.

(2)在矩阵的所有行和列中,如果某一行(列)上 0 元素最少,则在该行上任选一个 0 元素,将其所在列(行)用直线覆盖,再在未被直线覆盖的元素构成的矩阵中重复上述做法,直到矩阵中的 0 元素被覆盖完为止.

(3)判断. 如果覆盖 0 元素的直线数小于矩阵的阶数,则转到(4);否则转到(5).

(4)给矩阵中的每一个未被直线覆盖的元素,减去它们之间的最小元素,再给被覆盖两次的元素加上相同的最小元素. 转到(2).

(5)找出矩阵中既不同行又不同列的 0 元素,这些 0 元素对应的人与工作,便是最优分配方案.

例 9.2.3 安排 5 个人生产 5 种零件,要求每个人只能生产一种零件,每一种零件只能由一个人生产.已知每人每天能够生产各种零件的数量见表 9.2.2.

表 9.2.2

人 \ 零件 数量	A_1	A_2	A_3	A_4	A_5
1	8	12	10	7	4
2	5	9	12	8	5
3	9	11	0	15	7

9.2 分配问题的解法一(匈牙利算法)

续表

人 \ 零件数量	A_1	A_2	A_3	A_4	A_5
4	4	16	18	0	2
5	7	9	9	14	4

研究,安排每个人各做哪一项工作,可使每天生产出的总零件数最多?

分析 这也是一个分配问题,与上述分配问题的不同之处,只是目标函数不是求最小,而是求最大. 如果用 c_{ij} 表示第 i 人做零件 A_j,一天能生产出的零件数,变量

$$x_{ij} = \begin{cases} 1, & \text{第 } i \text{ 人做零件 } A_j \\ 0, & \text{否则} \end{cases} \quad (i,j=1,2,\cdots,n)$$

则数学模型为

$$\max \sum_{i=1}^{n} \sum_{j=1}^{n} c_{ij} x_{ij}$$

$$\text{s.t.} \begin{cases} \sum_{j=1}^{n} x_{ij} = 1 & (i=1,2,\cdots,n) \\ \sum_{i=1}^{n} x_{ij} = 1 & (j=1,2,\cdots,n) \\ x_{ij} \in \{0,1\} & (i,j=1,2,\cdots,n) \end{cases}$$

显然,将目标 $\max \sum_{i=1}^{n} \sum_{j=1}^{n} c_{ij} x_{ij}$ 改为 $\min \sum_{i=1}^{n} \sum_{j=1}^{n} (-c_{ij}) x_{ij}$,最优解不变,而改变后的数学模型,便是典则分配问题的数学模型,这时,可以用匈牙利法求解. 下面给出解的过程:

对目标函数的系数矩阵增添负号后,每一行减去一个该行上的最小元素,再每一列减去一个该列上的最小元素,

$$\begin{pmatrix} -8 & -12 & -10 & -7 & -4 \\ -5 & -9 & -12 & -8 & -5 \\ -9 & -11 & 0 & -15 & -7 \\ -4 & -16 & -18 & 0 & -2 \\ -7 & -9 & -9 & -14 & -4 \end{pmatrix} \rightarrow \begin{pmatrix} 0 & 0 & 2 & 5 & 1 \\ 3 & 3 & 0 & 4 & 0 \\ 2 & 4 & 15 & 0 & 1 \\ 10 & 2 & 0 & 18 & 9 \\ 3 & 5 & 5 & 0 & 3 \end{pmatrix}$$

按照定理 9.2.1 的方法,用 4 条直线便覆盖了矩阵中所有 0 元素,因此,还需要用定理 9.2.2 揭示的方法给矩阵增加 0 元素:

$$\begin{pmatrix} 0 & 0 & 2 & 5 & 1 \\ 3 & 3 & 0 & 4 & 0 \\ 2 & 4 & 15 & 0 & 1 \\ 10 & 2 & 0 & 18 & 9 \\ 3 & 5 & 5 & 0 & 3 \end{pmatrix} \rightarrow \begin{pmatrix} 0 & 0 & 4 & 7 & 3 \\ 1 & 1 & 0 & 4 & 0 \\ 0 & 2 & 15 & 0 & 1 \\ 8 & 0 & 0 & 18 & 9 \\ 1 & 3 & 5 & 0 & 3 \end{pmatrix}$$

这时,再按照定理 9.2.1 的方法,需要用 5 条直线覆盖矩阵中的所有 0 元素. 所以,矩阵中已有 5 个既不同行又不同列的 0 元素了,下面寻找 5 个既不同行又不同列的 0 元素:

将最后得到的矩阵记作 $(d_{ij})_{5\times 5}$. 因第 5 行只有一个 0 元素 d_{54},所以,5 个既不同行又不同列的 0 元素必在

$$d_{54}\begin{bmatrix} d_{11} & d_{12} & d_{13} & d_{15} \\ d_{21} & d_{22} & d_{23} & d_{25} \\ d_{31} & d_{32} & d_{33} & d_{35} \\ d_{41} & d_{42} & d_{43} & d_{45} \end{bmatrix} = d_{54}\begin{bmatrix} 0 & 0 & 4 & 3 \\ 1 & 1 & 0 & 0 \\ 0 & 2 & 15 & 1 \\ 8 & 0 & 0 & 9 \end{bmatrix}$$

中,而这里的矩阵第 3 行只有一个 0 元素 d_{31},所以,5 个既不同行又不同列的 0 元素必在

$$d_{54}d_{31}\begin{bmatrix} d_{12} & d_{13} & d_{15} \\ d_{22} & d_{23} & d_{25} \\ d_{42} & d_{43} & d_{45} \end{bmatrix} = d_{54}d_{31}\begin{bmatrix} 0 & 4 & 3 \\ 1 & 0 & 0 \\ 0 & 0 & 9 \end{bmatrix}$$

中,而这里的矩阵第 1 行只有一个 0 元素 d_{12},所以,5 个既不同行又不同列的 0 元素必在

$$d_{54}d_{31}d_{12}\begin{bmatrix} d_{23} & d_{25} \\ d_{43} & d_{45} \end{bmatrix} = d_{54}d_{31}d_{12}\begin{pmatrix} 0 & 0 \\ 0 & 9 \end{pmatrix}$$

中,而这里的矩阵中只有 d_{43} 与 d_{25} 是既不同行又不同列的 0 元素,由此,找出了 5 个既不同行又不同列的 0 元素为:$d_{54}d_{31}d_{12}d_{43}d_{25}$. 即,最优分配方案见表 9.2.3.

表 9.2.3

第一项工作	第二项工作	第三项工作	第四项工作	第五项工作
第 3 个人	第 1 个人	第 4 个人	第 5 个人	第 2 个人

这时的最优值(即每天可生产出的总零件数)为 58 件.

二、一般平衡分配问题的解法

由定理 9.1.3 知,一般平衡分配问题可以转化成典则分配问题,并且给出了转化的方法,而匈牙利法给出了典则分配问题的解法,因此,匈牙利法也可以用于求解一般平衡分配问题.

例 9.2.4 有 4 个人,10 项工作. 每个人能够承担的工作数及每个人完成不同工作的用时见表 9.2.4. 试按每项工作只能由一人承担的要求,给出一个工作分配方案,使完成所有工作的总用时最少?

9.2 分配问题的解法一(匈牙利算法)

表 9.2.4

用时\工作 人	B_1	B_2	B_3	B_4	B_5	B_6	B_7	B_8	B_9	B_{10}	可承担 工作数
A_1	4	11	2	6	7	10	8	3	9	14	2
A_2	12	10	9	12	8	11	9	8	10	9	1
A_3	7	6	5	4	6	9	7	4	3	5	4
A_4	6	5	9	4	7	8	5	6	6	9	3

解 按照定理 9.1.3 揭示的方法,将 A_1 及其用时重复 2 次, A_3 及其用时重复 4 次, A_4 及其用时重复 3 次,得到一个 10 阶矩阵,见(矩阵 9.2.1). 下面用匈牙利法求解:

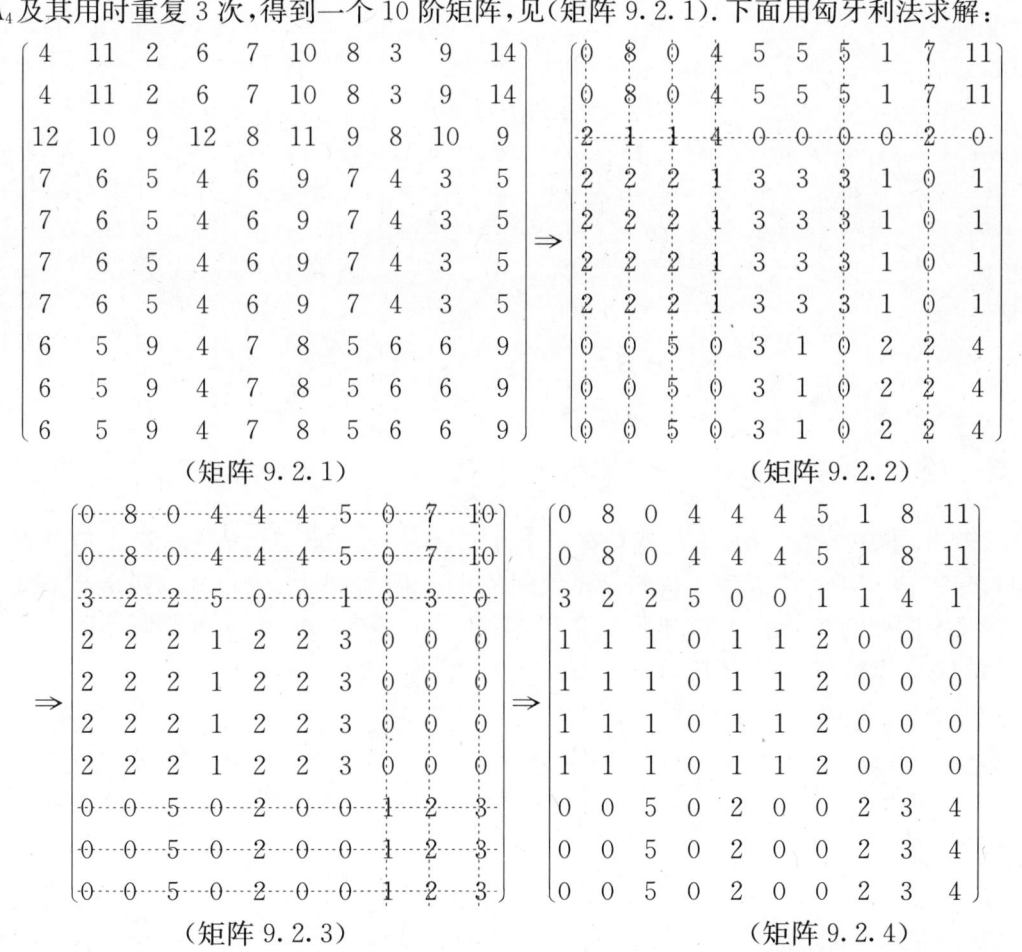

(矩阵 9.2.1)　　　　　　(矩阵 9.2.2)

(矩阵 9.2.3)　　　　　　(矩阵 9.2.4)

由于(矩阵 9.2.4)至少需要 10 条直线才能将所有的 0 元素覆盖,因此,(矩阵 9.2.4)中必存在 10 个既不同行又不同列的 0 元素,这些 0 元素对应的分配方案,便是最优分配方案.

下面寻找这 10 个既不同行又不同列的 0 元素:

第9章 分配问题

由于(矩阵 9.2.4)第 1 行 0 元素最少,只有 $d_{11}=0, d_{13}=0$,所以 10 个既不同行又不同列的 0 元素如果含 d_{11},其余 9 个既不同行又不同列的 0 元素必在(矩阵 9.2.5)中;如果含 d_{13},其余 9 个既不同行又不同列的 0 元素必在(矩阵 9.2.6)中。

$$\begin{bmatrix} d_{22} & d_{23} & d_{24} & d_{25} & d_{26} & d_{27} & d_{28} & d_{29} & d_{2,10} \\ d_{32} & d_{33} & d_{34} & d_{35} & d_{36} & d_{37} & d_{38} & d_{39} & d_{3,10} \\ d_{42} & d_{43} & d_{44} & d_{45} & d_{46} & d_{47} & d_{48} & d_{49} & d_{4,10} \\ d_{52} & d_{53} & d_{54} & d_{55} & d_{56} & d_{57} & d_{58} & d_{59} & d_{5,10} \\ d_{62} & d_{63} & d_{64} & d_{65} & d_{66} & d_{67} & d_{68} & d_{69} & d_{6,10} \\ d_{72} & d_{73} & d_{74} & d_{75} & d_{76} & d_{77} & d_{78} & d_{79} & d_{7,10} \\ d_{82} & d_{83} & d_{84} & d_{85} & d_{86} & d_{87} & d_{88} & d_{89} & d_{8,10} \\ d_{92} & d_{93} & d_{94} & d_{95} & d_{96} & d_{97} & d_{98} & d_{99} & d_{9,10} \\ d_{10,2} & d_{10,3} & d_{10,4} & d_{10,5} & d_{10,6} & d_{10,7} & d_{10,8} & d_{10,9} & d_{10,10} \end{bmatrix} = \begin{bmatrix} 8 & 0 & 4 & 4 & 4 & 5 & 1 & 8 & 11 \\ 2 & 2 & 5 & 0 & 0 & 1 & 1 & 4 & 1 \\ 1 & 1 & 0 & 1 & 1 & 2 & 0 & 0 & 0 \\ 1 & 1 & 0 & 1 & 1 & 2 & 0 & 0 & 0 \\ 1 & 1 & 0 & 1 & 1 & 2 & 0 & 0 & 0 \\ 1 & 1 & 0 & 1 & 1 & 2 & 0 & 0 & 0 \\ 0 & 5 & 0 & 2 & 0 & 0 & 2 & 3 & 4 \\ 0 & 5 & 0 & 2 & 0 & 0 & 2 & 3 & 4 \\ 0 & 5 & 0 & 2 & 0 & 0 & 2 & 3 & 4 \end{bmatrix}$$

(矩阵 9.2.5)

$$\begin{bmatrix} d_{21} & d_{22} & d_{24} & d_{25} & d_{26} & d_{27} & d_{28} & d_{29} & d_{2,10} \\ d_{31} & d_{32} & d_{34} & d_{35} & d_{36} & d_{37} & d_{38} & d_{39} & d_{3,10} \\ d_{41} & d_{42} & d_{44} & d_{45} & d_{46} & d_{47} & d_{48} & d_{49} & d_{4,10} \\ d_{51} & d_{52} & d_{54} & d_{55} & d_{56} & d_{57} & d_{58} & d_{59} & d_{5,10} \\ d_{61} & d_{62} & d_{64} & d_{65} & d_{66} & d_{67} & d_{68} & d_{69} & d_{6,10} \\ d_{71} & d_{72} & d_{74} & d_{75} & d_{76} & d_{77} & d_{78} & d_{79} & d_{7,10} \\ d_{81} & d_{82} & d_{84} & d_{85} & d_{86} & d_{87} & d_{88} & d_{89} & d_{8,10} \\ d_{91} & d_{92} & d_{94} & d_{95} & d_{96} & d_{97} & d_{98} & d_{99} & d_{9,10} \\ d_{10,1} & d_{10,2} & d_{10,4} & d_{10,5} & d_{10,6} & d_{10,7} & d_{10,8} & d_{10,9} & d_{10,10} \end{bmatrix} = \begin{bmatrix} 0 & 8 & 4 & 4 & 4 & 5 & 1 & 8 & 11 \\ 3 & 2 & 5 & 0 & 0 & 1 & 1 & 4 & 1 \\ 1 & 1 & 0 & 1 & 1 & 2 & 0 & 0 & 0 \\ 1 & 1 & 0 & 1 & 1 & 2 & 0 & 0 & 0 \\ 1 & 1 & 0 & 1 & 1 & 2 & 0 & 0 & 0 \\ 1 & 1 & 0 & 1 & 1 & 2 & 0 & 0 & 0 \\ 0 & 0 & 0 & 2 & 0 & 0 & 2 & 3 & 4 \\ 0 & 0 & 0 & 2 & 0 & 0 & 2 & 3 & 4 \\ 0 & 0 & 0 & 2 & 0 & 0 & 2 & 3 & 4 \end{bmatrix}$$

(矩阵 9.2.6)

因为(矩阵 9.2.5)中,第 1 行只有 1 个 0 元素 d_{23},(矩阵 9.2.6)中,第 1 行只有一个 0 元素 d_{21},因此 10 个既不同行又不同列的 0 元素,如果含 d_{11} 和 d_{23},其余 8 个既不同行又不同列的 0 元素必在(矩阵 9.2.7)中;如果含 d_{13} 和 d_{21},其余 8 个既不同行又不同列的 0 元素恰好也在(矩阵 9.2.7)中。

$$\begin{bmatrix} d_{32} & d_{34} & d_{35} & d_{36} & d_{37} & d_{38} & d_{39} & d_{3,10} \\ d_{42} & d_{44} & d_{45} & d_{46} & d_{47} & d_{48} & d_{49} & d_{4,10} \\ d_{52} & d_{54} & d_{55} & d_{56} & d_{57} & d_{58} & d_{59} & d_{5,10} \\ d_{62} & d_{64} & d_{65} & d_{66} & d_{67} & d_{68} & d_{69} & d_{6,10} \\ d_{72} & d_{74} & d_{75} & d_{76} & d_{77} & d_{78} & d_{79} & d_{7,10} \\ d_{82} & d_{84} & d_{85} & d_{86} & d_{87} & d_{88} & d_{89} & d_{8,10} \\ d_{92} & d_{94} & d_{95} & d_{96} & d_{97} & d_{98} & d_{99} & d_{9,10} \\ d_{10,2} & d_{10,4} & d_{10,5} & d_{10,6} & d_{10,7} & d_{10,8} & d_{10,9} & d_{10,10} \end{bmatrix} = \begin{bmatrix} 2 & 5 & 0 & 0 & 1 & 1 & 4 & 1 \\ 1 & 0 & 1 & 1 & 2 & 0 & 0 & 0 \\ 1 & 0 & 1 & 1 & 2 & 0 & 0 & 0 \\ 1 & 0 & 1 & 1 & 2 & 0 & 0 & 0 \\ 1 & 0 & 1 & 1 & 2 & 0 & 0 & 0 \\ 0 & 0 & 2 & 0 & 0 & 2 & 3 & 4 \\ 0 & 0 & 2 & 0 & 0 & 2 & 3 & 4 \\ 0 & 0 & 2 & 0 & 0 & 2 & 3 & 4 \end{bmatrix}$$

(矩阵 9.2.7)

因为(矩阵 9.2.7)中,第 3 列只有 1 个 0 元素 d_{35},因此,10 个既不同行又不同列的

0 元素中,不论是含 $d_{11}d_{23}d_{35}$,还是含 $d_{13}d_{21}d_{35}$,其余 7 个既不同行又不同列的 0 元素必在(矩阵 9.2.8)中.

$$\begin{pmatrix} d_{42} & d_{44} & d_{46} & d_{47} & d_{48} & d_{49} & d_{4,10} \\ d_{52} & d_{54} & d_{56} & d_{57} & d_{58} & d_{59} & d_{5,10} \\ d_{62} & d_{64} & d_{66} & d_{67} & d_{68} & d_{69} & d_{6,10} \\ d_{72} & d_{74} & d_{76} & d_{77} & d_{78} & d_{79} & d_{7,10} \\ d_{82} & d_{84} & d_{86} & d_{87} & d_{88} & d_{89} & d_{8,10} \\ d_{92} & d_{94} & d_{96} & d_{97} & d_{98} & d_{99} & d_{9,10} \\ d_{10,2} & d_{10,4} & d_{10,6} & d_{10,7} & d_{10,8} & d_{10,9} & d_{10,10} \end{pmatrix} = \begin{pmatrix} 1 & 0 & 1 & 2 & 0 & 0 & 0 \\ 1 & 0 & 1 & 2 & 0 & 0 & 0 \\ 1 & 0 & 1 & 2 & 0 & 0 & 0 \\ 1 & 0 & 1 & 2 & 0 & 0 & 0 \\ 0 & 0 & 0 & 0 & 2 & 3 & 4 \\ 0 & 0 & 0 & 0 & 2 & 3 & 4 \\ 0 & 0 & 0 & 0 & 2 & 3 & 4 \end{pmatrix}$$

(矩阵 9.2.8)

由于第 1,2 人是同一人 A_1,第 4,5,6,7 人是同一人 A_3,第 8,9,10 人是同一人 A_4,所以,根据(矩阵 9.2.8)的 0 元素分布,最后 7 个既不同行有不同列的 0 元素表示,A_3 应承担的四项工作是 B_4,B_8,B_9,B_{10};A_4 应承担的三项工作是 B_2,B_6,B_7.

综上可知,总用时最少的分配方案见表 9.2.5.

表 9.2.5

人	A_1	A_2	A_3	A_4	总用时
承担工作	B_1B_3	B_5	$B_4B_8B_9B_{10}$	$B_2B_6B_7$	48

三、不平衡分配问题的解法

按照定理 9.1.1 和定理 9.1.2 揭示的方法,可以将不平衡分配问题转化成平衡分配问题,而按照定理 9.1.4 揭示的方法又可以将平衡分配问题转化成典则分配问题,因此,求解平衡分配问题的匈牙利法,也可以用以求解不平衡分配问题.

例 9.2.5 某运动队要从 6 名游泳运动员中挑选出 4 名运动员组成 4×50m 混合泳接力队.已知这 6 名队员的 50m 仰泳、蝶泳、蛙泳及自由泳的单项成绩(单位:s),见表 9.2.6.

表 9.2.6

用时 \ 队员 泳姿	赵	钱	孙	李	周	吴
仰泳	37.7	32.9	33.8	36.0	37.0	35.4
蝶泳	33.3	28.5	34.9	38.0	30.4	33.6
蛙泳	40.4	33.1	42.2	34.5	34.9	41.8
自由泳	29.2	26.4	29.6	27.8	28.5	28.0

问:挑选哪 4 名游泳运动员组成 4×50m 混合泳接力队,成绩最好?

解 这是一个不平衡分配问题,可以按定理 9.1.2 虚拟两个泳姿,并设这 6 名运动员在这两个泳姿上的用时都是 0,而得到一个平衡分配问题,恰好又是典则分配问题,其目标函数的系数矩阵见(矩阵 9.2.9).下面用匈牙利法求解.

在(矩阵 9.2.9)中,每行的每一个元素上减去该行上的最小元素,得到(矩阵 9.2.10).按定理 9.2.1 揭示的方法用直线覆盖矩阵中的所有 0 元素,见(矩阵 9.2.10).

$$\begin{bmatrix} 37.7 & 32.9 & 33.8 & 36.0 & 37.0 & 35.4 \\ 33.3 & 28.5 & 34.9 & 38.0 & 30.4 & 33.6 \\ 40.4 & 33.1 & 42.2 & 34.5 & 34.9 & 41.8 \\ 29.2 & 26.4 & 29.6 & 27.8 & 28.5 & 28.0 \\ 0 & 0 & 0 & 0 & 0 & 0 \\ 0 & 0 & 0 & 0 & 0 & 0 \end{bmatrix} \Rightarrow \begin{bmatrix} 4.8 & 0 & 0.9 & 3.1 & 4.1 & 2.5 \\ 4.8 & 0 & 6.4 & 9.5 & 1.9 & 5.1 \\ 7.3 & 0 & 9.1 & 1.4 & 1.8 & 8.7 \\ 2.8 & 0 & 3.2 & 1.4 & 2.1 & 1.6 \\ 0 & 0 & 0 & 0 & 0 & 0 \\ 0 & 0 & 0 & 0 & 0 & 0 \end{bmatrix}$$

(矩阵 9.2.9)   (矩阵 9.2.10)

在(矩阵 9.2.10)中,未被直线覆盖的元素中 0.9 最小,按定理 9.2.2 揭示的方法生成新的 0 元素,然后再按定理 9.2.1 揭示的方法用直线覆盖矩阵中的所有 0 元素,见(矩阵 9.2.11).

在(矩阵 9.2.11)中,未被直线覆盖的元素中 0.5 最小,按定理 9.2.2 揭示的方法生成新的 0 元素,然后再按定理 9.2.1 揭示的方法用直线覆盖矩阵中的所有 0 元素,见(矩阵 9.2.12).

$$\begin{bmatrix} 3.9 & 0 & 0 & 2.2 & 3.2 & 1.6 \\ 3.9 & 0 & 5.5 & 8.6 & 1.0 & 4.2 \\ 6.4 & 0 & 8.2 & 0.5 & 0.9 & 7.8 \\ 1.9 & 0 & 2.3 & 0.5 & 1.2 & 0.7 \\ 0 & 0.9 & 0 & 0 & 0 & 0 \\ 0 & 0.9 & 0 & 0 & 0 & 0 \end{bmatrix} \Rightarrow \begin{bmatrix} 3.4 & 0 & 0 & 1.7 & 2.7 & 1.1 \\ 3.4 & 0 & 5.5 & 8.1 & 0.5 & 3.7 \\ 5.9 & 0 & 8.2 & 0 & 0.4 & 7.3 \\ 1.9 & 0 & 2.3 & 0 & 0.7 & 0.2 \\ 0 & 1.4 & 0.5 & 0 & 0 & 0 \\ 0 & 1.4 & 0.5 & 0 & 0 & 0 \end{bmatrix}$$

(矩阵 9.2.11)   (矩阵 9.2.12)

在(矩阵 9.2.12)中,未被直线覆盖的元素中 0.2 最小,按定理 9.2.2 揭示的方法生成新的 0 元素,然后再按定理 9.2.1 揭示的方法用直线覆盖矩阵中的所有 0 元素,需要用的直线数(共 6 条)等于矩阵的阶数,见(矩阵 9.2.13).

$$\begin{bmatrix} 3.2 & 0 & 0 & 1.7 & 2.5 & 0.9 \\ 3.2 & 0 & 5.5 & 8.1 & 0.3 & 3.5 \\ 5.7 & 0 & 8.2 & 0 & 0.2 & 7.1 \\ 1.7 & 0 & 2.3 & 0 & 0.5 & 0 \\ 0 & 1.6 & 0.7 & 0.2 & 0 & 0 \\ 0 & 1.6 & 0.7 & 0.2 & 0 & 0 \end{bmatrix}$$

(矩阵 9.2.13)

下面寻找(矩阵 9.2.13)中 6 个既不同行又不同列的 0 元素:

9.2 分配问题的解法一（匈牙利算法）

将(矩阵 9.2.13)记作 $(d_{ij})_{6\times 6}$. 由于第 2 行只有一个 0 元素 d_{22}，所以，其余 5 个既不同行又不同列的 0 元素必在下列矩阵中：

$$d_{22}\begin{Bmatrix} d_{11} & d_{13} & d_{14} & d_{15} & d_{16} \\ d_{31} & d_{33} & d_{34} & d_{35} & d_{36} \\ d_{41} & d_{43} & d_{44} & d_{45} & d_{46} \\ d_{51} & d_{53} & d_{54} & d_{55} & d_{56} \\ d_{61} & d_{63} & d_{64} & d_{65} & d_{66} \end{Bmatrix} = d_{22}\begin{pmatrix} 3.2 & 0 & 1.7 & 2.5 & 0.9 \\ 5.7 & 8.2 & 0 & 0.2 & 7.1 \\ 1.7 & 2.3 & 0 & 0.5 & 0 \\ 0 & 0.7 & 0.2 & 0 & 0 \\ 0 & 0.7 & 0.2 & 0 & 0 \end{pmatrix}$$

上述矩阵第 1 行只有一个 0 元素 d_{13}，所以，其余 4 个既不同行又不同列的 0 元素必在下面矩阵中：

$$d_{22}d_{13}\begin{Bmatrix} d_{31} & d_{34} & d_{35} & d_{36} \\ d_{41} & d_{44} & d_{45} & d_{46} \\ d_{51} & d_{54} & d_{55} & d_{56} \\ d_{61} & d_{64} & d_{65} & d_{66} \end{Bmatrix} = d_{22}d_{13}\begin{pmatrix} 5.7 & 0 & 0.2 & 7.1 \\ 1.7 & 0 & 0.5 & 0 \\ 0 & 0.2 & 0 & 0 \\ 0 & 0.2 & 0 & 0 \end{pmatrix}$$

上述矩阵第 1 行只有一个 0 元素 d_{34}，所以，其余 3 个既不同行又不同列的 0 元素必在下面矩阵中：

$$d_{22}d_{13}d_{34}\begin{Bmatrix} d_{41} & d_{45} & d_{46} \\ d_{51} & d_{55} & d_{56} \\ d_{61} & d_{65} & d_{66} \end{Bmatrix} = d_{22}d_{13}d_{34}\begin{pmatrix} 1.7 & 0.5 & 0 \\ 0 & 0 & 0 \\ 0 & 0 & 0 \end{pmatrix}$$

上述矩阵第 1 行只有一个 0 元素 d_{46}，所以，其余 2 个既不同行又不同列的 0 元素必在下面矩阵中：

$$d_{22}d_{13}d_{34}d_{46}\begin{Bmatrix} d_{51} & d_{55} \\ d_{61} & d_{65} \end{Bmatrix} = d_{22}d_{13}d_{34}d_{46}\begin{pmatrix} 0 & 0 \\ 0 & 0 \end{pmatrix}$$

由于 $d_{51}, d_{55}, d_{61}, d_{65}$ 都是 0 元素，所以扩展后的平衡分配问题的最优分配方案为

   仰泳—孙， 蝶泳—钱， 蛙泳—李， 自由泳—吴

    虚拟项目 1—赵(或周)， 虚拟项目 2—周(或赵)

即仰泳—孙, 蝶泳—钱, 蛙泳—李, 自由泳—吴, 这样组成的 4×50m 混合泳接力队速度最快, 用时为 124.8s.

上述用表上作业的方式给出了匈牙利算法, 其便于手工计算. 如果要把匈牙利算法转化成计算机程序, 以便于解决大规模的分配问题, 还需要把直线覆盖 0 元素的方法, 进行量化表示. 为此, 用 h_i 记录矩阵第 i 行上的 0 元素的个数, 用 l_j 记录矩阵第 j 列上的 0 元素的个数, 再引入变量

$$H(i) = \begin{cases} 1, & \text{矩阵第 } i \text{ 行被直线覆盖} \\ 0, & \text{否则} \end{cases} \quad (i = 1, 2, \cdots, n)$$

$$L(j) = \begin{cases} 1, & \text{矩阵第 } j \text{ 列被直线覆盖} \\ 0, & \text{否则} \end{cases} \quad (j = 1, 2, \cdots, n)$$

则求解典则分配问题的匈牙利算法便可转化成计算机程序.

匈牙利算法的程序步骤：

$1°$ 输入：$t_{ij}(i,j=1,2,\cdots,n)$.

$2°$ 求 $\min\{t_{ij}|1\leqslant j\leqslant n\}\triangleq\alpha_i, t_{ij}\Leftarrow t_{ij}-\alpha_i(i,j=1,2,\cdots,n)$，

$\min\{t_{ij}|1\leqslant j\leqslant n\}\triangleq\beta_j, t_{ij}\Leftarrow t_{ij}-\beta_j(i,j=1,2,\cdots,n)$.

$3°$ $H(k)\Leftarrow 0, L(k)\Leftarrow 0, h_k\Leftarrow 0, l_k\Leftarrow 0(k=1,2,\cdots,n)$.

$4°$ $i\Leftarrow 1, j\Leftarrow 1$.

$5°$ 若 $t_{ij}=0$，则 $h_i\Leftarrow h_i+1, l_j\Leftarrow l_j+1$，转到 $6°$；否则($t_{ij}\neq 0$)直接转到 $6°$.

$6°$ 若 $j<n$，则 $j\Leftarrow j+1$，转到 $5°$；否则 $(j=n)$ 转到 $7°$.

$7°$ 若 $i<n$，则 $i\Leftarrow i+1, j\Leftarrow 1$，转到 $5°$；否则 $(i=n)$ 转到 $8°$.

$8°$ $i\Leftarrow 1, j\Leftarrow 1$.

$9°$ 求 $\min\{h_i|h_i>0, H(i)=0, 1\leqslant i\leqslant n\}\triangleq u$，

若 u 不存在，则转到 $14°$；否则（u 存在）转到 $10°$.

$10°$ 求 $\min\{l_j|l_j>0, L(j)=0, 1\leqslant j\leqslant n\}\triangleq v$，

若 v 不存在，则转到 $14°$；否则（v 存在）

$p\Leftarrow\min\{i|h_i=u, H(i)=0, 1\leqslant i\leqslant n\}, q\Leftarrow\min\{j|l_j=v, L(j)=0, 1\leqslant j\leqslant n\}$ 转到 $11°$.

$11°$ 若 $u\leqslant v$，则 $L(q)\Leftarrow 1$ 转到 $12°$；否则$(u>v)$，$H(p)\Leftarrow 1$. 转到 $13°$.

$12°$ 若 $t_{iq}=0$，则 $h_i\Leftarrow h_i-1$，否则$(t_{iq}\neq 0)h_i$ 不变$(i=1,2,\cdots,n)$，转到 $8°$.

$13°$ 若 $t_{pj}=0$，则 $l_j\Leftarrow l_j-1$，否则$(t_{pj}\neq 0)l_j$ 不变$(j=1,2,\cdots,n)$，转到 $8°$.

$14°$ $d\Leftarrow\sum_{k=1}^{n}(H(k)+L(k))$.

若 $d=n$，则输出 $(t_{ij})_{n\times n}$，停；否则$(d<n)$ 转到 $15°$（用增 0 法则）.

$15°$ 求 $\min\{t_{ij}|1\leqslant i,j\leqslant n, H(i)=0, L(j)=0\}\triangleq\delta$，

$i\Leftarrow 1, j\Leftarrow 1$.

$16°$ 若 $H(i)=0, L(j)=0$，则 $t_{ij}\Leftarrow t_{ij}-\delta$，转到 $18°$；否则转到 $17°$.

$17°$ 若 $H(i)=1, L(j)=1$，则 $t_{ij}\Leftarrow t_{ij}+\delta$，转到 $18°$；否则直接转到 $18°$.

$18°$ 若 $j<n$，则 $j\Leftarrow j+1$，转到 $16°$；否则 $(j=n)$ 转到 $19°$.

$19°$ 若 $i<n$，则 $i\Leftarrow i+1, j\Leftarrow 1$，转到 $16°$；否则 $(i=n)$ 转到 $3°$.

$20°$ 输出 $(t_{ij})_{n\times n}$，其中 n 个既不同行又不同列的 0 元素对应的分配方案为最优分配方案.

算法注释 步骤 $14°$ 中，$d=n$ 时输出的矩阵 $(t_{ij})_{n\times n}$ 中 n 个既不同行又不同列的 0 元素对应的分配方案为最优分配方案. 但是，整个算法并没有涉及如何从矩阵中找出 n 个既不同行又不同列的 0 元素的位置. 这部分程序编制留作练习.

9.3 分配问题的解法二(平衡负回路算法)

由于分配问题是运输问题的特殊类型,所以,8.4 节中介绍的求解运输问题的平衡负回路算法,也可以用于求解分配问题. 而且,能收到同样好的效果. 鉴于分配问题特点,用平衡负回路算法求解分配问题时,算法中的一些表示方法和运算过程可以进行简化,从而更加方便算法的应用.

一、典则分配问题的平衡负回路算法

典则分配问题(9.1.4)是更加特殊的运输问题,其引用的变量只取 0 或 1,而且人与工作是一一对应的关系,因此,相对于运输问题的检测矩阵和位置矩阵,构造典则分配问题的检测矩阵更加简单,而位置矩阵可以用简单的分配函数来取代.

定义 9.3.1 设 $r(i)$ 表示第 i 人承担第 $r(i)$ 项工作($i=1,2,\cdots,n$),则称 $r(i)$ ($i=1,2,\cdots,n$) 为典则分配问题(9.1.4)的**人员分配函数**.

人员分配函数,其实就是一个可行分配方案的另一种表示,$r(1),r(2),\cdots,r(n)$ 是 $1,2,\cdots,n$. $r(i)=j$ 就表示 $x_{ij}=1$,这样的表示更加方便.

定义 9.3.2 设 $r(i)$ ($i,j=1,2,\cdots,n$) 是典则分配问题(9.1.4)的人员分配函数,t_{ij} 是第 i 人承担第 j 项工作的用时($i,j=1,2,\cdots,n$),

$$d_{ij}=t_{j,r(i)}-t_{i,r(i)} \quad (i,j=1,2,\cdots,n)$$

则称矩阵 $(d_{ij})_{n\times n}$ 为典则分配问题(9.1.4)的**检测矩阵**.

与求解运输问题一样,求解典则分配问题,也可以先用最小元素法取一个可行分配方案,再构造检测矩阵,然后用 Floyd 算法判断和搜寻是否存在总用时更少的可行分配方案,如果存在,则用其取代当前的可行分配方案,不断地重复这样的过程,直到不存在总用时更少的可行分配方案为止. 这种算法称为典则分配问题的**平衡负回路算法**.

定理 9.3.1 设 $r(i)$ ($i,j=1,2,\cdots,n$) 是典则分配问题(9.1.4)的人员分配函数,$(d_{ij})_{n\times n}$ 是对应的检测矩阵. $r(i)$ ($i,j=1,2,\cdots,n$) 是典则分配问题(9.1.4)的最优分配方案的充分必要条件是,检测矩阵 $(d_{ij})_{n\times n}$ 使用 Floyd 算法后,$d_{ii}=0$ ($i=1,2,\cdots,n$).

证 与定理 8.4.1 的证明完全类似,这里不再给出.

下面给出求解典则分配问题(9.1.4)的平衡负回路算法:

1° 输入每个人在每项工作上的用时 $(t_{ij})_{n\times n}$.

2° 用最小元素法获取初始可行分配方案(见 8.2 节,这里不再给出)
$$r(i) \quad (i=1,2,\cdots,n)$$

3° 构造检测矩阵,引入指针矩阵:
$$d_{ij} \Leftarrow t_{j,r(i)}-t_{i,r(i)} \quad (i,j=1,2,\cdots,n)$$
$$p_{ij} \Leftarrow j, (i,j=1,2,\cdots,n)$$

4° 用 Floyd 算法寻找负回路:
$$i\Leftarrow 1, \quad j\Leftarrow 1, \quad k\Leftarrow 1$$

5° $\mu \Leftarrow d_{ik}+d_{kj}$.

若 $\mu < d_{ij}$，则 $d_{ij} \Leftarrow \mu, p_{ij} \Leftarrow p_{ik}$ 转到 6°；否则 $(\mu \geqslant d_{ij})$ 直接转到 6°.

6° 若 $j < n$，则 $j \Leftarrow j+1$ 转到 5°；否则 $(j=n)$ 转到 7°.

7° 若 $i < n$，则 $i \Leftarrow i+1, j \Leftarrow 1$ 转到 5°；否则 $(i=n)$ 转到 8°.

8° 求 $\min\{d_{ii} | 1 \leqslant i \leqslant n\} \triangleq \lambda$.

若 $\lambda < 0$，则 $\alpha \Leftarrow \min\{i | d_{ii}=\lambda, 1 \leqslant i \leqslant n\}, \alpha_0 \Leftarrow \alpha$，转到 9°；否则 $(\lambda=0)$ 转到 11°.

9° 沿负回路调整每个人承担的工作

$$\beta \Leftarrow p_{\alpha\alpha_0}, \quad u \Leftarrow r(\beta), \quad r(\beta) \Leftarrow r(\alpha)$$

10° 若 $\beta \neq \alpha_0$，则 $r(\alpha) \Leftarrow u, \alpha \Leftarrow \beta$ 转到 9°；否则 $(\beta=\alpha_0)$ 转到 3°.

11° 若 $k < n$，则 $k \Leftarrow k+1, j \Leftarrow 1, i \Leftarrow 1$ 转到 5°；否则 $(k=n)$ 得最优分配方案：$r(i)(i=1,2,\cdots,n)$，停.

例 9.3.1 已知 4 个人，4 项工作，每个人承担不同工作的用时见表 9.3.1. 试按每人承担一项工作，每项工作只能由一人承担的原则，求一个总用时最少的分配方案.

表 9.3.1

用时＼工作 人	B_1	B_2	B_3	B_4
A_1	14[1]	12	6	12
A_2	7	10	9	6[1]
A_3	15	4	5[1]	16
A_4	5	3[1]	6	12

解 先用最小元素法获取一个初始分配方案：$r(1)=1, r(2)=4, r(3)=3, r(4)=2$，在表 9.3.1 中，为右上角标"1"的元素对应的分配关系.

按步骤 3°构造检测矩阵 $(d_{ij})_{4\times 4}$ 和指针矩阵 $(p_{ij})_{4\times 4}$，

$$(d_{ij}/p_{ij})_{4\times 4} = \begin{pmatrix} 0/1 & -7/2 & 1/3 & -9/4 \\ 6/1 & 0/2 & 10/3 & 6/4 \\ 1/1 & 4/2 & 0/3 & 1/4 \\ 9/1 & 7/2 & 1/3 & 0/4 \end{pmatrix}$$

按步骤 5°~步骤 7°运算至 $k=1$ 时，

$$(d_{ij}/p_{ij})_{4\times 4} = \begin{pmatrix} 0/1 & -7/2 & 1/3 & -9/4 \\ 6/1 & -1/1 & 7/1 & -3/1 \\ 1/1 & -6/1 & 0/3 & -8/1 \\ 9/1 & 2/2 & 1/3 & 0/4 \end{pmatrix}$$

由步骤 8°中检验出 $\lambda=d_{22}=-1$，按指针矩阵，负回路为 ②→①→②，由步骤 9°和步骤 10°，得到新的分配方案：$r(1)=4, r(2)=1, r(3)=3, r(4)=2$. 对应的分配方案见表

9.3.2.

表 9.3.2

用时\工作 人	B_1	B_2	B_3	B_4
A_1	14	12	6	12^1
A_2	7^1	10	9	6
A_3	15	4	5^1	16
A_4	5	3^1	6	12

回到步骤 $3°$ 再构造检测矩阵和指针矩阵,按步骤 $5°\sim$步骤 $7°$ 运算

$$(d_{ij}/p_{ij})_{4\times 4} = \begin{pmatrix} 0/1 & -6/2 & 4/3 & 0/4 \\ 7/1 & 0/2 & 8/3 & -2/4 \\ 1/1 & 4/2 & 0/3 & 1/4 \\ 9/1 & 7/2 & 1/3 & 0/4 \end{pmatrix}$$

按步骤 $5°\sim$步骤 $8°$ 和步骤 $11°$ 运算至 $k=3$ 时,

$$(d_{ij}/p_{ij})_{4\times 4} = \begin{pmatrix} 0/1 & -6/2 & 2/2 & -8/2 \\ 7/1 & 0/2 & 8/3 & -2/4 \\ 1/1 & -5/1 & 0/3 & -7/1 \\ 2/3 & -4/3 & 1/3 & -6/3 \end{pmatrix}$$

由步骤 $8°$ 中检验出 $\lambda=d_{44}=-6$,根据指针矩阵,负回路为 ④→③→①→②→④,由步骤 $9°$ 和步骤 $10°$,得到新的分配方案:$r(1)=3,r(2)=4,r(3)=2,r(4)=1$. 对应的分配方案用"1"表示,见表 9.3.3.

表 9.3.3

用时\工作 人	B_1	B_2	B_3	B_4
A_1	14	12	6^1	12
A_2	7	10	9	6^1
A_3	15	4^1	5	16
A_4	5^1	3	6	12

回到步骤 $3°$ 再构造检测矩阵和指针矩阵,

$$(d_{ij}/p_{ij})_{4\times 4} = \begin{pmatrix} 0/1 & 3/2 & -1/3 & 0/4 \\ 6/1 & 0/2 & 10/3 & 6/4 \\ 8/1 & 6/2 & 0/3 & -1/4 \\ 9/1 & 2/2 & 10/3 & 0/4 \end{pmatrix}$$

按步骤 5°~步骤 8°和步骤 11°运算至 $k=4$ 时,

$$(d_{ij}/p_{ij})_{4\times 4}=\begin{pmatrix} 0/1 & 0/3 & -1/3 & -2/3 \\ 6/1 & 0/2 & 5/1 & 4/1 \\ 7/4 & 1/4 & 0/3 & -1/4 \\ 8/2 & 2/2 & 7/2 & 0/4 \end{pmatrix}$$

在此过程中 $\lambda\equiv 0$,所以由步骤 11°知,这时的分配方案

$$r(1)=3, \quad r(2)=4, \quad r(3)=2, \quad r(4)=1$$

表示第 1 个人做第 3 项工作,第 2 个人做第 4 项工作,第 3 个人做第 2 项工作,第 4 个人做第 1 项工作,为最优分配方案.

例 9.3.2 某单位有 3 项工程要对外招标,现有 5 个工程队来应标,每个工程队对不同的工程给出的报价见表 9.3.4. 如果每个工程队只允许承担一项工程,每项工程也只能由一个工程队承担,则选择哪三个工程队,各承担哪项工程,可以使该单位在这三项工程上的总付出最少?

表 9.3.4

报价\工程队 工程	B_1	B_2	B_3	B_4	B_5
A_1	2560	2500	2480	2500	2440
A_2	1870	1880	1780	1900	1800
A_3	1460	1480	1410	1460	1430

解 这是一个不平衡的——分配问题,可以虚拟两项工程 A_4 和 A_5,并且设每个工程队在工程 A_4 和 A_5 上的报价为 0,从而转化成一个典则分配问题,见表 9.3.5.

表 9.3.5

报价\工程队 工程	B_1	B_2	B_3	B_4	B_5
A_1	2560	2500	2480	2500^1	2440
A_2	1870	1880	1780	1900	1800^1
A_3	1460	1480	1410^1	1460	1430
A_4	0^1	0	0	0	0
A_5	0	0^1	0	0	0

用最小元素法获取一个初始分配方案:$r(1)=4, r(2)=5, r(3)=3, r(4)=1, r(5)=2$,在表 9.3.5 中,为右上角标"1"的元素对应的分配关系.

按步骤 3°构造检测矩阵 $(d_{ij})_{5\times 5}$ 和指针矩阵 $(p_{ij})_{5\times 5}$,

9.3 分配问题的解法二(平衡负回路算法)

$$(d_{ij}/p_{ij})_{5\times 5} = \begin{pmatrix} 0/1 & -600/2 & -1040/3 & -2500/4 & -2500/5 \\ 640/1 & 0/2 & -370/3 & -1800/4 & -1800/5 \\ 1070/1 & 370/2 & 0/3 & -1410/4 & -1410/5 \\ 2560/1 & 1870/2 & 1460/3 & 0/4 & 0/5 \\ 2500/1 & 1880/2 & 1480/3 & 0/4 & 0/5 \end{pmatrix}$$

按步骤 5°～步骤 8°和步骤 11°运算至 $k=2$ 时,

$$(d_{ij}/p_{ij})_{5\times 5} = \begin{pmatrix} 0/1 & -600/2 & -1040/3 & -2500/4 & -2500/5 \\ 640/1 & 0/2 & -400/1 & -1860/1 & -1860/1 \\ 1010/2 & 370/2 & -30/2 & -1490/2 & -1490/2 \\ 2510/2 & 1870/2 & 1460/3 & 0/4 & 0/5 \\ 2500/1 & 1880/2 & 1460/1 & 0/4 & 0/5 \end{pmatrix}$$

由步骤 8°检测出 $\lambda = d_{33} = -30$,根据指针矩阵,负回路为 ③→②→①→③,按照步骤 9°和步骤 10°,得到新的分配方案为:$r(1)=5, r(2)=3, r(3)=4, r(4)=1, r(5)=2$,见表 9.3.6。

表 9.3.6

工程\报价	B_1	B_2	B_3	B_4	B_5
A_1	2560	2500	2480	2500	2440[1]
A_2	1870	1880	1780[1]	1900	1800
A_3	1460	1480	1410	1460[1]	1430
A_4	0[1]	0	0	0	0
A_5	0	0[1]	0	0	0

回到步骤 3°,重新构造检测矩阵:

$$(d_{ij}/p_{ij})_{5\times 5} = \begin{pmatrix} 0/1 & -640/2 & -1010/3 & -2440/4 & -2440/5 \\ 700/1 & 0/2 & -370/3 & -1780/4 & -1780/5 \\ 1040/1 & 440/2 & 0/3 & -1460/4 & -1460/5 \\ 2560/1 & 1870/2 & 1460/3 & 0/4 & 0/5 \\ 2500/1 & 1880/2 & 1480/3 & 0/4 & 0/5 \end{pmatrix}$$

按步骤 5°～步骤 8°和步骤 11°运算到 $k=5$ 时,

$$(d_{ij}/p_{ij})_{5\times 5} = \begin{pmatrix} 0/1 & -640/2 & -1010/3 & -2470/3 & -2470/3 \\ 670/3 & 0/2 & -370/3 & -1830/3 & -1830/3 \\ 1040/1 & 400/1 & 0/3 & -1460/4 & -1460/5 \\ 2500/3 & 1860/3 & 1460/3 & 0/4 & 0/5 \\ 2500/1 & 1860/1 & 1460/4 & 0/4 & 0/5 \end{pmatrix}$$

在此过程中 $\lambda\equiv0$,因此,由步骤 11°知,当前的分配方案

$$r(1)=5, \quad r(2)=3, \quad r(3)=4, \quad r(4)=1, \quad r(5)=2$$

表示工程 A_1 交给工程队 B_5,工程 A_2 交给工程队 B_3,工程 A_3 交给工程队 B_4 为最优分配方案.

二、一般平衡分配问题的平衡负回路算法

定义 9.3.3 设 $x_{ij}(i=1,2,\cdots,m;j=1,2,\cdots,n)$ 是平衡分配问题(9.1.1)的一个可行解,$m\leqslant n$. 如果

$$d_{ik}=\min\{t_{kj}-t_{ij}\,|\,x_{ij}=1,1\leqslant j\leqslant n\} \quad (i,k=1,2,\cdots,m)$$
$$r_{ik}=\min\{j\,|\,t_{kj}-t_{ij}=d_{ik},x_{ij}=1,1\leqslant j\leqslant n\} \quad (i,k=1,2,\cdots,m)$$

则称 $(d_{ij})_{m\times m}$ 为该可行解对应的**检测矩阵**,称 $(r_{ij})_{m\times m}$ 为该可行解对应的**位置矩阵**.

注 本书只介绍每项工作只能由一人承担的分配问题,因此,平衡分配问题中的人数总是少于工作数的.

平衡分配问题(9.1.1)是平衡运输问题(8.1.1)的特例,所以也可以用平衡负回路算法求解. 由于平衡分配问题的变量只取 0 或 1,所以通过检测矩阵 $(d_{ij})_{m\times m}$ 找到负回路后,调整量一定是 1,因此可以省略掉沿负回路寻找调整量的运算环节,在调整变量取值的过程中,也只用到赋值,而不涉及加减法运算.

定理 9.3.2 设 $x_{ij}(i=1,2,\cdots,m;j=1,2,\cdots,n)$ 是平衡分配问题(9.1.1)的一个可行解,$m\leqslant n$. 则该可行解是平衡分配问题(9.1.1)的最优解的充分必要条件是,对该可行解对应的检测矩阵 $(d_{ij})_{m\times m}$ 使用 Floyd 算法后,$d_{ii}=0(i=1,2,\cdots,m)$.

证 平衡分配问题是平衡运输问题的特例,因此,由定理 8.4.1 知,定理 9.3.2 成立.
下面给出一般平衡分配问题(9.1.1)的平衡负回路算法:

1° 输入每个人在不同工作上的用时 $(t_{ij})_{m\times n}$ 及第 i 人应承担的工作数 $a_i(i=1,2,\cdots,m)$.

2° 用最小元素法获取初始可行分配方案(见 8.2 节,这里不再给出.)

$$x_{ij} \quad (i=1,2,\cdots,m;j=1,2,\cdots,n)$$

3° 构造检测矩阵、位置矩阵和指针矩阵:

$$d_{ik}\Leftarrow\min\{t_{kj}-t_{ij}\,|\,x_{ij}=1,1\leqslant j\leqslant n\}(i,k=1,2,\cdots,m).$$
$$r(i,k)\Leftarrow\min\{j\,|\,t_{kj}-t_{ij}=d_{ik},x_{ij}=1,1\leqslant j\leqslant n\}(i,k=1,2,\cdots,m).$$
$$p_{ik}\Leftarrow k(i,k=1,2,\cdots,m).$$

4° 用 Floyd 算法寻找负回路:

$i\Leftarrow 1,j\Leftarrow 1,k\Leftarrow 1.$

5° $\mu\Leftarrow d_{ik}+d_{kj}$.

若 $\mu<d_{ij}$,则 $d_{ij}\Leftarrow\mu,p_{ij}\Leftarrow p_{ik}$ 转到 6°;否则($\mu\geqslant d_{ij}$)直接转到 6°.

6° 若 $j<n$,则 $j\Leftarrow j+1$ 转到 5°;否则($j=n$)转到 7°.

7° 若 $i<n$,则 $i\Leftarrow i+1,j\Leftarrow 1$ 转到 5°;否则($i=n$)转到 8°.

9.3 分配问题的解法二(平衡负回路算法)

8° 求 $\min\{d_{ii}|1\leqslant i\leqslant n\}\triangleq\lambda$.

若 $\lambda<0$,则 $\alpha\Leftarrow\min\{i|d_{ii}=\lambda,1\leqslant i\leqslant n\}$, $\alpha_0\Leftarrow\alpha$, $\delta\Leftarrow+\infty$, 转到 9°;否则($\lambda=0$)转到 13°.

9° 沿负回路调整节点间的运量

$$\beta\Leftarrow p_{\alpha\alpha_0}, x_{\alpha,r(\alpha,\beta)}\Leftarrow 0, x_{\beta,r(\alpha,\beta)}\Leftarrow 1.$$

10° 若 $\beta\neq\alpha_0$,则 $\alpha\Leftarrow\beta$ 转到 9°;否则($\beta=\alpha_0$)转到 3°.

11° 若 $k<n$,则 $k\Leftarrow k+1, j\Leftarrow 1, i\Leftarrow 1$ 转到 5°;否则($k=n$)得最优分配方案:x_{ij}($i=1,2,\cdots,m;j=1,2,\cdots,n$),停.

例 9.3.3 有 4 个人,10 项工作.每个人规定完成的工作数及每个人完成不同工作的用时见表 9.3.7.试按每项工作只能由一人承担的要求,给出一个工作分配方案,使完成所有工作的总用时最少?

表 9.3.7

用时\工作 人	B_1	B_2	B_3	B_4	B_5	B_6	B_7	B_8	B_9	B_{10}	应承担工作数
A_1	5	11	2^1	6	7	10	8	3^1	9	14	2
A_2	8	7	6	12	10^1	13^1	9	8	10	9	2
A_3	9	6	5	4^1	6	9	7	4	3^1	5^1	3
A_4	6^1	5^1	9	4	8	11	6^1	5	4	9	3

解 先用最小元素法获取一个初始可行分配方案:x_{ij}($i=1,2,\cdots,m;j=1,2,\cdots,n$),将 x_{ij} 的取值标在 t_{ij} 的右上角,见表 9.3.7. $x_{ij}=1$ 表示第 j 项工作由第 i 个人承担,$x_{ij}=0$ 表示第 i 个人不承担第 j 项工作.

按照步骤 3°构造检测矩阵$(d_{ij})_{4\times 4}$,引入指针矩阵$(p_{ij})_{4\times 4}$,位置矩阵$(r_{ij})_{4\times 4}$,

$$(d_{ik}/p_{ik})_{4\times 4}=\begin{pmatrix} 0/1 & 4/2 & 1/3 & 2/4 \\ -3/1 & 0/2 & -4/3 & -2/4 \\ 2/1 & 4/2 & 0/3 & 0/4 \\ -1/1 & 2/2 & 1/3 & 0/4 \end{pmatrix}, \quad (r_{ij})_{4\times 4}=\begin{pmatrix} 3 & 3 & 8 & 8 \\ 5 & 5 & 5 & 5 \\ 4 & 10 & 4 & 4 \\ 1 & 1 & 2 & 1 \end{pmatrix}$$

按照步骤 5°~步骤 8°和步骤 11°运算至 $k=3$ 时,

$$(d_{ik}/p_{ik})_{4\times 4}=\begin{pmatrix} 0/1 & 4/2 & 0/2 & 0/2 \\ -3/1 & 0/2 & -4/3 & -4/3 \\ 1/2 & 4/2 & 0/3 & 0/4 \\ -1/1 & 2/2 & -2/2 & -2/2 \end{pmatrix}$$

由步骤 8°检测出 $\lambda=d_{44}=-2<0$,根据指针矩阵负回路为:④→②→③→④,按照步骤 9°和步骤 10°沿这条负回路调整分配方案:

$$x_{41}\Leftarrow 0, \quad x_{21}\Leftarrow 1, \quad x_{25}\Leftarrow 0, \quad x_{35}\Leftarrow 1, \quad x_{34}\Leftarrow 0, \quad x_{44}\Leftarrow 1$$

得到新的可行分配方案,见表 9.3.8.

表 9.3.8

用时＼工作 人	B_1	B_2	B_3	B_4	B_5	B_6	B_7	B_8	B_9	B_{10}	应承担 工作数
A_1	5	11	2^1	6	7	10	8	3^1	9	14	2
A_2	8^1	7	6	12	10	13^1	9	8	10	9	2
A_3	9	6	5	4	6^1	9	7	4	3^1	5^1	3
A_4	6	5^1	9	4^1	8	11	6^1	5	4	9	3

再按步骤 3°重新构造检测矩阵 $(d_{ij})_{4\times 4}$,位置矩阵 $(r_{ij})_{4\times 4}$ 和指针矩阵 $(p_{ij})_{4\times 4}$.

$$(d_{ik}/p_{ik})_{4\times 4}=\begin{pmatrix} 0/1 & 4/2 & 1/3 & 2/4 \\ -3/1 & 0/2 & -4/3 & -2/4 \\ 1/1 & 4/2 & 0/3 & 1/4 \\ 2/1 & 2/2 & 0/3 & 0/4 \end{pmatrix}, \quad (r_{ij})_{4\times 4}=\begin{pmatrix} 3 & 3 & 8 & 8 \\ 1 & 1 & 6 & 1 \\ 5 & 5 & 5 & 9 \\ 4 & 2 & 4 & 2 \end{pmatrix}$$

按照步骤 5°～步骤 8°和步骤 11°运算至 $k=3$ 时,

$$(d_{ik}/p_{ik})_{4\times 4}=\begin{pmatrix} 0/1 & 4/2 & 0/2 & 1/2 \\ -3/1 & 0/2 & -4/3 & -3/3 \\ 1/1 & 4/2 & 0/3 & 1/4 \\ -1/2 & 2/2 & -2/2 & -1/2 \end{pmatrix}$$

由步骤 8°检测出 $\lambda=d_{44}=-1<0$,根据指针矩阵负回路为:④→②→③→④,按照步骤 9°和步骤 10°沿这条负回路调整分配方案:

$$x_{42}\Leftarrow 0, \quad x_{22}\Leftarrow 1, \quad x_{26}\Leftarrow 0, \quad x_{36}\Leftarrow 1, \quad x_{39}\Leftarrow 0, \quad x_{49}\Leftarrow 1$$

得到新的可行分配方案,见表 9.3.9.

表 9.3.9

用时＼工作 人	B_1	B_2	B_3	B_4	B_5	B_6	B_7	B_8	B_9	B_{10}	应承担 工作数
A_1	5	11	2^1	6	7	10	8	3^1	9	14	2
A_2	8^1	7^1	6	12	10	13	9	8	10	9	2
A_3	9	6	5	4	6^1	9^1	7	4	3	5^1	3
A_4	6	5	9	4^1	8	11	6^1	5	4^1	9	3

再按步骤 3°重新构造检测矩阵 $(d_{ij})_{4\times 4}$,位置矩阵 $(r_{ij})_{4\times 4}$ 和指针矩阵 $(p_{ij})_{4\times 4}$,

$$(d_{ik}/p_{ik})_{4\times 4}=\begin{pmatrix} 0/1 & 4/2 & 1/3 & 2/4 \\ -3/1 & 0/2 & -1/3 & -2/4 \\ 1/1 & 4/2 & 0/3 & 2/4 \\ 2/1 & 3/2 & -1/3 & 0/4 \end{pmatrix}, \quad (r_{ij})_{4\times 4}=\begin{pmatrix} 3 & 3 & 8 & 8 \\ 1 & 1 & 2 & 1 \\ 5 & 5 & 5 & 5 \\ 4 & 7 & 9 & 4 \end{pmatrix}$$

按照步骤 5°～步骤 8°和步骤 11°运算至 $k=4$ 时,

$$(d_{ik}/p_{ik})_{4\times 4} = \begin{pmatrix} 0/1 & 4/2 & 1/3 & 2/4 \\ -3/1 & 0/2 & -2/1 & -2/4 \\ 1/1 & 4/2 & 0/3 & 2/4 \\ 0/2 & 3/2 & -1/3 & 0/4 \end{pmatrix}$$

在此过程中 $\lambda \equiv 0$,所以由步骤 8°和 11°知,这时的可行分配方案为

$x_{13}=x_{18}=x_{21}=x_{22}=x_{35}=x_{36}=x_{3,10}=x_{44}=x_{47}=x_{49}=1$,其他 $x_{ij}=0$,表示第 1 个人做第 3 和第 8 项工作,第 2 个人做第 1 和第 2 项工作,第 3 个人做第 5、第 6 和第 10 项工作,第 4 个人做第 4、第 7 和第 9 项工作,为最优分配方案.

习 题 9

1. 证明下列两个规划的最优解相同:

$$\text{(P1)} \quad \min \sum_{i=1}^{n}\sum_{j=1}^{n} c_{ij}x_{ij} \quad \text{s.t.} \begin{cases} \sum_{j=1}^{n} x_{ij}=1 & (i=1,2,\cdots,n), \\ \sum_{i=1}^{n} x_{ij}=1 & (j=1,2,\cdots,n), \\ x_{ij} \in \{0,1\} & (i,j=1,2,\cdots,n), \end{cases}$$

$$\text{(P2)} \quad \min \sum_{i=1}^{n}\sum_{j=1}^{n} d_{ij}x_{ij} \quad \text{s.t.} \begin{cases} \sum_{j=1}^{n} x_{ij}=1 & (i=1,2,\cdots,n) \\ \sum_{i=1}^{n} x_{ij}=1 & (j=1,2,\cdots,n) \\ x_{ij} \in \{0,1\} & (i,j=1,2,\cdots,n) \end{cases}$$

其中 $\begin{pmatrix} d_{11} & d_{12} & \cdots & d_{1n} \\ d_{21} & d_{22} & \cdots & d_{2n} \\ \vdots & \vdots & & \vdots \\ d_{n1} & d_{n2} & \cdots & d_{nn} \end{pmatrix} = \begin{pmatrix} c_{11} & \cdots & c_{1j}+\beta & \cdots & c_{1n} \\ \vdots & & \vdots & & \vdots \\ c_{i1}-\alpha & \cdots & c_{ij}-\alpha+\beta & \cdots & c_{in}-\alpha \\ \vdots & & \vdots & & \vdots \\ c_{n1} & \cdots & c_{nj}+\beta & \cdots & c_{nn} \end{pmatrix}$.

2. 要安排 5 个人去做 5 项工作,已知每个人完成各项工作的用时见表 9.1.试在每人只承担一项工作,每项工作只能由一人承担的要求下,用匈牙利法求解总用时最少的分配方案.

表 9.1

用时\工作 人	B_1	B_2	B_3	B_4	B_5
A_1	8	12	10	7	2
A_2	5	9	7	8	5
A_3	9	12	28	15	7
A_4	4	16	18	32	3
A_5	7	9	9	14	4

3. 某单位有 4 项工程要对外招标,现有 6 个公司参与投标,各公司对每项工程的报价见表 9.2.如果追求总造价最低,则该单位应选择哪 4 个公司.

表 9.2

报价\公司 工程	B_1	B_2	B_3	B_4	B_5	B_6
A_1	9800	9720	9850	9600	\	9880
A_2	4600	4500	4580	4610	4560	4620
A_3	3860	3820	3850	3850	3830	3880
A_4	\	1050	1100	1080	1040	1100

4. 如果 2 题中,A_5 因故不能参加工作,而让 A_2 承担两项工作,则如何分配,才能使完成所有工作的总用时最少?

5. 试用平衡负回路算法求解表 9.1 所示的典则分配问题.

6. 试用平衡负回路算法,求解表 9.3 所示的总用时最少的分配问题.

表 9.3

用时\工作 人	B_1	B_2	B_3	B_4	B_5	B_6	B_7	B_8	B_9	B_{10}	应承担 工作数
A_1	2	11	5	6	14	10	8	3	9	7	3
A_2	6	7	8	12	9	13	9	8	10	10	2
A_3	5	6	9	4	5	9	7	4	3	6	3
A_4	9	5	6	4	9	11	6	5	4	8	2

*7. 如果 6 题中,将要求每个人承担的工作数改成:每人至少承担一项工作,则完成所有工作应如何分配,能够保证总用时最少?

第10章

动态规划

动态规划是运筹学中的一个重要分支,是针对可以分阶段进行决策的运筹问题的数学方法.与线性规划和整数规划等不同,动态规划虽然建立在同一个最优化原理的基础上,有着共同的特征,但是,却不存在统一的算法,甚至同类型的问题,在动态规划的某些环节上,也会有较大的差异.因此,动态规划属于一种方法论,重在理解和掌握原理.

10.1 阶段性网络上最优路径的动态规划算法

一、最优路径的延伸算法的共同特点

按照顺向延伸和逆向延伸原理建立的各种最优路径问题的算法,虽然各不相同,但是却有着共同的特点.

如果 d_{ij} 表示网络 $G(V,E)$ 中边 $(v_i,v_j)\in E$ 的长度,$L_{1j}(j=1,2,\cdots,n)$ 表示从节点 v_1 开始顺向延伸到节点 v_j 的路径长度,则求节点 v_1 到节点 v_n 的最短路径的顺向 Dijkstra 算法可以简单地表示成

$$\begin{cases} L_{11}\leftarrow 0, L_{1j}\leftarrow +\infty (j=2,3,\cdots,n) \\ L_{1j}\leftarrow \min_{v_k\in D_k}\{L_{1j},L_{1k}+d_{kj}\}, \quad (v_k,v_j)\in E \end{cases} \tag{10.1.1}$$

求节点 v_1 到节点 v_n 的最长路径的仿顺向强 Dijkstra 算法可以简单地表示成

$$\begin{cases} L_{11}\leftarrow 0, L_{1j}\leftarrow -\infty (j=2,3,\cdots,n) \\ L_{1j}\leftarrow \max_{v_k\in D_k}\{L_{1j},L_{1k}+d_{kj}\}, \quad (v_k,v_j)\in E \end{cases} \tag{10.1.2}$$

如果 d_{ij} 表示网络 $G(V,E)$ 中边 $(v_i,v_j)\in E$ 上的可增流量,$L_{1j}(j=1,2,\cdots,n)$ 表示从节点 v_1 开始顺向延伸到节点 v_j 的路径上可增流量,则求节点 v_1 到节点 v_n 的最大增流路径的仿顺向 Dijkstra 算法可以简单地表示成

$$\begin{cases} L_{11}\leftarrow +\infty, L_{1j}\leftarrow 0(j=2,3,\cdots,n) \\ L_{1j}\leftarrow \max_{v_k\in D_k}\{L_{1j},\min\{L_{1k},d_{kj}\}\}, \quad (v_k,v_j)\in E \end{cases} \tag{10.1.3}$$

如果 d_{ij} 表示网络 $G(V,E)$ 中边 $(v_i,v_j)\in E$ 的长度,$L_{in}(i=1,2,\cdots,n)$ 表示从节点 v_n 开始逆向延伸到节点 v_i 的路径长度,则求节点 v_1 到节点 v_n 的最短路径的逆向 Dijkstra 算法可以简单地表示成

$$\begin{cases} L_{nn}\leftarrow 0, L_{in}\leftarrow +\infty (i=1,2,\cdots,n-1) \\ L_{in}\leftarrow \min_{v_k\in D_k}\{L_{in},d_{ik}+L_{kn}\}, \quad (v_i,v_k)\in E \end{cases} \tag{10.1.4}$$

求节点 v_1 到节点 v_n 的最长路径的仿逆向强 Dijkstra 算法可以简单地表示成

$$\begin{cases} L_{nn} \leftarrow 0, L_{in} \leftarrow -\infty (i=1,2,\cdots,n-1) \\ L_{in} \leftarrow \max_{v_k \in D_k} \{L_{in}, d_{ik}+L_{kn}\}, \quad (v_i,v_k) \in E \end{cases} \tag{10.1.5}$$

如果 d_{ij} 表示网络 $G(V,E)$ 中边 $(v_i,v_j) \in E$ 上的可增流量，$L_{in}(i=1,2,\cdots,n)$ 表示从节点 v_n 开始逆向延伸到节点 v_i 的路径上可增流量，则求节点 v_1 到节点 v_n 的最大增流路径的仿逆向 Dijkstra 算法可以简单地表示成

$$\begin{cases} L_{nn} \leftarrow +\infty, L_{in} \leftarrow 0(i=1,2,\cdots,n-1) \\ L_{in} \leftarrow \max_{v_k \in D_k} \{L_{in}, \min\{d_{ik}, L_{kn}\}\}, \quad (v_i,v_k) \in E \end{cases} \tag{10.1.6}$$

其中 D_k 为所有可变标记点构成的集合.

如果网络的结构具有图 10.1.1 所示的特殊形式时，则递推公式（10.1.1）～(10.1.6)可以表示得更加明确，使用起来也更加简单。一般动态规划问题，结构上都具有这样的特征.

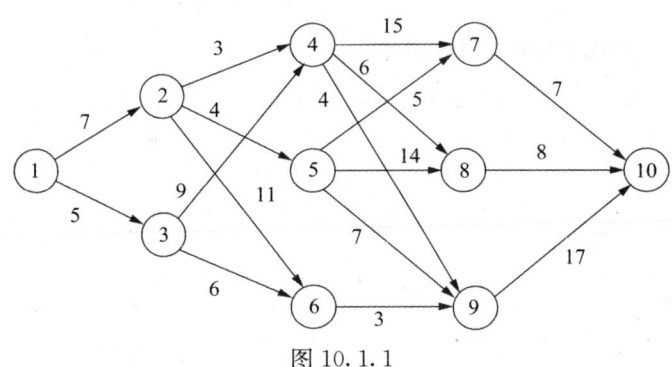

图 10.1.1

定义 10.1.1 如果网络 $G(V,E)$ 的结构满足以下条件：

(1) 当 $i \neq j$ 时, $V_i \cap V_j = \varnothing$, 而且 $V = \bigcup_{k=0}^{m} V_k$;

(2) V_{k-1} 中的节点只相邻可达 V_k 中的节点 $(k=1,2,\cdots,m)$,

则称 $G(V,E)$ 为**阶段性网络**，称 $V_k(k=0,1,2,\cdots,m)$ 为阶段性网络的**第 k 级节点集合**，称 $V_k(k=0,1,2,\cdots,m)$ 中的节点为阶段性网络的**第 k 级节点**.

一般将第 $k-1$ 级节点集合到第 k 级节点集合，称为阶段性网络的第 k 个阶段 ($k=1,2,\cdots,m$)，在许多情况下，也将第 0 级节点到第 k 级节点集合，称为阶段性网络的第 k 个阶段 ($k=1,2,\cdots,m$).

显然，在阶段性网络 $G(V,E)$ 上，不论是求最短路径、最长路径或是求最大增流路径，都可以将顺向延伸算法简化成下列递推公式的形式：

$$\begin{cases} L_{11} \leftarrow 初始值 \\ L_{1j} \leftarrow \operatorname*{opt}_{v_k \in V_{l-1}} \{L_{1k} \oplus d_{kj}\}, v_j \in V_l(l=1,2,\cdots,m) \end{cases} \tag{10.1.7}$$

都可以将逆向延伸算法简化成下列递推公式的形式：

$$\begin{cases} L_{nn} \leftarrow 初始值 \\ L_{in} \leftarrow \underset{v_k \in V_l}{\text{opt}} \{d_{ik} \oplus L_{kn}\}, v_i \in V_{l-1}(l=m,m-1,\cdots,2,1) \end{cases} \quad (10.1.8)$$

其中 $V_i(i=0,1,2,\cdots,m)$ 为第 i 级节点集合,在不同的问题中 opt 表示 min 或 max,$\oplus$ 表示"$+$"或"$\times$"或"min"等.

按递推公式(10.1.7)给出的最优路径的算法称为**顺向动态规划算法**,按递推公式(10.1.8)给出的最优路径的算法称为**逆向动态规划算法**,这两种算法统称为**动态规划算法**.

二、阶段性网络上最优路径的动态规划算法

例 10.1.1 试针对图 10.1.1:(1)用递推公式(10.1.7)求节点①到节点⑩的最短路径;(2)用递推公式(10.1.8)求节点①到节点⑩的最长路径.

解 (1)用递推公式(10.1.7)求节点①到节点⑩最短路径,opt 表示 min,$\oplus$ 表示"$+$",运算过程如下:

先赋初始值 $L_{11}=0$.

节点①到第 1 级节点②、③的最短路径:

$L_{12}=\min\{L_{11}+d_{12}\}=\min\{0+7\}=7$,节点②的紧前节点是节点①,

$L_{13}=\min\{L_{11}+d_{13}\}=\min\{0+5\}=5$,节点③的紧前节点是节点①;

节点①到第 2 级节点④、⑤、⑥的最短路径:

$L_{14}=\min\begin{Bmatrix} L_{12}+d_{24} \\ L_{13}+d_{34} \end{Bmatrix}=\min\begin{Bmatrix} 7+3 \\ 5+9 \end{Bmatrix}=10$,节点④的紧前节点是节点②,

$L_{15}=\min\{L_{12}+d_{25}\}=\min\{7+4\}=11$,节点⑤的紧前节点是节点②,

$L_{16}=\min\begin{Bmatrix} L_{12}+d_{26} \\ L_{13}+d_{36} \end{Bmatrix}=\min\begin{Bmatrix} 7+11 \\ 5+6 \end{Bmatrix}=11$,节点⑥的紧前节点是节点③;

节点①到第 3 级节点⑦、⑧、⑨的最短路径:

$L_{17}=\min\begin{Bmatrix} L_{14}+d_{47} \\ L_{15}+d_{57} \end{Bmatrix}=\min\begin{Bmatrix} 10+15 \\ 11+5 \end{Bmatrix}=16$,节点⑦的紧前节点是节点⑤,

$L_{18}=\min\begin{Bmatrix} L_{14}+d_{48} \\ L_{15}+d_{58} \end{Bmatrix}=\min\begin{Bmatrix} 10+6 \\ 11+14 \end{Bmatrix}=16$,节点⑧的紧前节点是节点④,

$L_{19}=\min\begin{Bmatrix} L_{14}+d_{49} \\ L_{15}+d_{59} \\ L_{16}+d_{69} \end{Bmatrix}=\min\begin{Bmatrix} 10+4 \\ 11+7 \\ 11+3 \end{Bmatrix}=14$,节点⑨的紧前节点是节点④;

节点①到第 4 级节点⑩的最短路径:

$L_{1,10}=\min\begin{Bmatrix} L_{17}+d_{7,10} \\ L_{18}+d_{8,10} \\ L_{19}+d_{9,10} \end{Bmatrix}=\min\begin{Bmatrix} 16+7 \\ 16+8 \\ 14+17 \end{Bmatrix}=23$,节点⑩的紧前节点是节点⑦.

由此得到节点①到节点⑩的最短路径为⑩←⑦←⑤←②←①,长为 23. 同时也得

到了节点①到其他各节点的最短路径:②←①,长为 7;③←①,长为 5;④←②←①,长为 10;⑤←②←①,长为 11;⑥←③←①,长为 11;⑦←⑤←②←①,长为 16;⑧←④←②←①,长为 16;⑨←④←②←①,长为 14.

(2)用递推公式(9.1.8)求节点①到节点⑩最长路径,opt 表示 max,⊕表示"+",运算过程如下:

先赋初始值 $L_{10,10}=0$.

第 3 级节点⑦、⑧、⑨到节点⑩的最长路径:

$L_{7,10}=\max\{d_{7,10}+L_{10,10}\}=\max\{7+0\}=7$,节点⑦的紧后节点为⑩,

$L_{8,10}=\max\{d_{8,10}+L_{10,10}\}=\max\{8+0\}=8$,节点⑧的紧后节点为⑩,

$L_{9,10}=\max\{d_{9,10}+L_{10,10}\}=\max\{17+0\}=17$,节点⑨的紧后节点为⑩.

第 2 级节点④、⑤、⑥到节点⑩的最长路径:

$$L_{4,10}=\max\begin{Bmatrix}d_{47}+L_{7,10}\\d_{48}+L_{8,10}\\d_{49}+L_{9,10}\end{Bmatrix}=\max\begin{Bmatrix}15+7\\6+8\\4+17\end{Bmatrix}=22,\text{节点④的紧后节点为⑦},$$

$$L_{5,10}=\max\begin{Bmatrix}d_{57}+L_{7,10}\\d_{58}+L_{8,10}\\d_{59}+L_{9,10}\end{Bmatrix}=\max\begin{Bmatrix}5+7\\14+8\\7+17\end{Bmatrix}=24,\text{节点⑤的紧后节点为⑨},$$

$L_{6,10}=\max\{d_{69}+L_{9,10}\}=\max\{3+17\}=20$,节点⑥的紧后节点为⑨.

第 1 级节点②、③到节点⑩的最长路径:

$$L_{2,10}=\max\begin{Bmatrix}d_{24}+L_{4,10}\\d_{25}+L_{5,10}\\d_{26}+L_{6,10}\end{Bmatrix}=\max\begin{Bmatrix}3+22\\4+24\\11+20\end{Bmatrix}=31,\text{节点②的紧后节点为⑥},$$

$$L_{3,10}=\max\begin{Bmatrix}d_{34}+L_{4,10}\\d_{36}+L_{6,10}\end{Bmatrix}=\max\begin{Bmatrix}9+22\\6+20\end{Bmatrix}=31,\text{节点③的紧后节点为④}.$$

第 0 级节点①到节点⑩的最长路径:

$$L_{1,10}=\max\begin{Bmatrix}d_{12}+L_{2,10}\\d_{13}+L_{3,10}\end{Bmatrix}=\max\begin{Bmatrix}7+31\\5+31\end{Bmatrix}=38,\text{节点①的紧后节点为②}.$$

由此得到节点①到节点⑩的最长路径为①→②→⑥→⑨→⑩,长为 38.同时也得到了其他各节点到节点⑩的最长路径:②→⑥→⑨→⑩,长为 31;③→④→⑦→⑩,长为 31;④→⑦→⑩,长为 22;⑤→⑨→⑩,长为 24;⑥→⑨→⑩,长为 20;⑦→⑩,长为 7;⑧→⑩,长为 8;⑨→⑩,长为 17.

例 10.1.2 如果图 10.1.1 中,每条边上的权值表示该边上可增加的流量,试用递推公式(10.1.7)求节点①到节点⑩的最大增流路径.

解 先赋初始值 $f_{11}=+\infty$.

节点①到第 1 级节点②、③的最大增流路径:

$f_{12}=\max\{\min\{f_{11},d_{12}\}\}=\max\{\min\{+\infty,7\}\}=7$,节点②的紧前节点是节点①,

$f_{13}=\max\{\min\{f_{11},d_{13}\}\}=\max\{\min\{+\infty,5\}\}=5$,节点③的紧前节点是节点①.

节点①到第 2 级节点④、⑤、⑥的最大增流路径：

$$f_{14}=\max\begin{Bmatrix}\min\{f_{12},d_{24}\}\\\min\{f_{13},d_{34}\}\end{Bmatrix}=\max\begin{Bmatrix}\min\{7,3\}\\\min\{5,9\}\end{Bmatrix}=5, 节点④的紧前节点是节点③,$$

$$f_{15}=\max\{\min\{f_{12},d_{25}\}\}=\max\{\min\{7,4\}\}=4, 节点⑤的紧前节点是节点②,$$

$$f_{16}=\max\begin{Bmatrix}\min\{f_{12},d_{26}\}\\\min\{f_{13},d_{36}\}\end{Bmatrix}=\max\begin{Bmatrix}\min\{7,11\}\\\min\{5,6\}\end{Bmatrix}=7, 节点⑥的紧前节点是节点②.$$

节点①到第 3 级节点⑦、⑧、⑨的最大增流路径：

$$f_{17}=\max\begin{Bmatrix}\min\{f_{14},d_{47}\}\\\min\{f_{15},d_{57}\}\end{Bmatrix}=\max\begin{Bmatrix}\min\{5,15\}\\\min\{4,5\}\end{Bmatrix}=5, 节点⑦的紧前节点是节点④,$$

$$f_{18}=\max\begin{Bmatrix}\min\{f_{14},d_{48}\}\\\min\{f_{15},d_{58}\}\end{Bmatrix}=\max\begin{Bmatrix}\min\{5,6\}\\\min\{4,14\}\end{Bmatrix}=5, 节点⑧的紧前节点是节点④,$$

$$f_{19}=\max\begin{Bmatrix}\min\{f_{14},d_{49}\}\\\min\{f_{15},d_{59}\}\\\min\{f_{16},d_{69}\}\end{Bmatrix}=\max\begin{Bmatrix}\min\{5,4\}\\\min\{4,7\}\\\min\{7,3\}\end{Bmatrix}=4, 节点⑨的紧前节点是节点④或⑤.$$

节点①到第 4 级节点⑩的最大增流路径：

$$f_{1,10}=\max\begin{Bmatrix}\min\{f_{17},d_{7,10}\}\\\min\{f_{18},d_{8,10}\}\\\min\{f_{19},d_{9,10}\}\end{Bmatrix}=\max\begin{Bmatrix}\min\{5,7\}\\\min\{5,8\}\\\min\{4,17\}\end{Bmatrix}=5, 节点⑩的紧前节点是节点⑦或⑧.$$

由此得①到节点⑩的最大增流路径为⑩←⑦或⑧←④←③←①,最大增流量为 5. 同时也得到了节点①到其他各节点的最大增流路径：⑨←④←③←①或⑨←⑤←②←①,最大增流量为 4；⑧←④←③←①,最大增流量为 5；⑦←④←③←①,最大增流量为 5；⑥←②←①,最大增流量为 7；⑤←②←①,最大增流量为 4；④←③←①,最大增流量为 5；③←①,最大增流量为 5；②←①,最大增流量为 7.

如果设阶段性网络 $G(V,E)$ 中,第 0 级节点集合 $V_0=\{v_1\}$,第一级节点集合 $V_1=\{v_2,v_3,\cdots,v_{l(1)}\}$,第二级节点集合 $V_2=\{v_{l(1)+1},v_{l(1)+2},\cdots,v_{l(2)}\}$……第 m 级节点集合 $V_m=\{v_n\}$. w_{ij} 为边 $(v_i,v_j)\in E$ 的权值,则递推公式(10.1.7)的编程算法如下：

$1°$ 输入：权值 $w_{ij}(i,j=1,2,\cdots,n)$,其中$(v_i,v_j)\notin E$ 时,$w_{ij}=+\infty$.

节点集合标号 $l(0)=1,l(i)(i=1,2,\cdots,m)$.

$2°$ $f_{1j}\Leftarrow w_{1j}, q_{1j}\Leftarrow 1(j=2,3,\cdots,l(1))$.

$i\Leftarrow 1, j\Leftarrow l(i)+1$.

$3°$ 求 $\text{opt}\{f_{1k}\oplus w_{kj}|w_{kj}<+\infty,l(i-1)+1\leqslant k\leqslant l(i)\}\triangleq f_{1k_0}\oplus w_{k_0j}$.

$f_{1j}\Leftarrow f_{1k_0}\oplus w_{k_0j}, q_{1j}\Leftarrow k_0$.

$4°$ 若 $j<l(i+1)$,则 $j\Leftarrow j+1$,转到 $3°$；否则$(j=l(i+1))$转到 $5°$.

$5°$ 若 $j<n$,则 $i\Leftarrow i+1, j\Leftarrow l(i)+1$ 转到 $3°$,否则$(j=n)$输出最优解

$$f_{1n}, q_{1j} \quad (j=2,3,\cdots,n)$$

逆向递推公式(10.1.8)的编程算法如下：

1° 输入：权值 $w_{ij}(i,j=1,2,\cdots,n)$，其中 $(v_i,v_j)\notin E$ 时，$w_{ij}=+\infty$.
   节点集合标号 $l(i)(i=0,1,2,\cdots,m)$，其中 $l(0)=1$.

2° $f_{in}\Leftarrow w_{in}, p_{in}\Leftarrow n(i=l(m-2)+1,l(m-2)+2,\cdots,l(m-1))$.
   $\alpha\Leftarrow m-3, \quad i\Leftarrow l(\alpha)+1$

3° 求 $\mathrm{opt}\{w_{ik}\oplus f_{kn}\,|\,w_{ik}<+\infty,l(\alpha)+1\leqslant k\leqslant l(\alpha+1)\}\triangleq w_{ik_0}\oplus f_{k_0 n}$,
   $f_{in}\Leftarrow w_{ik_0}\oplus f_{k_0 n}, \quad p_{in}\Leftarrow k_0$.

4° 若 $i<l(\alpha+1)$，则 $i\Leftarrow i+1$，转到 3°；否则 ($i=l(\alpha+1)$) 转到 5°.

5° 若 $i>1$，则 $\alpha\Leftarrow\alpha-1, i\Leftarrow l(\alpha)+1$ 转到 3°，否则 ($i=1$) 输出最优解
$$f_{1n}, \quad p_{in}(i=1,2,\cdots,n)$$

10.2 适合动态规划的问题与最优性原理

一、动态规划的概念

现实中，可以用动态规划的方法进行求解的优化问题很多，但是，通常不会像 10.1 节中介绍的阶段性网络上最优路径问题那样，具有直观的几何背景和简洁的层次关系. 因此，学习动态规划及其方法，首先应弄清什么样的优化问题可以按动态规划的方法求解.

能够用动态规划求解的优化问题应具有以下特点：达到目的的过程可以分成 m 个阶段依次进行，每个阶段上都要从若干个不同方案中作出选择，选择不同的方案会得到不同的收获（或付出不同的代价），同时也会影响下一个阶段的选择效果.

一般能够用动态规划求解的问题都可以按照递推公式(10.1.7)或(10.1.8)进行求解. 不过，为了方便研究和论述，有必要对动态规划中涉及的一些概念给出统一的名称.

1. 状态、状态集合和状态变量

在动态规划中，每次要进行选择时，所处的位置（或状况、或条件）一般都统一称为**状态**，由状态构成的集合称为**状态集合**，用于表示状态的变量称为**状态变量**.

2. 决策和决策变量

在动态规划的过程中，每一个阶段都会遇到在一个状态上，如何选择下一个状态的问题，这样的选择称为**决策**. 描述决策的变量称为**决策变量**.

3. 策略和最优策略

在动态规划中，如果每个阶段都作出了决策，而且所有决策在对应的网络上形成一条由初始节点到终端节点的路径，则称这样的决策序列为**策略**. 使动态规划的目标达到最优的策略称为**最优策略**.

4. 状态转移方程

在形成策略的过程中显示决策变量与状态变量之间关系的方程，称为**状态转移方程**. 如果将动态规划用图形表示，则顺向延伸过程中，记录的逆向指针 $q_{1j}(j=1,2,\cdots,$

n)便是状态转移方程,逆向延伸过程中,记录的顺向指针 $p_{in}(i=1,2,\cdots,n)$ 也是状态转移方程. 状态针对的考察对象不同,状态转移方程也会不同.

5. 权函数

在每一个阶段上,作出的决策不同,获得的收益(或付出的代价)不同,描述不同状态下作出决策后的收益(或代价)的函数称为**权函数**.

6. 指标函数

在决策的过程中,表示每个阶段的每个状态下得到的总收益(或总付出)的函数称为**指标函数**.

如果用 s_k 表示第 k 个阶段上的状态变量,用 x_k 表示第 k 个阶段上的决策变量,由于决策变量的决策与所处状态有关,因此,用 $D_k(s_k)$ 表示第 k 个阶段上的决策变量 x_k 的选择范围,用 $w_k(s_k,x_k)$ 表示权函数,即状态 s_k 时,决策变量 x_k 选取状态后获得的权值. 用 $f_k(s_k)$ 表示指标函数,即在第 k 个阶段的状态 s_k 情况下,决策变量 x_k 决策后获得的累积收益(或付出). 则递推公式(10.1.7)可以更加具体地表示成下列形式:

$$\begin{cases} f_0(s_0) \Leftarrow 初始值 \\ f_k(s_k) = \operatorname*{opt}_{x_k \in D(s_k)} \{f_{k-1}(s_{k-1}) \oplus w_k(s_k,x_k)\} \quad (k=1,2,\cdots,m) \\ s_k = T_{k-1}(s_{k-1},x_{k-1}) \quad (k=1,2,\cdots,m) \end{cases} \quad (10.2.1)$$

递推公式(10.1.8)可以更加具体地表示成下列形式:

$$\begin{cases} f_{n+1}(s_{n+1}) \Leftarrow 初始值 \\ f_k(s_k) = \operatorname*{opt}_{x_k \in D(s_k)} \{w_k(s_k,x_k) \oplus f_{k+1}(s_{k+1})\} \quad (k=m,m-1,\cdots,2,1) \\ s_{k-1} = T_k(s_k,x_k) \quad (k=m,m-1,\cdots,2,1) \end{cases} \quad (10.2.2)$$

其中 $f_0(s_0)$ 和 $f_{n+1}(s_{n+1})$ 为虚拟阶段的收益(或付出), $s_k = T_{k-1}(s_{k-1},x_{k-1})$ 为采用顺向延伸时的状态转移方程, $s_{k-1} = T_k(s_k,x_k)$ 为采用逆向延伸时的状态转移方程.

如果称递推公式(10.1.7)和(10.1.8)是针对阶段性网络上最优路径问题的动态规划算法,则称递推公式(10.2.1)和(10.2.2)为一般动态规划算法. 用这两类动态规划算法获得的最优解,一定满足动态规划的最优性原理又称 Bellman 原理:

"作为整个过程的最优策略应具有这样的性质,无论过去的状态和决策如何,对于前面的决策所形成的形态而言,余下的诸决策必须构成最优策略."

二、动态规划在一些线性约束规划上的应用

如果数学规划中的约束条件都是线性的,而且可以按变量依次完成目标函数的运算,则这样的数学规划通常可以用动态规划的方法求解. 如

$$\max \sum_{j=1}^{n} g_j(x_j)$$

(P1) $\quad$ s.t. $\begin{cases} \sum_{j=1}^{n} a_j x_j \leqslant b \\ x_j \geqslant 0 \quad (j=1,2,\cdots,n) \end{cases}$

其中 $g_j(x_j)(j=1,2,\cdots,n)$ 是关于变量 x_j 的一元函数,$a_j>0(j=1,2,\cdots,n)$.

获取这个数学规划的最优解,可以视为依次给 $x_k(k=1,2,\cdots,n)$ 适当取值,同步得到 $\sum_{j=1}^{k}g_j(x_j)$ 的结果,当 x_n 取到值后,便得到了目标函数 $\sum_{j=1}^{n}g_j(x_j)$ 的结果. 因此,数学规划(P1)的求最优解过程可以按动态规划的原理,分 n 个阶段进行:

引入状态变量 $s_k=\sum_{j=1}^{k}a_jx_j$,表示决策变量 $x_1,x_2,\cdots,x_k$ 依次取值后,$\sum_{j=1}^{k}a_jx_j$ 的大小;引入权值函数 $g_j(x_j)$,表示决策变量 x_j 取值后得到的权值($j=1,2,\cdots,n$);引入指标函数 $f_k(s_k)$,表示从 x_1 开始依次取值到 x_k 时,$\sum_{j=1}^{k}g_j(x_j)$ 能达到的最大值,令 $f_0(s_0)=0$. 按状态变量设置,得到状态转移方程为 $s_k=s_{k+1}-a_{k+1}x_{k+1}$. 由约束条件知,$0\leqslant a_kx_k\leqslant s_k\leqslant b(k=1,2,\cdots,n)$. 由此便得到了求解(P1)的顺向动态规划算法:

$$\begin{cases} f_0(s_0)=0 \\ f_k(s_k)=\max_{0\leqslant x_k\leqslant s_k/a_k}\{f_{k-1}(s_{k-1})+g_k(x_k)\} \quad (k=1,2,\cdots,n) \\ s_k=s_{k+1}-a_{k+1}x_{k+1} \quad (k=1,2,\cdots,n) \end{cases} \quad (10.2.3)$$

如果引入状态变量 $s_k=\sum_{j=k}^{n}a_jx_j$,表示决策变量 $x_n,x_{n-1},\cdots,x_k$ 依次取值后,$\sum_{j=k}^{n}a_jx_j$ 的大小;引入权值函数 $g_j(x_j)$,表示决策变量 x_j 取值后得到的权值($j=1,2,\cdots,n$);引入指标函数 $f_k(s_k)$,表示从 x_n 开始依次取值到 x_k 时,$\sum_{j=k}^{n}g_j(x_j)$ 能达到的最大值,令 $f_{n+1}(s_{n+1})=0$. 则按状态变量的设置,得到状态转移方程为 $s_{k+1}=s_k-a_kx_k$,由约束条件知,$0\leqslant a_kx_k\leqslant s_k\leqslant b(k=1,2,\cdots,n)$. 由此便得到了求解(P1)逆向动态规划算法:

$$\begin{cases} f_{n+1}(s_{n+1})=0 \\ f_k(s_k)=\max_{0\leqslant x_k\leqslant s_k/a_k}\{g_k(x_k)+f_{k+1}(s_{k+1})\} \quad (k=n,n-1,\cdots,2,1) \\ s_{k+1}=s_k-a_kx_k \quad (k=n,n-1,\cdots,2,1) \end{cases} \quad (10.2.4)$$

例 10.2.1 试用递推公式(10.2.3)求下列二次规划的最优解:

$$\max 3x_1+x_2^2+2x_3^2$$
$$\text{s. t.} \begin{cases} 2x_1+4x_2+5x_3\leqslant 20 \\ x_1,x_2,x_3\geqslant 0 \end{cases}$$

解 对照递推公式(10.2.3),$g_1(x_1)=3x_1,g_2(x_2)=x_2^2,g_3(x_3)=2x_3^2,a_1=2,a_2=4,a_3=5,b=20$.

当 $k=1$ 时,

$$f_1(s_1)=\max_{0\leqslant x_1\leqslant s_1/2}\{f_0(s_0)+g_1(x_1)\}=\max_{0\leqslant x_1\leqslant s_1/2}\{0+3x_1\}=\frac{3}{2}s_1, \quad x_1=\frac{1}{2}s_1$$

当 $k=2$ 时,

$$f_2(s_2) = \max_{0 \leqslant x_2 \leqslant s_2/4} \{f_1(s_1) + g_2(x_2)\} = \max_{0 \leqslant x_2 \leqslant s_2/4} \left\{\frac{3}{2}s_1 + x_2^2\right\}$$

$$= \max_{0 \leqslant x_2 \leqslant s_2/4} \left\{\frac{3}{2}(s_2 - 4x_2) + x_2^2\right\} = \max_{0 \leqslant x_2 \leqslant s_2/4} \left\{\frac{3}{2}s_2 - 6x_2 + x_2^2\right\}$$

因为二次函数 $y = \frac{3}{2}s_2 - 6x_2 + x_2^2$ 下凸，所以 $y = \frac{3}{2}s_2 - 6x_2 + x_2^2$ 在 $\left[0, \frac{s_2}{4}\right]$ 上的最大值点只可能出现在 $\left[0, \frac{s_2}{4}\right]$ 的端点上. 由于 $y|_{x_2=0} = \frac{3}{2}s_2$，$y|_{x_2=\frac{s_2}{4}} = \frac{1}{16}s_2^2$，$s_2 \leqslant 20$，所以 $\frac{3}{2}s_2 - \frac{1}{16}s_2^2 = \frac{3}{2}s_2\left(1 - \frac{1}{24}s_2\right) > 0$，即 $f_2(s_2) = \frac{3}{2}s_2$，$x_2 = 0$.

当 $k = 3$ 时，$s_3 = 20$，

$$f_3(s_3) = \max_{0 \leqslant x_3 \leqslant s_3/5} \{f_2(s_2) + g_3(x_3)\} = \max_{0 \leqslant x_2 \leqslant s_3/5} \left\{\frac{3}{2}s_2 + 2x_3^2\right\}$$

$$= \max_{0 \leqslant x_3 \leqslant s_3/5} \left\{\frac{3}{2}(s_3 - 5x_3) + 2x_3^2\right\} = \max_{0 \leqslant x_3 \leqslant 4} \left\{\frac{3}{2}(20 - 5x_3) + 2x_3^2\right\}$$

$$= \max_{0 \leqslant x_3 \leqslant 4} \left\{30 - \frac{15}{2}x_3 + 2x_3^2\right\}$$

因为二次函数 $y = 30 - \frac{15}{2}x_3 + 2x_3^2$ 下凸，所以 $y = 30 - \frac{15}{2}x_3 + 2x_3^2$ 在 $[0,4]$ 上的最大值点只可能出现在 $[0,4]$ 的端点上. 由于 $y|_{x_3=0} = 30$，$y|_{x_3=4} = 32$，所以 $f_3(s_3) = 32$，$x_3 = 4$.

由状态转移方程得 $s_2 = s_3 - 5x_3 = 20 - 20 = 0$，又知 $x_2 = 0$；再由状态转移方程得 $s_1 = s_2 - 4x_2 = 0$，因此 $x_1 = \frac{1}{2}s_1 = 0$. 即所求最优解为：$x_1 = 0$，$x_2 = 0$，$x_3 = 4$，最优值为 32.

对于下列线性约束下的特殊数学规划：

(P2)
$$\max \prod_{j=1}^{n} g_j(x_j)$$
$$\text{s.t.} \begin{cases} \sum_{j=1}^{n} a_j x_j \leqslant b \\ x_j \geqslant 0 \quad (j = 1, 2, \cdots, n) \end{cases}$$

其中 $\prod_{j=1}^{n} g_j(x_j) = g_1(x_1)g_2(x_2)\cdots g_n(x_n)$，$g_j(x_j)(j=1,2,\cdots,n)$ 是关于变量 x_j 的一元函数，$a_j > 0(j=1,2,\cdots,n)$.

获取这个数学规划的最优解，可以视为依次给 $x_k(k=1,2,\cdots,n)$ 适当取值，同步得到 $\prod_{j=1}^{k} g_j(x_j)$ 的结果，当 x_n 取到值后，便得到了目标函数 $\prod_{j=1}^{n} g_j(x_j)$ 的结果. 因此，数学规划(P2)的求最优解过程也可以按动态规划的原理，分 n 个阶段进行：

引入状态变量 $s_k = \sum_{j=1}^{k} a_j x_j$，表示决策变量 $x_1, x_2, \cdots, x_k$ 依次取值后，$\sum_{j=1}^{k} a_j x_j$ 的大

小;引入权值函数 $g_j(x_j)$,表示决策变量 x_j 取值后得到的权值($j=1,2,\cdots,n$);引入指标函数 $f_k(s_k)$,表示从 x_1 开始依次取值到 x_k 时,$\prod_{j=1}^{k} g_j(x_j)$ 能达到的最大值,令 $f_0(s_0)=1$.按状态变量设置,得到状态转移方程为 $s_k=s_{k+1}-a_{k+1}x_{k+1}$.由约束条件知,$0\leqslant a_k x_k \leqslant s_k \leqslant b(k=1,2,\cdots,n)$.由此便得到了求解(P2)的顺向动态规划算法:

$$\begin{cases} f_0(s_0)=1 \\ f_k(s_k)=\max_{0\leqslant x_k\leqslant s_k/a_k}\{f_{k-1}(s_{k-1})\cdot g_k(x_k)\} & (k=1,2,\cdots,n) \\ s_k=s_{k+1}-a_{k+1}x_{k+1} & (k=1,2,\cdots,n) \end{cases} \quad (10.2.5)$$

如果引入状态变量 $s_k=\sum_{j=k}^{n}a_j x_j$,表示决策变量 $x_n,x_{n-1},\cdots,x_k$ 依次取值后,$\sum_{j=k}^{n}a_j x_j$ 的大小;引入权值函数 $g_j(x_j)$,表示决策变量 x_j 取值后得到的权值($j=1,2,\cdots,n$);引入指标函数 $f_k(s_k)$,表示从 x_n 开始依次取值到 x_k 时,$\prod_{j=k}^{n} g_j(x_j)$ 能达到的最大值,令 $f_{n+1}(s_{n+1})=1$.则按状态变量的设置,得到状态转移方程为 $s_{k+1}=s_k-a_k x_k$,由约束条件知,$0\leqslant a_k x_k \leqslant s_k \leqslant b(k=1,2,\cdots,n)$.由此便得到了求解(P2)逆向动态规划算法:

$$\begin{cases} f_{n+1}(s_{n+1})=1 \\ f_k(s_k)=\max_{0\leqslant x_k\leqslant s_k/a_k}\{g_k(x_k)\cdot f_{k+1}(s_{k+1})\} & (k=n,n-1,\cdots,2,1) \\ s_{k+1}=s_k-a_k x_k & (k=n,n-1,\cdots,2,1) \end{cases} \quad (10.2.6)$$

例 10.2.2 试用递推公式(10.2.5)求下列非线性规划的最优解:

$$\max x_1 x_2^2 x_3^3$$
$$\text{s.t.} \begin{cases} 2x_1+4x_2+5x_3\leqslant 10 \\ x_1,x_2,x_3\geqslant 0 \end{cases}$$

解 对照递推公式(10.2.5),$g_1(x_1)=x_1$,$g_2(x_2)=x_2^2$,$g_3(x_3)=x_3^3$,$a_1=2,a_2=4$,$a_3=5,b=10$.

当 $k=1$ 时,

$$f_1(s_1)=\max_{0\leqslant x_1\leqslant s_1/2}\{f_0(s_0)\cdot g_1(x_1)\}=\max_{0\leqslant x_1\leqslant s_1/2}\{x_1\}=\frac{1}{2}s_1, \quad x_1=\frac{1}{2}s_1$$

当 $k=2$ 时,

$$f_2(s_2)=\max_{0\leqslant x_2\leqslant s_2/4}\{f_1(s_1)\cdot g_2(x_2)\}=\max_{0\leqslant x_2\leqslant s_2/4}\left\{\frac{1}{2}s_1 x_2^2\right\}$$
$$=\max_{0\leqslant x_2\leqslant s_2/4}\left\{\frac{1}{2}(s_2-4x_2)x_2^2\right\}=\max_{0\leqslant x_2\leqslant s_2/4}\left\{\frac{1}{2}s_2 x_2^2-2x_2^3\right\}$$

因为 $\varphi(x_2)=\frac{1}{2}s_2 x_2^2-2x_2^3$ 在闭区间 $\left[0,\frac{s_2}{4}\right]$ 上可微,所以,$\varphi(x_2)=\frac{1}{2}s_2 x_2^2-2x_2^3$ 在闭区间 $\left[0,\frac{s_2}{4}\right]$ 上最大值点只可能出现在该区间的端点和驻点上.由 $\varphi'(x_2)=s_2 x_2-6x_2^2=$

10.2 适合动态规划的问题与最优性原理

0 得驻点 $x_2=0, \dfrac{s_2}{6}$.

因为 $\varphi(0)=0, \varphi\left(\dfrac{s_2}{6}\right)=\dfrac{1}{216}s_2^3, \varphi\left(\dfrac{s_2}{4}\right)=0$,所以 $f_2(s_2)=\dfrac{1}{216}s_2^3, x_2=\dfrac{1}{6}s_2$.

当 $k=3$ 时,$s_3=10$,

$$f_3(s_3)=\max_{0\leqslant x_3\leqslant s_3/5}\{f_2(s_2)\cdot g_3(x_3)\}=\max_{0\leqslant x_3\leqslant s_3/5}\left\{\dfrac{1}{216}s_2^3\cdot x_3^3\right\}$$
$$=\max_{0\leqslant x_3\leqslant s_3/5}\left\{\dfrac{1}{216}(s_3-5x_3)^3 x_3^3\right\}=\max_{0\leqslant x_3\leqslant 4}\left\{\dfrac{1}{216}(10x_3-5x_3^2)^3\right\}$$

因为 $\psi(x_3)=\dfrac{1}{216}(10x_3-5x_3^2)^3$ 在 $[0,4]$ 上可微,所以 $\psi(x_3)=\dfrac{1}{216}(10x_3-5x_3^2)^3$ 在 $[0,4]$ 上的最大值点只可能出现在该区间的端点和驻点上.

由 $\psi'(x_3)=\dfrac{1}{72}(10x_3-5x_3^2)^2(10-10x_3)=0$ 得驻点 $x_3=0,1,2$.

由于 $\psi(0)=0, \psi(1)=\dfrac{125}{216}, \psi(2)=0, \psi(4)=\dfrac{1}{216}(-40)^3<0$,所以 $f_3(s_3)=\dfrac{125}{216}, x_3=1$.

由状态转移方程得 $s_2=s_3-5x_3=10-5=5$,因此 $x_2=\dfrac{1}{6}s_2=\dfrac{5}{6}$;再由状态转移方程得 $s_1=s_2-4x_2=5-\dfrac{10}{3}=\dfrac{5}{3}$,因此 $x_1=\dfrac{1}{2}s_1=\dfrac{5}{6}$. 即该非线性规划的最优解为

$$x_1=\dfrac{5}{6}, x_2=\dfrac{5}{6}, x_3=1, \quad \text{最优值为}\dfrac{125}{216}$$

对于下面两种多个线性约束下的特殊数学规划问题,也可以用动态规划求解,原理与求解(P1)和(P2)类似.

(P3) $\max \sum_{j=1}^{n} g_j(x_j)$
s.t. $\begin{cases} \sum_{j=1}^{n} a_{ij}x_j \leqslant b_i & (i=1,2,\cdots,m) \\ x_j \geqslant 0 & (j=1,2,\cdots,n) \end{cases}$

(P4) $\max \prod_{j=1}^{n} g_j(x_j)$
s.t. $\begin{cases} \sum_{j=1}^{n} a_{ij}x_j \leqslant b_i & (i=1,2,\cdots,m) \\ x_j \geqslant 0 & (j=1,2,\cdots,n) \end{cases}$

其中 $a_{ij}\geqslant 0 (i=1,2,\cdots,m; j=1,2,\cdots,n)$.

对于(P3)具体方法是,在每个阶段上引入 m 个状态变量:

$$s_{ik}=\sum_{j=1}^{k}a_{ij}x_j \quad (i=1,2,\cdots,m)$$

表示决策变量 $x_1,x_2,\cdots,x_k$ 依次取值后,各个 $\sum_{j=1}^{k}a_{ij}x_j (i=1,2,\cdots,m)$ 的大小;这样,对应的状态转移方程就有 m 个:

$$s_{ik}=s_{i,k+1}-a_{i,k+1}x_{k+1} \quad (i=1,2,\cdots,m)$$

根据约束条件知,$0\leqslant a_{ik}x_k\leqslant s_{ik}\leqslant b_i(i=1,2,\cdots,m; k=1,2,\cdots,n)$,因此,决策变量 x_k 的取值范围为

$$0 \leqslant x_k \leqslant \min\left\{\frac{s_{1k}}{a_{1k}}, \frac{s_{2k}}{a_{2k}}, \cdots, \frac{s_{mk}}{a_{mk}}\right\} \triangleq s_k \quad (k=1,2,\cdots,n)$$

引入权值函数 $g_j(x_j)$，表示决策变量 x_j 取值后得到的权值 ($j=1,2,\cdots,n$)；引入指标函数 $f_k(s_{1k},s_{2k},\cdots,s_{mk})$，表示从 x_1 开始依次取值到 x_k 时，$\sum_{i=1}^{k}g_i(x_i)$ 能达到的最大值，由此便得到求解(P3)的顺向动态规划算法：

$$\begin{cases} f_0(s_{10},s_{20},\cdots,s_{m0})=0 \\ f_k(s_{1k},s_{2k},\cdots,s_{mk})=\max_{0\leqslant x_k\leqslant s_k}\{f_{k-1}(s_{1,k-1},s_{2,k-1},\cdots,s_{m,k-1})+g_k(x_k)\} \quad (k=1,2,\cdots,n) \\ s_{ik}=s_{i,k+1}-a_{i,k+1}x_{k+1} \quad (i=1,2,\cdots,m;k=1,2,\cdots,n) \end{cases}$$

(10.2.7)

如果引入的 m 个状态变量为

$$s_{ik}=\sum_{j=k}^{n}a_{ij}x_j \quad (i=1,2,\cdots,m)$$

表示决策变量 $x_n,x_{n-1},\cdots,x_k$ 依次取值后，各个 $\sum_{j=k}^{n}a_{ij}x_j$ ($i=1,2,\cdots,m$) 的大小，则对应的 m 个状态转移方程为

$$s_{i,k+1}=s_{ik}-a_{ik}x_k \quad (i=1,2,\cdots,m)$$

由约束条件知，$0\leqslant a_{ik}x_k\leqslant s_{ik}\leqslant b_i$ ($i=1,2,\cdots,m;k=1,2,\cdots,n$)。由此得到决策变量的取值范围：

$$0 \leqslant x_k \leqslant \min\left\{\frac{s_{1k}}{a_{1k}}, \frac{s_{2k}}{a_{2k}}, \cdots, \frac{s_{mk}}{a_{mk}}\right\} \triangleq s_k \quad (k=1,2,\cdots,n)$$

引入权值函数 $g_j(x_j)$，表示决策变量 x_j 取值后得到的权值 ($j=1,2,\cdots,n$)；引入指标函数 $f_k(s_{1k},s_{2k},\cdots,s_{mk})$，表示由 x_n 开始依次取值到 x_k 时，$\sum_{i=k}^{n}g_i(x_i)$ 能达到的最大值，这样便得到求解(P3)的逆向动态规划算法：

$$\begin{cases} f_{n+1}(s_{1,n+1},s_{2,n+1},\cdots,s_{m,n+1})=0 \\ f_k(s_{1k},s_{2k},\cdots,s_{mk})=\max_{0\leqslant x_k\leqslant s_k}\{g_k(x_k)+f_{k+1}(s_{1,k+1},s_{2,k+1},\cdots,s_{m,k+1})\} \quad (k=n,n-1,\cdots,2,1) \\ s_{i,k+1}=s_{ik}-a_{ik}x_k \quad (i=1,2,\cdots,m;k=n,n-1,\cdots,2,1) \end{cases}$$

(10.2.8)

类似地，可以给出求解(P4)的顺向动态规划算法：

$$\begin{cases} f_0(s_{10},s_{20},\cdots,s_{m0})=1 \\ f_k(s_{1k},s_{2k},\cdots,s_{mk})=\max_{0\leqslant x_k\leqslant s_k}\{f_{k-1}(s_{1,k-1},s_{2,k-1},\cdots,s_{m,k-1})\cdot g_k(x_k)\} \quad (k=1,2,\cdots,n) \\ s_{ik}=s_{i,k+1}-a_{i,k+1}x_{k+1} \quad (i=1,2,\cdots,m;k=1,2,\cdots,n) \end{cases}$$

(10.2.9)

和求解(P4)的逆向动态规划算法：

$$\begin{cases} f_{n+1}(s_{1,n+1},s_{2,n+1},\cdots,s_{m,n+1})=0 \\ f_k(s_{1k},s_{2k},\cdots,s_{mk})=\max\limits_{0\leqslant x_k\leqslant s_k}\{g_k(x_k)+f_{k+1}(s_{1,k+1},s_{2,k+1},\cdots,s_{m,k+1})\} \quad (k=n,n-1,\cdots,2,1) \\ s_{i,k+1}=s_{ik}-a_{ik}x_k \quad (i=1,2,\cdots,m;k=n,n-1,\cdots,2,1) \end{cases}$$

(10.2.10)

例 10.2.3 求解下列数学规划：

$$\max x_1 x_2 x_3^2$$
$$\text{s.t.}\begin{cases} 2x_1+x_2+x_3\leqslant 6 \\ x_1+2x_2+3x_3\leqslant 12 \\ x_1,x_2,x_3\geqslant 0 \end{cases}$$

解 对这个数学规划选用递推公式(10.2.9)进行求解. 对照递推公式(10.2.9)，$g_1(x_1)=x_1, g_2(x_2)=x_2, g_3(x_3)=x_3^2, a_{11}=2, a_{12}=1, a_{13}=1, b_1=6, a_{21}=1, a_{22}=2, a_{23}=3, b_2=12, f_0(s_{1,0},s_{2,0})=1$.

当 $k=1$ 时，

$$0\leqslant x_1\leqslant \min\left\{\frac{s_{11}}{a_{11}},\frac{s_{21}}{a_{21}}\right\}=\min\left\{\frac{s_{11}}{2},s_{21}\right\}\triangleq s_1$$

由于 $s_{11}=2x_1, s_{21}=x_1$，所以 $s_1=\frac{1}{2}s_{11}=s_{21}$.

$$f_1(s_{11},s_{21})=\max_{0\leqslant x_1\leqslant s_1}\{f_0(s_{1,0},s_{2,0})\cdot g_1(x_1)\}=\max_{0\leqslant x_1\leqslant s_1}\{x_1\}=s_1, \quad x_1=s_1$$

当 $k=2$ 时，

$$0\leqslant x_2\leqslant \min\left\{\frac{s_{12}}{a_{12}},\frac{s_{22}}{a_{22}}\right\}=\min\left\{\frac{s_{12}}{1},\frac{s_{22}}{2}\right\}\triangleq s_2$$

由于 $s_{12}=2x_1+x_2, s_{22}=x_1+2x_2$，所以 $s_{12}-\frac{1}{2}s_{22}=\frac{3}{2}x_1>0$，因此 $s_2=\frac{1}{2}s_{22}$.

$$f_2(s_{12},s_{22})=\max_{0\leqslant x_2\leqslant s_2}\{f_1(s_{11},s_{21})\cdot g_2(x_2)\}=\max_{0\leqslant x_2\leqslant s_2}\{s_1\cdot x_2\}$$
$$=\max_{0\leqslant x_2\leqslant s_2}\left\{x_2\cdot \min\left\{\frac{s_{11}}{2},s_{21}\right\}\right\}=\max_{0\leqslant x_2\leqslant s_2}\left\{x_2\cdot \min\left\{\frac{s_{12}-x_2}{2},s_{22}-2x_2\right\}\right\}$$

由 $\frac{s_{12}-x_2}{2}=s_{22}-2x_2$ 得 $x_2=\frac{1}{3}(2s_{22}-s_{12})$. 因为

$$s_2-\frac{1}{3}(2s_{22}-s_{12})=\frac{1}{2}s_{22}-\frac{2}{3}s_{22}+\frac{1}{3}s_{12}=-\frac{1}{6}s_{22}+\frac{1}{3}s_{12}=\frac{1}{2}x_1>0$$
$$2s_{22}-s_{12}=2(x_1+2x_2)-(2x_1+x_2)=3x_2>0$$

所以 $0<\frac{1}{3}(2s_{22}-s_{12})<s_2$.

因为 $F(x_2)=\frac{s_{12}-x_2}{2}-(s_{22}-2x_2)=\left(\frac{1}{2}s_{12}-s_{22}\right)+\frac{3}{2}x_2$ 单增，$F\left(\frac{1}{3}(2s_{22}-s_{12})\right)=0$，

所以

$$f_2(s_{12},s_{22})=\max\begin{cases}\frac{1}{2}x_2(s_{12}-x_2), & 0\leqslant x_2\leqslant\frac{1}{3}(2s_{22}-s_{12})\\ x_2(s_{22}-2x_2), & \frac{1}{3}(2s_{22}-s_{12})\leqslant x_2\leqslant s_2\end{cases}$$

设 $\varphi_1(x_2)=\frac{1}{2}x_2(s_{12}-x_2)$，由 $\varphi'_1(x_2)=\frac{1}{2}s_{12}-x_2=0$ 得驻点 $x_2=\frac{1}{2}s_{12}$.

设 $\varphi_2(x_2)=x_2(s_{22}-2x_2)$，由 $\varphi'_2(x_2)=s_{22}-4x_2=0$，得驻点 $x_2=\frac{1}{4}s_{22}$.

由于 $\frac{1}{4}s_{22}-\frac{1}{2}s_{12}=\frac{1}{4}(x_1+2x_2)-\frac{1}{2}(2x_1+x_2)=-\frac{3}{4}x_1<0$，即 $\frac{1}{4}s_{22}<\frac{1}{2}s_{12}$，所以 $x_2=\frac{1}{2}s_{12}\notin\left[0,\frac{1}{3}(2s_{22}-s_{12})\right]$，$x_2=\frac{1}{4}s_{22}\notin\left[\frac{1}{3}(2s_{22}-s_{12}),s_2\right]$. 因此，$f_2(s_{12},s_{22})$ 在 $[0,s_2]$ 上的最大值只可能出现在 $x_2=0,s_2,\frac{1}{3}(2s_{22}-s_{12})$ 三个点上.

在 $x_2=0$ 处，$\varphi_1(x_2)=0$；在 $x_2=s_2=\frac{1}{2}s_{22}$ 处，$\varphi_2(x_2)=s_2(s_{22}-2s_2)=0$；在 $x_2=\frac{1}{3}(2s_{22}-s_{12})$ 处，$\varphi_1(x_2)=\frac{1}{6}(2s_{22}-s_{12})\left(s_{12}-\frac{2}{3}s_{22}+\frac{1}{3}s_{12}\right)=x_1x_2>0$.

所以，$f_2(s_{12},s_{22})=x_1x_2, x_2=\frac{1}{3}(2s_{22}-s_{12})$.

当 $k=3$ 时，$0\leqslant x_3\leqslant\min\left\{\frac{s_{13}}{a_{13}},\frac{s_{23}}{a_{23}}\right\}=\min\left\{\frac{6}{1},\frac{12}{3}\right\}=4\triangleq s_3$，

$$\begin{aligned}f_3(s_{13},s_{23})&=\max_{0\leqslant x_3\leqslant s_3}\{f_2(s_2)\cdot g_3(x_3)\}\\&=\max_{0\leqslant x_3\leqslant s_3}\left\{\frac{1}{9}(2s_{22}-s_{12})(2s_{12}-s_{22})\cdot x_3^2\right\}\\&=\frac{1}{9}\max_{0\leqslant x_3\leqslant 4}\{[2(s_{23}-3x_3)-(s_{13}-x_3)]\cdot[2(s_{13}-x_3)-(s_{23}-3x_3)]\cdot x_3^2\}\\&=\frac{1}{9}\max_{0\leqslant x_3\leqslant 4}\{[2(12-3x_3)-(6-x_3)]\cdot[2(6-x_3)-(12-3x_3)]\cdot x_3^2\}\\&=\frac{1}{9}\max_{0\leqslant x_3\leqslant 4}\{(18-5x_3)x_3^3\}\end{aligned}$$

设 $\psi(x_3)=(18-5x_3)x_3^3$，因为 $\psi(x_3)$ 在 $[0,4]$ 上可微，所以 $\psi(x_3)$ 在 $[0,4]$ 上的最大值点只可能出现在 $x_3=0,4$ 及 $\psi(x_3)$ 在 $(0,4)$ 内的驻点上. 由 $\psi'(x_3)=x_3^2(54-20x_3)=0$，得驻点 $x_3=0,\frac{27}{10}$. 因为 $\psi(0)=0,\psi(4)=-128,\psi\left(\frac{27}{10}\right)=\frac{9\times 27^3}{2000}>0$. 所以，$x_3=\frac{27}{10}$ 是 $\psi(x_3)$ 在 $[0,4]$ 上的最大值点，因此，$f_3(s_{13},s_{23})=\frac{27^3}{2000}, x_3=\frac{27}{10}$.

按递推公式 $\begin{cases}s_{12}=s_{13}-x_3=6-\frac{27}{10}=\frac{33}{10},\\ s_{22}=s_{23}-3x_3=12-\frac{81}{10}=\frac{39}{10},\end{cases}$ 由 $k=2$ 时得到的 $x_2=\frac{1}{3}(2s_{22}-s_{12})$，得

知 $x_2=\dfrac{3}{2}$；再按递推公式 $\begin{cases} s_{11}=s_{12}-x_2=\dfrac{33}{10}-\dfrac{3}{2}=\dfrac{9}{5}, \\ s_{21}=s_{22}-2x_2=\dfrac{39}{10}-3=\dfrac{9}{10}, \end{cases}$ 由 $k=1$ 时得到的 $x_1=s_1=\dfrac{1}{2}s_{11}=s_{21}$，得知 $x_1=\dfrac{9}{10}$.

因此，该数学规划的最优解为 $x_1=\dfrac{9}{10}, x_2=\dfrac{3}{2}, x_3=\dfrac{27}{10}$；最优值为 $\dfrac{27^3}{2000}$.

如果数学规划的目标函数为 $\max\left[\sum\limits_{i=1}^{m}g_i(x_i)\right]\cdot\prod\limits_{j=m+1}^{n}g_j(x_j)$，约束条件为 $\sum\limits_{j=1}^{n}a_{ij}x_{ij}\leqslant b_i(i=1,2,\cdots,m), x_{ij}\geqslant 0(i=1,2,\cdots,m;j=1,2,\cdots,n)$，则同样可以用动态规划求解，方法与上述求解(P1)、(P2)、(P3)、(P4)类似，所不同的只是，在 $1\leqslant k\leqslant m$ 时，递推公式中 $\oplus$ 运算执行的是加法运算，在 $m+1\leqslant k\leqslant n$ 时，递推公式中 $\oplus$ 运算执行的是乘法运算.

例 10.2.4 求解下列数学规划：
$$\max\ (x_1-x_2^2)x_3^2$$
$$\text{s. t.}\begin{cases} 3x_1+2x_2+4x_3\leqslant 12 \\ x_1,x_2,x_3\geqslant 0 \end{cases}$$

解 用类似的动态规划递推公式. 设 $f_0(s_0)=0$.

当 $k=1$ 时，
$$f_1(s_1)=\max_{0\leqslant x_1\leqslant s_1/3}\{f_0(s_0)+g_1(x_1)\}=\max_{0\leqslant x_1\leqslant s_1/3}\{x_1\}=\dfrac{1}{3}s_1,\quad x_1=\dfrac{1}{3}s_1$$

当 $k=2$ 时，
$$f_2(s_2)=\max_{0\leqslant x_1\leqslant s_2/2}\{f_1(s_1)+g_2(x_2)\}=\max_{0\leqslant x_1\leqslant s_2/2}\left\{\dfrac{1}{3}s_1-x_2^2\right\}$$
$$=\max_{0\leqslant x_2\leqslant s_2/2}\left\{\dfrac{1}{3}(s_2-2x_2)-x_2^2\right\}$$

由于 $\dfrac{1}{3}(s_2-2x_2)-x_2^2=\dfrac{3s_2+4}{9}-\left(x+\dfrac{2}{3}\right)^2$，所以，$f_2(s_2)=\dfrac{1}{3}s_2, x_2=0.$

当 $k=3$ 时，
$$f_3(s_3)=\max_{0\leqslant x_3\leqslant s_3/4}\{f_2(s_2)\cdot g_3(x_3)\}=\max_{0\leqslant x_3\leqslant s_3/4}\left\{\dfrac{1}{3}s_2\cdot x_3^2\right\}$$
$$=\max_{0\leqslant x_3\leqslant s_3/4}\left\{\dfrac{1}{3}(s_3-4x_3)x_3^2\right\}=\max_{0\leqslant x_3\leqslant 3}\left\{\dfrac{1}{3}(12-4x_3)x_3^2\right\}$$

设 $\varphi(x_3)=\dfrac{1}{3}(12-4x_3)x_3^2$. 因为，$\varphi(x_3)$ 在 $[0,3]$ 上可微，所以，$\varphi(x_3)$ 在 $[0,3]$ 上的最大值点之可能出现在 $x_3=0,3$ 及 $(0,3)$ 内的驻点上. 由 $\varphi'(x_3)=8x_3-4x_3^2=0$，得驻点 $x_3=0,2$. 由于 $\varphi(0)=0, \varphi(2)=\dfrac{16}{3}, \varphi(3)=0$，所以 $f_3(s_3)=\varphi(2)=\dfrac{16}{3}, x_3=2.$

由于 $x_3=2, s_3=12$,按照状态转移方程 $s_2=s_3-4x_3=12-8=4$,因为 $x_2=0$,按照状态转移方程 $s_1=s_2-2x_2=4$,因为 $x_1=\frac{1}{3}s_1$,所以 $x_1=\frac{4}{3}$. 即所求数学规划的最优解为 $x_1=\frac{4}{3}, x_2=0, x_3=2$;最优值为 $f_3(s_3)=\frac{16}{3}$.

三、动态规划在一些案例中的应用

例 10.2.5(投资选项问题) 某投资公司有资金 10 百万元,有 4 个项目可供投资,而且每个项目可投入的资金额度都有几种不同的选择,但只能从中选择一种,选择不同的投资额度,5 年后获得的收益不同,具体的投资收益情况见表 10.2.1. 其中的"不设置",表示不提供的投资选项. 为了使投资 5 年后获得的总收益最大,应如何选择投资项目?

表 10.2.1

收益\投资额\项目	0	1	2	3	4	5
Ⅰ	0	0.3	0.6	0.9	1.2	不设置
Ⅱ	0	0.5	0.8	1.0	不设置	1.5
Ⅲ	0	不设置	0.7	1.1	1.3	1.8
Ⅳ	0	不设置	不设置	1.2	1.4	1.6

解 如果用 c_{ij} 表示给第 i 个项目投资 j 百万元后的收益($i=1,2,3,4; j=0,1,2,3,4,5$),其中令 $c_{15}=c_{24}=c_{31}=c_{41}=c_{42}=-\infty$. 再引入变量

$$x_{ij}=\begin{cases}1, & \text{给第 } i \text{ 个项目投资 } j \text{ 百万元} \\ 0, & \text{否则}\end{cases} \quad (i=1,2,3,4; j=1,2,3,4,5)$$

则最优投资的数学模型为

$$\max \sum_{i=1}^{4}\sum_{j=0}^{5} c_{ij}x_{ij}$$

$$\text{s.t.} \begin{cases} \sum_{j=0}^{5} x_{ij} \leqslant 1 \quad (i=1,2,3,4) \\ \sum_{i=1}^{4}\sum_{j=0}^{5} j x_{ij} \leqslant 10 \\ x_{ij} \in \{0,1\} \quad (i=1,2,3,4; j=0,1,2,3,4,5)\end{cases}$$

这是一个 0-1 整数规划问题,涉及 24 个变量,用隐枚举法求解计算量太大.

如果将投资过程视为按项目编号依次投资,并且把资金投给第 1 至第 k 个项目的投资作为第 k 个阶段($k=1,2,3,4$),则这样的投资选项问题,便可以用动态规划方法求解. 在此选用递推公式(10.2.1),具体解法如下:

设状态变量 s_k 表示给第 1 至第 k 个项目的投资量,决策变量 x_k 表示给第 k 项目的

10.2 适合动态规划的问题与最优性原理

投资量,则状态转移方程为 $s_k = s_{k-1} + x_k (k=1,2,3,4)$, $s_0 = 0$. 最优指标函数 $f_k(s_k)$ 表示给第 k 个项目投资后,累积获得的收益, $f_0(s_0) = 0$.

当 $k=1$ 时,根据状态转移方程, $s_1 = 0,1,2,3,4$,这时,不同状态下,决策变量的选择范围见表 10.2.2.

表 10.2.2

s_1	0	1	2	3	4
$x_1 \in$	{0}	{1}	{2}	{3}	{4}

$$f_1(0) = \max_{x_1 \in \{0\}} \{f_0(s_0) + w_1(0, x_1)\} = \max\{f_0(0) + w_1(0,0)\} = \max\{0+0\} = 0, \quad x_1 = 0$$

$$f_1(1) = \max_{x_1 \in \{1\}} \{f_0(s_0) + w_1(1, x_1)\} = \max\{f_0(0) + w_1(1,1)\} = \max\{0+0.3\} = 0.3, \quad x_1 = 1$$

$$f_1(2) = \max_{x_1 \in \{2\}} \{f_0(s_0) + w_1(2, x_1)\} = \max\{f_0(0) + w_1(2,2)\} = \max\{0+0.6\} = 0.6, \quad x_1 = 2$$

$$f_1(3) = \max_{x_1 \in \{3\}} \{f_0(s_0) + w_1(3, x_1)\} = \max\{f_0(0) + w_1(3,3)\} = \max\{0+0.9\} = 0.9, \quad x_1 = 3$$

$$f_1(4) = \max_{x_1 \in \{4\}} \{f_0(s_0) + w_1(4, x_1)\} = \max\{f_0(0) + w_1(4,4)\} = \max\{0+1.2\} = 1.2, \quad x_1 = 4$$

当 $k=2$ 时,根据状态转移方程, $s_2 = 0,1,2,\cdots,9$,这时,不同状态下,决策变量的选择范围见表 10.2.3.

表 10.2.3

s_2	0	1	2	3	4	5	6	7	8	9
$x_2 \in$	{0}	{0,1}	{0,1,2}	{0,1,2,3}	{0,1,2,3}	{1,2,3,5}	{2,3,5}	{3,5}	{5}	{5}

$$f_2(0) = \max_{x_2 \in \{0\}} \{f_1(s_1) + w_2(0, x_2)\} = \max\{f_1(0) + w_2(0,0)\} = \max\{0+0\} = 0, \quad x_2 = 0$$

$$f_2(1) = \max_{x_2 \in \{0,1\}} \{f_1(s_1) + w_2(1, x_2)\} = \max\left\{\begin{array}{l} f_1(1) + w_2(1,0) \\ f_1(0) + w_2(1,1) \end{array}\right\} = \max\left\{\begin{array}{l} 0.3+0 \\ 0+0.5 \end{array}\right\} = 0.5, \quad x_2 = 1$$

$$f_2(2) = \max_{x_2 \in \{0,1,2\}} \{f_1(s_1) + w_2(2, x_2)\} = \max\left\{\begin{array}{l} f_1(2) + w_2(2,0) \\ f_1(1) + w_2(2,1) \\ f_1(0) + w_2(2,2) \end{array}\right\} = \max\left\{\begin{array}{l} 0.6+0 \\ 0.3+0.5 \\ 0+0.8 \end{array}\right\} = 0.8, \quad x_2 = 1,2$$

$$f_2(3) = \max_{x_2 \in \{0,1,2,3\}} \{f_1(s_1) + w_2(3, x_2)\} = \max\left\{\begin{array}{l} f_1(3) + w_2(3,0) \\ f_1(2) + w_2(3,1) \\ f_1(1) + w_2(3,2) \\ f_1(0) + w_2(3,3) \end{array}\right\} = \max\left\{\begin{array}{l} 0.9+0 \\ 0.6+0.5 \\ 0.3+0.8 \\ 0+1 \end{array}\right\} = 1.1, \quad x_2 = 1,2$$

$$f_2(4) = \max_{x_2 \in \{0,1,2,3\}} \{f_1(s_1) + w_2(4, x_2)\} = \max\left\{\begin{array}{l} f_1(4) + w_2(4,0) \\ f_1(3) + w_2(4,1) \\ f_1(2) + w_2(4,2) \\ f_1(1) + w_2(4,3) \end{array}\right\} = \max\left\{\begin{array}{l} 1.2+0 \\ 0.9+0.5 \\ 0.6+0.8 \\ 0.3+1 \end{array}\right\} = 1.4, \quad x_1 = 1,2$$

$$f_2(5) = \max_{x_2 \in \{1,2,3,5\}} \{f_1(s_1) + w_2(5, x_2)\} = \max\left\{\begin{array}{l} f_1(4) + w_2(5,1) \\ f_1(3) + w_2(5,2) \\ f_1(2) + w_2(5,3) \\ f_1(0) + w_2(5,5) \end{array}\right\} = \max\left\{\begin{array}{l} 1.2+0.5 \\ 0.9+0.8 \\ 0.6+1 \\ 0+1.5 \end{array}\right\} = 1.7, \quad x_2 = 1,2$$

$$f_2(6) = \max_{x_2 \in \{2,3,5\}} \{f_1(s_1) + w_2(6, x_2)\} = \max \begin{Bmatrix} f_1(4) + w_2(6,2) \\ f_1(3) + w_2(6,3) \\ f_1(1) + w_2(6,5) \end{Bmatrix} = \max \begin{Bmatrix} 1.2+0.8 \\ 0.9+1 \\ 0.3+1.5 \end{Bmatrix} = 2, x_2 = 2$$

$$f_2(7) = \max_{x_2 \in \{3,5\}} \{f_1(s_1) + w_2(7, x_2)\} = \max \begin{Bmatrix} f_1(4) + w_2(7,3) \\ f_1(2) + w_2(7,5) \end{Bmatrix} = \max \begin{Bmatrix} 1.2+1 \\ 0.6+1.5 \end{Bmatrix} = 2.2, \quad x_2 = 3$$

$$f_2(8) = \max_{x_2 \in \{5\}} \{f_1(s_1) + w_2(8, x_2)\} = \max_{x_2 \in \{0\}} \{f_1(3) + w_2(8,5)\} = \max\{0.9 + 1.5\} = 2.4, \quad x_2 = 5$$

$$f_2(9) = \max_{x_2 \in \{5\}} \{f_1(s_1) + w_2(9, x_2)\} = \max_{x_2 \in \{0\}} \{f_1(4) + w_2(9,5)\} = \max\{1.2 + 1.5\} = 2.7, \quad x_2 = 5$$

当 $k=3$ 时,根据状态转移方程,$s_3 = 0, 1, 2, \cdots, 10$,这时,不同状态下,决策变量的选择范围见表 10.2.4.

表 10.2.4

s_3	0	1	2	3	4	5	6	7	8	9	10
$x_3 \in$	{0}	{0}	{0,2}	{0,2,3}	{0,2,3,4}	{0,2,3,4,5}	{0,2,3,4,5}	{0,2,3,4,5}	{0,2,3,4,5}	{0,2,3,4,5}	{2,3,4,5}

注释 状态 $s_3 = 10$ 时,决策变量 $x_3 \neq 0$,否则 $x_1 + x_2 = 10$,与已知的投资条件矛盾.

$$f_3(0) = \max_{x_3 \in \{0\}} \{f_2(s_2) + w_3(0, x_3)\} = \max\{f_2(0) + w_3(0,0)\} = \max\{0+0\} = 0, \quad x_3 = 0$$

$$f_3(1) = \max_{x_3 \in \{0\}} \{f_2(s_2) + w_3(1, x_3)\} = \max\{f_2(1) + w_3(1,0)\} = \max\{0.5+0\} = 0.5, \quad x_3 = 0$$

$$f_3(2) = \max_{x_3 \in \{0,2\}} \{f_2(s_2) + w_3(2, x_3)\} = \max \begin{Bmatrix} f_2(2) + w_3(2,0) \\ f_2(0) + w_3(2,2) \end{Bmatrix} = \max \begin{Bmatrix} 0.8+0 \\ 0+0.7 \end{Bmatrix} = 0.8, \quad x_3 = 0$$

$$f_3(3) = \max_{x_3 \in \{0,2,3\}} \{f_2(s_2) + w_3(3, x_3)\} = \max \begin{Bmatrix} f_2(3) + w_3(2,0) \\ f_2(1) + w_3(2,2) \\ f_2(0) + w_3(2,3) \end{Bmatrix} = \max \begin{Bmatrix} 1.1+0 \\ 0.5+0.7 \\ 0+1.1 \end{Bmatrix} = 1.2, \quad x_3 = 2$$

$$f_3(4) = \max_{x_3 \in \{0,2,3,4\}} \{f_2(s_2) + w_3(4, x_3)\} = \max \begin{Bmatrix} f_2(4) + w_3(4,0) \\ f_2(2) + w_3(4,2) \\ f_2(1) + w_3(4,3) \\ f_2(0) + w_3(4,4) \end{Bmatrix} = \max \begin{Bmatrix} 1.4+0 \\ 0.8+0.7 \\ 0.5+1.1 \\ 0+1.3 \end{Bmatrix} = 1.6, \quad x_3 = 3$$

$$f_3(5) = \max_{x_3 \in \{0,2,3,4,5\}} \{f_2(s_2) + w_3(5, x_3)\} = \max \begin{Bmatrix} f_2(5) + w_3(5,0) \\ f_2(3) + w_3(5,2) \\ f_2(2) + w_3(5,3) \\ f_2(1) + w_3(5,4) \\ f_2(0) + w_3(5,5) \end{Bmatrix} = \max \begin{Bmatrix} 1.7+0 \\ 1.1+0.7 \\ 0.8+1.1 \\ 0.5+1.3 \\ 0+1.8 \end{Bmatrix} = 1.9, \quad x_3 = 3$$

$$f_3(6) = \max_{x_3 \in \{0,2,3,4,5\}} \{f_2(s_2) + w_3(6, x_3)\} = \max \begin{Bmatrix} f_2(6) + w_3(6,0) \\ f_2(4) + w_3(6,2) \\ f_2(3) + w_3(6,3) \\ f_2(2) + w_3(6,4) \\ f_2(1) + w_3(6,5) \end{Bmatrix} = \max \begin{Bmatrix} 2+0 \\ 1.4+0.7 \\ 1.1+1.1 \\ 0.8+1.3 \\ 0.5+1.8 \end{Bmatrix} = 2.3, \quad x_3 = 5$$

10.2 适合动态规划的问题与最优性原理

$$f_3(7) = \max_{x_3 \in \{0,2,3,4,5\}} \{f_2(s_2) + w_3(7,x_3)\} = \max \begin{Bmatrix} f_2(7)+w_3(7,0) \\ f_2(5)+w_3(6,2) \\ f_2(4)+w_3(6,3) \\ f_2(3)+w_3(6,4) \\ f_2(2)+w_3(6,5) \end{Bmatrix} = \max \begin{Bmatrix} 2.2+0 \\ 1.7+0.7 \\ 1.4+1.1 \\ 1.1+1.3 \\ 0.8+1.8 \end{Bmatrix} = 2.6, \quad x_3=5$$

$$f_3(8) = \max_{x_3 \in \{0,2,3,4,5\}} \{f_2(s_2) + w_3(8,x_3)\} = \max \begin{Bmatrix} f_2(8)+w_3(8,0) \\ f_2(6)+w_3(8,2) \\ f_2(5)+w_3(8,3) \\ f_2(4)+w_3(8,4) \\ f_2(3)+w_3(8,5) \end{Bmatrix} = \max \begin{Bmatrix} 2.4+0 \\ 2+0.7 \\ 1.7+1.1 \\ 1.4+1.3 \\ 1.1+1.8 \end{Bmatrix} = 2.9, \quad x_3=5$$

$$f_3(9) = \max_{x_3 \in \{0,2,3,4,5\}} \{f_2(s_2) + w_3(9,x_3)\} = \max \begin{Bmatrix} f_2(9)+w_3(9,0) \\ f_2(7)+w_3(9,2) \\ f_2(6)+w_3(9,3) \\ f_2(5)+w_3(9,4) \\ f_2(4)+w_3(9,5) \end{Bmatrix} = \max \begin{Bmatrix} 2.7+0 \\ 2.2+0.7 \\ 2+1.1 \\ 1.7+1.3 \\ 1.4+1.8 \end{Bmatrix} = 3.2, \quad x_3=5$$

$$f_3(10) = \max_{x_3 \in \{2,3,4,5\}} \{f_2(s_2) + w_3(10,x_3)\} = \max \begin{Bmatrix} f_2(8)+w_3(10,2) \\ f_2(7)+w_3(10,3) \\ f_2(6)+w_3(10,4) \\ f_2(5)+w_3(10,5) \end{Bmatrix} = \max \begin{Bmatrix} 2.4+0.7 \\ 2.2+1.1 \\ 2+1.3 \\ 1.7+1.8 \end{Bmatrix} = 3.5, \quad x_3=5$$

当 $k=4$ 时,根据状态转移方程,$s_4=0,1,2,\cdots,10$,但是,第 4 个项目是最后一个项目投资,应当把 10 百万元尽可能投完,因此,只需要计算 $s_4=10$ 状态下的最优指标函数. $s_4=10$ 时,决策变量 $x_4 \in \{0,3,4,5\}$.

$$f_4(10) = \max_{x_4 \in \{0,3,4,5\}} \{f_3(s_3) + w_4(10,x_4)\} = \max \begin{Bmatrix} f_3(10)+w_4(10,0) \\ f_3(7)+w_4(10,3) \\ f_3(6)+w_4(10,4) \\ f_3(5)+w_4(10,5) \end{Bmatrix} = \max \begin{Bmatrix} 3.5+0 \\ 2.6+1.2 \\ 2.3+1.4 \\ 1.9+1.6 \end{Bmatrix} = 3.8, \quad x_4=3$$

由此得最优投资方案下的最大收益为 3.8 百万元. 由状态转移方程 $s_k = s_{k-1} + x_k (k=1,2,3,4)$ 得,$x_4=3, x_3=5, x_2=2$ 或 $1, x_1=0$ 或 1,因此,最优投资方案有两种,见表 10.2.5.

表 10.2.5

项目	I	II	III	IV
最优投资方案一	1 百万元	1 百万元	5 百万元	3 百万元
最优投资方案二	0	2 百万元	5 百万元	3 百万元

例 10.2.6(负荷分配问题) 某种机器可以在 A、B 两种不同负荷状态下生产产品,已知在 A 状态下,x 台机器可以年产产品 $8x$ 件,年终机器完好率为 0.7;在 B 状态下,x 台机器可以年产产品 $5x$ 件,年终机器完好率为 0.9. 现可以投入生产的完好机器

有 1000 台,试充分利用这些机器制定一个 5 年生产计划,使 5 年内生产出的产品最多。

解 这个优化问题可以按年度划分成 5 个阶段,引入状态变量 s_k,表示第 k 年可用于生产的完好的机器数量;引入决策变量 x_k,表示第 k 年用于 A 负荷状态下的机器数量;权函数 $w_k(s_k,x_k)=8x_k+5(s_k-x_k)=5s_k+3x_k$,表示第 k 年可生产出的产品数量;状态转移方程 $s_{k+1}=0.7x_k+0.9(s_k-x_k)=0.9s_k-0.2x_k$,引入指标函数 $f_k(s_k)$,表示将第 k 年拥有的完好机器数用于第 k 年至第 5 年生产,最多可生产出的产品数。

由此得到递推公式如下:

$$\begin{cases} f_6(s_6)=0 \\ f_k(s_k)=\max_{x_k\in D_k(s_k)}\{w_k(s_k,x_k)+f_{k+1}(s_{k+1})\} \quad (k=5,4,3,2,1) \end{cases}$$

当 $k=5$ 时,

$$f_5(s_5)=\max_{x_5\in D_5(s_5)}\{w_5(s_5,x_5)+f_6(s_6)\}=\max_{0\leqslant x_5\leqslant s_5}\{5s_5+3x_5\}=8s_5, \quad x_5=s_5$$

当 $k=4$ 时,

$$f_4(s_4)=\max_{x_4\in D_4(s_4)}\{w_4(s_4,x_4)+f_5(s_5)\}=\max_{0\leqslant x_4\leqslant s_4}\{5s_4+3x_4+8s_5\}$$
$$=\max_{0\leqslant x_4\leqslant s_4}\{5s_4+3x_4+8(0.9s_4-0.2x_4)\}=\max_{0\leqslant x_4\leqslant s_4}\{12.2s_4+1.4x_4\}$$
$$=13.6s_4, \quad x_4=s_4$$

当 $k=3$ 时,

$$f_3(s_3)=\max_{x_3\in D_3(s_3)}\{w_3(s_3,x_3)+f_4(s_4)\}=\max_{0\leqslant x_3\leqslant s_3}\{5s_3+3x_3+13.6s_4\}$$
$$=\max_{0\leqslant x_3\leqslant s_3}\{5s_3+3x_3+13.6(0.9s_3-0.2x_3)\}=\max_{0\leqslant x_3\leqslant s_3}\{17.24s_3+0.28x_3\}$$
$$=17.52s_3, x_3=s_3$$

当 $k=2$ 时,

$$f_2(s_2)=\max_{x_2\in D_2(s_2)}\{w_2(s_2,x_2)+f_3(s_3)\}=\max_{0\leqslant x_2\leqslant s_2}\{5s_2+3x_2+17.52s_3\}$$
$$=\max_{0\leqslant x_2\leqslant s_2}\{5s_2+3x_2+17.52(0.9s_2-0.2x_2)\}=\max_{0\leqslant x_2\leqslant s_2}\{20.768s_2-0.504x_2\}$$
$$=20.768s_2, \quad x_2=0$$

当 $k=1$ 时,

$$f_1(s_1)=\max_{x_1\in D_1(s_1)}\{w_1(s_1,x_1)+f_2(s_2)\}=\max_{0\leqslant x_1\leqslant s_1}\{5s_1+3x_1+20.768s_2\}$$
$$=\max_{0\leqslant x_1\leqslant s_1}\{5s_1+3x_1+20.768(0.9s_1-0.2x_1)\}=\max_{0\leqslant x_1\leqslant s_1}\{23.6912s_1-1.1536x_1\}$$
$$=23.6912s_1, \quad x_1=0$$

由于第一年可用于生产的完好机器数为 1000 台,所以 $s_1=1000$,$f_1(s_1)\approx 23691$ 个产品,根据 $x_1=0$,由状态转移方程 $s_2=0.9s_1-0.2x_1$ 得 $s_2=900$ 台;根据 $x_2=0$,由状态转移方程 $s_3=0.9s_2-0.2x_2$ 得 $s_3=810$ 台;根据 $x_3=s_3$,由状态转移方程 $s_4=0.9s_3-0.2x_3$ 得 $s_4=567$ 台;根据 $x_4=s_4$,由状态转移方程 $s_5=0.9s_4-0.2x_4$ 得 $s_5=396.9\approx 397$ 台。因此,这 5 年机器的最优负荷分配方案见表 10.2.6。

表 10.2.6

	第 1 年	第 2 年	第 3 年	第 4 年	第 5 年
A 负荷下的机器数	0	0	810	567	397
B 负荷下的机器数	1000	900	0	0	0

通过上述练习会发现,要掌握好动态规划方法,必须先学会分析和判断哪些运筹问题可以用动态规划的方法求解,其次是如何合理地划分阶段,如何合理地建立状态转移方程.

习 题 10

1. 试用动态规划算法求解图 10.1 中,节点①到节点⑩的最长路径.

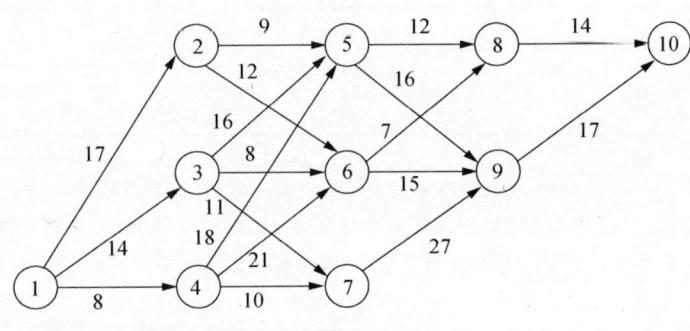

图 10.1

2. 如果图 10.1 所示的网络中每条边上的权值均表示该边可以通过的流量上限,则用动态规划算法求解点①到节点⑩的最大增流路径.

3. 试用动态规划算法求解图 10.2 所示的网络中节点①到节点⑨的最短路径.

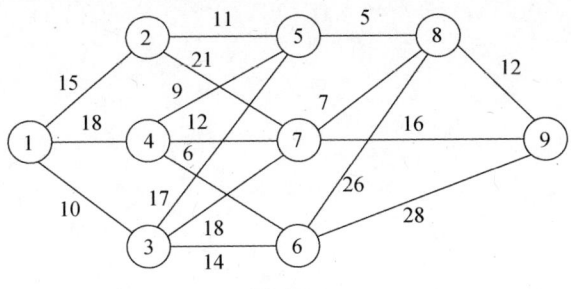

图 10.2

4. 试用动态规划方法求解下列数学规划:

(1) $\max 2x_1 - 4x_2^2 + x_3^2$
s.t. $\begin{cases} x_1 + 3x_2 + 4x_3 \leqslant 24, \\ x_1, x_2, x_3 \geqslant 0; \end{cases}$

(2) $\max (2x+1)x_2^2 x_3$
s.t. $\begin{cases} 4x_1 + x_2 + 2x_3 \leqslant 8, \\ x_1, x_2, x_3 \geqslant 0. \end{cases}$

5. 试用动态规划方法求解下列数学规划:

(1) $\max 4x_1+x_2^2+x_3$
s.t. $\begin{cases} x_1+x_2+2x_3 \leqslant 10, \\ x_1+8x_2+x_3 \leqslant 16, \\ x_1,x_2,x_3 \geqslant 0; \end{cases}$

(2) $\max x_1 x_2^2(x_3+2)$
s.t. $\begin{cases} x_1+x_2+2x_3 \leqslant 10, \\ x_1+8x_2+x_3 \leqslant 16, \\ x_1,x_2,x_3 \geqslant 0. \end{cases}$

6. 试用动态规划方法求解下列数学规划:

(1) $\max (2x_1+x_2^2)x_3^2$
s.t. $\begin{cases} 4x_1+3x_2+2x_3 \leqslant 24, \\ x_1,x_2,x_3 \geqslant 0; \end{cases}$

(2) $\max (x_2^2-3x_2^2)x_3^2$
s.t. $\begin{cases} x_1-x_2+2x_3 \leqslant 10, \\ x_1+8x_2+x_3 \leqslant 16, \\ x_1,x_2,x_3 \geqslant 0. \end{cases}$

7. 某厂要完成 12000 台 A 产品的订单, 必须按表 10.1 中的指定日期分批交货.

表 10.1

交 付 日 期	2月	5月	7月	9月	12月
交 付 量/台	1000	2600	3400	1200	3800
每台平均库存费/元	25	36	25	25	30

已知该厂生产 A 产品的能力为 1200 台/月, 未交付出去的产品必须库存, 各时段内每台 A 产品平均库存费用见表 10.1. 试问, 在既要保证完成订单任务, 又要保证年底 A 产品无库存的要求下, 应如何指定 A 产品的全年生产计划, 才能使 A 产品的库存费用最少?

8. 某仓库可以存放 1600 吨货物, 现有 4 个货主欲把其货物存放在该仓库, 且存期均为一年, 已知各货主的要存入仓库的货物类型、货物量及对不同类型货物的库存定价, 见表 10.2. 如果不保证每个货主的所有货物都存入仓库, 但是保证同一类型的货物不部分存入, 则该仓库接受哪些货物存放, 获得的收入最高?

表 10.2

货主 \ 类型	A	B	C	D
I	120	300	280	160
II	380	250	无	280
III	无	180	410	320
IV	270	290	320	无
存放费/(元/吨)	350	360	380	400

9. 某零件急需在 6 个小时内依次在车床 A、车床 B、车床 C 上完成三道加工. 已知每道工序都有几种不同的加工方法供选择, 采用不同的方法, 会得到不同的加工结果, 见表 10.3.

表 10.3

工序	加工方式	加工用时/h	报废概率
A 车床上加工	按 A1 加工方式	2.8	0.012
	按 A2 加工方式	1.9	0.025
	按 A3 加工方式	1.6	0.04
B 车床上加工	按 B1 加工方式	2.2	0.010
	按 B2 加工方式	1.5	0.028
	按 B3 加工方式	1.2	0.051
C 车床上加工	按 C1 加工方式	1.9	0.022
	按 C2 加工方式	1.4	0.063

试问，在按时完成零件加工任务的前提下，应如何选择每道工序的加工方式，可以把零件的报废概率降到最低？

第11章

存 储 论

存储论是现代物流研究领域中的一个重要组成部分,是现代生产和经营活动中不可回避的一类优化问题.归为存储论的优化问题很多,在不同的问题、不同的背景、不同的要求下,所涉及的优化模型和方法会有很大的差异.本章只介绍几种典型的确定性存储模型和优化方法,以及几种典型的随机性存储模型和优化方法.

11.1 存储论的基本概念

在现代社会中,许多生产和经营活动都离不开储存环节.能否合理地选择储存量,能否合理地制定补充储存量的计划,不但会影响到企业的正常运转,还会极大地影响企业的生产经营成本和效益.例如,工厂为了生产,必须储存一些原料,但是,流动资金总是有限的,而且,存储一般也是要有付出的,这样,在存储的原料随生产被不断消耗掉的过程中,如何制定原料的补充计划,才能保证在生产正常进行的前提下,把成本降到最低.商场为了销售,必须储存一些商品,但是流动资金同样是有限的,储存商品也是要有付出的,这样,在商品不断地售出的过程中,如何制定库存商品的补充计划,才能保证不影响销售的前提下,把经营成本降到最低.这样的实例非常多,都归为**存储论**.

为便于存储论的研究和介绍,需要先介绍存储论中一些常用的名称.

1. 需求

需求指需要从库存中取出的货物数量,即存储系统的输出.因此,存储量将随需求的满足而减少.现实中的需求有间断式的,也有连续式的;有确定性的,也有随机性的.

2. 补充

补充指需要存入仓库中的货物数量,即存储系统的输入.因此,补充能够持续地维持需求.同需求一样,补充有间断式的,也有连续式的;有确定性的,也有随机性的.

3. 费用

费用指在一定的需求和补充之下,存储系统运行过程中产生的费用.这样的费用通常由以下几部分构成:

(1)存储费.包括存储物资的过程中需要支出的人员管理费、物资保养费、库内搬运费、物资损耗费、存储的物资占用资金的利息等.

(2)订货费.指定购费用和购物费用.订货费包含手续费、电信往来费、差旅费、验收费、入库搬运费等,这些费用与订货次数有关,与货物价格和订货数量无关.购物费指货物成本费用,与货物价格和订货数量有关.

(3) 生产费. 如果补充存储不是来源于外购, 而是自行生产, 便有生产费用. 其由两部分构成, 一是生产物资需要支出的各项费用; 二是装配费用(与生产物资的成本无关的各项支出费用).

(4) 缺货费. 指存储的物资供不应求所引起的损失费. 这样的费用不但与缺货数量有关, 也与缺货时间有关.

4. 存储策略

指需要作出"多长时间补充一次存储, 每次补充多少数量"的方案. 常见的存储策略有三种类型.

(1) T 循环策略. 不论物资的存储状态如何, 总是每隔 T 时间补充存储量 Q.

(2) (s, S) 策略. 每当存储量 $x > s$ 时不补充, 当 $x \leqslant s$ 时补充存储, 补充量 $Q = S - x$ (即将存储量补充到 S. 其中 S 称为存储水平, s 为订货点).

(3) (t, s, S) 混合策略. 每经过 t 时间检查存储量, 当 $x > s$ 时不补充. 当 $x \leqslant s$ 时补充存储量使之达到 S.

5. 目标函数

存储系统运行所需的总费用, 或产生的综合经济效益与所采用的存储策略有关, 都是存储策略的函数, 是存储论中通常追求最优的函数, 也称为目标函数. 存储论就是要研究, 如何在诸多存储策略中选择一个最优策略, 使总费用函数值最小, 或使综合经济效益函数最大.

存储问题可按不同方法进行分类. 按存储问题的数据性质可分为确定性存储模型和随机性存储模型; 按需求是否允许短缺可分为不允许缺货存储模型与允许缺货存储模型; 按补充来源可分为订货型存储模型与生产型存储模型. 本章将讨论确定性存储模型和随机性存储模型的一些典型情况.

11.2 确定性存储模型

一、不允许缺货, 即刻到货模型

本模型的前提假设是:
(1) 存储降至零时, 会一次性地立即得到补充(即不存在缺货问题);
(2) 需求是连续、均匀的, 即需求速度 R(单位时间的需求量)为常数;
(3) 每次订货批量和订购费都不变;
(4) 单位存储费不变.

此假设下, 存储量 $f(t)$ 变化情况如图 11.2.1 表示.

其中, Q 为订货批量, T 为订货周期, $Q = RT$.

由于需求确定的情况下, 增大订货批量 Q, 可以减少订货次数, 订购费也将随之减少, 但是存储费用却会增加. 所以, 要解决的问题是: 如何确定订货批量 Q(或订货周期 T), 才能使支出的总费用最少?

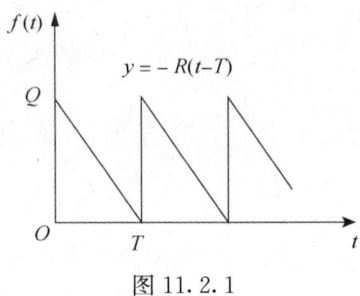

图 11.2.1

T 时间内的平均存储量为

$$\frac{1}{T}\int_0^T -R(t-T)\,\mathrm{d}t = -\frac{1}{2T}R(t-T)^2\Big|_0^T = \frac{1}{2}RT$$

将单位时间内单位货物的存储费用记作 C_1，每个周期的货物订购费记作 C_3，单位货物购入价记作 K，则 T 时间内支出的总平均费用为

$$C(T) = \frac{C_3}{T} + KR + \frac{1}{2}C_1RT \tag{11.2.1}$$

由 $C'(T) = -\frac{C_3}{T^2} + \frac{1}{2}C_1R = 0$，得驻点 $T = \sqrt{\frac{2C_3}{C_1R}}$。因为 $C''(T) = \frac{2C_3}{T^3} > 0$，所以驻点为函数 $C(T)$ 最小值点，因此，最佳订货周期为

$$T_0 = \sqrt{\frac{2C_3}{C_1R}} \tag{11.2.2}$$

最佳订货批量为

$$Q_0 = RT_0 = \sqrt{\frac{2C_3R}{C_1}} \tag{11.2.3}$$

注释 （1）由于 $Q = RT$，所以，将(11.2.1)中的 T 用 $T = Q/R$ 替换，同样可以推出上述相同的结果.

（2）式(11.2.3)是存储论中著名的经济订购批量公式，简称为 EOQ 公式，也称平方根公式，或经济批量公式. 由于 Q_0、T_0 皆与 K 无关，所以此后在费用函数中略去 KR 这项费用. 如无特殊需要不再考虑此项费用，式(11.2.1)改写为

$$C(T) = \frac{C_3}{T} + \frac{1}{2}C_1RT \tag{11.2.4}$$

例 11.2.1 某超市对 A 商品的销售速度为 2600 件/月，每批 A 商品的订购费为 1000 元，单位时间内每件 A 商品的存储费用为 1.5 元，试问，对于 A 商品该超市多长时间进一次货，每次进多少，总的支出费用最少？

解 将这个问题视为不允许缺货，进货可即刻一次性到位，则由公式(11.2.2)的最佳订货周期为

$$T_0 = \sqrt{\frac{2C_3}{C_1R}} = \sqrt{\frac{2\times 1000}{1.5\times 2600}} \approx 0.716(月) \approx 22(天)$$

由公式(11.2.3)的最佳订货量为
$$Q_0 = RT_0 \approx 2600 \times 0.716 \approx 1862(件)$$

注释 虽然 21 天 <0.716 月 <22 天,但是,由公式(11.2.4)得 $C\left(\dfrac{21}{30}\right) \approx 2797.6$ 大于 $C\left(\dfrac{22}{30}\right) \approx 2793.6$,所以,$T_0 \approx 22$ 天.

例 11.2.2 某轧钢厂按计划每月要生产角钢 3000 吨,生产出的角钢先库存,月底再被集中运走.已知每吨角钢每月需存储费 5.3 元,每次生产需调整机器设备等费用共 2500 元.试分析该厂的生产储存状态是否最佳?

解 该厂角钢的生产速度为 3000 吨/月,存储周期为 1 个月.由公式(11.2.4)得每月需总费用为
$$2500 + \dfrac{1}{2} \times 5.3 \times 3000 = 10450(元)$$

因此,全年需要投入的费用为
$$10450 \times 12 = 125400(元)$$

如果按照 EOQ 公式计算,则最佳生产批量为
$$Q_0 = \sqrt{2 \times C_3 \times R \div C_1} = \sqrt{2 \times 2500 \times 3000 \div 5.3} \approx 1682(吨)$$

最佳生产周期为
$$T_0 = \dfrac{Q_0}{3000} = \dfrac{1682}{3000} \approx 0.56(月) \approx 17(天)$$

由于每吨每 17 天的存储费用为 $5.3 \div 30 \times 17 \approx 3.0$(元),所以,按照公式(11.2.4),每 17 天需要的总费用为
$$2500 + \dfrac{1}{2} \times 3 \times 3000 \times 0.56^2 = 3911.2(元)$$

因此,全年共需费用 $3911.2 \times \dfrac{365}{17} \approx 83976$(元).

因此,若该厂按照 EOQ 公式制定生产批量,每年可以节约资金 $125400 - 83976 = 41424$(元).

二、不允许缺货,到货需一定时间模型

本模型的前提假设是:
(1)存储降至零时,必须立即补充储存(即不允许缺货);
(2)储存的货物来源于自行生产,生产速度 P 高于需求速度 R,但都是常数;
(3)每次生产批量 Q 不变,生产装配费 C_3 不变;
(4)单位时间单位货物的存储费 C_1 不变.

这种存储问题与前一种存储问题是类似的,差别仅是补充方式不同.前者货物来源于订购,而且是立刻一次性到货,后者货物来源于自行生产,而且是不间断的到货.

因为 $P > R$,而至时间 T_p 时,达到最大库存量 $S = (P - R)T_p$(此时应当停止生产);

至时间 T 时,库存降至 0(此时再开始生产).因此,存储量 $f(t)$ 变化情况如图 11.2.2 所示.

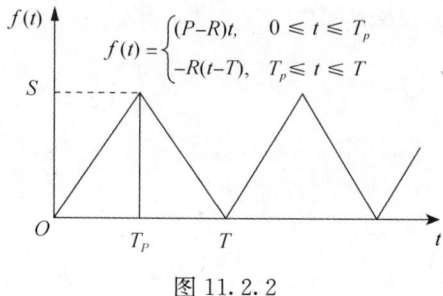

图 11.2.2

由于生产批量 Q 就是时间 T_p 内的生产量 PT_p,同时也是一个存储周期 T 内货物的销售量 RT,故

$$Q = PT_p = RT \tag{11.2.5}$$

T 时间内的平均存储量为

$$\begin{aligned}\frac{1}{T}\int_0^T f(t)\mathrm{d}t &= \frac{1}{T}\left[\int_0^{T_p}(P-R)t\mathrm{d}t + \int_{T_p}^T -R(t-T)\mathrm{d}t\right] \\ &= \frac{1}{T}\left[\frac{1}{2}(P-R)T_p^2 + \frac{1}{2}R(T_p-T)^2\right] \\ &= \frac{1}{2T}\left[(P-R)\frac{R^2T^2}{P^2} + R\left(\frac{RT}{P}-T\right)^2\right] \\ &= \frac{RT(P-R)}{2P}\end{aligned}$$

因此,T 时间内总的平均费用为

$$C(T) = \frac{C_3}{T} + \frac{C_1 RT(P-R)}{2P} \tag{11.2.6}$$

由 $C'(T) = -\frac{C_3}{T^2} + \frac{C_1 R(P-R)}{2P} = 0$,得驻点 $T = \sqrt{\frac{2C_3 P}{C_1 R(P-R)}}$.因为 $C''(T) = \frac{2C_3}{T^3} > 0$,所以驻点为函数 $C(T)$ 最小值点,因此最佳生产周期为

$$T_0 = \sqrt{\frac{2C_3 P}{C_1 R(P-R)}} \tag{11.2.7}$$

最佳生产批量为

$$Q_0 = RT_0 = \sqrt{\frac{2C_3 PR}{C_1(P-R)}} \tag{11.2.8}$$

最大库存量为

$$S_0 = (P-R)\frac{Q_0}{P} = \sqrt{\frac{2C_3 R(P-R)}{C_1 P}} \tag{11.2.9}$$

如果 $P \gg R$,则 $\frac{P-R}{P} \to 1$.因此,$Q_0 = \sqrt{\frac{2C_3 RP}{C_1(P-R)}} \to Q_0 = \sqrt{\frac{2C_3 R}{C_1}}$,即第一个模型是

第二个模型的特例.

例 11.2.3 某装配车间每月需要零件甲 400 件,该零件由厂内自行生产,生产率为每月 800 件,每批生产准备费为 100 元,每月每件零件的存储费为 0.5 元,试求最佳经济批量和最佳生产周期.

解 该问题符合模型二的假定条件,因此可直接应用上述公式.

已知 $C_1 = 0.5$ 元/(件·月), $C_3 = 400$ 件/月, $P = 800$ 件/月,于是最佳经济批量为

$$Q_0 = \sqrt{\frac{2C_3 R}{C_1}\left(\frac{P}{P-R}\right)} = \sqrt{\frac{2 \times 100 \times 400}{0.5}\left(\frac{800}{800-400}\right)} \approx 566(\text{件})$$

最佳生产周期为 $T_0 = \dfrac{Q_0}{R} = \dfrac{566}{400} \approx 1.4$(月),最大库存时刻为 $T_p = \dfrac{Q_0}{P} = \dfrac{566}{800} \approx 0.7$(月),最大库存量为 $S_0 = T_p(P-R) = 0.7 \times (800-400) = 280$(件).

三、允许缺货,即刻到货模型

在缺货损失不是很大,而存储费及订购费用很大时,可以将模型一中不允许缺货的假设改为允许缺货,并将缺货损失定量化.具体假设条件如下:

(1) 需求是连续均匀的,需求速度 R 为常数;
(2) 允许缺货,单位缺货损失费 C_2 不变;
(3) 缺货量达到最大缺货量时,可立刻一次性补充;
(4) 每次定货量不变,定购费 C_3 不变;
(5) 单位时间、单位货物的存储费 C_1 不变.

在此假设下,存储量 $f(t)$ 变化情况如图 11.2.3 所示.

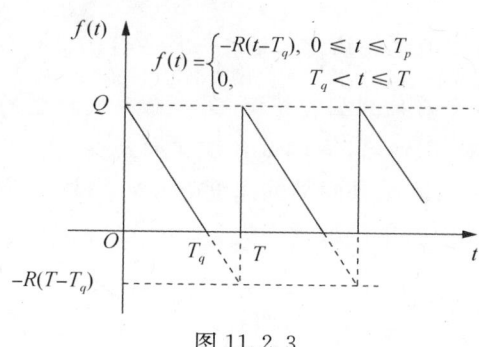

图 11.2.3

其中 T_q 表示缺货时刻,T 为周期,Q 为定货批量,$Q = RT_q$.

T 时间内的平均存储量为

$$\frac{1}{T}\int_0^T f(t)\,dt = \frac{1}{T}\int_0^{T_q} -R(t-T_q)\,dt = \frac{RT_q^2}{2T}$$

T 时间内的平均缺货量为

$$\frac{1}{T}\int_{T_q}^T R(t-T_q)\,dt = \frac{R(T-T_q)^2}{2T}$$

T 时间内总的平均费用为

$$C(T,T_q)=\frac{C_3}{T}+\frac{C_1RT_q^2}{2T}+\frac{C_2R(T-T_q)^2}{2T} \qquad (11.2.10)$$

由 $\frac{\partial}{\partial T}C(T,T_q)=0, \frac{\partial}{\partial T_q}C(T,T_q)=0$，得驻点

$$T=\sqrt{\frac{2C_3(C_1+C_2)}{C_1C_2R}}, \quad T_q=\sqrt{\frac{2C_2C_3}{C_1(C_1+C_2)R}}$$

因为，在驻点处，

$$\left[\frac{\partial^2}{\partial T\partial T_q}C(T,T_q)\right]^2-\left[\frac{\partial^2}{\partial T^2}C(T,T_q)\right]\cdot\left[\frac{\partial^2}{\partial T_q^2}C(T,T_q)\right]=-\frac{2C_3(C_1+C_2)R}{T^4}<0$$

$$\frac{\partial^2}{\partial T_q^2}C(T,T_q)=\frac{(C_1+C_2)R}{T}>0$$

所以，驻点为函数 $C(T,T_q)$ 的最小值点，因此最佳订货周期为

$$T_0=\sqrt{\frac{2C_3(C_1+C_2)}{C_1C_2R}} \qquad (11.2.11)$$

最佳订货批量为

$$Q_0=RT_q=\sqrt{\frac{2C_2C_3R}{C_1(C_1+C_2)}} \qquad (11.2.12)$$

最大缺货量为

$$R(T-T_q)=\sqrt{\frac{2C_1C_3R}{C_2(C_1+C_2)}} \qquad (11.2.13)$$

注释 如果 $C_2\to\infty$（即不允许缺货），则 $\frac{C_2}{C_1+C_2}\to 1$，$T_0\to\sqrt{\frac{2C_3}{C_1R}}$，$Q_0\to\sqrt{\frac{2C_3R}{C_1}}$ 这表明第一个存储模型是第三个存储模型的特例，第一个存储模型的最佳周期 T_0 比第三个存储模型的最佳周期 T_0 短，因此，前者比后者订货次数多。

例 11.2.4 红光商店月需求某商品的速度 $R=500$ 件，单位存储费用为每月 $C_1=4$ 元，每次定购费为 $C_3=50$ 元，单位缺货损失为每月 $C_2=0.5$ 元. 求最佳订货周期与最佳订购批量。

解 由公式(11.2.11)的最佳订货周期为

$$T_0=\sqrt{\frac{2C_3(C_1+C_2)}{C_1C_2R}}=\sqrt{\frac{2\times 50\times(4+0.5)}{4\times 0.5\times 500}}\approx 0.6708(\text{月})$$

最佳订货批量为

$$Q_0=\sqrt{\frac{2C_2C_3R}{C_1(C_1+C_2)}}=\sqrt{\frac{2\times 0.5\times 50\times 500}{4\times(4+0.5)}}\approx 37(\text{件})$$

这表明，最优存储策略是每隔 0.6708 个月订货一次，但每次只订货 37 件，这样一个月销售出去的商品约 55 件，远比需求速度 500 件/月要小. 主要原因是单位缺货损失 0.5 元比单位存储费用 4 元小很多。

四、允许缺货，生产需一定时间

将模型二中的假设"不允许缺货"改为"允许缺货"，其他假设不变，则得允许缺货，生产需一定时间的存储模型. 有时缺货费比存储费和装配费小时，用此模型近似是很成功的. 具体假设是

(1) 需求是连续的、均匀的，即需求速度 R 为常数；
(2) 允许缺货，单位缺货费不变；
(3) 缺货量达到最大缺货量时，可立即得到补充，补充均匀，速度为 $P(P>R)$；
(4) 每次生产批量不变，装配费不变；
(5) 单位存储费不变.

存储量 $f(t)$ 随时间 t 的变化情况如图 11.2.4 所示.

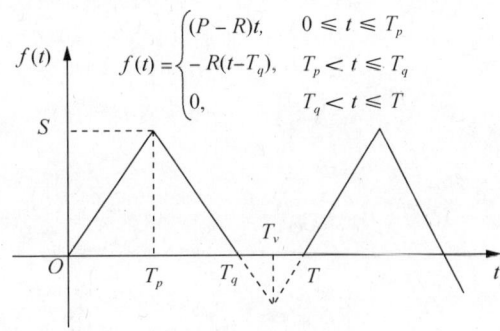

$$f(t) = \begin{cases} (P-R)t, & 0 \leq t \leq T_p \\ -R(t-T_q), & T_p < t \leq T_q \\ 0, & T_q < t \leq T \end{cases}$$

图 11.2.4

图 11.2.4 中，T_p 为生产货物的截止时刻，T_q 为仓库缺货时刻，T_v 为（虚拟的）生产所缺货物的截止时刻，T 为存储周期，Q 为生产批量. 则

$$Q = PT_p = RT_q, \quad P(T_v - T_q) = R(T - T_q) \tag{11.2.14}$$

T 时间内的平均存储量为

$$\frac{1}{T}\int_0^T f(t)\,\mathrm{d}t = \frac{1}{T}\left[\int_0^{T_p}(P-R)t\,\mathrm{d}t + \int_{T_p}^{T_q} -R(t-T_q)\,\mathrm{d}t\right]$$

$$= \frac{1}{T}\left[\frac{1}{2}(P-R)T_p^2 + \frac{1}{2}R(T_p-T_q)^2\right]$$

$$= \frac{1}{2T}(PT_p^2 - 2RT_pT_q + RT_q^2)$$

$$= \frac{R(P-R)T_q^2}{2PT}$$

T 时间内的平均缺货量为

$$\frac{1}{T}\left[\int_{T_q}^{T_v}(P-R)(t-T_q)\,\mathrm{d}t + \int_{T_v}^T -R(t-T)\,\mathrm{d}t\right]$$

$$= \frac{1}{2T}[(P-R)(T_v-T_q)^2 + R(T_v-T)^2]$$

$$= \frac{R(P-R)}{2PT}(T-T_q)^2$$

T 时间内总的平均费用为

$$C(T,T_q) = \frac{C_3}{T} + \frac{C_1 R(P-R)}{2P} \frac{T_q^2}{T} + \frac{C_2 R(P-R)}{2P} \frac{(T-T_q)^2}{T} \quad (11.2.15)$$

由 $\frac{\partial}{\partial T}C(T,T_q^2)=0, \frac{\partial}{\partial T_q}C(T,T_q^2)=0$ 得驻点

$$T = \sqrt{\frac{2C_3(C_1+C_2)P}{C_1 C_2 R(P-R)}}, \quad T_q = \sqrt{\frac{2C_2 C_3 P}{C_1(C_1+C_2)R(P-R)}}$$

可以验证该驻点为最小值点. 因此,最佳生产周期为

$$T_0 = \sqrt{\frac{2C_3(C_1+C_2)P}{C_1 C_2 R(P-R)}} \quad (11.2.16)$$

最佳生产批量为

$$Q_0 = RT_q = \sqrt{\frac{2C_2 C_3 RP}{C_1(C_1+C_2)(P-R)}} \quad (11.2.17)$$

最大存储量为

$$S = (P-R)T_p = \frac{(P-R)R}{P}T_q = \sqrt{\frac{2C_2 C_3 R(P-R)}{C_1(C_1+C_2)P}} \quad (11.2.18)$$

最大缺货量为

$$(P-R)(T_v-T_q) = \frac{R(P-R)}{P}(T-T_q) = \sqrt{\frac{2C_1 C_3 R(P-R)}{C_2(C_1+C_2)P}} \quad (11.2.19)$$

注释 如果 $C_2 \to \infty$,则 $\frac{C_2}{C_1+C_2} \to 1, T_0 \to \sqrt{\frac{2C_3 P}{C_1 R(P-R)}}, Q_0 \to \sqrt{\frac{2C_3 RP}{C_1(P-R)}}$. 这表明第二个存储模型是第四个存储模型的特例,第二个存储模型的最佳周期 T_0 比第四个存储模型的最佳周期 T_0 短,因此,前者比后者订货次数多.

例 11.2.5 某厂自行生产又自行消耗一种零件. 已知该厂生产这种零件的速度为 100 件/天,消耗这种零件的速度为 60 件/天,零件的存储费用为 0.2 元/(件、天),生产出零件的装配费为 70 元/批,零件的缺货损失为 2 元/(件、天). 求最佳生产和存储方案.

解 由公式(11.2.16)得最佳周期为

$$T_0 = \sqrt{\frac{2C_3(C_1+C_2)P}{C_1 C_2 R(P-R)}} = \sqrt{\frac{2\times70\times(0.2+2)\times100}{0.2\times2\times60\times(100-60)}} \approx 5.664(\text{天})$$

由公式(11.2.17)得最佳生产批量为

$$Q_0 = \sqrt{\frac{2C_2 C_3 RP}{C_1(C_1+C_2)(P-R)}} = \sqrt{\frac{2\times2\times70\times60\times100}{0.2\times(0.2+2)\times(100-60)}} \approx 309(\text{件})$$

由公式(11.2.18)得最大存储量为

$$S = \sqrt{\frac{2C_2 C_3 R(P-R)}{C_1(C_1+C_2)P}} = \sqrt{\frac{2\times2\times70\times60\times(100-60)}{0.2\times(0.2+2)\times100}} \approx 124(\text{件})$$

由公式(11.2.19)得最大缺货量为

$$\sqrt{\frac{2C_1C_3R(P-R)}{C_2(C_1+C_2)P}} = \sqrt{\frac{2\times 0.2\times 70\times 60\times(100-60)}{2\times(0.2+2)\times 100}} \approx 12(件)$$

第一个周期内的停产时刻为

$$T_p = \frac{R}{P}T_q = \sqrt{\frac{2C_2C_3R}{C_1(C_1+C_2)P(P-R)}} = \sqrt{\frac{2\times 2\times 70\times 60}{0.2\times(0.2+2)\times 100\times(100-60)}}$$

$$\approx 3.090(天)$$

第一个周期内的缺货时刻为

$$T_q = \sqrt{\frac{2C_2C_3P}{C_1(C_1+C_2)R(P-R)}} = \sqrt{\frac{2\times 2\times 70\times 100}{0.2\times(0.2+2)\times 60\times(100-60)}} \approx 5.149(天)$$

注释 对上述四个模型的总结及其关系揭示,见表 11.2.1.

表 11.2.1

参数	模型一	模型二	模型三	模型四
周期 T_0	$\sqrt{\dfrac{2C_3}{C_1R}}$	$\sqrt{\dfrac{2C_3}{C_1R}}\cdot\sqrt{\dfrac{P}{P-R}}$	$\sqrt{\dfrac{2C_3}{C_1R}}\cdot\sqrt{\dfrac{C_1+C_2}{C_2}}$	$\sqrt{\dfrac{2C_3(C_1+C_2)P}{C_1C_2R(P-R)}}$
经济批量 Q_0	$\sqrt{\dfrac{2C_3R}{C_1}}$	$\sqrt{\dfrac{2C_3R}{C_1}}\cdot\sqrt{\dfrac{P}{P-R}}$	$\sqrt{\dfrac{2C_3R}{C_1}}\cdot\sqrt{\dfrac{C_2}{C_1+C_2}}$	$\sqrt{\dfrac{2C_2C_3RP}{C_1(C_1+C_2)(P-R)}}$
最大存储量 S_0	$\sqrt{\dfrac{2C_3R}{C_1}}$	$\sqrt{\dfrac{2C_3R}{C_1}}\cdot\sqrt{\dfrac{P-R}{P}}$	$\sqrt{\dfrac{2C_3R}{C_1}}\cdot\sqrt{\dfrac{C_2}{C_1+C_2}}$	$\sqrt{\dfrac{2C_2C_3R(P-R)}{C_1(C_1+C_2)P}}$

五、价格有折扣的存储问题

在上述各种模型中,其最后的计算结果都未包括货物本身的成本.但在实际生活中有很多场合,为了鼓励大批量订货,供货方常对需求方实行价格优惠.当订货量越大时,每件货物的单价就可能越低,即所谓有批发折扣,这样,总费用便会受到订货量的影响.

假设该模型条件与模型一相同.

设货物单价为 $D(Q)$,$D(Q)$ 按几个数量等级变化

$$D(Q)=\begin{cases} K_1, & 0\leqslant Q<Q_1 \\ K_2, & Q_1\leqslant Q<Q_2 \\ \cdots\cdots \\ K_n, & Q_n\leqslant Q \end{cases}$$

K_i 代表价格折扣的分界点,而且一般有

$$K_1>K_2>\cdots>K_n$$

在没有考虑货物本身的成本这一项时,由公式(11.2.4)知,单位时间内总平均费用为 $C(T)=\dfrac{C_3}{T}+\dfrac{1}{2}C_1RT$,又因为 $Q=RT$,所以,加上成本费后,单位时间内总平均费用为

$$F(Q) = \frac{C_3 R}{Q} + \frac{C_1 Q}{2} + R \cdot D(Q) \qquad (11.2.20)$$

在没有考虑批发折扣时,最佳批量 $Q_0 = \sqrt{\frac{2C_3 R}{C_1}}$,对应的单位时间最少费用为 $\sqrt{2C_1 C_3 R}$. 假设 Q_0 落在 (Q_{i-1}, Q_i) 中,则含折扣费的单位时间费用为 $\sqrt{2C_1 C_3 R} + R K_i$,当定货量超过右端分界点时有批发折扣,有可能使货物成本方面的节省超过存储方面的增加,因而 Q_i 是最佳定货量的一个可能值. 由以上分析可知,有批发折扣的经济批量模型的计算步骤如下:

(1) 先根据费用函数 $C(Q) = \frac{C_3 R}{Q} + \frac{C_1 Q}{2}$,求出最佳定货批量 $Q_0 = \sqrt{\frac{2C_3 R}{C_1}}$,并确定 Q_0 落在哪个区间,假定为 (Q_{i-1}, Q_i),此时单位时间费用为 $\sqrt{2C_1 C_3 R} + R K_i$.

(2) 取 Q 依次等于 $Q_i, Q_{i+1}, \cdots, Q_n$,代入总平均费用函数 (11.2.20) 中进行比较,然后选取总平均费用最小者所对应的 Q 值作为最佳批量.

例 11.2.6　某报社的印刷厂,每周需要 32 筒卷纸,包括手续费、运输费和搬运费在内的订货费 25 元/次,存储费用为 1 元/(周·筒),纸张供应单位对价格实行优惠,规定是

$$D(Q) = \begin{cases} 12, & 1 \leqslant Q \leqslant 9 \\ 10, & 10 \leqslant Q \leqslant 49 \\ 9.5, & 50 \leqslant Q \leqslant 99 \\ 9, & Q \geqslant 100 \end{cases}$$

求最佳订货量 Q_0 (假定即时供应且不允许缺货).

解　已知 $R = 32$ 筒/周,$C_1 = 1$ 元/(周·筒),$C_3 = 25$ 元,在不考虑批发折扣条件下,由 EOQ 公式计算:

$$Q_0 = \sqrt{\frac{2C_3 R}{C_1}} = \sqrt{\frac{2 \times 25 \times 32}{1}} = 40 (\text{筒})$$

因 Q_0 落在 10~49 之间,每筒价格为 10 元,故单位时间费用为

$$F(Q_0) = \sqrt{2C_1 C_3 R} + 10R = \sqrt{2 \times 1 \times 25 \times 32} + 10 \times 32 = 360 (\text{元/周})$$

由于订货达到 50 筒这个分界点,可以减少订货费,而且订货量为 50 筒时,单位时间内的总费用为

$$F(50) = \frac{25 \times 32}{50} + \frac{1 \times 50}{2} + 32 \times 9.5 = 345 (\text{元/周})$$

低于订货量为 40 筒时的单位时间内的总费用. 由于订货达到 100 筒这个分界点,还可以减少订货费,而且订货量为 100 筒时,单位时间内的总费用为

$$F(100) = \frac{25 \times 32}{100} + \frac{1 \times 100}{2} + 32 \times 9 = 346 (\text{元/周})$$

通过比较看出,最佳订货批量为 50 筒.

注释 对于模型二、模型三、模型四,同样存在着价格有折扣的情况,都可以采用类似的方法进行数学建模,分析、寻找最优存储策略.

11.3 随机性存储模型

在确定性存储模型中,需求速度是确定不变的. 然而,不论是日常生活还是生产实际中需求速度是随机的现象是很多的,这样的存储问题称为随机性存储问题. 对于随机存储问题,不论进货量多少,总存在着三种可能情况:或供过于求,这时销售不出去的货物要计算存储费;或供不应求,这时所缺货物要计算缺货损失费;或供求平衡.

在确定性存储模型中,我们是以存储系统的费用或综合经济效益作为目标函数来衡量存储策略的优劣. 在随机性存储模型中,我们将以存储系统的期望收益值或期望损失值作为目标函数来衡量存储策略的优劣.

下面介绍一种常见的单阶段随机需求模型,即把一个存储周期作为时间的最小单位,而且只在周期开始时刻作一次决策,确定出定货量或生产量,进货量的决定是一次性的,即使库存货物销售完,也不补充进货. 周期结束后,剩余货可以处理.

一、需求是随机离散的存储模型

例 11.3.1(报童问题) 报童每日售报数量是一个随机变量. 报童每售出一份报纸赚 k 元. 如报纸未能售出,每份赔 h 元. 每日售出报纸份数 r 的概率分布 $P(r)$ 是已知的,问报童每日最好准备多少份报纸?

这个问题是报童每日报纸的定货量 Q 为何值时,赚钱的期望值最大?反言之,如何适当地选择 Q 值,使因不能售出报纸的损失及因缺货失去销售机会的损失,两者期望值之和最小. 现在用计算损失期望值最小的办法求解.

解 设售出报纸数量为 r,其概率 $P(r)$ 已知,$\sum_{r=0}^{\infty} P(r) = 1$. 又设报童定购报纸数量为 Q.

(1)供过于求时($r \leqslant Q$),报纸因不能售出,承担损失的期望值为 $\sum_{r=0}^{Q} h(Q-r)P(r)$.

(2)供不应求时($r > Q$),因缺货而少赚钱的损失期望值为 $\sum_{r=Q+1}^{\infty} k(r-Q)P(r)$.

综合(1)(2)两种情况,当定货量为 Q 时,损失的期望值为

$$C(Q) = h \sum_{r=0}^{Q} (Q-r)P(r) + k \sum_{r=Q+1}^{\infty} (r-Q)P(r)$$

要从上式中决定 Q 的值,使 $C(Q)$ 最小.

由于报童定购报纸的份数只能取整数,r 是离散变量,所以不能用求导数的方法求极值. 为此设报童每日定购报纸份数最佳量为 Q,其损失期望值应有

$$C(Q) \leqslant C(Q+1) \tag{11.3.1}$$

$$C(Q) \leqslant C(Q-1) \tag{11.3.2}$$

按照(11.3.1)推导

$$h\sum_{r=0}^{Q}(Q-r)P(r)+k\sum_{r=Q+1}^{\infty}(r-Q)P(r) \leqslant h\sum_{r=0}^{Q+1}(Q+1-r)P(r)+k\sum_{r=Q+2}^{\infty}(r-Q-1)P(r)$$

经化简后得 $\sum_{r=0}^{Q}P(r) \geqslant \dfrac{k}{k+h}$.

按照(11.3.2)推导

$$h\sum_{r=0}^{Q}(Q-r)P(r)+k\sum_{r=Q+1}^{\infty}(r-Q)P(r) \leqslant h\sum_{r=0}^{Q-1}(Q-1-r)P(r)+k\sum_{r=Q}^{\infty}(r-Q+1)P(r)$$

经化简后得 $\sum_{r=0}^{Q-1}P(r) \leqslant \dfrac{k}{k+h}$.

报童应准备的报纸最佳数量 Q 应按下列不等式确定：

$$\sum_{r=0}^{Q-1}P(r) < \dfrac{k}{k+h} \leqslant \sum_{r=0}^{Q}P(r) \tag{11.3.3}$$

从赢利最大来考虑报童应准备的报纸数量. 设报童定购报纸数量为 Q，获利的期望值为 $C(Q)$，其余符号和前面推导时表示的意义相同.

当需求 $r \leqslant Q$ 时，报童只能售出 r 份报纸，每份赚 k(元)，共赚 $k \cdot r$(元). 未售出的报纸，每份赔 h(元)，滞销损失为 $h(Q-r)$(元)，此时赢利的期望值为

$$\sum_{r=0}^{Q}[kr-h(Q-r)]P(r)$$

当需求 $r > Q$ 时，报童因为只有 Q 份报纸可供销售，赢利的期望值为

$$\sum_{r=Q+1}^{\infty}k \cdot QP(r)$$

无滞销损失. 由以上分析知赢利的期望值：

$$C(Q) = \sum_{r=0}^{Q}k \cdot r \cdot P(r) - \sum_{r=0}^{Q}h(Q-r)P(r) + \sum_{r=Q+1}^{\infty}k \cdot QP(r)$$

为使定购 Q 赢利的期望值最大，应满足下列关系式：

$$C(Q+1) \leqslant C(Q) \tag{11.3.4}$$
$$C(Q-1) \leqslant C(Q) \tag{11.3.5}$$

按照式(11.3.4)推导

$$k\sum_{r=0}^{Q+1}rP(r) - h\sum_{r=0}^{Q+1}(Q+1-r)P(r) + k\sum_{r=Q+2}^{\infty}(Q+1)P(r)$$
$$\leqslant k\sum_{r=0}^{Q}rP(r) - h\sum_{r=0}^{Q}(Q-r)P(r) + k\sum_{r=Q+1}^{\infty}Q \cdot P(r)$$

化简后得 $\sum_{r=0}^{Q}P(r) \geqslant \dfrac{k}{k+h}$.

同理，按照式(11.3.5)推导、化简得 $\sum_{r=0}^{Q-1}P(r) \leqslant \dfrac{k}{k+h}$. 因此，$\sum_{r=0}^{Q-1}P(r) < \dfrac{k}{k+h} \leqslant$

$\sum_{r=0}^{Q} P(r)$,这与(11.3.3)完全相同.

尽管报童问题中损失最小的期望值与赢利最大的期望值是不同的,但确定 Q 值的条件是相同的. 无论从哪一个方面来考虑,报童的最佳定购份数是一个确定的数值. 在下列的模型中将进一步说明这个问题.

例 11.3.2 某商店出售甲商品,每单位甲商品成本 50 元,售价 70 元. 如不能售出必须减价为 40 元,减价后一定可以售出. 已知售货量 r 的概率服从泊松分布

$$P(r) = \frac{\lambda^r}{r!} e^{-\lambda} \quad (\lambda \text{ 为平均售出数})$$

根据以往经验,平均售出数为 6 单位($\lambda=6$). 问该店订购量应为多少单位?

解 该店的缺货损失,每单位商品为 $70-50=20$. 滞销损失,每单位商品 $50-40=10$,利用(11.3.3),其中 $k=20$, $h=10$,

$$\frac{k}{k+h} = \frac{20}{20+10} \approx 0.667, \quad P(r) = \frac{e^{-6} 6^r}{r!}$$

$\sum_{r=0}^{Q} P(r)$ 记作 $F(Q)$,可查泊松分布表

$$F(6) = \sum_{r=0}^{6} \frac{e^{-6} 6^r}{r!} = 0.6063, \quad F(7) = \sum_{r=0}^{7} \frac{e^{-6} 6^r}{r!} = 0.7440$$

因 $F(6) < \frac{k}{k+h} < F(7)$,故订货量应为 7 单位,此时损失的期望值最小.

例 11.3.3 上例中如缺货损失为 10 元,滞销损失为 20 元. 在这种情况下该店订货量应为多少?

解 利用式(11.3.3),其中 $k=10, h=20$,

$$\frac{k}{k+h} = \frac{10}{20+10} \approx 0.3333$$

查统计表,找与 0.3333 相近的数

$$F(4) = \sum_{r=0}^{4} \frac{e^{-6} 6^r}{r!} = 0.2851, \quad F(5) = \sum_{r=0}^{5} \frac{e^{-6} 6^r}{r!} = 0.4457$$

$F(4) < 0.3333 < F(5)$,故订货量应为甲商品 5 个单位.

此模型只解决一次订货问题,对报童问题实际上每日订货策略问题也应认为解决了. 但模型中有一个严格的约定,即两次订货之间没有联系,都看作独立的一次订货. 这种存储策略也可称为定期定量订货.

二、需求是连续型随机变量的存储模型

设需求量是一个已知分布的连续型随机变量. 一次定购,单位货物出售获利是已知的常数,单位货物不能出售造成的损失也是已知的常数. 评价是以平均(期望值)获利最大为标准.

例 11.3.4 假定某市场每天对蔬菜的需求量是连续型随机变量 X(单位:kg). 蔬

菜的需求量服从$[1000,2000]$上的均匀分布. 假设每出售蔬菜1kg,可获利0.3元;但假如销售不出,则浪费保养费0.1元/kg. 问每天组织多少千克蔬菜,才能使收益最大?

解 设y为每天组织的蔬菜量,收益为Z,则

$$Z=f(X)=\begin{cases} 0.3y, & X \geqslant y \\ 0.3X-(y-X)\times 0.1, & X<y \end{cases}$$

收益是随机变量,使收益最大,即要收益的期望值最大.

X的分布函数是

$$\varphi(x)=\begin{cases} \dfrac{1}{2000-1000}, & 1000<x<2000 \\ 0, & \text{其他} \end{cases}$$

Z的期望是

$$\begin{aligned} E(Z)&=E[f(X)]=\int_{-\infty}^{+\infty}f(x)\varphi(x)\mathrm{d}x=\int_{1000}^{2000}\dfrac{1}{1000}f(x)\mathrm{d}x \\ &=\int_{1000}^{y}[0.3x-0.1(y-x)]\dfrac{1}{1000}\mathrm{d}x+\int_{y}^{2000}0.3y\dfrac{1}{1000}\mathrm{d}x \\ &=\dfrac{1}{1000}(-0.2y^2+700y-0.2\times 1000^2) \end{aligned}$$

对函数$-0.2y^2+700y-0.2\times 1000^2$求最大,得$y=1750\text{kg}$,才能使$E(Z)$达到最大.

三、(s,S)型存储策略

1. 需求为连续的随机变量时

例11.3.5 设货物单位成本为K,单位存储费为C_1,单位缺货费为C_2,每次订购费为C_3,需求r是连续的随机变量,密度函数为$\phi(r)$,$\int_0^\infty \phi(r)\mathrm{d}r=1$,分布函数$F(a)=\int_0^a \phi(r)\mathrm{d}r$,$(a>0)$,期初存储为$I$,订货量为$Q$,此时期初存储达到$S=I+Q$. 问如何确定$Q$的值,使损失的期望值最小(赢利的期望值最大)?

解 期初存储I在本阶段中为常量,订货量为Q,则期初存储达到$S=I+Q$. 本阶段需订货费C_3+KQ,本阶段需付存储费用的期望值为

$$\int_0^{I+Q=S}C_1(S-r)\phi(r)\mathrm{d}r$$

需付缺货费用的期望值为

$$\int_{I+Q=S}^{\infty}C_2(r-S)\phi(r)\mathrm{d}r$$

本阶段所需订货费及存储费、缺货费期望值之和

$$\begin{aligned} C(I+Q)=C(S)&=C_3+KQ+\int_0^S C_1(S-r)\phi(r)\mathrm{d}r+\int_S^\infty C_2(r-S)\phi(r)\mathrm{d}r \\ &=C_3+K(S-I)+\int_0^S C_1(S-r)\phi(r)\mathrm{d}r+\int_S^\infty C_2(r-S)\phi(r)\mathrm{d}r \end{aligned}$$

Q可以连续取值,$C(S)$是S的连续函数.

$$\frac{dC(S)}{dS} = K + C_1 \int_0^S \phi(r)dr - C_2 \int_S^\infty \phi(r)dr$$

令 $\dfrac{dC(S)}{dS}=0$，有

$$F(S) = \int_0^S \phi(r)dr = \frac{C_2 - K}{C_1 + C_2} \tag{11.3.6}$$

$\dfrac{C_2-K}{C_1+C_2}$ 严格小于 1，称为临界值，以 N 表示 $N=\dfrac{C_2-K}{C_1+C_2}$.

为得到本阶段的存储策略，由 $\int_0^S \phi(r)dr=N$，确定 S 的值，定货量 $Q=S-I$.

本模型中有订购费 C_3，如果本阶段不订货可以节省订购费 C_3，因此我们设想是否存在一个数值 $s(s\leqslant S)$ 使下面的不等式能成立：

$$Ks + C_1 \int_0^s (s-r)\phi(r)dr + C_2 \int_s^\infty (r-s)\phi(r)dr$$
$$\leqslant C_3 + KS + C_1 \int_0^S (S-r)\phi(r)dr + C_2 \int_S^\infty (r-S)\phi(r)dr$$

当 $s=S$ 时，不等式显然成立.

当 $s<S$ 时，不等式右端存储费用期望值大于左端存储费用期望值，右端缺货费用期望值小于左端缺货费用期望值；一增一减后仍然使不等式成立的可能性是存在的. 如有不止一个 s 的值使下列不等式成立，则选其中最小者作为本模型 (s,S) 存储策略的 s：

$$C_3 + K(S-s) + C_1\left[\int_0^S (S-r)\phi(r)dr - \int_0^s (s-r)\phi(r)dr\right]$$
$$+ C_2\left[\int_S^\infty (r-S)\phi(r)dr - \int_s^\infty (r-s)\phi(r)dr\right] \geqslant 0$$

相应的存储策略是每阶段初期检查存储，当库存 $I<s$ 时，需订货，订货的数量为 Q，$Q=S-I$. 当库存 $I\geqslant s$ 时，本阶段不订货. 这种存储策略是定期订货但订货量不确定. 订货数量的多少视期末库存 I 来决定订货量 Q，$Q=S-I$. 对于不易清点数量的存储，人们常把存储分两堆存放，一堆的数量为 s，其余的另放一堆. 平时从另放的一堆中取用，当动用了数量为 s 的一堆时，期末即订货. 如果未动用 s 的一堆时，期末即可不订货，俗称两堆法.

2. 需求是离散的随机变量时

例 11.3.6 设需求 r 取值为 $r_0,r_1,\cdots,r_m(r_i<r_{i+1})$，其概率为 $P(r_0),P(r_1),\cdots,P(r_m)$，$\sum_{i=0}^m P(r_i)=1$，原有存储量为 I（在本阶段内为常量），当本阶段开始时订货量为 Q，存储量达到 $I+Q$，本阶段所需的各种费用如下：

订货费：C_3+KQ.

存储费：当需求 $r<I+Q$ 时，未能售出的存储部分需付存储费.

当需求 $r\geqslant I+Q$ 时，不需要付存储费.

所需存储费的期望值

$$\sum_{r \leqslant I+Q} C_1(I+Q-r)P(r) \quad (r=I+Q \text{ 时,不付存储费及缺货费})$$

缺货费：当需求 $r > I+Q$ 时，$(r-I-Q)$ 部分需付缺货费．

缺货费用的期望值：$\sum_{r > I+Q} C_2(r-I-Q)P(r)$．

本阶段所需订货费及存储费、缺货费期望之和

$$C(I+Q) = C_3 + KQ + \sum_{r \leqslant I+Q} C_1(I+Q-r)P(r) + \sum_{r > I+Q} C_2(r-I-Q)P(r)$$

其中 $I+Q$ 表示存储所达到的水平，记 $S=I+Q$，上式可写为

$$C(S) = C_3 + K(S-I) + \sum_{r \leqslant S} C_1(S-r)P(r) + \sum_{r > S} C_2(r-S)P(r)$$

试求出 S 值，使 $C(S)$ 最小．

解 (1) 将需求 r 的随机值按大小顺序排列为

$$r_0, r_1, \cdots, r_i, r_{i+1}, \cdots, r_m, \quad r_i < r_{i+1}, r_{i+1} - r_i = \Delta r_i \neq 0 \quad (i=0,1,\cdots,m-1)$$

(2) S 只从 $r_0, r_1, \cdots, r_m$ 中取值．当 S 取值为 r_i 时，记为 S_i，

$$\Delta S_i = S_{i+1} - S_i = r_{i+1} - r_i = \Delta r_i \neq 0 \quad (i=0,1,\cdots,m-1)$$

(3) 求 S 的值使 $C(S)$ 最小．因为

$$C(S_{i+1}) = C_3 + K(S_{i+1} - I) + \sum_{r \leqslant S_{i+1}} C_1(S_{i+1} - r)P(r) + \sum_{r > S_{i+1}} C_2(r - S_{i+1})P(r)$$

$$C(S_i) = C_3 + K(S_i - I) + \sum_{r \leqslant S_i} C_1(S_i - r)P(r) + \sum_{r > S_i} C_2(r - S_i)P(r)$$

$$C(S_{i-1}) = C_3 + K(S_{i-1} - I) + \sum_{r \leqslant S_{i-1}} C_1(S_{i-1} - r)P(r) + \sum_{r > S_{i-1}} C_2(r - S_{i-1})P(r)$$

为选出使 $C(S_i)$ 最小的 S 值，S_i 应满足下列不等式：

$$C(S_{i+1}) - C(S_i) \geqslant 0 \tag{11.3.7}$$

$$C(S_i) - C(S_{i-1}) \leqslant 0 \tag{11.3.8}$$

定义 $\Delta C(S_i) = C(S_{i+1}) - C(S_i), \Delta C(S_{i-1}) = C(S_i) - C(S_{i-1})$．

由 (11.3.7) 可推导出

$$\Delta C(S_i) = K \Delta S_i + C_1 \Delta S_i \sum_{r \leqslant S_i} P(r) - C_2 \Delta S_i \sum_{r > S_i} P(r)$$

$$= K \Delta S_i + C_1 \Delta S_i \sum_{r \leqslant S_i} P(r) - C_2 \Delta S_i \left[1 - \sum_{r \leqslant S_i} P(r)\right]$$

$$= K \Delta S_i + (C_1 + C_2) \Delta S_i \sum_{r \leqslant S_i} P(r) - C_2 \Delta S_i \geqslant 0$$

因 $\Delta S_i \neq 0$，即

$$K + (C_1 + C_2) \sum_{r \leqslant S_i} P(r) - C_2 \geqslant 0$$

有

$$\sum_{r \leqslant S_i} P(r) \geqslant \frac{C_2 - K}{C_1 + C_2} = N \qquad (11.3.9)$$

由(11.3.8)同理可推导出

$$\sum_{r \leqslant S_{i-1}} P(r) \leqslant \frac{C_2 - K}{C_1 + C_2} = N \qquad (11.3.10)$$

综合以上两式,得到确定 S_i 的不等式

$$\sum_{r \leqslant S_{i-1}} P(r) < N = \frac{C_2 - K}{C_1 + C_2} \leqslant \sum_{r \leqslant S_i} P(r) \qquad (11.3.11)$$

取满足式(11.3.11)的 S_i 为 S,即令 $S=S_i$,本阶段订货量为 $Q=S-I$.

例 11.3.7 设某公司利用塑料作原料制成产品出售,已知每箱塑料购价为 800 元,订购费 $C_3=60$ 元,存储费每箱 $C_1=40$ 元,缺货费每箱 $C_2=1015$ 元,原有存储量 $I=10$ 箱.已知对原料需求的概率

$$P(r=30\ 箱)=0.20, \quad P(r=40\ 箱)=0.20$$
$$P(r=50\ 箱)=0.40, \quad P(r=60\ 箱)=0.20$$

求该公司订购原料的最佳订购量.

解 (1)计算临界值 $N = \dfrac{1015 - 800}{1015 + 40} \approx 0.204$.

(2)选使不等式 $\sum_{r \leqslant S_i} P(r) \geqslant N$ 成立的 S_i 最小值作为 S,

$$P(30) = 0.20 < 0.204$$
$$P(30) + P(40) = 0.20 + 0.20 = 0.40 > 0.204$$

取 $S_i = 40$ 作为 S.

(3)原存储 $I=10$,订货量 $Q=S-I=40-10=30$.

下面对答案进行验证,分别计算 S 为 $30,40,50$ 所需订货费及存储费期望值、缺货费期望值三者之和.比较它们看是否当 S 为 40 时最小(表 11.3.1).

表 11.3.1

S	I	$Q=S-I$	订货费 C_3+KQ	存储费期望值 $C_1 \sum_{r \leqslant S}(S-r)P(r)$	缺货费期望值 $C_2 \sum_{r>S}(r-S)P(r)$	总计
30	10	20	16060	0	16240	32300
40	10	30	24060	80	8120	32260
50	10	40	32060	240	2030	34330

比较后知 $S=40$ 所需总费用最少,订购量 $Q=30$.

本模型还有另一方面的问题,原存储量 I 达到什么水平可以不订货?假设这一水平是 s,当 $I>s$ 时可以不订货,当 $I \leqslant s$ 时要订货,使存储达到 S,订货量 $Q=S-I$.

计算 s 的方法:考察不等式

$$Ks + \sum_{r \leq s} C_1(s-r)P(r) + \sum_{r>s} C_2(r-s)P(r)$$
$$\leq C_3 + KS + \sum_{r \leq S} C_1(S-r)P(r) + \sum_{r>S} C_2(r-S)P(r) \qquad (11.3.12)$$

因为 S 也只从 $r_0, r_1, \cdots, r_m$ 中取值. 使式(11.3.12)成立的 $r_i(r_i \leq S)$ 的值中最小者定为 s. 当 $s<S$ 时,式(11.3.12)左端缺货费用的期望值虽然会增加,但订货费及存储费用期望值都减少,一增一减之间,不等式仍有可能成立. 在最不利的情况下 $s=S$ 时不等式是成立的(因为 $0<C_3$). 因此我们相信一定能找到 s 值. 当然计算 s 值要比计算 S 复杂一些,但就具体问题计算 s 也不是很难的. 如例 11.3.7 中要计算 s 的确很简单. 由于已算出 $S=40$,可以作为 s 的 r 值只有 30 或 40 两个值.

将 30 作为 s 值代入式(11.3.12)左端得

$800 \times 30 + 1015 \times [(40-30) \times 0.2 + (50-30) \times 0.4 + (60-30) \times 0.2] = 40240$

将 40 代入式(11.3.12)右端得

$60 + 800 \times 40 + 40 \times [(40-30) \times 0.2] + 1015 \times [(50-40) \times 0.4 + (60-40) \times 0.2]$
$= 40260$

即左端数值为 40240,右端数值为 40260,不等式成立,30 已是 r 的最小值,故 $s=30$.

例 11.3.8 某厂对原料需求量的概率为

$P(r=80)=0.1, \quad P(r=90)=0.2, \quad P(r=100)=0.3$
$P(r=110)=0.3, \quad P(r=120)=0.1$

订货费 $C_3=2825$ 元,$K=850$ 元,存储费 $C_1=45$ 元(本阶段费用),缺货费 $C_2=1250$ 元(本阶段费用),求该厂存储策略.

解 (1)利用公式(11.3.11)计算临界值 $N=\dfrac{1250-850}{1250+45}=0.309$.

(2)求 S.

$P(r=80)+P(r=90)=0.3<0.309$
$P(r=80)+P(r=90)+P(r=100)=0.6>0.309$

可知 $S=100$.

(3)利用式(11.3.12)计算 s.

$S=100$,式(10.3.12)右端为

$2825+850 \times 100 + 45 \times [(100-80) \times 0.1 + (100-90) \times 0.2 + (1000-100) \times 0.3]$
$+ 1250 \times [(110-100) \times 0.3 + (120-100) \times 0.1] = 94255$

$s=80$,式(11.3.12)左端为

$850 \times 80 + 45 \times (80-80) \times 0.1 + 1250 \times [(90-80) \times 0.2$
$+ (100-80) \times 0.3 + (110-80) \times 0.3 + (120-80) \times 0.1]$
$= 94250$

由于 $94250 < 94255$,故知 $s=80$.

以上介绍的存储问题都比较理想化,实际的存储问题往往会更加复杂一些.例如,需求率和补充率可能不是常数,库存、资金、一次订购量等可能具有某些限制;存储问题可能需要考虑 n 个相互联系的阶段(存储周期),而形成一个多阶段存储决策问题;存储策略的评价准则可能不只是费用最小化,而涉及多目标存储策略问题等.一般来说,越接近于实际,存储问题就越复杂,无论是对问题的数学描述,还是对模型的数学求解都会发生困难.

要使存储理论真正成为企业物资管理的有力武器,更好地为企业生产经营服务,还必须使存储理论和现代管理的其他方法相结合,只有这样存储理论才能真正成为一种实际有效的决策工具.

习 题 11

1. 某厂为了满足生产的需要,定期向外单位订购一种零件,这种零件平均日需求量 100 个,每个零件一天的存储费 0.02 元,定购一次的费用 100 元.假定不允许缺货,求最优订购量,订购间隔期和单位时间总费用(假定订购后供货单位能即时供应).

2. 考虑第 1 题,且假定允许缺货,每个零件缺货一天的损失费为 0.08 元.求最优订购量,最优缺货量,订购间隔期和单位时间总费用.

3. 如果第 1 题中,假定供货单位不能即时供应,而是按一定的速度均匀供应,设每天供应量为 200 个,求最优订购量、最优订购间隔期和单位时间总费用.

4. 每月需要某种机构零件 2000 件,每件成本 150 元,每年的存储费用为成本的 16%,每次订购费 100 元,求 EOQ 及最小费用.

5. 在第 4 题中,如果允许缺货,设缺货费 $C_2=200$ 元,试求库存量 s 及最大缺货量.

6. 某公司采用无安全存量的存储策略,每年需电感 5000 个,每次订购费 500 元,保管费用每年每个 10 元,不允许缺货.若采购少量电感每个单价 30 元,若一次采购 1500 个以上则每个单价 18 元,问该公司每次应采购多少个?(提示:本题属于价格有折扣的类型)

7. 某单位每年需消费某种物品 1500 件,每次订购费 $C_3=80$ 元,保管费每件每年 $C_1=15$ 元,不允许缺货,物品单价随订购数量变化:

$$K(Q)=\begin{cases} 30\text{元}, & Q<500 \\ 28\text{元}, & 500\leqslant Q<1000 \\ 25\text{元}, & 1000\leqslant Q \end{cases}$$

求最佳订购批量 Q_0.

8. 某工厂在一段时间内对一物品的需求量是一个随机变量,分布如表 11.1 所示.

表 11.1

需求量(R)	45	50	60	70	80	90	95
概率(P)	0.1	0.1	0.1	0.25	0.20	0.15	0.10

每次订购费为 600 元,存储费为 40 元/(月·件),缺货费为 1100 元/(月·件),每件单价是 700 元.采用 (s,S) 策略,求存储方案.

9. 某厂需用配件数量 r 是一个随机变量,其概率服从泊松分布.t 时间内需求概率为

$$\varphi_t(r)=\frac{\mathrm{e}^{-\rho t}(\rho t)^r}{r!}, \quad 平均每日需求量为 1(\rho=1)$$

备货时间为 x 天的概率服从正态分布

$$P(x)=\frac{1}{\sqrt{2\pi}\sigma}\mathrm{e}^{\frac{(x-\mu)^2}{2\sigma^2}}$$

平均拖后时间 $\mu=14$ 天,方差 $\sigma^2=1$. 在生产循环周期内存储费 $C_1=1.25$ 元,缺货费 $C_2=10$ 元,装配费 $C_3=3$ 元. 问两年内应分多少批订货? 每次批量及缓冲存储量各为何值才能使总费用最小?

第 12 章

对 策 论

对策论又称博弈论(game theory),是运筹学的一个重要分支,是研究具有对抗性或竞争性的运筹问题,其核心是解决什么是对策的解和解的存在性以及如何求解.对策论在现实中有着广泛的应用背景,和重要的应用价值.本章将着重介绍矩阵对策的解的概念及解的存在性和求解方法,以此为基础逐步介绍一些合作对策和多人对策等问题.

12.1 对策论概述

一、对策论的基本要素

在社会生活中,经常碰到各种各样的具有竞争或者利益相对抗的活动,如下棋、打扑克、争夺市场的广告战、军事斗争中双方间的谋略等.这些活动的共同特点是,竞争的双方都希望自己的战术优于对方的战术,并以此取得胜利.

中国历史上的田忌和齐王赛马的故事,就是对策问题的生动反映.其说的是,一次齐王要与他的大臣田忌赛马.规定比赛分三场,每场各出赛马一匹,三赛二胜者为赢.双方都有上、中、下三等马,但相应等级中,齐王的马比田忌的马要快.田忌为了获胜,请教了孙膑.孙膑为他出了一个策略:用下马对齐王的上马,用上马对齐王的中马,用中马对齐王的下马.运用这一策略,田忌取得了两胜一负的成绩.下面系统地分析一下这个取胜的策略.

如果用数字"-1"表明田忌的马输齐王的马,用数字"+1"表明田忌的马胜齐王的马.则田忌的马与齐王的对比情况见表 12.1.1.

表 12.1.1

田忌＼齐王	上	中	下
上	-1	+1	+1
中	-1	-1	+1
下	-1	-1	-1

用最优分配问题的算法可知,田忌用上马对齐王的中马,用中马对齐王的下马,用下马对齐王的上马,是所有三局比赛方案中唯一能取胜的最优方案.当然,要使最优方案能够得以实施,田忌在赛马前必须知道齐王出赛马的顺序.

从田忌赛马的故事可知,一个对策问题包含下面三个基本要素:

(1) 局中人:在一个对策行为(或一局对策)中,有权决定自己行动方案的对策参与者称为局中人,局中人通常可以是一个人,一个集团等.通常用 I 表示局中人的集合,如果有 n 个局中人,则 $I=\{1,2,\cdots,n\}$,一般要求一个对策中至少要有两个局中人,如在"田忌赛马"例子中,局中人是齐王和田忌.

局中人之间可以有结盟和不结盟之分.在"田忌赛马"例子中齐王和田忌之间是存在利益冲突的,他们是不可能结盟的.在对策中总是假定每一个局中人都是理智的、聪明的决策者或竞争者,每一个局中人都不存在利用其他局中人的决策失误,来扩大自身取胜的可能性.

(2) 策略集:策略集是指局中人所拥有的对付其他局中人的手段、方案的集合.在一局对策中,方案是一个实际可行的完整的行动,而不能是若干相关行动中的某一步.参加对策的每个局中人,$i \in I$ 都有自己的策略集 S_i,一般每一个局中人的策略集中至少应包含两个策略.

例如在"田忌赛马"中,局中人齐王与田忌各自都有 6 个策略:(上、中、下)、(上、下、中)、(中、上、下)、(中、下、上)、(下、上、中)、(下、中、上).

(3) 支付函数(赢得函数):在一局对策中,当局势给定以后,就用一个数来表示得失(或输赢),显然,这种"得失"和"输赢"是局势的函数,称为支付函数.通常用正数表示局中人的赢得,负数表示局中人的损失.

例如,s_i 是第 i 个局中人的一个策略,则 n 个局中人的策略对

$$S=(s_1,s_2,\cdots,s_n)$$

是一个局势,全体局势的集合 S 可用 n 个局中人的策略集的笛卡儿积表示,即

$$S=s_1 \times s_2 \times \cdots \times s_n$$

当局势出现后,对策结果也就确定了,即对任一局势 $s \in S$,局中人 I 可能得到一个支付 $H(s)$. 显然 $H_i(s)$ 是局势 s 的函数,称为第 i 个局中人的支付函数.

田忌赛马中,局中人集合 $I=\{1,2\}$. 齐王的策略集用 $S_1=\{\alpha_1,\alpha_2,\cdots,\alpha_6\}$ 表示,田忌的策略集用 $S_2=\{\beta_1,\beta_2,\cdots,\beta_6\}$ 表示. 这样齐王的任一策略集 α_i 和田忌的任一策略集 β_j,就决定了一个局势 s_{ij},如果 $\alpha_1=$(上、中、下)、$\beta_1=$(上、中、下)则在局势 s_{11} 下齐王的收益为 $H_1(s_{11})=3$,田忌的收益为 $H_2(s_{11})=-3$,等等.

一般而言,当局中人、策略集和支付函数这三个要素确定后,一个对策模型也就确定了.

二、对策的例子

在日常的生活中,常常可以观察到各种各样带有竞争性质的现象,例如,下棋、打扑克、球赛等各种体育竞赛和游戏;经济领域内的广告和销售活动、贸易谈判、生产管理;政党之间的政治斗争等.下面举几个可以用对策论的思想和模型进行分析的例子.

例 12.1.1(囚徒困境(prisoner' dilemma)) 嫌疑犯 A 和 B 因为一桩案件而被捕,两人被关在不同的屋子里接受审讯.警察告诉他们:如果两人都坦白,各判刑 5 年;如果

其中一人坦白，另一人抵赖，则坦白者立即释放，抵赖者判刑 9 年；如果两人都抵赖，各判刑 1 年（或许因证据不足）.这两名疑犯该如何选择才能对自己有利？

例 12.1.2（冬季取暖问题） 某单位在秋季要决定冬季取暖用煤储量问题.在正常的冬季气温下要消耗 15 吨煤，但在较暖与较冷的冬季分别需要 10 吨和 20 吨煤.假定煤的价格随着冬季寒冷程度而有所变动：在较暖、正常、较冷的冬季气温下分别为每吨 100 元、120 元、150 元.又设在秋季煤价为每吨 100 元.问在没有当年冬季准确的气象预报条件下，秋季储煤多少吨才较合理？

例 12.1.3（产量竞争问题） 假定企业 1 和企业 2 生产完全相同的产品，他们同时决定自己的产量.设企业 1 选择的产量为 q_1，企业 2 选择的产量为 q_2.产品的市场价格 p 与两企业的产量有关：$p=a-b(q_1+q_2)$，其中，a 与 b 均为大于零的常数.若两企业生产该产品的单位成本均为正整数 c，问两个企业如何选择各自的产量，才能使得自己获得的利润最大？

上述三个问题都属于对策模型问题，为了便于系统研究，对策论中常将对策问题根据不同的标准进行了分类.有依据局中人的个数，分为二人对策和多人对策；也有依据每个局中人的策略是否可以在对策开始前确定，分为策略型对策和展开型对策；还有根据对策的过程是否和时间有关，分为动态对策（又称为微分对策）和静态对策；还有依据局中人之间是否合作，分为合作对策和非合作对策；以及依据局中人的策略集中的策略个数，分为有限对策和无限对策；此外，还有零和对策、常和对策、矩阵对策、随机对策等.

12.2 矩阵对策中的策略

在众多对策模型中，占有重要地位的是一类非合作对策模型，即所谓的二人有限零和对策，又称矩阵对策.矩阵对策的思想方法十分具有代表性，是研究其他诸多对策问题的理论基础.

矩阵对策即为二人零和有限对策."零和"是指在任一局势下，两个局中人的支付之和总等于零，即一个局中人的所得值刚好是另一个局中人的所失值，即双方的利益是完全对抗的."有限"是指每个局中人的策略集均为有限集；"二人"是指参加对策的局中人有两个."田忌赛马"就是一个矩阵对策的例子，齐王和田忌各有 6 个策略，一局对策后，齐王的所得必为田忌的所失，反之亦然.

一、矩阵对策的最优纯策略

每个对策模型都有 3 个基本要素，对于矩阵对策模型来说，由于在每一局势下双方的支付互为相反数，只要确定了一方的支付，也就同时确定了另一方的支付.

一般地，用 I 和 II 分别表示两个局中人，设局中人 I 有 m 个纯策略 $\alpha_1,\alpha_2,\cdots,\alpha_m$，局中人 II 有 n 个纯策略 $\beta_1,\beta_2,\cdots,\beta_n$；它们分别构成两个参与者的策略集：$S_1=\{\alpha_1,\alpha_2,\cdots,\alpha_m\}$ 和 $S_2=\{\beta_1,\beta_2,\cdots,\beta_n\}$.一旦局中人 I 选定纯策略 α_i 和局中人 II 选定纯

策略 β_j 后,就形成了一个局势 (α_i,β_j). 这样的局势共有 $m\times n$ 个. 对任一局势 (α_i,β_j),记局中人 I 的支付为 a_{ij} (局中人 II 的支付为 $-a_{ij}$),并称

$$A=\begin{pmatrix} a_{11} & a_{12} & \cdots & a_{1n} \\ a_{21} & a_{22} & \cdots & a_{2n} \\ \vdots & \vdots & & \vdots \\ a_{m1} & a_{m2} & \cdots & a_{mn} \end{pmatrix}$$

为局中人 I 的支付矩阵. 由于对策为零和的,故局中人 II 的支付矩阵为 $-A$.

当局中人 I,II 的策略集 S_1,S_2 及局中人 I 的支付矩阵确定后,一个矩阵对策就确定了. 因此将矩阵对策表示为

$$G=\{S_1,S_2;A\}$$

矩阵对策的模型给定后,各局中人面临的问题是:如何选择对自己最为有利的策略以谋取最大的支付(或最小损失). 下面通过一个具体例子来说明应如何选择局中各人的最优策略.

例 12.2.1 设有一矩阵对策问题 $G=\{S_1,S_2;A\}$,其中

$$A=\begin{pmatrix} -6 & 1 & -8 \\ 3 & 2 & 4 \\ 20 & -1 & -20 \\ -3 & 0 & 6 \end{pmatrix}$$

从 A 可以看出,局中人 I 要想得到最大支付 20,就必须选择纯策略 α_3. 由于假设局中人 II 是理智的,他考虑到局中人 I 打算出 α_3 的心理,便准备以 β_3 对付之. 这样局中人 I 不但不能得到 20,反而失掉 20. 局中人 I 猜到局中人 II 的心理,故转而出 α_4. 这样,局中人 II 得不到 20,反而失掉 6……所以,如果双方都考虑到对方必然会设法使得自己所得最少这一点,就应该从各自可能出现的最不利的情形中选择一个最有利的情形作为决策的依据,这就是所谓的"理智行为".

对局中人 I 来说,在各纯策略下可能得到的最少支付分别为:$-8,2,-20,-3$,其中最好的结果为 2. 无论局中人 II 选择什么样的纯策略,局中人 I 只要以策略 α_2 参加对策,就能保证自己的收入不会少于 2,而出其他任何纯策略,都有可能使局中人 I 的支付少于 2,甚至输给对方.

同理,对局中人 II 来说,各纯策略可能带来的最不利的结果为:$20,2,6$,其中最好的也是 2,即局中人 II 只要选择纯策略 β_2,无论对方采取什么纯策略;他的所失值都不会超过 2,而选择任何其他的纯策略都有可能使得自己的所失超过 2.

因此,局中人 I 和 II 的"理智行为"分别是选择纯策略 α_2 和 β_2,这时,局中人 I 的支付和局中人 II 的所失的绝对值相等,局中人 I 得到了其预期的最少支付 2,而局中人 II 也不会给局中人 I 带来比 2 更多的所得,相互的竞争使对策出现了一个平衡局势 (α_2,β_2),这个局势就是双方均可接受的,且对双方来说都是一个最稳妥的结果. 因此,α_2 和 β_2 应分别是局中人 I 和 II 的最优纯策略.

关于一般矩阵对策的最优纯策略,有如下的定义和定理.

定义 12.2.1 设 $G=\{S_1,S_2;A\}$ 为一般矩阵对策,$S_1=\{\alpha_1,\alpha_2,\cdots,\alpha_m\}$,$S_2=\{\beta_1,\beta_2,\cdots,\beta_n\}$,$A=(a_{ij})_{m\times n}$. 若

$$\max_i \min_j a_{ij} = \min_j \max_i a_{ij} \tag{12.2.1}$$

成立,记其值为 v_G,则称 v_G 为对策的值,称使得式(12.2.1)成立的局势 $(\alpha_{i^*},\beta_{j^*})$ 为 G 在纯策略意义下的解(或平衡局势),称 α_{i^*} 和 β_{j^*} 分别为局中人 I 和 II 的最优纯策略.

定理 12.2.1 矩阵对策 $G=\{S_1,S_2;A\}$ 在纯策略意义下有解的充要条件是:存在局势 $(\alpha_{i^*},\beta_{j^*})$,使得对任意 i 和 j 有

$$a_{ij^*} \leq a_{i^*j^*} \leq a_{i^*j} \tag{12.2.2}$$

证明请读者自行完成.

定理 12.2.1 说明,矩阵对策的值 $a_{i^*j^*}$ 就是支付矩阵 A 中它所在行的最小元素,又是它所在列中的最大元素. 同时表明,当局中人 II 选择策略 β_{j^*} 时,局中人 I 的最优应对策略就是 α_{i^*},因为此时他获得的支付最大;同理,当局中人 I 选择策略 α_{i^*} 时,局中人 II 的最佳应对策略就是 β_{j^*},此时局中人 II 的支付最大(他的支付为 $-a_{i^*j^*}$),由此可见,双方的最优策略互为最优反应策略.

矩阵对策的解可能是不唯一的,下面的定理说明当解不唯一时,解之间具有可交换性,而对策的解具有无差别性.

定理 12.2.2 如果 $(\alpha_{i^0},\beta_{j^0})$ 和 $(\alpha_{i^1},\beta_{j^1})$ 都是矩阵对策 G 的解,则 $(\alpha_{i^0},\beta_{j^1})$ 和 $(\alpha_{i^1},\beta_{j^0})$ 也是 G 的解,并且它们对应对策的值相等.

证明略.

二、矩阵对策的混合策略

由前面的讨论可知,对矩阵对策 $G=\{S_1,S_2;A\}$ 来说,局中人 I 可以保证自己的支付至少是 $v_1=\max\limits_i\min\limits_j a_{ij}$;局中人 II 可以保证自己的最大损失为 $v_2=\min\limits_j\max\limits_i a_{ij}$. 因为局中人 I 的支付不会多于局中人 II 的损失值,所以总有 $v_1 \leq v_2$,当 $v_1=v_2$ 时,矩阵对策存在纯策略下的解,但是对绝大多数矩阵对策,可能的结果是 $v_1<v_2$,这时该对策就不存在纯策略意义下的解. 例如在田忌赛马问题中,$\max\limits_{1\leq i\leq 6}\min\limits_{1\leq j\leq 6} a_{ij} = -1 < 3 = \min\limits_{1\leq j\leq 6}\max\limits_{1\leq i\leq 6} a_{ij}$,因此对策无解,即局中人找不到各自的最优策略,自然也求不出对策的值.

例 12.2.2 给定矩阵对策 $G=\{S_1,S_2;A\}$,其中

$$A = \begin{pmatrix} 3 & 6 \\ 5 & 4 \end{pmatrix}$$

此时

$$\max_{1\leq i\leq 2}\min_{1\leq j\leq 2} a_{ij} = 4, \quad \min_{1\leq j\leq 2}\max_{1\leq i\leq 2} a_{ij} = 5$$

即知

$$\max_{1\leq i\leq 2}\min_{1\leq j\leq 2} a_{ij} < \min_{1\leq j\leq 2}\max_{1\leq i\leq 2} a_{ij}$$

故 G 无解.

这说明定义 12.2.1 中对策的解的概念会使许多矩阵对策不存在解,因此有必要把对策的解的定义作一些修正. 下面通过上例来分析应如何修正对策的解的定义.

从前面的讨论可以发现,当局中人根据"从最不利的情形中选取最有利的结果"的原则选取策略时,上例中的局中人甲应选取策略 α_2,局中人乙应选取策略 β_1,此时甲将得到 5,比其预期得到的 4 要多,故 β_1 对乙来说并不是最优策略,因而乙会考虑选取 β_2. 甲亦会采取相应的办法,改选 α_1,以使其得到 6,而乙又可能仍取 β_1 来对付甲的策略 α_1. 这样甲选 α_1 或 α_2 的可能性及乙选 β_1 或 β_2 的可能性都不能排除,对甲、乙双方来说,不存在一个双方均可接受的平衡局势. 在这个情况下,一个比较自然而且符合实际的想法是:既然都没有最优策略可选,是否可以给出一个选取策略的概率分布? 在上例中,局中人 I 可以制定这样一种策略:分别以概率 $\frac{1}{4}$ 和 $\frac{3}{4}$ 选取 α_1 和 α_2,局中人乙以概率 $\frac{1}{2}$ 分别选取 β_1 和 β_2 时,对策的双方都会得到满意的结果,或者说,以这种方式选取策略参加对策,对双方都是最好的选择.

把上述方法推广到一般,可以引进下面的概念.

定义 12.2.2 设矩阵对策 $G=\{S_1,S_2;A\}$,其中 $S_1=\{\alpha_1,\alpha_2,\cdots,\alpha_m\}$,$S_2=\{\beta_1,\beta_2,\cdots,\beta_n\}$,$A=(a_{ij})_{m\times n}$. 记

$$S_1^* = \left\{x \in E^m \,\middle|\, x=(x_1,x_2,\cdots,x_m)^T, x_i \geq 0, i=1,\cdots,m, \sum_{i=1}^m x_i = 1\right\}$$

$$S_2^* = \left\{y \in E^n \,\middle|\, y=(y_1,y_2,\cdots,y_n)^T, y_i \geq 0, i=1,\cdots,n, \sum_{i=1}^n y_i = 1\right\}$$

S_1^* 和 S_2^* 分别称为局中人 II 的混合策略集;$x \in S_1^*$ 和 $y \in S_2^*$ 分别称作局中人的混合策略;当 $x \in S_1^*$ 和 $y \in S_2^*$ 时,称 (x,y) 为一个混合局势,局中人在此局势下的期望支付函数为

$$E(x,y) = x^T A y = \sum_i \sum_j a_{ij} x_i y_j$$

这样得到一个新的对策 $G^* = \{S_1^*, S_2^*; E\}$,称 G^* 为对策 G 的混合扩充. 一个混合策略 $x=(x_1,x_2,\cdots,x_m) \in S_1^*$ 可以设想为当两个局中人多次重复进行对策 G 时,局中人甲分别采取纯策略 $\alpha_1,\alpha_2,\cdots,\alpha_m$ 的频率,若只进行一次对策,则混合策略 x 可以设想为局中人甲对各个纯策略的偏好程度.

同上节一样,如果两个局中人均按照"从最不利情形中选取最有利的结果"的原则,则局中人甲可保证自己的支付的期望值不少于

$$v_1 = \max_{x \in S_1^*} \min_{y \in S_2^*} E(x,y)$$

局中人乙可以保证自己的所失的期望值至多是

$$v_2 = \min_{y \in S_2^*} \max_{x \in S_1^*} E(x,y)$$

与最优纯策略类似,有如下的定义:

定义 12.2.3 设 $G^* = \{S_1^*, S_2^*; E\}$ 是矩阵对策 $G=\{S_1,S_2;A\}$ 的混合扩充. 若存

在 $x \in S_1^*$ 和 $y \in S_2^*$,使得
$$\max_{x \in S_1^*} \min_{y \in S_2^*} E(x,y) = \min_{y \in S_2^*} \max_{x \in S_1^*} E(x,y) = E(x^*, y^*)$$

记 $E(x^*, y^*)$ 为 v_G,则称 v_G 为对策 G^* 的值,x^* 和 y^* 分别称为局中人 I 和 II 的最优(混合)策略,局势 (x^*, y^*) 称为最优(混合)局势,也称对策 G 在混合策略意义下的解.

与矩阵对策的最优纯策略的解类似,有如下定理.

定理 12.2.3 矩阵对策在混合意义下有解的充要条件是:存在 $x \in S_1^*$ 和 $y \in S_2^*$,使得对一切 $x \in S_1^*, y \in S_2^*$ 有
$$E(x, y^*) \leqslant E(x^*, y^*) \leqslant E(x^*, y)$$

定理的证明请读者自行完成.

定理说明 x^* 和 y^* 之所以被称为最优混合策略,其原因在于 x^* 是局中人 I 对局中人 II 所选择的混合策略 y^* 的最佳反应,此时局中人 I 的期望支付最大;同理,y^* 是局中人 II 对局中人 I 所选混合策略 x^* 的最佳反应,即 x^* 和 y^* 对两个局中人来说互为最佳反应策略.

12.3 矩阵对策的基本定理

下面将讨论矩阵对策解的存在性及其性质,这是求解矩阵对策的基础.下面对矩阵对策 G 及其混合扩充 G^* 一般不加区别,当 G 在纯策略意义下的解不存在时,自然认为讨论的是在混合策略意义下的解.

一、基本定理

记 $E(i, y)$ 为局中人 I 选取纯策略 α_i 应对 II 的纯策略 y 时的支付,$E(x, j)$ 为局中人 I 选取混合策略 x 应对 II 的纯策略 β_j 时的支付,则
$$E(i, y) = \sum_j a_{ij} y_j$$
$$E(x, j) = \sum_i a_{ij} x_i$$
$$E(x, y) = \sum_i E(i, y) x_i = \sum_j E(x, j) y_j$$

定理 12.3.1 设 $x \in S_1^*$ 和 $y \in S_2^*$,则 (x^*, y^*) 为对策 G 的解的充要条件是:对任意 $i = 1, \cdots, m$ 和 $j = 1, \cdots, n$,有
$$E(i, y^*) \leqslant E(x^*, y^*) \leqslant E(x^*, j)$$

定理说明:当验证 (x^*, y^*) 是否是对策 G 的解时,只需要对 $m+n$ 个不等式进行验证.

定理 12.3.1 的等价形式是下面的定理.

定理 12.3.2 设 $x \in S_1^*$ 和 $y \in S_2^*$,则 (x^*, y^*) 为对策 G 的解的充要条件是:存在数 v,使得 x^* 和 y^* 分别是式(12.3.1)和式(12.3.2)的解,且对策的值 $V_G = v$.

$$\begin{cases} \sum_i a_{ij}x_i \geqslant v, & j=1,\cdots,n \\ \sum_i x_i = 1 \\ x_i \geqslant 0, & i=1,\cdots,m \end{cases} \quad (12.3.1)$$

$$\begin{cases} \sum_j a_{ij}y_j \leqslant v, & i=1,\cdots,m \\ \sum_j y_j = 1 \\ y_j \geqslant 0, & j=1,\cdots,n \end{cases} \quad (12.3.2)$$

该定理的证明作为练习.下面给出矩阵对策解的存在性定理.

定理 12.3.3 任一矩阵对策 $G=\{S_1,S_2;A\}$,一定存在混合策略意义下的解.

证明 考虑如下两个线性规划问题:

(P) $\max w$
s.t. $\begin{cases} \sum_i a_{ij}x_i \geqslant w, & j=1,2,\cdots,n \\ \sum_i x_i = 1 \\ x_i \geqslant 0, & i=1,2,\cdots,m \end{cases}$

(D) $\min v$
s.t. $\begin{cases} \sum_j a_{ij}y_j \leqslant v, & i=1,2,\cdots,m \\ \sum_j y_j = 1 \\ y_j \geqslant 0, & j=1,2,\cdots,n \end{cases}$

显然问题(P)和(D)互为对偶线性规划,而且 $x=(1,0,\cdots,0)^T \in S_1^*$,$w=\min_j a_{1j}$ 是问题(P)的一个可行解;$y=(1,0,\cdots,0)^T \in S_2^*$,$v=\max_i a_{i1}$ 是问题(D)的一个可行解.由线性规划对偶定理可知问题(P)和(D)分别存在最优解 (x^*,w^*) 和 (y^*,v^*),且 $w^*=v^*$,即存在 x^* 和 y^* 及数 v^*,使得对任意 $i=1,\cdots,m$ 和 $j=1,\cdots,n$,有

$$\sum_j a_{ij}y_j^* \leqslant v^* \leqslant \sum_i a_{ij}x_i^* \quad \text{或} \quad E(i,y^*) \leqslant v^* \leqslant E(x^*,j)$$

又

$$E(x^*,y^*) = \sum_i E(i,y^*)x_i^* \leqslant v^* \sum_i x_i^* = v^*$$

$$E(x^*,y^*) = \sum_j E(x^*,j)y_j^* \geqslant v^* \sum_j y_j^* = v^*$$

即 $E(x^*,y^*)=v^*$,故 $E(i,y^*) \leqslant E(x^*,y^*) \leqslant E(x^*,j)$,由定理 12.3.1 知 (x^*,y^*) 为对策 G 的解.

定理的证明不仅揭示了矩阵对策解的存在性,同时给出了利用线性规划求解的思路.

二、基本性质

记 $T(G)$ 为矩阵对策 G 的解集,下面的定理刻画了矩阵对策解的重要性质,对求解矩阵对策具有重要作用.

定理 12.3.4 若 (x^*,y^*) 为矩阵对策 G 的解,$V_G=v^*$,则每一个 i 和 j 有

(1) 若 $x_i^* \neq 0$,则 $\sum_j a_{ij}y_j^* = v^*$;

(2)若 $y_j^* \neq 0$,则 $\sum_i a_{ij} x_i^* = v^*$;

(3)若 $\sum_j a_{ij} y_j^* < v^*$,则 $x_i^* = 0$;

(4)若 $\sum_i a_{ij} x_i^* > v^*$,则 $y_j^* = 0$.

定理 12.3.5 设有两个矩阵对策 $G_1 = \{S_1, S_2; A_1\}$ 和 $G_2 = \{S_1, S_2; A_2\}$,其中 $A_1 = (a_{ij}), A_2 = (a_{ij} + L), L$ 为任意常数,则 $V_{G_2} = V_{G_1} + L, T(G_1) = T(G_2)$.

定理 12.3.6 设有两个矩阵对策 $G_1 = \{S_1, S_2; A_1\}$ 和 $G_2 = \{S_1, S_2; A_2\}$,其中 $A_2 = kA_1, k$ 为大于零的常数,则 $V_{G_2} = kV_{G_1}, T(G_1) = T(G_2)$.

12.4 矩阵对策的求解

矩阵对策有多种解法,应根据对策模型的具体特点选择适宜的方法进行求解.

一、图解法

对于有鞍点的矩阵对策,鞍点就是矩阵对策的解,对应的策略就是局中人的最优策略. 对于鞍点不存在的矩阵对策,即没有纯策略解的矩阵对策问题,当两个局中人之一仅有两个策略可以选择时,可用图解法求对策的解.

例 12.4.1 某厂有三种不同的设备,对外加工三种不同的产品 $\beta_1, \beta_2, \beta_3$,已知这三种设备分别加工三种产品时,单位时间内创造的价值如表 12.4.1 所示.

表 12.4.1

	β_1	β_2	β_3
α_1	3	-2	5
α_2	2	2	6
α_3	-1	4	0

表中负值表示设备的消耗大于创造出的价值. 试求出一个合理的加工方案.

解 合理的加工方案应当理解成,三种产品与三种设备之间如何匹配,才能使单位时间内加工的费用最少. 为此,把工厂和大自然看作对策的局中人 I 和局中人 II,工厂的纯策略集为 $\{\alpha_1, \alpha_2, \alpha_3\}$,大自然的纯策略集为 $\{\beta_1, \beta_2, \beta_3\}$,形成一个支付矩阵为

$$A = \begin{pmatrix} 3 & -2 & 5 \\ 2 & 2 & 6 \\ -1 & 4 & 0 \end{pmatrix}$$

的矩阵对策问题,记为 G. 显然 A 的第 1 列优超第 3 列,因此删去第 3 列,得到 3×2 矩阵

$$A_1 = \begin{pmatrix} 3 & -2 \\ 2 & 2 \\ -1 & 4 \end{pmatrix}$$

以 A_1 为支付矩阵的对策记为 G_1,易知 G_1 没有鞍点.用图解法求解 G_1.

当 II 采用混合策略 $(y, 1-y)$,$y \in [0,1]$,而 I 分别采用纯策略 $\alpha_1, \alpha_2, \alpha_3$ 时,I 的支付依次为

$$3y - 2(1-y) = 5y - 2, \quad 2y + 2(1-y) = 2, \quad -y + 4(1-y) = -5y + 4$$

作一直角坐标系 yOv,并在该坐标系中作三条直线

$$l_1 : 5y - 2 = v, \quad l_2 : v = 2, \quad l_3 : -5y + 4 = v$$

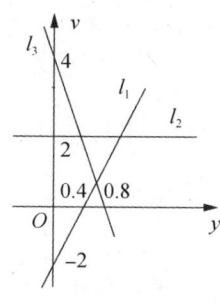

图 12.4.1

直线 l_i 在 $y \in [0,1]$ 处的纵坐标值即为 II 取混合策略 $(y, 1-y)$,I 取纯策略 α_i 时 I 的支付($i=1,2,3$),根据"从最不利情形中选取最有利结果"的原则,II 的最优策略是如何确定 y,以使三个纵坐标值中的最大值尽可能小.从图 12.4.1 中可以看出:II 应选择 $OD_1 \leqslant y \leqslant OD_2$,且对策的值为 2.由方程

$$-5y + 4 = 2 \quad \text{和} \quad 5y - 2 = 2$$

分别求出 l_3 和 l_2 的交点 C_1 的横坐标为 $\frac{2}{5}$,l_1 和 l_2 的交点 C_2 的横坐标为 $\frac{4}{5}$,从而 $OD_1 = \frac{2}{5}$,$OD_2 = \frac{4}{5}$.因此 II 的最优策略

$$\bar{y} = (y, 1-y), \quad \frac{2}{5} \leqslant y \leqslant \frac{4}{5}$$

这表明 II 有无穷多个最优策略.显然,I 的最优策略为 $\bar{x} = (0,1,0)$,从而在 G 中,I 的最优策略为 $x^* = (0,1,0)$,II 的最优策略为

$$y^* = (y, 1-y, 0), \quad \frac{2}{5} \leqslant y \leqslant \frac{4}{5}$$

对策 G 的值为 $v_G = 2$.

二、线性规划法

定理 12.3.3 的证明揭示,求解矩阵对策等价于求解线性规划问题(P)和其对偶规划(P),这就为求解矩阵对策提供了又一种具体方法.

(1)将矩阵对策转化为线性规划.

在问题(P)中,令

$$x_i' = \frac{x_i}{w} \quad (i = 1, \cdots, m) \tag{12.4.1}$$

则线性规划(P)等价于线性规划问题(P′)：

$$\min \sum_i x'_i$$

(P′) s.t. $\begin{cases} \sum_i a_{ij} x'_i \geqslant 1 \quad (j=1,2,\cdots,n) \\ x'_i \geqslant 0 \quad (i=1,2,\cdots,m) \end{cases}$

同理,令

$$y'_j = \frac{y_j}{v} \quad (j=1,\cdots,n) \tag{12.4.2}$$

则线性规划(D)等价于线性规划(D′)：

$$\max \sum_j y'_j$$

(D′) s.t. $\begin{cases} \sum_j a_{ij} y'_j \leqslant 1 \quad (i=1,2,\cdots,m) \\ y'_j \geqslant 0 \quad (j=1,2,\cdots,n) \end{cases}$

显然,问题(P′)和(D′)是互为对偶的线性规划,可利用单纯形法或对偶单纯形方法求解.求解后,再由变换(12.4.1)和(12.4.2),即可得到原对策问题的解和对策的值.这种线性规划方法可以求解任一矩阵对策问题.

例 12.4.2 利用线性规划方法求解以下矩阵对策,其支付矩阵为

$$\begin{bmatrix} 7 & 2 & 9 \\ 2 & 9 & 0 \\ 9 & 0 & 11 \end{bmatrix}$$

解 求解问题可化为两个互为对偶的线性规划问题：

$\min\ (x_1+x_2+x_3)$

(P) s.t. $\begin{cases} 7x_1+2x_2+9x_3 \geqslant 1 \\ 2x_1+9x_2 \geqslant 1 \\ 9x_1+11x_3 \geqslant 1 \\ x_1,x_2,x_3 \geqslant 0 \end{cases}$

与

$\max\ (y_1+y_2+y_3)$

(D) s.t. $\begin{cases} 7y_1+2y_2+9y_3 \leqslant 1 \\ 2y_1+9y_2 \leqslant 1 \\ 9y_1+11y_3 \leqslant 1 \\ y_1,y_2,y_3 \geqslant 0 \end{cases}$

上述线性规划的解为

$$x=\left(\frac{1}{20},\frac{1}{10},\frac{1}{20}\right)^T, \quad w=\frac{1}{5}; \quad y=\left(\frac{1}{20},\frac{1}{10},\frac{1}{20}\right)^T, \quad v=\frac{1}{5}$$

故对策问题的解为

$$v_G=\frac{1}{w}=\frac{1}{v}=5, \quad x'=v_G x=\left(\frac{1}{4},\frac{1}{2},\frac{1}{4}\right)^T, \quad y'=v_G y=\left(\frac{1}{4},\frac{1}{2},\frac{1}{4}\right)^T$$

(2) 用优势原则简化矩阵对策.

由前面的讨论可知,若能在求解对策之前对矩阵对策的支付矩阵进行简化、降阶,则会使求解过程更为简便.由于在理性假定下,每个局中人在选择策略时总是选择对自己有利的策略.因此,若存在某纯策略,局中人选择该策略时的支付肯定比选择其他纯

策略时的支付值更小(或损失值比其他纯策略的损失值更大),则局中人从自身利益出发,绝不会选择这种策略(选择该策略的概率为零),从而求解时可将这些策略删去,使支付矩阵得到简化.

定义 12.4.1 设矩阵对策 $G=\{S_1,S_2;A\}$,其中,$S_1=\{\alpha_1,\alpha_2,\cdots,\alpha_m\}$,$S_2=\{\beta_1,\beta_2,\cdots,\beta_n\}$,$A=(a_{ij})_{m\times n}$.

(1)若局中人 I 的支付矩阵 A 中存在 i 行和 k 行,其元素之间有关系
$$a_{ij}\geqslant a_{kj},\quad j=1,2,\cdots,n$$
则称局中人 I 的纯策略 α_i 优于纯策略 α_k,或称纯策略 α_k 为局中人 I 的劣策略.

(2)若支付矩阵 A 中存在 j 列和 l 列,其元素之间有关系
$$a_{ij}\leqslant a_{il},\quad i=1,2,\cdots,m$$
则称局中人 II 的纯策略 β_j 优于纯策略 β_l,或称纯策略 β_l 为局中人 II 的劣策略.

当局中人的纯策略之间存在上述关系时,局中人任何时候都不会选择自己的劣策略,因而在求解之前,可以从支付矩阵中划去该策略所对应的行或列,从而使支付矩阵得到简化.可以证明,经过上述简化后,矩阵对策的最优策略保持不变(选取劣策略的概率为零),对策的值也保持不变,这是所谓的优势原则.

例 12.4.3 求解矩阵对策 $G=\{S_1,S_2;A\}$,其中
$$A=\begin{pmatrix}3 & 5 & 1 & 3 & 2\\ 6 & 0 & 2 & 5 & 8\\ 7 & 3 & 8 & 5 & 8\\ 4 & 6 & 7 & 7 & 4\\ 6 & 0 & 8 & 8 & 3\end{pmatrix}$$

解 对于 A,由于第 4 行优于第 1 行,第 3 行优于第 2 行,故删去第 1 行和第 2 行,从而得到 A_1;对于 A_1,由于第 1 列优于第 3 列,第 2 列优于第 4 列,删去第 3 列和第 4 列,得到 A_2;对于 A_2,由于第 1 行优于第 3 行,删去第 3 行,得到 A_3;对于 A_3,由于第 1 列优于第 3 列,删去第 3 列,得到 A_4.

$$A_1=\begin{pmatrix}7 & 3 & 8 & 5 & 8\\ 4 & 6 & 7 & 7 & 4\\ 6 & 0 & 8 & 8 & 3\end{pmatrix},\quad A_2=\begin{pmatrix}7 & 3 & 8\\ 4 & 6 & 4\\ 6 & 0 & 3\end{pmatrix},\quad A_3=\begin{pmatrix}7 & 3 & 8\\ 4 & 6 & 4\end{pmatrix},\quad A_4=\begin{pmatrix}7 & 3\\ 4 & 6\end{pmatrix}$$

从而将原对策简化为 2×2 的对策,解得 $x=\left(\dfrac{1}{3},\dfrac{2}{3}\right)$,$y=\left(\dfrac{1}{2},\dfrac{1}{2}\right)$,由此可得原矩阵对策的解为 $x^*=\left(0,0,\dfrac{1}{3},\dfrac{2}{3},0\right)$,$y^*=\left(\dfrac{1}{2},\dfrac{1}{2},0,0,0\right)$,对策的解为 $v^*=5$.

三、方程组法

由定理 12.3.2 知,求矩阵对策解 (x^*,y^*) 等价于求解不等式组(12.3.1),(12.3.2).又由定理 12.3.4 知,最优混合策略的每一个分量均不为零时,求解(12.3.1),(12.3.2)等价于求解下面两个方程组:

$$\begin{cases} \sum_i a_{ij}x_i = v & (j=1,\cdots,n) \\ \sum_i x_i = 1 \end{cases} \qquad (12.4.3)$$

$$\begin{cases} \sum_j a_{ij}y_j = v & (i=1,\cdots,m) \\ \sum_j y_j = 1 \end{cases} \qquad (12.4.4)$$

如果这两个方程组存在非负解 x^* 和 y^*，则求得了对策的一个解. 但由于事先假定 x^* 和 y^* 的所有分量均大于零，因而当最优策略的某些分量实际为零时，方程组可能无解，这限制了方程组法在实际求解中的应用. 对于 2×2 对策，当局中人 I 的支付矩阵

$$A = \begin{pmatrix} a_{11} & a_{12} \\ a_{21} & a_{22} \end{pmatrix}$$

不存在最优纯对策时，容易证明各局中人的最优混合的每一分量均大于零. 于是，方程组

$$\begin{cases} a_{11}x_1 + a_{21}x_2 = v \\ a_{12}x_1 + a_{22}x_2 = v \\ x_1 + x_2 = 1 \end{cases} \quad 和 \quad \begin{cases} a_{11}y_1 + a_{12}y_2 = v \\ a_{21}y_1 + a_{22}y_2 = v \\ y_1 + y_2 = 1 \end{cases}$$

一定有严格的非负解，该解就是两个局中人的最优混合策略. 解的公式为

$$x_1^* = y_1^* = \frac{a_{22} - a_{21}}{(a_{11} + a_{22}) - (a_{12} + a_{21})}, \quad x_2^* = y_2^* = \frac{a_{11} - a_{12}}{(a_{11} + a_{22}) - (a_{12} + a_{21})}$$
(12.4.5)

$$v_G = \frac{a_{11}a_{12} - a_{12}a_{21}}{(a_{11} + a_{22}) - (a_{12} + a_{21})} \qquad (12.4.6)$$

例 12.4.4 求解矩阵对策"田忌赛马".

解 齐王的支付矩阵为

$$A = \begin{pmatrix} 3 & 1 & 1 & 1 & -1 & 1 \\ 1 & 3 & 1 & 1 & 1 & -1 \\ 1 & -1 & 3 & 1 & 1 & 1 \\ -1 & 1 & 1 & 3 & 1 & 1 \\ 1 & 1 & 1 & -1 & 3 & 1 \\ 1 & 1 & -1 & 1 & 1 & 3 \end{pmatrix}$$

显然该对策不存在最优纯策略解. 设齐王和田忌的最优混合策略分别为 x^* 和 y^*. 从对策的特点来看，每个局中人选择其策略集中每一个策略的可能性都是存在的，故可事先假定 x^* 和 y^* 的每个分量均大于零. 于是，求解方程组

$$\begin{cases} 3x_1+x_2+x_3-x_4+x_5+x_6=v \\ x_1+3x_2-x_3+x_4+x_5+x_6=v \\ x_1+x_2+3x_3+x_4+x_5-x_6=v \\ x_1+x_2+x_3+3x_4-x_5+x_6=v \\ -x_1+x_2+x_3+x_4+3x_5+x_6=v \\ x_1-x_2+x_3+x_4+x_5+3x_6=v \\ x_1+x_2+x_3+x_4+x_5+x_6=1 \end{cases}$$

$$\begin{cases} 3y_1+y_2+y_3+y_4-y_5+y_6=v \\ y_1+3y_2+y_3+y_4+y_5-y_6=v \\ y_1-y_2+3y_3+y_4+y_5+y_6=v \\ -y_1+y_2+y_3+3y_4+y_5+y_6=v \\ y_1+y_2+y_3-y_4+3y_5+y_6=v \\ y_1+y_2-y_3+y_4+y_5+3y_6=v \\ y_1+y_2+y_3+y_4+y_5+y_6=1 \end{cases}$$

解得 $x^*=\left(\frac{1}{6},\frac{1}{6},\frac{1}{6},\frac{1}{6},\frac{1}{6},\frac{1}{6}\right)^T$, $y^*=\left(\frac{1}{6},\frac{1}{6},\frac{1}{6},\frac{1}{6},\frac{1}{6},\frac{1}{6}\right)^T$, $v_G=v=1$, 即双方都以概率 $\frac{1}{6}$ 选取每个纯策略, 总的结局是: 齐王获胜的机会是 $\frac{5}{6}$, 他的支付是 1. 齐王之所以输了比赛, 是因为他事先公开了自己的策略, 结果使对方用更好的策略对付他. 因此, 当矩阵对策不存在最优纯策略解时, 参与对策的双方均应对每局对策中自己选取的策略加以保密, 保持策略选择的随机性, 公开策略的一方在对策中会遭受不必要的损失, 这正是混合策略的意义所在.

12.5 其他对策模型简介

在对策论研究领域, 除了矩阵对策之外, 还会经常遇见许多对策, 下面将通过简单的例子介绍其他对策模型的基本概念.

一、二人无限零和对策

矩阵对策的最简单的推广就是局中人的策略集从有限集变为无限集.

用 $G=\{S_1,S_2,H\}$ 表示一个二人无限零和对策, 其中策略集 S_1 和 S_2 中至少有一个为无限集; H 为局中人 I 支付函数. 与矩阵对策类似, 有如下定义:

定义 12.5.1 设 $G=\{S_1,S_2,H\}$ 为二人无限零和对策, 若存在 $\alpha_i^* \in S_1, \beta_j^* \in S_2$ 使得

$$\max_{\alpha_i \in S_1}\min_{\beta_j \in S_2} H(\alpha_i,\beta_j)=\min_{\beta_j \in S_2}\max_{\alpha_i \in S_1} H(\alpha_i,\beta_j)=H(\alpha_i^*,\beta_j^*) \qquad (12.5.1)$$

记其值为 V_G, 称 V_G 为对策的值, α_i^* 和 β_j^* 分别称为局中人 I 和 II 的最优纯策略, (α_i^*,β_j^*) 称为对策的最优局势或对策在纯策略意义下的解.

与矩阵对策类似,有如下定理.

定理 12.5.1 (α_i^*, β_j^*) 为对策 $G=\{S_1, S_2, H\}$ 在纯策略意义下的解的充要条件是:对任意 $\alpha_i^* \in S_1, \beta_j^* \in S_2$,有

$$H(\alpha_i, \beta_j^*) \leqslant H(\alpha_i^*, \beta_j^*) \leqslant H(\alpha_i^*, \beta_j) \tag{12.5.2}$$

定理表明,双方的最优策略是对对方所选策略的最佳反应,在最优局势下,任何一方单独改变策略都不会使自己受益.

例 12.5.1 局中人 I 和 II 分别独立地从 $[0,1]$ 中分别选取一个实数 x 和 y,局中人 I 的支付函数为 $H(x,y)=2x^2-y^2$,局中人 II 的支付为 I 的相反数. 因为当 $x,y \in [0,1]$ 时,$H(1,1)=1, 2x^2-1=H(x,1) \leqslant H(1,1) \leqslant H(1,y)=2-y^2$,由定理知,该对策的解为 $(1,1), V_G=1, \alpha_i^*=1, \beta_j^*=1$ 分别为局中人的最优纯策略.

无限对策在纯策略意义下有解的情形是很少的,同样需要考虑混合策略的问题.与矩阵对策相类似,也可定义无限对策的混合策略:局中人的混合策略分别规定他们在 $[0,1]$ 上的分布函数 $F(x), G(y)$. 此时,局中人 I 的支付的数学期望为

$$H(F,G) = \int_0^1 \int_0^1 H(x,y) dF(x) dG(y)$$

并且可以证明:在上述假设下,连续对策在混合策略意义下一定有解.

二、二人无限非零和对策

当对策是非零和时,用 $H_i(\alpha_i, \beta_j)$ 表示第 i 个局中人的支付函数. 类似地,有如下定义.

定义 12.5.2 若存在 $\alpha_i^* \in S_1, \beta_j^* \in S_2$,使得对任意 $\alpha_i \in S_1, \beta_j \in S_2$,有

$$H_1(\alpha_i^*, \beta_j^*) \geqslant H_1(\alpha_i, \beta_j^*)$$
$$H_2(\alpha_i^*, \beta_j^*) \geqslant H_2(\alpha_i^*, \beta_j)$$

则称 (α_i^*, β_j^*) 为对策在纯策略意义下的解,α_i^* 和 β_j^* 分别称为局中人的最优纯策略.

例 12.5.2 在 12.1 节中,例 12.1.3 的产量竞争问题表示为对策模型,每个局中人的策略集为无限集,每一个企业选择产量 $q_i \in [0, +\infty)$,每一方的支付函数为

$$H_i(q_1, q_2) = q_i[a - b(q_1+q_2) - c], \quad i=1,2$$

那么,每一个企业应如何选择自己的产量,以实现自己的利润最大?

解 对企业 i 来说,它的问题是选择自己的产量 q_i,使自己的支付最大,即

$$\max_{q_i \in [0, +\infty)} H_i(q_1, q_2) = q_i[a - b(q_1+q_2) - c], \quad i=1,2$$

由

$$\frac{\partial H_1}{\partial q_1} = a - c - 2bq_1 - bq_2 = 0 \quad \text{与} \quad \frac{\partial H_2}{\partial q_2} = a - c - 2bq_2 - bq_1 = 0$$

得驻点 $q_1^* = q_2^* = \dfrac{a-c}{3b}$,由多元函数在闭区间上连续性质知 $\max\limits_{q_i \in [0,+\infty)} H_i(q_1,q_2) = H_i(q_1^*, q_2^*)$.

这样求出的策略(产量)具有一个明显的特征:每一方所选择的策略都是对对方所

选策略的最佳反应,这样形成的局势具有稳定性,因而作为对策的解是合理的.

三、合作对策

合作对策的基本特征是参加对策的局中人可以进行充分的合作,即可以事先商定好,把各自的策略协调起来;可以在对策后对所得到的支付进行重新分配.合作的形式是所有局中人可以形成若干联盟,每个局中人仅参加一个联盟,联盟的所得要在联盟的所有成员中进行重新分配.但是每一个局中人是否参加联盟,参加哪个联盟,不仅取决于对策的规则,更取决于联盟的所得,以及如何在成员之间进行合理的重新分配.分配是否合理,将关系到联盟的形成.因此,在合作对策中,每个局中人如何选择自己的策略已不是主要问题了,更重要是如何形成联盟,以及联盟的所得如何合理分配.

合作对策研究的重点的转变,使得合作对策的模型,解的概念都和非合作对策问题有很大的不同.具体来说,构成合作对策的两个基本要素是:局中人集合 I 和特征函数 $v(S)$,其中 $I=\{1,2,\cdots,n\}$,S 为 I 的任一子集,也就是任何一个可能形成的联盟,$v(S)$ 表示联盟 S 在对策中的所得.合作对策的可行解是一个满足下列条件的 n 维向量 $x=(x_1,x_2,\cdots,x_n)$:

$$x_i \geqslant v(\{i\}), \quad i=1,\cdots,n \tag{12.5.3}$$

$$\sum_{i=1}^{n} x_i = v(I) \tag{12.5.4}$$

将满足式(12.5.3)和(12.5.4)的向量 x 称为一个分配.合作对策研究的核心问题就是:如何定义"最优的"分配?是否存在"最优的"分配?怎样求解"最优的"分配?以及如何对"最优的"分配的公理化研究?下面用一个例子简单介绍一下合作对策的意义.

例 12.5.3(产品定价问题) 设厂商 A 和厂商 B 为同一市场生产同一产品,可选择的竞争策略是价格,目的是赚得更多的利润.已知两个厂商的需求函数为

$$Q_1 = 12 - 2P_1 + P_2 \tag{12.5.5}$$

$$Q_2 = 12 - 2P_2 + P_1 \tag{12.5.6}$$

其中 P_1,P_2 分别为两个厂商的价格,Q_1,Q_2 分别为市场对两个厂商产品的需求量(实际销售量).如果两个厂商的固定成本均为 20 元,则厂商 A 的利润函数为

$$\pi_1 = P_1 Q_1 - 20 = 12P_1 - 2P_1^2 + P_1 P_2 - 20$$

为求厂商 A 利润最大化时的价格,由 $\dfrac{\mathrm{d}\pi_1}{\mathrm{d}P_1} = 12 - 4P_1 + P_2 = 0$,得

$$P_1 = 3 + \frac{1}{4}P_2 \tag{12.5.7}$$

称其为厂商 A 对厂商 B 的价格反应函数,同理可得到厂商 B 对厂商 A 的价格的反应函数为

$$P_2 = 3 + \frac{1}{4}P_1 \tag{12.5.8}$$

由(12.5.7)和(12.5.8)得 $P_1=P_2=4$,表明如果两个厂商互不合作,各自从自身利润最大化出发,最稳妥的策略显然是都选择"定价 4 元",也就是实现纳什均衡,各自可以得到 12 元的利润. 但我们发现,如果两个厂商合作起来,都选择"定价 6 元",则双方都可以赚得 16 元的利润,显然比不合作时要好. 因此,两个厂商可以结成一个"价格联盟",统一把价格定在 6 元,形成一个合作均衡,导致一个双赢的结果.

但如果厂商 A 遵守价格联盟达成的合作协议,把价格定在 6 元,而厂商 B 确违反协议,将价格定在 4 元(即厂商 A 合作,厂商 B 不合作),则厂商 A 的利润只有 4 元,而厂商 B 的利润却可以达到 20 元,见表 12.5.1.

表 12.5.1

		厂商 A	
		定价 4 元	定价 6 元
厂商 B	定价 4 元	(12,12)	(20,4)
	定价 6 元	(4,20)	(16,16)

这就给两个厂商带来了一个定价难题:到底采取哪个价格? 一方面,"合作"的前景很诱人,但每个厂商都有担心,如果竞争对手不合作怎么办? 而现实当中,一些厂商确实存在为了自身利益而违背市场竞争原则,与竞争对手进行削价竞争的冲动. 不难看出,定价问题实际上正是"囚犯难题"在微观经济学中的一个实例.

四、多人非合作对策

如果参与对策的局中人多于二人,就是多人对策. 现实中的许多竞争现象都有众多的参与者,更适合用多人对策模型来描述. 特别是许多经济管理活动中所涉及的对策模型都是非零和的,因为在经济活动中往往会创造新的价值.

所谓非合作对策,就是指局中人之间互不合作,局中人之间没有达成任何具有约束力的协议. 矩阵对策就是一种非合作对策. 一般非合作对策的模型可用所谓的策略式表述来表达,策略式表述又称标准式表述,它需给出:

(1) 局中人的集合: $I=\{1,2,\cdots,n\}$.
(2) 每个局中人的策略集: $S_i, i=1,2,\cdots,n$.
(3) 每个局中人的支付函数: $H_i(s)=H_i(s_1,\cdots,s_i,\cdots,s_n), i=1,2,\cdots,n, s_i \in S_i$.

一般一个 n 人非合作对策的策略式表述可用符号 $G=\{I,\{S_i\},\{H_i\}\}$ 表示. 下面仅讨论策略集均为有限集的 n 人有限对策.

引入记号

$$s \| s_i^0 = (s_1,\cdots,s_{i-1},s_i^0,s_{i+1},\cdots,s_n) \tag{12.5.9}$$

表示在局势 $s=(s_1,\cdots,s_i,\cdots,s_n)$ 中,局中人 i 单独将自己的策略由 s_i 变为 s_i^0,其他局中人的策略不变而得到的一个新局势. 如果存在一个局势 s,使得对任意 $s_i^0 \in S_i$,有

$$H_i(S) \geqslant H_i(s \| s_i^0)$$

则称局势 s 对局中人 i 有利. 显然,若局势 s 对局中人 i 有利,则局中人 i 单独改变策略不会获益,他不会得到比在局势 s 下更大的支付. 因此,每个局中人都会选择对自己有利的局势.

定义 12.5.3 如果对策 G 中局势 s 对所有局中人都有利,即对任意 $i \in I$ 与 $s_i^0 \in S_i$,有
$$H_i(S) \geqslant H_i(s \parallel s_i^0)$$
则称局势 s 为对策 G 的一个均衡局势或均衡解,又称为纳什均衡.

纳什均衡的含义是:当局势 s 对每一个局中人都有利时,没有人愿意单独改变策略选择,因为它无法从这种改变中获利,因此每个局中人所选择的策略都是对其他局中人所选择策略的最佳反应,或者说均衡局势 s 中的策略互为最佳反应策略.

当 G 为二人零和对策时,容易验证,上述定义中的均衡局势与矩阵对策的最优局势的定义是一致的.

对于许多非合作对策,不存在上述定义中的纳什均衡解. 与矩阵对策类似,此时需要考虑局中人的混合策略.

对每个局中人的策略集 S_i,令 S_i^* 为定义在 S_i 上的混合策略集,即 S_i 上所有概率分布的集合. 用 x^i 表示局中人 i 的一个混合策略,$X=(x^1,\cdots,x^i,\cdots,x^n)$ 表示一个混合局势,记号
$$X \parallel y^i = (x^1,\cdots,x^{i-1},y^i,x^{i+1},\cdots,x^n) \tag{12.5.10}$$
表示局中人 i 在局势 X 下,将自己的混合策略由 x^i 改变到 y^i,而其他局中人的策略不变得到的一个新的混合局势. 用 $E_i(X)$ 表示局中人在局势 X 下支付的期望值,与纯策略的均衡解类似,有如下定义.

定义 12.5.4 如果在对策 G 中,存在混合局势 X,使得对任意 $i \in I, y^i \in S_i^*$,有
$$E_i(X \parallel y^i) \leqslant E_i(X) \tag{12.5.11}$$
则称局势 X 为对策 G 的一个均衡局势或均衡解,又称纳什均衡.

对 n 人非合作有限对策,下面的定理保证均衡解的存在性.

定理 12.5.2(纳什定理) 每一个 n 人非合作有限对策至少存在一个均衡解.

纳什由于其在对策理论上的卓越贡献而获得 1994 年的诺贝尔经济学奖,正是他在一般意义上定义了非合作对策及其均衡解,并证明了解的存在性,奠定了非合作对策论的基础.

虽然 n 人非合作有限对策的均衡解是存在的,但目前还没有一个统一的求解方法. 对有些简单的二人非合作对策可通过所谓的"画线法"来求均衡解.

例 12.5.4 "囚徒困境"就是一个二人非合作对策,其双变量支付情况见表 12.5.2.

表 12.5.2

		嫌疑犯 B 的策略	
		坦白	抵赖
嫌疑犯 A 的策略	坦白	<u>-5</u>,<u>-5</u>	0,<u>-9</u>
	抵赖	-9,<u>0</u>	-1,-1

纳什均衡解的本质特征是每一局中人的均衡策略互为最佳反应.因此,可作如下分析:当疑犯 A 选择策略坦白时,疑犯 B 选坦白其支付为 -5,选择抵赖其支付为 -9,因而 B 的最佳反应为选择坦白,在支付表 B 的支付 -5 下画一横线表示.当 A 选择抵赖时,B 选坦白支付为 0,选择抵赖支付为 -1,B 的最佳反应为坦白,在 0 下画一横线.

同理,当 B 选择坦白时,A 的最佳反应为选择坦白,在 A 的支付 -5 下画一横线.当 B 选抵赖时,A 的最佳反应为选坦白,在 A 的支付 0 下画一横线.当同一格中的两个数字都画了线,表明双方的策略互为最佳反应,则该局势就为均衡局势.因而,在"囚徒困境"中,均衡局势为(坦白,坦白),双方的支付均为 -5.

"囚徒困境"的例子虽然简单,但该局势却不是均衡局势,原因在于当一方选择抵赖时,另一方改变策略,选择坦白会使自己获益(其支付从 -1 增加到 0),因而每一方都有单独改变策略的动机,该局势是不稳定的.在非合作的情形下,每一方追求个人利益的结果可能产生对双方都不利的结果.

习 题 12

1. 有 9 张卡片,分别写着 1~9 这 9 个数字.从甲开始,甲、乙两人每人挑走一张卡片,轮流进行.当某一方手中有三张卡片数字之和为 15 时,该方获胜.若 9 张卡片取完后任一方手中都没有三张卡片数字之和为 15,则双方打平.如果你来参加这个对策,你会采取什么策略?

2. 求解以下矩阵对策:

(1) $\begin{pmatrix} 2 & 1 \\ 1 & 2 \end{pmatrix}$; (2) $\begin{pmatrix} 2 & 1 & 4 \\ 2 & 0 & 3 \\ -1 & -2 & 0 \end{pmatrix}$; (3) $\begin{pmatrix} 2 & -1 & 0 & 3 \\ 1 & 0 & 3 & 2 \\ -3 & -2 & -1 & 4 \end{pmatrix}$; (4) $\begin{pmatrix} 2 & -3 & 1 & -4 \\ 6 & -4 & 1 & -5 \\ 4 & 3 & 3 & 2 \\ 2 & -3 & 2 & -4 \end{pmatrix}$.

3. 每行和每列均包含整数 $1,2,\cdots,m$ 的 $m \times n$ 矩阵称为拉丁方.例如 4×4 的拉丁方:

$$\begin{pmatrix} 1 & 2 & 3 & 4 \\ 2 & 1 & 4 & 3 \\ 3 & 4 & 1 & 2 \\ 4 & 3 & 2 & 1 \end{pmatrix}.$$

试证明:支付矩阵为 $m \times m$ 的拉丁方的矩阵对策的对策值为 $\dfrac{m+1}{2}$.

4. 试用图解法求解以下矩阵对策：

(1) $A = \begin{pmatrix} -4 & 6 & 2 \\ 4 & -2 & 0 \end{pmatrix}$；
(2) $A = \begin{pmatrix} -4 & 2 \\ 4 & -6 \\ 3 & 0 \end{pmatrix}$.

5. 将下列矩阵对策转化为线性规划问题求解：

(1) $A = \begin{pmatrix} 8 & 2 & 4 \\ 2 & 6 & 6 \\ 6 & 4 & 4 \end{pmatrix}$；
(2) $A = \begin{pmatrix} 2 & 0 & 2 \\ 0 & 3 & 1 \\ 1 & 2 & 1 \end{pmatrix}$.

6. 在一个对策问题中，如果支付矩阵为反对称矩阵，即 $A = -A^T$，证明局中任 I 和 II 的最优策略相同，并且对策的值为零。

7. 根据矩阵对策的性质，对矩阵对策进行简化并求解，其中

$$A = \begin{pmatrix} 4 & 8 & 6 & 0 \\ 8 & 4 & 6 & 8 \\ 5 & 9 & 9 & 0 \\ 8 & 0 & 0 & 16 \end{pmatrix}$$

第 13 章

排 队 论

排队论是运筹学的一个重要分支,是专门研究由于随机因素的影响而产生的拥挤现象的科学,也称随机服务系统理论,有着非常广泛的应用背景.本章将通过服务系统的特点和过程分析,分别介绍单服务台和和多服务台的排队模型,以及优化方法.

13.1 随机服务系统与过程

一、排队系统的描述

现实中有大量的服务会面对排队,如超市中排队付购物款、医院中排队看病、售票处排队买票、公交车站上排队上车等.都会由于顾客到达和服务时间的随机性而产生排队现象,甚至出现拥挤现象.

排队论要研究的问题是,如何在保证服务质量的前提下最大限度地提高服务效率.具体地说就是:用数学方法研究如何确定最适当的服务人员及设备数目,达到服务质量最佳,服务费用最少.

在排队系统中,接受服务的人、事、物称为顾客;反过来,给予顾客服务的人、事、物(系统)称为服务台.

任何一个排队系统都可以由图 13.1.1 表示.每个顾客由顾客源按照一定的方式到达服务系统,首先加入排队队列等待接受服务,服务台按一定规则从队列中选择顾客进行服务,获得服务的顾客立即离开.一般来说,排队论所研究的排队系统中,到达时间间隔和服务时间两个量中至少有一个是随机的,因此,排队论又称为随机服务系统理论.

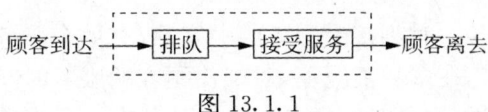

图 13.1.1

通常的排队系统可以分为三个部分组成:输入过程、排队规则和服务台.

1. 输入过程

指顾客到达的规律.需要从以下方面来刻画一个输入过程:

(1)顾客总体数,又称顾客源.顾客源可以是有限的,也可以是无限的.如到售票处购票的总数可以认为是无限的,而某个工厂因故障待修的机床则是有限的.

(2)顾客到达的方式.这是描述顾客怎样来到系统的,是单个到达还是成批到达.如到餐厅就餐的人有单个到达的也有成批到达的.

(3)顾客流的概率分布,或称顾客相继到达的时间间隔分布.相继到达的时间间隔可以是确定的,也可以是随机的. 常见的顾客到达时间分布有定长分布、二项分布和负指数分布等.

2. 排队规则

指从队列中挑选顾客进行服务的规则,可以分为三类:

(1)等待制. 指顾客到达系统后,所有服务台都不空,顾客加入到排队行列按照一定的规则等待服务,一直等到服务后才离去. 常见的规则有:

先到先服务(first come first serve,FCFS). 按顾客到达的先后顺序对顾客进行服务,这是最普遍的情形.

后到先服务(last come first serve,LCFS). 指后到的顾客先服务. 如堆积存放的钢板、电梯中的乘客等都是后到先服务. 又如通信系统中,后到的信息一般总比先到的有价值,因而总是后到的先服务.

随机服务(service in random order,SIRO). 当服务台空闲时,不按排队列而随便指定某个顾客去接受服务,如电话交换台接通电话呼唤就是随机服务.

优先权服务(priority,PR). 指进入排队系统的顾客有不同的优先权,有较高优先权的顾客将先于具有较低优先权的顾客接受服务. 而不管其到达的先后次序. 如医生对于病情严重的患者给予优先治疗、老人和小孩先进站等.

(2)损失制. 指当顾客到达系统时,所有服务台都已被占用,顾客不愿等待而离开系统. 如电话拨号后出现忙音,顾客不愿等待而挂断电话,如需再打则需重新拨号.

(3)混合制. 这是等待制与损失制相结合的一种服务规则,一般是指允许排队,但又不允许队列无限长下去.

3. 服务台

可以从以下三个方面来描述:

(1)服务机构数量及构成形式. 从数量上说,服务台有单台和多台之分. 从构成形式上看,有单队列单服务台、单队多服务台并联、多队多服务台并联式、单队多服务台串联式等.

(2)服务方式. 指在某一时刻接受服务的顾客数,有单个服务和成批服务.

(3)服务时间的分布. 在多数情况下,对某一顾客的服务时间是一随机变量,与顾客到达的时间间隔分布一样,服务时间的分布有定长分布、负指数分布、爱尔朗分布等.

二、排队系统的符号表示

根据不同的输入过程、排队规则和服务台数量,可以形成不同的排队模型. 为方便对模型的描述,通常采用如下的符号形式:

$$X/Y/Z/A/B/C$$

这种符号由 D. G. Kendall 提出的,故称为 Kendall 符号. 其中各符号的意义如下:

X 为顾客相继到达间隔时间分布.

Y 为服务时间分布.

Z 为服务台个数.

A 为系统容量限制,即系统中允许的最多顾客数.

B 为顾客源的总体数目.

C 为服务规则.

表示相继到达时间间隔和服务时间的各种分布符号有:

M 表示到达过程为泊松分布或负指数分布.

D 表示定长分布.

E_k 表示 k 阶爱尔朗分布.

G 表示一般相互独立的随机分布.

比如,$M/M/1/\infty/\infty/FCFS$ 表示相继到达时间间隔为负指数分布,服务时间也是负指数分布,单服务台,系统容量无限,先到先服务的排队模型. $M/M/c/N/m/FCFS$ 则为相继到达时间间隔与服务时间为负指数分布,c 个服务台,系统容量为 N,顾客源数目为 m,先到先服务的排队模型. 这个过程可称为标准的 $M/M/1$ 模型.

三、排队系统的主要数量指标和记号

研究排队系统的目的是通过了解系统运行的状况,对系统进行调整和控制,使系统处于最优运行状态. 因此,首先需要弄清系统的运行状况. 描述一个排队系统运行状况的主要数量指标有:

(1)在系统里没有顾客的概率,即所有服务设施空闲的概率,记为 P_0.

(2)排队的平均长度,即排队的平均顾客数记为 L_q.

(3)在系统里的平均顾客数,包括排队的顾客数和正在被服务的顾客数,记为 L_s.

(4)一位顾客花在排队上的平均时间,记为 W_q.

(5)一位顾客花在系统里的平均逗留时间,包括排队时间和被服务的时间,记为 W_s.

(6)顾客到达系统时,得不到及时服务,必须排队等待服务的概率,记为 P_w.

(7)系统里正好有 n 个顾客(包括排队的和正在被服务的顾客)的概率记为 P_n.

13.2 排队系统的常用分布

在排队系统中,顾客相继到达的时间间隔与服务的时间分布主要有负指数分布、泊松分布、爱尔朗分布、定长分布等.

一、指数分布

随机变量 X 服从于负指数分布,它的分布密度函数为

$$f(t)=\begin{cases}\lambda e^{-\lambda t}, & t\geqslant 0,\lambda>0,\text{且为常数}\\ 0, & t<0\end{cases} \quad (13.2.1)$$

其分布函数为

$$F(t)=\begin{cases}1-e^{-\lambda t}, & t\geqslant 0\\ 0, & t<0\end{cases} \quad (13.2.2)$$

它的数学期望和方差分别为

$$E(X)=\frac{1}{\lambda}, \quad D(X)=\frac{1}{\lambda^2}$$

负指数分布有一个重要性质即无后效性或称马尔可夫性. 无后效性说明一个顾客到来所需的时间与过去一个顾客到来所需的时间无关. 由概率知识易知, 当单位时间内顾客到达数服从以 λ 为平均数的泊松分布时, 顾客到达的时间间隔 t 就服从相互独立的参数为 λ 的负指数分布, 即二者是等价的.

服务台对顾客的服务时间有时也服从负指数分布, 当 $t \geqslant 0$ 时, 其分布密度函数和分布函数分别为

$$f(t)=\mu e^{-\mu t}, \quad F(t)=1-e^{-\mu t}$$

这里 μ 表示单位时间被服务完成的顾客数, 称为平均服务率, $1/\mu$ 表示顾客的平均服务时间.

二、泊松分布

若随机变量 X 的概率分布为

$$p\{X=n\}=\frac{\lambda^n}{n!}e^{-\lambda} \quad (\lambda>0; n=0,1,2,\cdots) \tag{13.2.3}$$

则称 X 服从参数为 λ 的泊松分布, 记 $X \sim P(\lambda)$. 其均值和方差分别为

$$E(X)=\lambda, \quad D(X)=\lambda$$

泊松过程是应用最为广泛的一类随机过程, 它常用来描述排队系统中顾客到达的过程, 城市中的交通事故, 保险公司的理赔次数等都服从泊松过程. 泊松过程是构造更复杂的随机过程的基本构件, 是一个非常重要的随机过程.

设 $N(t)$ 为时间 $[0,t]$ ($t>0$) 内发生的事件数, 若 $N(t)$ 是一个随机变量, 则称 $\{N(t), t \in (0,T)\}$ 就称为一个随机过程.

定义 13.2.1 对于随机过程 $\{N(t), t \geqslant 0\}$, 若满足:

(1) 独立性: 在不相重叠的时间区间内, 顾客到达数是相互独立的, 即顾客到来的过程在 t_n 以后的状态不起作用, 这一性质也称为无后效性(马尔可夫性).

(2) 平稳性: 在一个充分小的间隔时间 Δt 内, 到来的顾客数与区间长度成正比, 即过程的统计规律不随时间的推移而改变, 在同样长度的时间间隔内来到的顾客概率是一个常数. 有一个顾客到达的概率可表示为 $\lambda \Delta t + o(\Delta t)$, 这里 $\lambda > 0$ 为常数, 它表示单位时间有 1 位顾客到达的概率, 称为概率强度. $o(\Delta t)$ 是 Δt 的高阶无穷小.

(3) 普遍性: 在一个充分小的间隔时间 Δt 内, 有两个或两个以上顾客到达的概率极小可以忽略不计, 即多于一个顾客到达的概率为 $o(\Delta t)$, 则称上述过程为泊松过程, 其中 λ 为泊松过程的参数, 且 $N(t)$ 服从泊松分布.

由上述 3 个条件可以推导出

$$P\{N(t)=n\}=\frac{(\lambda t)^n}{n!}e^{-\lambda t} \quad (n=0,1,2,\cdots) \tag{13.2.4}$$

显然随机变量 $\{N(t), t \geqslant 0\}$ 服从于泊松分布, 它的数学期望和方差分别为

$$E(N(t))=\lambda t, \quad D(N(t))=\lambda t$$

可见,如果顾客到达是泊松流,则到达顾客数的分布就是泊松分布.下面的定理说明了泊松流与负指数分布之间的关系.

定理 13.2.1 在排队系统中,如果到达的顾客数服从以 λt 为参数的泊松分布,则顾客相继到达的时间间隔服从以 λ 为参数的负指数分布.

证 设泊松流中顾客相继到达的时间间隔为随机变量 T,并且在时刻 0 有一个顾客到达,则下一个顾客将在时刻 T 到达,T 的分布函数为

$$F_r(t) = P\{T \leqslant t\} = 1 - P\{T > t\}$$

其中 $P\{T>t\}$ 表示在 $[0,t)$ 内没有顾客到达的概率,因此

$$P\{T>t\} = e^{-\lambda t}$$

所以,T 的分布函数为

$$F_r(t) = 1 - e^{-\lambda t}$$

T 的密度函数为

$$f_r(t) = \lambda e^{-\lambda t}$$

因此,顾客相继到达的时间间隔服从以 λ 为参数的负指数分布.

由定理 13.2.1 可以看出,"到达的顾客数是一个以 λ 为参数的泊松流"与"顾客相继到达的时间间隔服从以 λ 为参数的负指数分布"是等价的.

三、爱尔朗分布

设 k 个服务台串联,顾客接受服务分为 k 个阶段,顾客在完成全部服务内容并离开后,下一个顾客才能开始接受服务.顾客每个阶段的服务时间 $T_1, T_2, \cdots, T_k$ 是相互独立的随机变量,服从相同参数 $k\mu$ 的负指数分布,即 $f(t) = k\mu e^{-k\mu t}$,,则顾客在系统内接受服务时间之和 $T = T_1 + T_2 + \cdots + T_k$ 服从 k 阶爱尔朗分布 E_k,其分布密度函数为

$$f_k(t) = \frac{(k\mu)^k t^{k-1}}{(k-1)!} e^{-k\mu t} \quad (t \geqslant 0, k, \mu \geqslant 0) \tag{13.2.5}$$

它的数学期望和方差分别为

$$E(T) = \frac{1}{\mu}, \quad D(T) = \frac{1}{k\mu^2}$$

爱尔朗分布提供了更为广泛的分布模型,当 $k=1$ 时,爱尔朗分布即为负指数分布.当 $k \to \infty$ 时,由 $D(T)=0$ 爱尔朗分布归结为定长分布,因而一般 k 阶爱尔朗分布可看成介于这二者之间的分布.

13.3 单服务台排队模型

本节将讨论输入过程服从泊松分布过程,服务时间服从负指数分布单服务台的排队系统.现将其分为以下几种:

(1) $M/M/1$ 模型;

(2) 系统容量有限,即 $M/M/1/N/\infty$;

(3)顾客源有限,即 $M/M/1/\infty/m$.

一、标准的 $M/M/1$ 模型

在排队模型 $M/M/1/\infty/\infty$ 中,第一位的 M 表示顾客到达过程服从泊松分布,第二位的 M 表示服务时间服从负指数分布(因为当服务时间服从负指数分布时,单位时间里完成的顾客数即服务率就服从泊松分布,故第二位也用 M 表示),第三位的 1 表示单通道即一个服务台,第四位的 ∞ 表示排队的长度无限制,第五位的 ∞ 表示顾客的来源无限制. 可以把这个模型简记为 $M/M/1$. 在这个模型中,排队规则为排单队,先到先服务,见图 13.3.1.

图 13.3.1

下面将给出求得 $M/M/1$ 的数量指标的公式. 设 λ 为单位时间的顾客平均达到率, μ 为单位时间的平均服务率,假设 $\lambda<\mu$,也就是 $\lambda/\mu<1$,如果没有这个条件,队列的长度将无限的增加,服务机构没有能力处理所有到达的顾客. 系统在稳定情况下的状态转移见图 13.3.2.

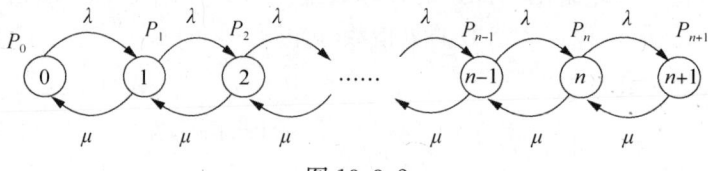

图 13.3.2

根据状态转移图,可以得到如下平衡方程:

$$\mu P_1 - \lambda P_0 = 0 \tag{13.3.1}$$

$$\lambda P_{n-1} + \mu P_{n+1} - (\lambda+\mu) P_n = 0 \quad (n=1,2,\cdots) \tag{13.3.2}$$

对(13.3.1)和(13.3.2)有以下直观的解释:

以系统中的顾客数是 $0,1,2,\cdots,n-1,n,n+1,\cdots$ 作为系统的状态,系统位于各个状态的概率分别为 $P_0, P_1, P_2, \cdots, P_{n-1}, P_n, P_{n+1}, \cdots$. (13.3.1)和(13.3.2)表示系统位于某一状态的概率仅与其相邻状态的概率以及从相邻状态转移到概率有关.

由(13.3.1)和(13.3.2)可以递推求解 $P_1, P_2, \cdots, P_{n-1}, P_n, \cdots$,得到

$$P_1 = \frac{\lambda}{\mu} P_0, \quad P_2 = -\frac{\lambda}{\mu} P_0 + \left(1+\frac{\lambda}{\mu}\right) P_1 = \left(\frac{\lambda}{\mu}\right)^2 P_0, \quad \cdots, \quad P_n = \left(\frac{\lambda}{\mu}\right)^n P_0, \quad \cdots$$

设 $\rho = \lambda/\mu < 1$,则 $P_1 = \rho P_0, P_2 = \rho^2 P_0, \cdots, P_n = \rho^n P_0$. 由 $\sum_{n=0}^{\infty} P_n = 1$,有

$$P_0 = 1-\rho, \quad P_n = (1-\rho)\rho^n \quad (n \geq 1) \tag{13.3.3}$$

式中 ρ 表示平均到达率与平均服务率之比,称为服务强度.

模型 $M/M/1$ 的数量指标的公式有

(1) 在系统里没有顾客的概率 $P_0 = 1 - \dfrac{\lambda}{\mu}$.

(2) 平均排队的顾客数 $L_q = \sum\limits_{k=1}^{\infty}(k-1)P_k = \dfrac{\lambda^2}{\mu(\mu-\lambda)}$.

(3) 在系统里的平均顾客数
$$L_s = \sum_{k=0}^{\infty} kP_k = \sum_{k=0}^{\infty} k\rho^k(1-\rho) = (1-\rho)\sum_{k=0}^{\infty} k\rho^k = L_q + \dfrac{\lambda}{\mu}.$$

(4) 一位顾客花在系统里的平均逗留时间.

从理论上可以证明,当顾客相继到达的间隔时间服从 λ 的负指数分布,顾客在系统中接受服务的时间服从参数为 μ 的负指数分布时,顾客在系统中的平均逗留时间服从参数为 $\mu - \lambda$ 的负指数分布. 根据负指数分布的均值计算公式有
$$W_s = E(X) = \dfrac{1}{\mu - \lambda}$$

(5) 一位顾客花在排队上的平均时间等于在系统中逗留时间的期望值减去在系统中接受服务的期望值,即 $W_q = W_s - \dfrac{1}{\mu} = \dfrac{L_q}{\lambda}$.

(6) 顾客到达系统时,得不到及时服务,必须排队等待服务的概率 $P_w = \dfrac{\lambda}{\mu}$.

(7) 在系统里正好有 n 个顾客的概率 $P_n = \left(\dfrac{\lambda}{\mu}\right)^n P_0$.

例 13.3.1 某店仅有一名修理工人,每小时平均有 4 位顾客带来器具要求修理,工人检查器具情况并予以修理平均需要 6 分钟,设顾客到达是泊松流,服务时间是负指数分布,求:①修理店空闲的时间;②店内恰有 3 位顾客的概率;③店内至少有 1 位顾客的概率;④店内的平均数;⑤每位顾客在店内的平均逗留时间;⑥等待服务的平均顾客数;⑦每位顾客平均等待服务时间.

解 根据题意,它属于 $M/M/1$ 排队模型,其中
$$\lambda = 4, \quad \mu = \dfrac{1}{6} \times 60 = 10, \quad \rho = \dfrac{\lambda}{\mu} = 0.4$$

① 修理店空闲的概率: $P_0 = 1 - \rho = 1 - 0.4 = 0.6$;

② 店内有三个顾客的概率: $P_3 = \rho^3(1-\rho) = 0.4^3(1-0.4) = 0.0384$;

③ 店内至少有 1 个顾客的概率,即顾客必须等待的概率: $P(n \geqslant 1) = 1 - P_0 = 1 - 0.6 = 0.4$;

④ 在店内的平均顾客数: $L_s = L_q + \dfrac{\lambda}{\mu} = \dfrac{\lambda^2}{\mu(\mu-\lambda)} + \dfrac{\lambda}{\mu} = \dfrac{\lambda}{\mu - \lambda} = 0.67$;

⑤ 每位顾客在店内的平均逗留时间: $W_s = W_q + \dfrac{1}{\mu} = \dfrac{L_q}{\lambda} + \dfrac{1}{\mu} = 0.167 h$;

⑥ 等待服务的平均顾客数: $L_q = \dfrac{\lambda^2}{\mu(\mu-\lambda)} = 0.268$;

⑦每位顾客平均等待服务时间:$W_q = \dfrac{L_q}{\lambda} = \dfrac{0.268}{4} h = 0.067 h$.

二、系统容量有限的 $M/M/1/N/\infty$ 模型

由于系统的最大容量为 N,又是一个服务台,所以排队的顾客最多为 $N-1$,在某时刻一顾客到达时,如果系统中已有 N 个顾客,那么这个顾客就被拒绝进入系统. $M/M/1/N/\infty$ 系统状态转移如图 13.3.3 所示.

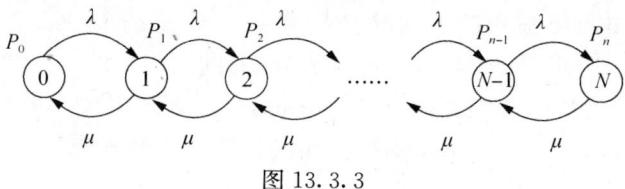

图 13.3.3

由状态转移图,可以建立系统概率平衡方程如下:

$$\begin{cases} \mu P_1 = \lambda P_0, \\ \mu P_{k+1} + \lambda P_{k-1} = (\lambda + \mu) P_k, & k \leqslant N-1 \\ \mu P_N = \lambda P_{N-1}, \end{cases} \tag{13.3.4}$$

其中 $P_0 + P_1 + \cdots + P_N = 1$. 令 $\rho = \lambda/\mu < 1$,得

$$P_0 = \frac{1-\rho}{1-\rho^{N+1}}, \quad \rho \neq 1; \quad P_k = \rho^k \frac{1-\rho}{1-\rho^{N+1}}, \quad k \leqslant N \tag{13.3.5}$$

当 $\rho = 1$ 时,$\sum_{k=0}^{N} \rho^k = N+1$,$P_k = \rho^k P_0$,于是

$$P_0 = \frac{1}{\sum_{k=0}^{N} \rho^k} = \frac{1}{N+1}, \quad P_k = \rho^k \frac{1}{N+1} \quad (k=1,2,\cdots,N)$$

由于所考虑的排队系统中最多容纳 N 个顾客(等待位置只有 $N-1$ 个),因而有

$$\lambda_n = \begin{cases} \lambda, & n = 0,1,\cdots,N-1 \\ 0, & n \geqslant N \end{cases}$$

根据(13.3.5)可以导出系统的各个指标

(1) 在系统里没有顾客的概率

$$P_0 = \begin{cases} \dfrac{1-\rho}{1-\rho^{N+1}}, & \rho \neq 1 \\ \dfrac{1}{N+1}, & \rho = 1 \end{cases}$$

(2) 在系统里的平均顾客数

$$L_s = \begin{cases} \dfrac{\rho}{1-\rho} - \dfrac{(N+1)\rho^{N+1}}{1-\rho^{N+1}}, & \rho \neq 1 \\ \dfrac{N}{2}, & \rho = 1 \end{cases}$$

(3) 平均排队的顾客数

$$L_q = \begin{cases} \dfrac{\rho}{1-\rho} - \dfrac{\rho(1+N\rho^N)}{1-\rho^{N+1}}, & \rho \neq 1 \\ \dfrac{N(N-1)}{2(N+1)}, & \rho = 1 \end{cases}$$

令 $\lambda_e = \lambda(1-P_N)$，$\rho_e = \dfrac{\lambda_e}{\mu}$，其中 λ_e 称为有效到达率，即单位时间内到达并能进入队列的平均顾客数；称 ρ_e 为有效服务强度，且 $L_q = L_s - \rho_e$。

(4) 一位顾客花在排队上的平均时间

$$W_q = \dfrac{L_q}{\lambda(1-P_N)}$$

(5) 一位顾客花在系统里的平均逗留时间

$$W_s = \dfrac{L_s}{\lambda(1-P_N)} = \dfrac{L_q}{\lambda(1-P_N)} + \dfrac{1}{\mu}$$

(6) 在系统里有 n 个顾客的概率为

$$P_n = \rho^n P_0, \quad n \leqslant N$$

例 13.3.2 咨询中心有一位咨询工作人员，每次只能咨询一人，另外有 4 个座位供前来咨询的人等候. 咨询者到来发现没有座位就会离去. 前来咨询者到达服从泊松分布，到达的平均速率为 4 人/小时，咨询人员的平均咨询时间为 10 分钟/人，咨询时间服从负指数分布，求：

(1) 咨询者到达不用等待的概率；
(2) 咨询中心的平均人数及等待咨询的平均人数；
(3) 咨询者来咨询中心一次平均花费的时间以及平均等待的时间；
(4) 咨询者到达后因客满而离去的概率；
(5) 增加一个咨询工作人员可以减少的损失率.

解 该系统可以看成是一个 $M/M/1/5/\infty$ 的排队系统，其中

$$\lambda = 4 \text{ 人/小时}, \quad \mu = 6 \text{ 人/小时}, \mu = \dfrac{1}{6} \times 60 = 10, \quad \rho = \dfrac{2}{3}$$

(1) $P_0 = \dfrac{1-\rho}{1-\rho^{N+1}} = \dfrac{1-\dfrac{2}{3}}{1-\left(\dfrac{2}{3}\right)^6} = 0.365,$

$$\lambda_e = \lambda(1-P_N) = \lambda(1-\rho^N P_0) = 4 \times \left[1 - \left(\dfrac{2}{3}\right)^5 \times 0.365\right] = 3.808$$

(2) $L_s = \dfrac{\rho}{1-\rho} - \dfrac{(N+1)\rho^{N+1}}{1-\rho^{N+1}} = \dfrac{\dfrac{2}{3}}{1-\dfrac{2}{3}} - \dfrac{(5+1)\left(\dfrac{2}{3}\right)^6}{1-\left(\dfrac{2}{3}\right)^6} = 2 - 0.577 = 1.423,$

$$L_q = L_s - \dfrac{\lambda_e}{\mu} = 1.423 - \dfrac{3.808}{6} = 0.788$$

(3) $W_s = \dfrac{L_s}{\lambda(1-P_N)} = \dfrac{1.423}{3.808} = 0.374$(小时),$W_q = \dfrac{L_q}{\lambda(1-P_N)} = \dfrac{0.788}{3.808} = 0.207$(小时).

(4) $P_5 = \rho^5 P_0 = \left(\dfrac{2}{3}\right)^5 \times 0.365 = 0.048$.

(5) 当 $N=6$ 时,

$$P_0 = \dfrac{1-\rho}{1-\rho^{N+1}} = \dfrac{1-\dfrac{2}{3}}{1-\left(\dfrac{2}{3}\right)^6} = 0.365, \quad P_6 = \rho^6 P_0 = \left(\dfrac{2}{3}\right)^6 \times 0.365 = 0.032$$

$$P_5 - P_6 = 0.048 - 0.032 = 1.6\%$$

即增加一个咨询工作人员可以减少顾客损失率 1.6%.

三、顾客源有限的 $M/M/1/\infty/m$ 模型

有限顾客源模型表示为 $M/M/1/\infty/m$,该模型中,设顾客总数为 m,当顾客需要服务时,就进入队列等待;服务完毕后,重新回到顾客源中.如此循环往复.

典型的有限顾客源问题是机器维修问题.有 m 台机器在运转,单位时间内平均出现故障的机器数即为顾客平均到达率 λ,修理工修理一台设备的平均时间即为平均时间 μ,已修复的机器仍然可能再出现故障.

实际上,在这类问题中,由于顾客源的数量是有限的,因此队列的长度也是有限的,并且队列的长度必须小于顾客源总数.

在无限源系统中,顾客的平均到达速率 λ 是整个顾客源的性质,与单独的顾客无关.而在有限源系统中,由于一个顾客要反复接受服务,因此有必要假定每一个顾客在单位时间内需要接受服务的平均次数是相同的,设为 λ.这样,有限源系统顾客到达的平均速率就与顾客源中的顾客数有关.以最常见的机器因故障停机待修的问题来说明.设共有 m 台机器(顾客总体),机器因故障停机表示"到达",待修的机器形成队列,修理工人是服务员.为简单起见,设每个顾客到达的到达率都是相同的 λ(在这里 λ 含义是每台机器单位运转时间内发生故障的概率或平均次数),已经发生故障正在等待修理及正在接受修理的机器数为 n,对系统的有效到达率 λ_e 应为

$$\lambda_e = \lambda(m-n)$$

在稳定的状态下,考虑状态间的转移率.当由状态 0 转移到状态 1,每台设备由正常状态转移为故障状态,其转移率为 λP_0,现有 m 台设备由无故障状态转移为有一台设备发生故障,其转移率为 $m\lambda P_0$ 台,至于由状态 1 转移到状态 0,其状态转移率为 μP_1,所以在状态 0 时有平衡方程 $m\lambda P_0 = \mu P_1$.状态转移如图 13.3.4 所示.

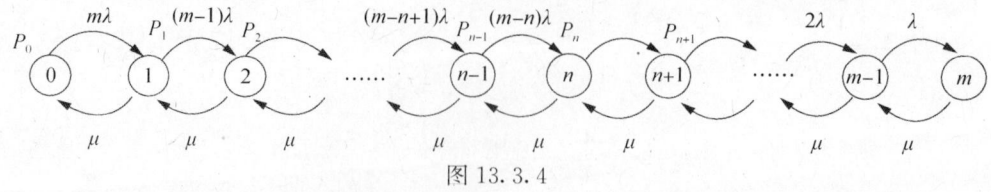

图 13.3.4

由状态转移图可以得到系统概率平衡方程组

$$\begin{cases} \mu P_1 = m\lambda P_0 \\ \mu P_{n+1} + (m-n+1)\lambda P_{n-1} = [(m-n)\lambda + \mu]P_n, & 1 \leqslant n \leqslant m-1 \\ \mu P_m = \lambda P_{m-1} \end{cases} \quad (13.3.6)$$

用递归方法解该方程组,并注意到 $\sum_{k=0}^{m} P_k = 1 \left(\text{不要求 } \rho = \frac{\lambda}{\mu} < 1\right)$,得

$$P_0 = \frac{1}{\sum_{i=0}^{m} \frac{m!}{(m-i)!} \left(\frac{\lambda}{\mu}\right)^i}, \quad P_n = \frac{m!}{(m-n)!} \left(\frac{\lambda}{\mu}\right)^n P_0 \quad (1 \leqslant n \leqslant m)$$

在求得系统中出现顾客数的概率后,即可求得排队系统的数量指标有

$$L_s = m - \frac{\mu}{\lambda}(1-P_0), \quad L_q = L_s - (1-P_0), \quad W_s = \frac{m}{\mu(1-P_0)} - \frac{1}{\lambda}, \quad W_q = W_s - \frac{1}{\mu}$$

例 13.3.3 某车间有 5 台机器,每台机器连续运转时间服从负指数分布,一天(8 小时)平均连续运行 120 分钟.有一个修理工,每次修理时间服从负指数分布,平均每次 96 分钟,求

(1)修理工忙的概率(记为 P_b);

(2)5 台机器都出故障的概率;

(3)出故障的平均台数;

(4)平均停工时间;

(5)平均等待修理时间;

(6)评价这个系统的运行情况.

解 首先统一单位,一天为一个单位时间,即 8 小时为一个单位.认为一天内来修理的机器数平均为 4 台,修理工一天平均修理机器数为 5 台,即 $m=5, \lambda=4, \mu=5, \rho=\lambda/\mu=0.8$,

(1) $P_0 = \left[\frac{5!}{5!}(0.8)^0 + \frac{5!}{4!}(0.8)^1 + \frac{5!}{3!}(0.8)^2 + \frac{5!}{2!}(0.8)^3 + \frac{5!}{1!}(0.8)^4 + \frac{5!}{0!}(0.8)^5\right]^{-1}$

$= \frac{1}{136.8} = 0.0073$

则有 $P_b = 1 - P_0 = 1 - 0.0073 = 0.9927$.

(2) $P_5 = \frac{5!}{0!}(0.8)^5 P_0 = 0.287$.

(3) $L_s = m - \frac{1}{\rho}(1-P_0) = 5 - \frac{1}{0.8}(1-0.0073) = 3.76$.

(4) $L_q = L_s - (1-P_0) = 3.76 - (1-0.0073) = 2.77$.

(5) $W_s = \frac{m}{\mu(1-P_0)} - \frac{1}{\lambda} = \frac{5}{5 \times (1-0.0073)} - \frac{1}{4} = 0.7427(\text{天})$.

(6) $W_q = W_s - \frac{1}{\mu} = 0.7427 - \frac{1}{5} = 0.5427(\text{天})$.

由计算结果看出,系统的修理工几乎没有空闲时间,机器的停工时间 W 是平均运行时间的 3 倍,系统的服务效率很低.

13.4 多服务台排队模型

现在讨论单队、并列的多服务台(服务台数 c)的情形,可分为以下三种情形:
(1)标准的 $M/M/c$ 模型;
(2)系统容量有限,即 $M/M/c/N/\infty$;
(3)顾客源有限,即 $M/M/c/\infty/m$.
本节只讨论标准的 $M/M/c$ 模型.

关于标准的 $M/M/c$ 模型各种特征的规定与标准的 $M/M/1$ 的规定完全相同. 另外,规定各服务台的工作是相互独立的,且平均服务率相同 $\mu_1=\mu_2=\cdots=\mu_c=\mu$. 于是整个服务机构的平均服务率为 $c\mu$(当 $n \geqslant c$)或为 $n\mu$(当 $n<c$). 令 $\rho=\dfrac{\lambda}{c\mu}$,只有当 $\dfrac{\lambda}{c\mu}<1$ 时,才不会排成无限长的队列,称它为这个系统的服务强度或称服务机构的平均利用率.

该系统的服务速率与系统中的顾客数有关. 当系统中的顾客数 k 不大于服务台的个数,即 $1 \leqslant k \leqslant c$ 时,系统中的顾客全部在服务台,这时系统的服务速率为 $k\mu$;当系统中的顾客数 $k>c$ 时,服务台中正在接受服务的顾客数仍为 c 个,其余顾客在队列中等待服务,这时系统的服务速率为 $c\mu$. 为了求得系统的状态概率,先做出系统的状态转移图,见图 13.4.1.

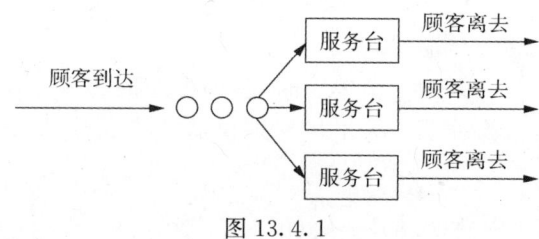

图 13.4.1

由图可以得到系统状态 $0,1,2,\cdots,c,\cdots,n$ 的稳定概率方程

$$\lambda P_0 = \mu P_1$$
$$\lambda P_{n-1} + (n+1)\mu P_{n+1} = (\lambda + n\mu) P_n \quad (n=1,2,\cdots,c)$$
$$\lambda P_{n-1} + c\mu P_{n+1} = (\lambda + c\mu) P_c \quad (n=c+1, c+2, \cdots)$$

由上述等式以及 $\sum\limits_{n=0}^{\infty} P_n = 1$ 可以解得

$$P_0 = \left[\sum \dfrac{1}{k!}\left(\dfrac{\lambda}{\mu}\right)^k + \dfrac{1}{c!}\dfrac{1}{1-\rho}\left(\dfrac{\lambda}{\mu}\right)^c \right]^{-1}, \quad P_n = \begin{cases} \dfrac{1}{n!}\left(\dfrac{\lambda}{\mu}\right)^n P_0, & n \leqslant c \\ \dfrac{1}{c! c^{n-c}}\left(\dfrac{\lambda}{\mu}\right)^n P_0, & n > c \end{cases}$$

用与单服务台系统同样的方法,可以得到标准的 $M/M/c$ 排队系统的数量指标有

$$L_s = L_q + \frac{\lambda}{\mu}, \quad L_q = \sum_{n=c+1}^{\infty}(n-c)P_n = \frac{(c\rho)^c \rho}{c!(1-\rho)^2}P_0$$

$$W_q = \frac{L_q}{\lambda}, \quad W_s = \frac{L_s}{\lambda} = W_q + \frac{1}{\mu}$$

例 13.4.1 银行有三个窗口办理个人储蓄业务,顾客到达服从泊松流,到达速率为 0.9 人/分钟,办理业务时间服从负指数分布,每个窗口的平均服务速率为 0.4 人/分钟.顾客到达后取得一个排队号,依次由空闲窗口按号码顺序办理储蓄业务,求

(1)所有窗口都空闲的概率;

(2)平均队长;

(3)平均等待时间及逗留时间;

(4)顾客到达后必须等待的概率.

解 这是一个 $M/M/3$ 系统,$\lambda/\mu = 2.25$,$\rho = \lambda/s\mu = 0.75$.

(1)所有窗口都空闲的概率,即求 P_0,

$$P_0 = \left[\frac{(2.25)^0}{0!} + \frac{(2.25)^1}{1!} + \frac{(2.25)^2}{2!} + \frac{(2.25)^3}{3!} \times \frac{1}{1-0.75}\right]^{-1} = 0.0748$$

(2)平均队长,即求 L_s 的值,先求 L_q 再求 L_s,

$$L_q = \frac{(2.25)^3}{3!} \times \frac{0.75}{(1-0.75)^2} \times 0.0748 = 1.70, \quad L_s = L_q + \frac{\lambda}{\mu} = 1.70 + 2.25 = 3.95$$

(3)平均等待时间和平均逗留时间,即求 W_q 和 W_s 的值

$$W_q = \frac{L_q}{\lambda} = \frac{1.70}{0.9} = 1.89(\text{分钟}), \quad W_s = W_q + \frac{1}{\mu} = 1.89 + \frac{1}{0.4} = 4.39(\text{分钟})$$

(4)顾客到达后必须等待的概率,即求 $n \geq 3$ 的概率

$$P(n \geq 3) = \frac{(2.25)^3}{3!} \cdot \frac{1}{(1-0.75)} \times 0.0748 = 0.57$$

13.5 排队系统的优化问题

以完全消除排队现象为目标是不现实的,这会造成服务人员和设施的严重浪费,但是设施的不足和低水平的服务,又会引起太多的等待,从而导致生产和社会性损失.从经济角度考虑,把费用是否最小作为衡量系统是否最优的标准.系统的费用包含两个方面.一个是服务机构支出的服务成本,它是服务水平的递增函数;另一个是服务等待的机会(损失)成本,它是服务水平的递减函数,两者之和为服务系统最优化问题的目标函数.对于服务水平,可以通过服务速率 μ 和服务台数 c 来体现,μ 和 c 能够综合反映服务机构软硬件的情况.

一、$M/M/1$ 模型的最优平均服务率

$M/M/1$ 系统中,λ 已知,且若 $\mu = 1$ 时系统单位时间服务费用为 c_s,每个顾客在系统停留单位时间的费用为 c_w,这样系统单位时间服务成本与顾客在系统中逗留费用之和的期望值为

$$z = c_s\mu + c_w L_s = c_s\mu + c_w \frac{\lambda}{\mu-\lambda} \tag{13.5.1}$$

其中 $c_s\mu$ 为顾客服务费用，$c_w L_s$ 为顾客等待费用，$L_s = \frac{\lambda}{\mu-\lambda}$。

我们的目标是在 λ, c_s, c_w 已知情况下，求总费用最小的最优服务率。方法如下：

由 $\frac{dz}{d\mu} = c_s - \frac{c_w\lambda}{(\mu-\lambda)^2} = 0$，得驻点 $\mu^* = \lambda + \sqrt{\frac{c_w\lambda}{c_s}}$。因为 $\frac{d^2z}{d\mu^2} = \frac{2c_w\lambda}{(\mu-\lambda)^3} > 0$，所以函数 (13.5.1) 下凸，因此，驻点 μ^* 为 (13.5.1) 的最小值点。

例 13.5.1 兴建一座港口码头，只有一个装卸船只的位置，要求设计装卸的能力（即每日装卸的船只数）。已知每单位装卸能力每日平均耗费生产费用 $c_s = 2$ 千元。船只到港后如不及时装卸，停留一日损失运输率 $c_w = 1.5$ 千元，预计船只的平均到达率 $\lambda = 3$ 只/日。设船只到达的时间间隔和装卸时间都服从负指数分布。问港口装卸能力多大时，每日总支出最少？

解 这是一个 M/M/1 模型求最佳服务速率的问题。将 $c_s = 2, c_w = 1.5, \lambda = 3$ 代入式 (13.5.1) 即可得

$$\mu^* = \lambda + \sqrt{\frac{c_w\lambda}{c_s}} = 3 + \sqrt{\frac{1.5\times 3}{2}} = 4.5(\text{只}/\text{日})$$

即最优装卸能力为每日 4.5 只船。

二、M/M/c 模型的最佳服务台数

若设 c_s 为系统中每个服务台单位时间费用，c 为服务台数，c_w 意义同上，则系统单位时间即费用期望值为

$$z = cc_s + L_s c_w \tag{13.5.2}$$

这时的目标是，求使 $z = z(c)$ 最小值点（其中 c_s, c_w 已知）。由于 c 是整数，所以 $z = z(c)$ 不连续，这种情况下通常使用边际分析法。具体过程如下：

若使 $z(c^*)$ 最小，显然应有

$$\begin{cases} z(c^*) \leqslant z(c^*-1) \\ z(c^*) \leqslant z(c^*+1) \end{cases}$$

将它们代入式 (13.5.2)，有

$$\begin{cases} c_s c^* + c_w L_s(c^*) \leqslant c_s(c^*-1) + c_w L_s(c^*-1) \\ c_s c^* + c_w L_s(c^*) \leqslant c_s(c^*+1) + c_w L_s(c^*+1) \end{cases}$$

由此可得

$$L_s(c^*) - L_s(c^*+1) \leqslant \frac{c_s}{c_w} \leqslant L_s(c^*-1) - L_s(c^*)$$

在 $\frac{\lambda}{\mu} < c$ 条件下，使 c 依次由小到大取值，计算差值 $L_s(c) - L_s(c+1)$ 和 $L_s(c-1) - L_s(c)$。根据 $\frac{c_s}{c_w}$ 落在哪两个差值之间来确定 c^*。

例 13.5.2 某砂场为前来运沙的空车提供装车服务. 每台设备每小时可装车 25 辆, 空车平均每小时 48 辆. 装车成本 4 元/辆, 车辆等待平均损失 6 元/h, 该砂场设几台装车设备才能使总费用最小?

解 这是 $M/M/c$ 模型中求最优服务台数 c^* 的问题, 已知 $\lambda=48$(辆/h), $\mu=25$(辆/h), $b=4$ 元, $c_w=6$ 元, $\dfrac{\lambda}{\mu}=1.92$, 为使 $\rho=\dfrac{\lambda}{c\mu}<1$, 必须有 $c\geqslant 2$.

由 $P_0=\left[1+\sum\limits_{n=1}^{c-1}\dfrac{1.92^n}{n!}+\dfrac{1.92^c}{c!}\cdot\dfrac{1}{1-\rho}\right]^{-1}$ 与 $L(c)=1.92^c\cdot\dfrac{1}{c!}\cdot\dfrac{\rho}{(1-\rho)^2}\cdot P_0+1.92$, 得 $c=2,3,4,5$ 时的结果见表 13.5.1.

表 13.5.1

c	$L(c)$	$L(c)-L(c+1)$	$L(c-1)-L(c)$
2	24.49	21.845	——
3	2.645	0.582	21.845
4	2.063	0.111	0.582
5	1.952		0.111

因为 $\dfrac{b}{c_w}=\dfrac{4}{6}=0.667$ 落在区间 $(0.582, 21.845)$ 内, 故 $c^*=3$, 即设 3 个装车台最好.

习 题 13

1. 某服务系统有一个服务台. 顾客到达间隔时间服从平均数为 1 小时的负指数分布, 服务时间服从平均数为 0.8 小时的负指数分布. 如果中午 12 点有一个顾客到达, 问:

(1) 下一个到达发生在下午 1 点前和发生在下午 1 点到 2 点间的概率各为多少?

(2) 若中午 12 点到 1 点之间没有顾客到达, 则 1 点到 2 点间有顾客到达的概率是多少?

(3) 1 点到 2 点间没有顾客到达的概率是多少?

(4) 如果 1 点时服务台正好在为一个顾客服务, 在 2 点前和一点 15 分前这个顾客还没有离开的概率分别为多少?

2. 某单人理发店顾客到达为泊松分布, 平均到达间隔时间为 20 分钟, 理发时间服从负指数分布, 平均时间为 15 分钟. 求:

(1) 顾客来理发不必等待的概率;

(2) 理发店内顾客平均数;

(3) 顾客在理发店内平均逗留时间;

(4) 若顾客在店内平均逗留时间超过 1.25 小时, 则店主将打算增加设备及理发员, 问平均到达率提高多少时店主才作这样的打算?

3. 一个小型的平价自选市场只有一个收款出口, 假设到达收款出口的顾客流为泊松分布, 平均每小时为 30 人, 收款员的服务时间服从负指数分布, 平均每小时可服务 40 人.

(1) 计算这个排队系统的数量指标 P_0, L_q, L_s, W_q, W_s.

(2) 顾客抱怨该系统花费时间太多, 为此, 商店准备按以下两个方案进行改进:

(a) 在收款处再增加一名专职包装员,这样可使每小时的服务率从 40 人提高到 60 人;

(b) 增加一个收款出口,将排队系统变成 M/M/2,各收款出口的服务率还是 40 人. 请对这两个排队系统进行评价,并作出选择.

4. 某街道口有一电话亭,在步行距离为 4min 的拐弯处另有一个电话亭,已知每次通话的平均时间为 $1/\mu=3$min 的负指数分布,又已知到达这两个电话亭的顾客流均为 $\lambda=10$ 的泊松分布,假如有名顾客去其中一个电话亭打电话,到达时正好有人通话,并且还有一个人在等候,问该顾客应在原地等候,还是转去另一个电话亭打电话?

5. 某厂有一机修组专门修理某种类型的设备. 今已知该类设备的损坏率服从泊松分布,平均每天两台,又知修复时间服从负指数分布,平均每台的修理时间为 $1/\mu$ 天,但 μ 是一个与机修人员多少及维修设备机械化程序(即与修理组年开支费用 k)等有关的函数. 已知
$$\mu(k)=0.1+0.001k \quad (k>1900 元)$$
且设备损坏后,每台每天的停产损失为 400 元. 试决定该厂修理设备最经济的 k 值与 μ 值.

6. 在某律师事务所咨询中心,前来咨询的顾客服从泊松分布,平均每天到达 50 个. 回答顾客问题服从负指数分布,平均每天接待 10 人,每位律师工作一天需支付 100 元,而每位顾客等待一天的损失费为 200 元. 试为该咨询中心确定每天工作的律师人数,保证总费用最少.

7. 列车以每小时 2 列的强度到达,服从泊松分布,到达后由一个检修小组逐检查车辆的技术状态. 每列 20 辆,每辆检查时间平均为 1 分钟,负指数分布. 问列车平均等待检查的时间为多少?

8. 某货场计划安装起重设备,专门用来为运货的汽车装货. 有 3 种起重设备可供选择,见表 13.1.

表 13.1

起重设备	每天固定费用/元	每小时操作费用/元	平均每小时装载能力/吨
甲	60	10	100
乙	130	15	200
丙	250	20	600

设来运货的汽车按泊松流到达,平均每天到达 150 辆,每辆车载重 5 吨,由于货物包装,品种上的差别,每辆汽车实际载重时间服从负指数分布,已知起重设备每天工作 10 小时,又每辆汽车每停留一小时的经济损失为 10 元. 试决定该货场应安装哪一种起重机最合算?

参考文献

[1] 张建中,许绍吉.线性规划.北京:科学出版社,1997
[2] 魏国华,傅家良,周仲良.实用运筹学.上海:复旦大学出版社,1987
[3] 运筹学教材编写组.运筹学.3版.北京:清华大学出版社,2005
[4] 刁在筠,刘桂真,宿洁等.运筹学.3版.北京:高等教育出版社,2007
[5] 邓成梁.运筹学的原理和方法.2版.武汉:华中科技大学出版社,2002
[6] 马仲蕃,魏权龄,赖炎连.数学规划讲义.北京:中国人民大学出版社,1981
[7] 管梅谷,郑汉鼎.线性规划.济南:山东科学技术出版社,1983
[8] Bazaraa M S. Linear Programming and Network Flow. New York:John Willey & Sons,1977
[9] Hillier F S, Lieberman G J. Operations Research. San Fransisco:Holden Day,1974
[10] Foulds L R. Optimization Techniques. New York:Springer-Verlag,1981
[11] Hillier F S, Lieberman G J. Introduction to Opertions Research. 6th ed. Boston:McGraw-Hill,1995
[12] 陈开周,郭强.用任意一个基求可行基与基本可行解的算法.数值计算与计算机应用,1996,17(1):64—69
[13] 郭强.表格式函数空间二分迭代法.系统工程理论与实践,1996,16(5):3—9
[14] 郭强.全方位搜索的亚基迭代算法.运筹与管理,1999,8(1):34—40
[15] 郭强.对 Floyd 算法的两点注记.运筹与管理,2001,10(1):36—38
[16] 郭强.PERT 问题的新算法.数学的实践与认识,2003,33(2):48—51
[17] 郭强.分配问题的一种新的迭代算法.系统工程与电子技术,2004,26(12):1915,1916,1949
[18] 郭强.运输问题的一种新的迭代算法.计算机工程与应用,2004,40(11):57,58
[19] 郭强.对具有库存损耗的 EOQ 模型的研究.系统工程,2004,22(7):17—19
[20] 郭强.人数少于任务数的全指派问题的迭代算法.计算机工程与应用,2007,43(24):91—93,103
[21] 郭强.无向网络最大流问题研究.计算机工程与应用,2005,41(9):76—78
[22] 付彤,郭强.无向网络最小费用流问题.计算机工程与应用,2005,41(28):88—90
[23] 郭强,陈新庄.平衡和不平衡运输问题与分配问题的通用迭代算法.运筹与管理,2007,16(6):57—62
[24] 李岩,郭强.非确定型指派问题的求解算法.计算机工程与应用,2009,45(15):61—63,66
[25] 罗凤连,郭强.急救中心选址及其配车问题研究.计算机工程与应用,2011,47(28):241—244,248